村镇规划与管理

RURAL PLANNING AND MANAGEMENT

李光录 主编

中国林业出版社

内容简介

本书系统地介绍了村镇规划的基本原则、任务与内容，阐述了村镇规划资料收集内容与分析方法，详细论述了村镇总体规划、村镇建设规划和旧村庄改造规划的理论与方法，并针对村镇道路工程，给排水工程和防洪工程，电力、电信工程，绿地及环境保护等专项规划进行了系统的分析和论述，对村镇规划中的技术经济和管理工作进行了详细介绍。

本书适用于城乡规划、人文地理与城乡规划、风景园林等专业教学使用，也可作为城乡规划与建设等相关专业技术人员的专业参考用书。

图书在版编目（CIP）数据

村镇规划与管理 / 李光录主编. — 北京：中国林业出版社，2014.3
（2025.7重印）
普通高等院校"十二五"规划教材
ISBN 978-7-5038-7354-6

Ⅰ. ①村… Ⅱ. ①李… Ⅲ. ①乡村规划 – 中国 – 高等学校 – 教材
Ⅳ. ①TU982.29

中国版本图书馆CIP数据核字(2014)第006314号

国家林业局生态文明教材及林业高校教材建设项目
村镇规划与管理

李光录　主编

策划编辑　吴卉　牛玉莲
责任编辑　吴卉
出版发行　中国林业出版社
　　　　　　邮编：100009
　　　　　　地址：北京市西城区德内大街刘海胡同7号 100009
　　　　　　电话：010 – 83143500
　　　　　　邮箱：jiaocaipublic@163.com
　　　　　　网址：http://lycb.forestry.gov.cn
经　　销　新华书店
印　　刷　北京中科印刷有限公司
版　　次　2014年3月第1版
印　　次　2025年7月第4次印刷
开　　本　889 mm × 1194 mm　1/16
印　　张　25.75
字　　数　580 千字
定　　价　49.00元

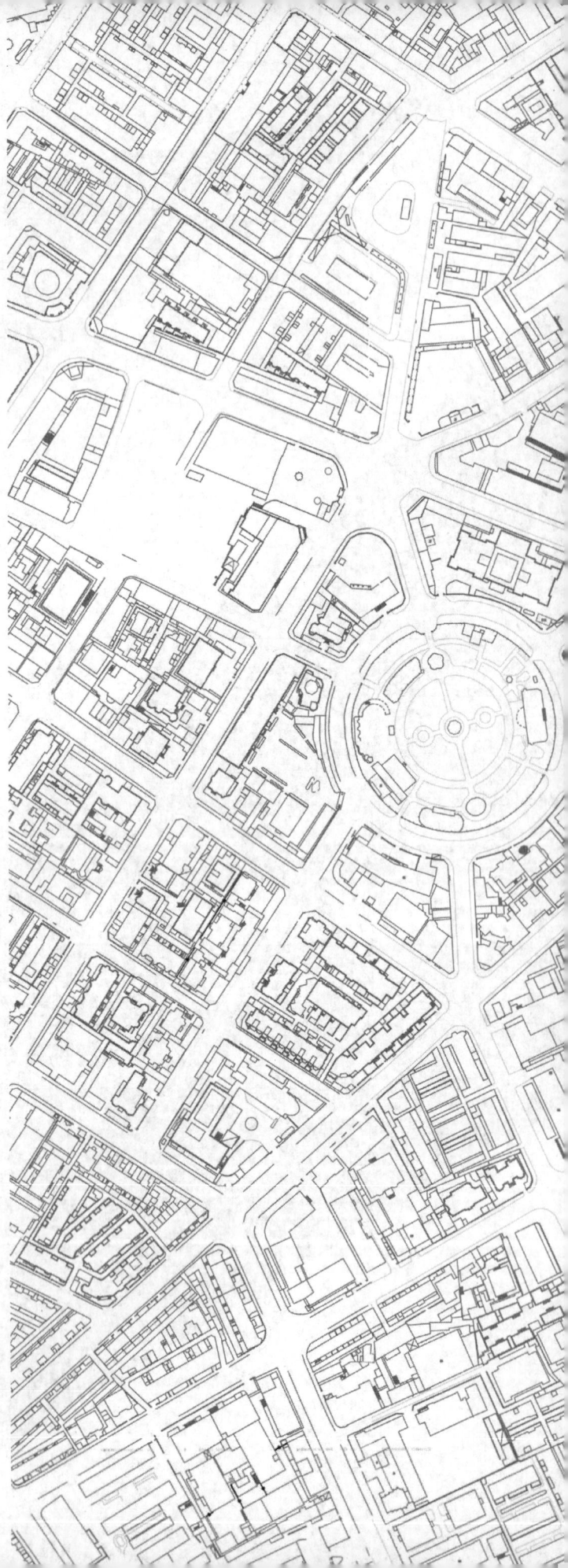

《村镇规划与管理》编写人员

主　　编　李光录

副 主 编　卢金锁　权东计

编写人员　（按姓氏拼音排序）

冯　静　西北大学

贺敬滢　西北农林科技大学

雷振东　西安建筑科技大学

李光录　西北农林科技大学

卢金锁　西安建筑科技大学

马　琰　西安建筑科技大学

彭　辉　长安大学

权东计　西北大学

沈丽娜　西北大学

宋绢丽　西北农林科技大学

姚　军　西北农林科技大学

徐　岚　西安建筑科技大学

张桐颜　西北农林科技大学

前言 FOREWORD

社会主义新农村建设是新时期党中央、国务院提出的一项战略决策。科学编制村镇规划、做好村镇建设管理工作，是贯彻落实科学发展观，统筹城乡经济社会发展，顺应低碳经济时代的要求，防止村镇无序建设的迫切需要；是促进集聚发展，节约土地资源的有效手段；是指导农村房屋建设，推进村镇基础设施和环境整治的重要基础性工作；是引导农村人口向城镇、中心村聚集，实现资源节约、降低建设成本、提高公共服务能力、改善人居环境和生活质量、加快城镇化建设步伐的重要保证。

本书结合我国村镇规划建设的实际情况，力求反映改革开放以来村镇规划与管理方面的最新成果，突出村镇规划与管理的基本原理和方法，注重实践环节的讲授。

本书适用于高等院校人文地理与城乡规划专业，也可作为城乡规划和风景园林等专业的教学用书。

本书由西北农林科技大学、西安建筑科技大学、西北大学、长安大学四院校联合编写。第1章由李光录、贺敬滢编写，第2章由宋绢丽、姚军编写，第3章由李光录、宋绢丽编写，第4章由雷振东、徐岚、马琰编写，第5章由姚军、李光录编写，第6章由彭辉编写，第7章由权东计、冯静编写，第8章由卢金锁编写，第9章由沈丽娜编写，第10章由李光录、张桐颜编写。全书由李光录负责统稿。

在本书的编写过程中得到了兄弟院校、相关科研单位、城乡规划与建设单位的大力支持，在此一并致谢。

由于编写人员水平有限、时间仓促，书中存在缺点、错误在所难免，望读者批评指正，以便今后进一步修改补充。

编者

2014 年1月

目录 CONTENTS

第1章 绪论

村镇是社会生产力发展到一定阶段条件下的产物，是以农业生产者为主的居民场所。在我国城乡规划体系中村镇属于乡村范畴，准确认识、把握村镇特点和发展规律，对分析村镇性质，确定村镇规模，开展村镇规划工作具有重要的意义。

1.1　村镇的形成、特点及发展规律

本节要点

本节主要介绍居民点、村庄和集镇的概念，分析村庄、集镇的形成和特点，阐述我国村镇的发展现状与规律。重点要求学生能够结合我国国情，领会村镇的特点，把握村镇发展规律，并能够根据我国农村的特点，分析、探讨在村镇规划中所遇到的实际问题，这既是本节的重点也是本节的难点。

村镇的形成和发展，有它自己的特点和规律，掌握、分析和研究这些特点，采取切合村镇而有别于大中城市的规划方法，对于科学和合理地编制村镇规划极为重要。

1.1.1　村镇的形成

村镇是乡村居民点的总称，包括村庄和集镇，和城市一道，共同组成完整的城乡居民点。

1.1.1.1　居民点及其组成要素

居民点，又称聚落，是指居民按照生产和生活需要而形成的聚集定居点。居民点是由生活、生产、交通运输、公用设施、行政文教、园林绿化等各种物质要素构成的复杂综合体，是人们共同生活和进行政治、经济、文化等各种活动而聚集的定居场所。一般的居民点，主要由建筑群、街道网、绿化系统以及其他各种工程设施等组成，是在一定的范围内和一定的经济发展条件下，人类聚集生活的基本单元。

根据居民点在社会经济建设中所担负的任务和人口规模的不同，可以把居民点划分为城市居民点与农村居民点两大类。一般来说，具有一定规模的以非农业人口为主，工商业和手工业集中的居民点称为城市居民点，如县城以上（包括县城在内）的居民点，工矿企业所在地以及已经批准设镇建制的小城镇，均属于城市居民点的范畴；其他以农副业生产和农业人口为主的居民点，一般均属于农村居民点的范畴。

如果把城市居民点和农村居民点作为一个城乡居民点体系来看，其居民点规模大小的序列大致为：特大城市，100万人以上；大城市，50万~100万人；中等城市，20万~50万人；小城市，10万~20万人；重点城镇，5万~10万人；县城与建制镇，1万~5万人；集镇，2000~1万人；村庄，2000人以下。特大城市、大城市、中等城市、小城市以及重点城镇、县城及建制镇属于城市居民点，而集镇与村庄属于农村居民点（表1-1）。农村居民点是农民（包括农业人口和非农业人口）进行生产和生活的定居场所，是除土地以外各种生产与生活资料，包括居住用房、工业厂房、农机库、畜禽舍、仓库以及公共福利设施等集中配置的地方。城市居民点与农村居民点是既有明显的区别，又有密切联系的有机体系。

表1-1 我国城乡居民点体系和城乡规划体系示意

类别		分类	等级	人口/万	行政区划	规划体系	法律依据
城市	城市	特大城市	1	100以上	直辖市、省会城市	城市规划	《城乡规划法》《城市规划编制办法》等
		大城市	2	50~100	省会城市		
		中等城市	3	20~50	地级城市		
		小城市	4	10~20	县城、县级市		
	小城镇	建制镇	5	5~10	县城、县城关镇	小城镇规划	《城乡规划法》《建制镇规划管理办法》等
			6	1~5	建制镇（中心镇）		
乡村	集镇	中心镇	7	0.5~1	乡政府所在地	村镇规划	《村庄和集镇规划建设管理条例》《村镇规划编制管理办法》《镇规划标准》等
		一般镇	8	0.2~0.5	一般农村集镇		
	村庄	中心村	9	0.03~0.2	村委会所在地		
		基层村	10	0.01~0.03	村民小组		

1.1.1.2 村镇的概念

村镇，是村庄和集镇的统称，是城市范围以外广大农民聚集的农村居民点，是我国城乡居民点总体系中规模最小、数量最多、分布最广的居民点，一般可分为农村集镇（为乡所在地，又称乡镇）、中心村（为过去生产大队所在地）和基层村（为过去生产队所在地）。乡镇是乡政府所在地，一般为乡域的政治、经济和文化的中心，是县属镇的基础和农村剩余劳动力向非农产业转化的前沿阵地。乡镇有一些小型的商业和服务业，可以吸收一部分剩余劳动力，创建村办工业。农村居民点是农村剩余劳动力的"蓄水库"，对其合理规划有利于推动农业的"两个转化"，有利于促进城乡协调发展，有利于加快农村两个文明建设步伐，逐步缩小城乡差别。加强农村居民点建设，合理规划农村居民点是一项具有战略意义的工作。

我国村镇数量很大，全国共有村镇380多万个，其中有4万多个集镇，60多万个中心村，310多万个基层村。

1.1.1.3 村镇的形成

（1）村庄的形成

村庄是社会生产力发展到一定阶段条件下的产物，是以农业生产者为主的居民场所。原始社会，人类过着完全依赖自然的采集猎取生活，没有固定的居民点。那时，人们仅仅从本能出发，利用天然岩洞作为居所，用以遮风避雨、抵御野兽侵袭。后来，又从洞穴向地面发展，出现了"掘土以营窟"或"架木以构巢"的原始居住形式。随着生产力的发展以及农业和畜牧业的劳动分工，人们为了组织固定的生产活动，开始在土地肥沃、物产丰富的地区定居下来，因而出现了房屋建筑和一定规模的人群聚落。西安半坡村遗址就是在耕地附近定居的原始氏族社会村落。原始氏族社会村落既为当时的人们提供了日常生活的场所，又为人们提供了从事简单生产活动的基地。

1954年在西安东郊半坡村发掘的半坡村遗址（图1-1），是距今6000多年的一处母系氏族聚落居民点，属于仰韶文化。该遗址位于浐河东岸台地上，总面积5万 m^2。其住房有两种形式，一种是方形浅穴式，居住面积10~30 m^2 不等，一般约为20 m^2，也有的达40 m^2 以上，甚至有90 m^2 的；另外一种是圆形房屋，直径4~6m。该村落划分为三个区域，南面是居住区，建有46座房屋；北面是墓葬区，有墓葬250多个；东面是制陶窑厂，即生产区。居住区与墓地、窑场之间有一道壕沟相隔，在沟外的空地上，还分布着各种形式的窑穴，构成了氏族社会的公共仓储区。可见，当时村落的功能分区已经萌芽和明显化，不仅生活居住区与墓葬区分开，而且生活区与生产区也有了适当的区分。居住区靠近河流和田野，不仅阳光充足，而且便于临水猎鱼、取水和种植；东面的窑址，便于从黄土塬上取土制陶；而北面的墓地处在离居住区较远的地方；特别是居住区外又设有一壕沟，可起到防御外患的作用。这种以居住区为中心而形成的原始村落格局，主要根据当时生产活动的需要而自然形成。随着生产的发展和地理环境的影响，这种原始村落逐步被建设成规模大小不同的村庄。

村庄的规模，自古以来就大小不一。有些荒野小庄，人烟稀少，常由两三户人家组成；经济比较发达的地区，村庄规模较大，一般一二百户人家，有的达上千户人家。

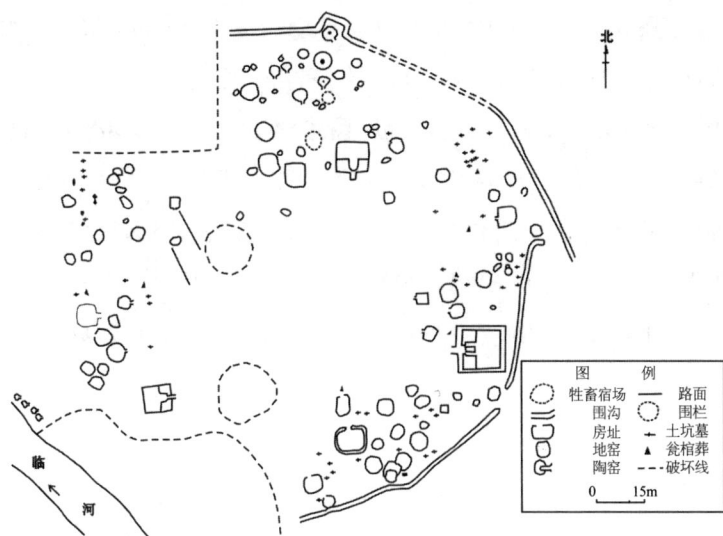

图1-1　西安东郊半坡村遗址

村庄的建设，是随着历史的前进、社会的进步而逐渐完善和发展起来的。开始仅有简陋的住房，经过不断集中、不断建设，形成了街、巷，根据生活、生产的需要，配置了必要的公共设施，逐渐形成了当时历史条件下的社会实体。

村庄的名称，多映射出地理的、历史的、社会的含义。以氏族关系定名的，如王家庄、李家村。以历史古迹定名的，如韩信台、霸王庙。以特殊建筑而定名的，如徐家楼、青石桥。更多的村庄，则以地理特点而定名，例如位于平原的村落，多以村、庄、寨、营为名；位于河畔水际的村落，多以泾、浜、港、沟、滩、塘为名；位于交通线上的村落，多以店、站、铺为名；还有一些村庄，是受特殊地形影响而定名的，如坡、坪、坝等。由于地形、地貌不同，村落的平面布局、轮廓大小和延伸方向也丰富多彩，各不相同。这些不同名称，不同形态的村庄表明，在长期的生产和生活实践中，我国劳动人民巧于利用自然，改善自然，表现了高度的聪明才智。

（2）集镇的形成

集镇是商品经济的产物，由集市发展而来。我国广大农村经历了漫长的自给自足的自然经济社会。早在原始社会时期，由于生产工具的进步，劳动生产率提高，手工业逐步从农业中独立出来，一部分人专门从事手工业生产。农民除了维持自己很低的生活消费外，尚有少量剩余产品。为了"易钱米以资日用"，就产生了农产品与手工产品的相互交换。在一些聚集比较集中，地理位置比较优越的地方，逐渐形成了固定的交易场所。交易场所，各地叫法不一。北方叫"集""市"，南方叫"墟""场""会"，云南叫"街子"，新疆叫"巴扎"。这种集市没有固定的区域，有的在村旁，有的在荒野，其特征是日中而市，日暮而散。交易从不定期逐渐发展成为定期，随着生产力水平的提高，交易日益频繁，交易商品越来越多。这样，集市交易的间隔也就逐渐缩短，从月集、十日集发展到五日集、三日集等。但这种集市交易范围很小，规模不大，多属附近农民、手工业者之间的交易。正如恩格斯指出的那样，这种集市"交换是有限的，市场是狭小的，生产方式是稳定的，地方与外界是隔绝的"。

后来，随着商品生产的不断发展，商品交换的规模也不断扩大，交换区域也越来越大，从而出现了专门从事商品交换的商人，商业逐步发展成为独立的商业部门。因而，集市逐渐突破了简单商品交换的局限，由"不约而集"过渡到"终日成市"。这种变化不仅引起人们追求和经营商品的欲望，也产生了一种使人口重新聚集的力量。于是集市逐渐繁荣起来，开始出现了囤积货物的栈房，手工业作坊和常年经营的店铺。随着工商业的发展，人口大量聚集，这样，集市就逐步发展成为集镇，有些进一步发展成为城市。

1.1.2 村镇的特点

1.1.2.1 村庄的特点

村庄又称农村，是人类聚落发展中的一种低级形式，人们主要从事农业生产。村庄是在血缘关系和地缘关系相结合的基础上形成，以农业经济为基础的相对稳定的一种居民点形式，其包括所有的村庄和拥有少量工业企业及商业服务设施，但未达到集镇标准。它的形成与发展同农业生产紧密联系在一起，因此具有以下特点。

（1）居民点多，结构比较松散

村庄受地域条件的影响，分布广泛，人口稀少，居民点分散在农业生产的环境之中，表现为点多面广，结构比较松散。从村庄规模来看，大小相当悬殊，大的可以达到几百户，小的则为几十户、几户，甚至独家独户的"独户村"；从村庄的建设看，建筑设施布局凌乱，有的看不出完整的村庄界线，建筑物分布散乱，缺乏紧凑布局和统筹安排。

（2）职能单一，自给自足性强

村庄由于规模较小，人口集约化程度低，与外界交通不畅，联系不便，交往有限，表现为一定的封闭性，且经济活动内容简单，常常呈现为单一的经济形式，如以种植业为主的农村，以林业及山间林产品为主的山村，以畜牧业为主的牧村，以渔业为主的渔村等。因此，在一定区域空间内所承担的职能比较单一，自给自足性强。

（3）人口稀少，组成相对稳定

村庄的分布、人口密度受耕作面积和耕作半径的影响，从有利于生产的角度出发要求人口不宜过分集中，若居民点规模过大，就必然导致所管理的土地扩大，加大耕作半径，生产管理不便。另外，规模还受生产力低、机械化程度不高的制约，增加人口密度，就等于扩大了耕地范围，在以步行交通为主的条件下，必然增加农民往返耕作时间，不便管理。因此，在目前条件下居民点规模一般偏小，人口密度低。从村庄的形成和发展的历史进程中还可以看出，村庄人口的增加仅是自然增长的变化，生息繁衍，祖辈子孙世代守在自己的土地上，迁村并点的现象很少出现，人口的空间转移极其缓慢，相对稳定。

（4）依托资源，血缘关系浓厚

在村庄地区，由于人们的劳动对象是土地资源，需要足够的劳动力，需要共同生产和劳动，以满足生活和生产的需要。一般其组织形式是以家庭为单位，每个家庭基本上是一个小族。有的村庄甚至于几代同堂，这在过去的中国很明显。直到今天，有些地方仍保持这种发展格局。

（5）空气清新，自然环境优美

拥有清新的空气是村庄的一大优势。由于村庄一般较分散，且大量排放废气废渣废液的工业部门较少，因而空气质量比较好。即使人们对环境有所改变，但在生态环境很健全的村庄地区，由于破坏力度不大或者利用范围不广，不至于破坏生态环境的自我恢复力。总体而言，生态环境相对城市来说是一大优势。

上述村庄的五大特点，是人们从村庄现状中总结出来的，了解这些特点对指导村庄规划和建设有着重要的意义。现在有些地方新农村建设盲目照搬城市模式，如不切实际地迁村并点，铺设没有功能作用的宽敞街道等，所有这些都是忽视村庄特点的结果。

1.1.2.2 集镇的特点

集镇是指乡、民族乡人民政府所在地和经县级人民政府确认由集市发展而成的作为一定农村区域经济、文化和生活服务中心的非建制镇；是介于乡村与城市之间的过渡型居民点；是建制市镇以外的地方商业中心，其既无行政上的含义，也无确定的人口标准。按照我国的情况，除市、县人民政府所在地以及其他设镇的地点之外，县以下的多数区、乡行政中心，具有一定的商业服务和文教卫生等公共设施，并有相应的腹地支持，习惯上均称为集镇。

集镇内部结构的主要特征是商业街道居于核心的地位。集镇的平面形态则受当地环境以及与相邻村镇联络的道路格局影响，或作带状伸展，或作块状集聚，并随本身的成长而逐步扩展。集镇在一定条件下有可能成长为建制镇，在乡村人口比例较大的国家和地区，集镇在居民经济生活中起着重要的作用。

从地理学角度说，集镇是乡村聚落的一种，通常指乡村中拥有少量非农业人口，并进行一定商业贸易活动的居民点。集镇一般是对建制镇以外的地方农产品集散和服务中心的统称。集镇的形态和经济职能兼有乡村和城市两种特点，是介于乡村和城市间的过渡型居民点，其形成和发展多与集市场所有关。因其具有一定的腹地，有利的交通位置，通过定期的集市和商品交换，逐步发展并建立一些经常性的商业服务设施，在此基础上发展而成。在我国，县城以下的多数区、乡行政中心，均具有层次较低的商业服务和文教卫生等公共设施，并联系着周围一定范围的乡村，除设镇建制的以外，习惯上均称为集镇。集镇的分布和发展是与一定地区的经济发展水平、社会、历史、自然条件密切联系的。纵观我国农村集镇，一般具有以下几个特点。

（1）历史悠久、交通便利

随着社会生产力发展，出现了商品交换，在某些较便利地带出现了集市，这种间歇性集市，进一步发展便形成了集镇。例如，湖北郧阳地区的南化镇，据传为西汉末、东汉始王莽追刘秀而得名，距今1900多年；湖北安陆县巡店镇，据县志记载，唐宪宗（李纯）元和年间就有此镇，距今1100多年。我国目前多数集镇都按其原有区域经济特点、交通条件、自然环境，或者其历史原因形成，并沿袭至今。随着新中国成立以来各项经济建设的发展，使某些原来荒凉的地域交通发达，人口聚集，有了各种生产、生活服务性设施，这些地区逐渐成为集镇。而在较短时间内形成的，无论新镇、老镇，都必须具备一定的交通条件，使村镇各级居民点之间来往便利，否则不易形成集镇，有的老集镇由于长期交通闭塞，也会逐渐衰退下去，以至成为一般的农村居民点。

（2）一定区域内政治、经济和文化服务的中心

目前，大多数集镇为乡（镇）行政机构驻地，亦为镇办或村办企业的基地及城乡物资交流的集散点，一般安排有商业服务网点，文教卫生及公共设施等。大多数集镇实际上已经成为当地政治、经济、文化和生活服务的中心。

（3）星罗棋布，服务农村

据联合国亚洲和太平洋经济社会委员会所编《农村中心规划指南》指出："乡、镇农村中心的影响范围半径，从7.5～15km不等，平均为10km。"若以自行车车速计算（9~14km/h），则平均影响半径可以为10km。即使步行来回也只需要4h，农村赶集在一天之内仍可往返。故不论新、老集镇，山区或平原集镇，它们的分布和经济联系半径，一般平均都在5~10km；服务对象，除集镇居民点外，均包含了周围的农村居民点。因此，我国的集镇星罗棋布，分散均匀，且服务于农村。

（4）吸收农业剩余劳动力，节制人口外流

集镇人口的来源，从集镇人口定居的历史分析，由于农业剩余产品的交换而产生了一部分定居集镇专门经营产品交换的商人，这些商人即为当时的农业剩余劳动力。后来随着集镇上工业、手工业作坊的发展，其劳动力来源，小部分为集镇人口的自然增长，大部分仍来自广大农村。目前，由于农村经济体制的改革推动了农村经济的发展，导致了农村经济结构、产业结构、人口空间结构的变化，使农村出现了越来越多的剩余劳动力，这些剩余劳动力中的一部分涌向城镇，其中包括自理口粮到城镇经商、开店、办厂、做工等。为此，加速集镇建设，大力兴办乡镇企业成为吸引农业剩余劳动力，控制人口盲目流入城市的重要措施之一。

总之，集镇具有悠久的历史，交通便利，星罗棋布，服务农村以及工农结合、城乡结合，有利于吸收农业剩余劳动力、方便生活等基本特点。它是农村工副业生产的基地，商业集市贸易交换场所，同时又是农村政治、文化、教育和生活服务设施的中心。

1.1.3　村镇的发展规律

1.1.3.1　我国村镇的发展现状

1949年后，由于不同时期有不同的建设重点和发展方针，村镇的发展也出现了几个不同的阶段。

（1）恢复、调整与初步发展阶段（1949—1957年）

中华人民共和国成立之初，经过3年的恢复时期后，便开始了第一个国民经济五年计划。其间，集中力量发展重工业，调整产业布局，完成了156项大的工程建设。城镇是国家经济发展的一个载体，国民经济的恢复和稳定发展，使城镇建设出现了初步的繁荣。1949年国家批准在全国设136个城市，其中大部分都是从小到大逐步建设起来的。这些城市虽然在建设发展过程中存在着不少问题，但它们毕竟是生产经济的载体，对当时国民经济的恢复和发展起到了积极的推动作用。同时，政府还实行了一系列促进农村经济发展的政策，调整了生产关系，解放了生产力，推动了农村经济的迅速增长，小城镇尤其是集镇建设也因此得到了较快的恢复和初步发展。

这一时期，根据生产力的布局，政府对全国原有城镇体系做了调整。在城市比较多的山东、安徽等东部地区撤销了一批小城镇，又重点建设了一批城市。以安徽省为例，1950—1957年，撤销了8个县城，同期增设淮南市，于1956年增设马鞍山市、铜官山市。据不完全统计，到1957年年底，全国有24个小城市撤市为镇，并在中西部地区增设了一些新城市。据1957年统计，加上增设的71个新城市，当时共有176个城市，比1949年增加了29.4%，而且还优化了全国范围内的城市布局。与此同时，由于农村经济的恢复和发展，促使县城以下的城镇迅速增加，1949年我国仅有建制镇2000个左右（基本上是县城），到1954年初发展到5402个（发展的部分，基本上是县城以外的城镇），增加了120%，年均增加30%。

由于城市和小城镇经济发展的需要，大批农村劳动力和知识青年进入城镇经商、做工、上学等，城镇人口由1949年的5765万人增加到1957年的9957万人左右，城镇化水平由10.6%提高到15.4%左右。经过新中国成立后近8年的恢复建设，社会主义新的经济体制建立起来了，为经济发展服务的基础设施也得到了很快的恢复发展，同时促进了小城镇建设，城乡人口流动加快，农村小城镇出现了新中国成立后的初步繁荣，特别是江浙一带的不少集镇就呈现出店铺林立、集市人海如潮的繁荣景象。可以说一个适应我国社会主义经济发展的新的城镇体系基本形成。

然而，由于受我国当时单一的计划经济体制的制约，1953—1956年先后出台全国"粮食统购统销"、"市镇建制标准"、对城镇私营工商业进行社会主义改造、实行公私合营、取消个体商贩和手工业者等政策，农村商品流通完全通过国有、集体和供销合作社经营的单一渠道，这一系列不利于商品经济和小城镇发展的政策在一定程度上限制了乡村商贸和手工业的发展，结果也就影响了小城镇的发展。

（2）曲折缓慢发展阶段（1958—1978年）

由于政治、体制、政策等多方面原因，这一阶段的中国城镇发展时起时伏、曲折坎坷。

1958年人民公社化，实行"政社合一"体制，撤销了一大批集镇的建制，使集镇数量锐减。

1964年我国对镇的标准重新进行了修订，凡工业和商业相当集中，人口在3000人以上，其中非农业人口占驻乡镇人口70%~85%以上才准予建镇。客观上也限制了小城镇的发展。1965年，全国建制镇减少到3146个，比1954年减少2254个，仅浙江省就撤销了近200个建制镇，其中不少县城的城关镇也因条件不够而撤销。

1965年国家提出兴办"五小"工业，小城镇建设又出现了转机。一些条件较好的小城镇，其商业、手工业、交通运输业、公益事业（如文化教育）都有了不同程度的发展，各类公共建筑（幼儿园、敬老院、卫生院、学校、邮电所、供销社、百货商店、运输站等）也相继建了起来，街容镇貌有所改观，但大部分小城镇由于商品流通不畅而仍处于停滞状态。

1960年，在"备战"方针指导下，政府十分重视"三线"的建设，把生产力重心转向中西部地区，建设资金的投向也向三线地区倾斜。其结果，这些地区不仅大中城市得到一定的发展，小城镇也随之发展起来。据称，以"三线"地区为主体，当年全国兴起了几百个10万人以下的小城镇。

1966—1976年的"文化大革命"时期，在所谓"阶级斗争"主宰一切的年代，一部分2万人口以下的小城镇被撤销。整个生产、经商和小城镇的发展均处在停滞和倒退状态。到1979年，建制镇只有2800多个，30年间共减少260多个，比1954年减少了50%左右。集市也由原来的5万多个锐减到2万个左右，并且半数是有集无市。

城镇人口数量也随着城镇数量的起伏而增减。1958—1960年，城镇人口剧增，由1958年的9949万人增加到1960年的13073万人，3年内人口净增加31.4%。由于大量人口涌入大城市，加重了城市的负担，加之城市建设投入每况愈下，使市政建设欠账剧增。1961年政府又对国民经济进行调整，不得不压缩城镇人口，动员了近3000万城镇人口（相当于当时城镇人口的25.7%）"下放"或返回农村。1966年"文化大革命"开始后，由于生产经济大滑坡，又被迫实行"知识青年上山下乡""城镇居民返回农村""知识分子下放劳动"等措施来减少城镇人口压力。从1966—1976年这10年间，我国城镇建设走的是一条经济滑坡、建设停顿、人口锐减的萎缩、倒退的道路。

（3）跨越和稳步发展阶段（1979—1998年）

中国共产党十一届三中全会以来，我国政治、经济、社会发展进入了一个新的历史时期。随着农村经济体制改革的不断深入，农村经济由封闭走向开放，从"计划"走向市场，从传统走向现代，乡镇企业的兴起，吸纳了大批农村剩余劳动力，经济的日益活跃和繁荣，为城镇建设奠定了基础。

1979年国家把城镇建设提上了议事日程，并且制定了保证城镇发展的配套政策。1984年政府对镇的标准重新进行了修订，放宽了建镇标准。对县乡政府所在地、少数民族地区、边远地区、风景旅游区、小型工矿区、边境口岸等地区，确有必要，都可建镇。同年，政府又进行行政区划调整，凡是具备建镇条件的撤乡建镇，实行镇管村的体制。这些政策都有利于小城镇的发展。1985年，国家允许农民自理口粮进镇落户，务工经商，农业剩余劳动力纷纷进镇从事第二、第三产业，使产业结构发生了变化，城镇人口增加，加速了农村城镇化的进程。正是在政府这些措施的推动下，至1992年年底，我国建制镇达14169个，比1979年增长5.45倍。

随着生产力布局的调整，经济发展和基础设施建设逐渐完善，我国城镇发生了巨大变化，不仅数量增多、人口增长，而且布局也日趋合理。目前，我国平均每个县（市）约有5.5个建制镇，14个左右的乡集镇。广东省建制镇密度较高，平均每个县约有16个建制镇；北京、天津、浙江、湖北、河南、辽宁、安徽、江苏、山东等省（市）次之，平均每个县有10个左右，密度低的西部边远省（自治区）则平均每个县的建制镇在3个或3个以下。从1979—1998年这20年间，由于乡镇企业的发展，市场经济的繁荣，旅游资源的开发，城镇的类型也随之增加。伴随着乡村地区的道路交通、水电等基础设施以及教育科技、医疗卫生、商业服务、文化娱乐等公共服务设施建设的加强，城镇的功能也日趋完善，这样不但其吸引力和辐射力不断增强，而且县域的城—镇—村体系结构日益合理。

1.1.3.2　村镇发展的一般规律

通过对村镇形成和发展的回顾，以及对我国村镇建设的实际情况分析研究，可以看出村镇建设和发展具有自身的规律。

（1）村镇发展必须与农村经济状况相适应

农村经济的发展为村镇建设奠定物质基础，村镇建设又为农村经济的进一步振兴创造条件，二者相互促进、相互制约，是相辅相成的辩证关系，村镇建设必须与农村经济状况相适应。因此，在确定村镇建设的规模、速度和标准时，必须考虑农村经济的承载能力。

（2）村镇建设发展具有地区差异

由于各个历史时期不同地区生产力发展水平的不平衡，加上各地自然环境、土地资源、气候特征各异，各民族有着不同的风俗民情，村镇建设存在着明显的地区差异。因此，在村镇规划和建设时，不能追求一个模式，一样的速度和统一标准，必须因地制宜，就地取材，使村镇建设各具特色。

（3）村镇建设由低级到高级逐步向城乡一体化过渡

村镇的发展取决于社会生产力的发展，由于社会生产力和社会分工是在不断发展的，因而，作为和生产力相适应的村镇建设，无论是性质、规模、内容和内部结构，都是沿着由低级到高级、由简单到复杂逐步进化，村镇的发展最终走向城乡一体化。即村镇的发展方向将向城市的生产效益、生产条件看齐，尽快缩小城乡差距。

（4）农村人口空间转移遵循顺磁性规律

农村人口空间转移是按照顺磁性规律进行的，这里所说的"磁性"是指居住环境（包括政治、经济、文化、生活等）对人们的吸引力。我国大城市之所以成为人们向往的地方，就是因为在生活条件和就业等各方面都远远超越农村和集镇，如果要求人口合理分布，避免大城市所带来的矛盾和问题，就应遵循人口"磁性"规律，把村镇建设成具有强大反磁性的系统，以村镇的吸引力削减城市的吸引力。当前，随着农村产业结构的变化，农村人口空间流动的重要方向是按照一定的经济梯度，由不发达地区向发达地区、从山区向平原地区转移，由农村向集镇转移，这种人口空间分布加速了农村人口向集镇聚集的过程。

1.1.4　村镇建设与发展模式

据2006年年底资料，我国现有建制镇19369个，较1997年增长了1053个镇。随着我国农村型城镇的快速发展，城镇行政管理体制改革明显滞后，不仅制约了农村经济和社会的发展也给整个国民经济的发展造成影响，尤其大大阻碍了农村城市化和现代化的进程。我国农村型城镇行政体制存在的问题主要表现在：

① 政权建设不完善。一是农村型城镇机构臃肿，普遍超编，镇政府少则上百人，多则数百人；二是条块分割，镇政府权力机构与上级政府权力交叉，上级政府在镇的大量派出机构切割城镇权力，妨碍城镇统一管理。

② 行政建制影响城市功能发挥。农村型城镇数量多，规模小，多数人口不足1万人，起不到城镇应有的积极作用。有的镇人口虽已达十来万，国内生产总值数十亿元，财政收入超亿元，但由于镇的建制，给城市规划和建设、环境保护、经济管理、社会服务、行政管理、法制建设等各个方面带来困难和不便。

③ 内部区划不合理。随着社会主义市场经济体制的建立和不断完善，农村型城镇内部村级区划体制与农村社会经济和城市化发展不相适应的矛盾日渐突出。主要表现在村级界限不合理，不利于资源的合理开发利用；部分村规模过小，阻碍农村型城镇建设和中心村发展；村级经济发展不平衡，农村收入差距大，不符合社会主义走共同富裕的发展方向，一定程度影响了农村社会稳定。

针对我国农村型城镇在行政体制上存在的问题，国家和省相关部门积极探索，提出了一些改革农村型城镇行政体制的方法，主要有"县下设市"和"强镇扩权"两种模式。

1.1.4.1 "县下设市"模式

"县下设市"模式在日本、中国台湾等地开展较早，例如，台湾地区结合经济和社会发展实施县辖市行政区体系，县辖市的主要形式有：由省辖市改为县辖市，如彰化市（1950年）；由镇升为县辖市，如板桥市（1972年）；由乡切块设镇，再升为县辖市，如永和市（1979年）；由乡直接升为县辖市，如中和市（1979年）；县辖市升为省辖市，如新竹市（1982年）。

改革开放以来，我国农村型城镇县下设市的主要模式有：

① 构建双层次地方政府体制。一般而言，地方政府掌握的权力有两种，一是地区性的，二是功能性的。为了减少机构的重复以及区界分隔问题，可以保留联合政府的优越性，构建双层次地方政府体制。将国家行政区划系列分解为三个方面，即区域性行政区管辖的权限、城市性行政区管辖的权限和以两者共管辖的权限，如有些事务可由两级地方政府分工完成，城市详细规划由城市市政府编制，结构规划则由县或县市组成的区域委员会编制，县市共同完成规划项目的实施等。

② 合理的城市规模。城市规模上的差异决定了功能上的差异。职能因素建立最小规模政府，按社区因素建立最大规模政府，是新城设置的科学原则。城市从大的方面应以能执行最重要的职能为限，从小的方面应以满足城市的利益和需要为准。基层的地方政府（市、县）应当具有相当的经济实力，才能确保它们的能力发挥和资源的合理利用，不主张规定一个硬性的设市合理规模指标。

③ 县辖市的事权设计。县辖市的事权主要集中在：a. 公共服务，如街道维护和垃圾处理；b. 充当中央政府的代理人；c. 制订政策和计划，如地方发展计划；d. 代表该地方同周围地方交往；e. 解决利益集团之间的冲突，如土地使用和设施用地；f. 管理私人企业的有关活动，如税收、土地开发、建筑规章等；g. 也有些地方政府开办和经营企业，如市场和公用事业。县下设市模式要进行事权划分，如城市总体规划由市负责，县域建设规划由县负责等。

④ 县与县辖市的协调。县辖市是一种新的行政辖区分割，可以通过改变依赖程度的分割、空间状况、市县政府事权分配，市县税源分割等进行协调，采用：a. 统一管理。即在一个大区域保留一个单一的实体政府，完全消除行政分割和其所连带产生的问题。b. 功能转移。即城市当局把日益加重的公共服务工作转让给更高层次的政府或原县政府去进行组织，进而使公共服务更富有效率性。c. 税收转移。即通过税款工作的转移，使县、市政府的财政在区域中获得公平使用。d. 增设专门目的的政府部门。设立各类专门目的

的部门可能减少公用服务方面效率和有效性问题。e. 市政设施协调。县、市间市政的实施协调可以减少公用设施和服务的重复性，扩大服务的空间规模。

1.1.4.2 "强镇扩权"模式

"强镇扩权"是指经济实力雄厚的中心镇被赋予经济社会管理的扩展权限，甚至是县（市）级经济社会管理权限，以解决经济强镇财权事权不对等和权限受束缚的问题，释放基层政府活力，促进城乡统筹发展和推进城市化进程的政府管理体制改革模式。

我国部分省份推行的"强镇扩权"改革，从根本上说，源于乡镇政府的经济社会管理权限与镇域经济的发展要求越来越不相适应，传统的行政管理体制与区域发展的矛盾日益突出，制约了镇域经济的进一步发展。随着镇域经济规模的扩大和实力的增强，传统行政管理体制下的乡镇政府职能已无法满足急剧扩张的公共管理和社会服务的需要。

"强镇扩权"作为一种崭新的行政管理体制改革方式，当前仅在我国部分省份实施，其中广东最早进行，浙江影响最大，其他省份尚处于摸索试验阶段。广东作为扩权改革的最早实践者，在2000年8月28日中共广东省委、广东省人民政府在《关于推进小城镇健康发展的意见》中指出：确定的300个中心镇，要按照责、权、利统一的原则，逐步完善镇政府的经济和社会管理职能，并下放部分审批权限给中心镇；2003年，广东省人民政府的《关于加快中心镇发展的意见》更是在全国率先明确提出中心镇经济和社会权限改革的具体措施，下放到中心镇的具体举措主要涉及基本建设和技术改造项目审批权、外商投资项目审批权、建设管理审批权、建设用地审批权、工商行政管理权、财税管理权、机构设置权等方面；2005年，广东省又对县与镇之间财权和事权适当调整，建议相关县市以委托执法的名义，赋予中心镇部分县级行政管理权限。

浙江省的"强镇扩权"改革在前期实验的基础上于2005年9月率先在绍兴县进行试点，将农村中直接影响社会稳定、事故发生频繁，而县级职能部门又鞭长莫及、管理滞后的环境保护、安全生产、劳动用工、城建监察4项职能，授予杨汛桥镇、钱清镇等5个中心镇；2006年，浙江省又将改革的试点扩展到嘉兴市；2007年4月，浙江省政府发布《关于加快推进中心镇培育工程的若干意见》，对141个试点中心镇的行政管理体制进行大幅度改革，按照"依法下放、能放就放"的原则，赋予中心镇部分县级经济社会管理权限，强化中心镇政府在科技、信息、就业和社会保障、义务教育、公共医疗卫生等方面的公共服务职能，放权内容包括建立和完善中心镇的财政体制、财政投入与投融资体制、城镇规划与建设用地权、扩大经济社会管理权限、户籍制度改革等10项权力，扩权改革在浙江省部分省级中心镇加以推行。

"强镇扩权"改革政策的实施，极大地增强了乡镇政府发展的主动性，提高了其行政工作效率和全面履行政府职能的能力，优化了镇域经济发展的制度环境。广东省扩权政策实施后，镇政府在公共财政体制、投资体制和资金投入方面获得了广泛的权力和支持，中心镇财税权力得到一定扩大，财政实力逐步增长；而在事权扩展方面，中心镇获得了建设、规划、内外资投资等的立项、审批职权，环境保护、安全监察、劳动监察、城建监察、林业检疫、林业准运等方面的检查权和部分行政处罚权，以及涉及建设项目方案审查、定线放样、规划验收管理、投资项目核准与备案、建筑工程许可证核发、施工纠纷及事故调处等事务类权力；另外，中心镇还在户籍改革、就业和社会保障方面获得了更多的改革自主权。通过"强镇扩权"，广东省扩权改革的推行使中心镇政府的财权、事权关系得到优化，政府工作效率得到提高，社会满意度得到提升。

小结

居民点是按照生产和生活需要而形成的聚集定居点，主要由生活、生产、交通运输、公共设施、行政文教、园林绿化等各种物质要素构成。

村庄是随着生产力的发展以及农业和畜牧业的劳动分工，人们为了组织固定的生产活动，在一些地方逐渐聚集，形成的定居场所；集镇是由集市发展而来，是手工业从农业中分离，逐渐形成的商品的固定交易场所。

村庄是人类聚落发展的最低形式，具有人口稀少、职能单一、自给自足性强、资源丰富、环境好等特点；集镇具有历史悠久、交通便利、星罗棋布、服务农村、工农结合等特点，是农村商业集贸的交换场所。

思考题

1. 村庄和集镇是怎样形成的？各自有什么特点？

2. 村镇发展的一般规律是怎样的？

1.2 村镇规划与村镇建设

本节要点

本节主要介绍村镇规划的概念和任务，村镇体系构成，村镇建设的概念、内容和特点，村镇规划在村镇建设中的地位和作用，以及村镇规划的意义和存在的问题。要求学生重点领会村镇规划和建设的概念，村镇规划与村镇建设的关系等基本问题。

1.2.1 村镇体系

1.2.1.1 村镇体系概念

村镇体系是在一定地域范围内，由村庄和集镇共同组成的一个有机联系整体。乡村聚落数量众多，如在一个县内，除县城和少数建制镇外，还有若干集镇及大量村庄，这些村镇规模大小不一，分布地域不同，职能和特点也不一样。根据其人口规模、经济职能、服务范围等因素可将县域内的村镇分为若干等级，等级越高，规模越大，其影响地区越广，数量则越少。不同等级的村镇间往往存在着紧密的联系，在空间上构成一个具有一定特点的村镇体系。分析研究村镇体系的结构与空间布局对村镇规划与建设工作具有重要意义。

1.2.1.2 村镇体系构成

村镇体系的构成可分为多层次、多等级的结构模式。总体而言可以划分为集镇、中心村和基层村三个等级。集镇与区域内的村庄、集镇等相互联系产生区域性的影响和辐射作用。

根据集镇的职能、作用、地位，集镇可以分为中心集镇和一般集镇，形成两个层次、两个等级。中心集镇，其服务范围超过本乡（镇）、一般几个乡（镇），甚至是更大地区的经济、信息、商业流通中心，布置有县办工业企业和超越本行政区服务的医院、学校等公共设施，其设施相应地为辐射区服务。从建制上一般是建制镇，从地位和作用上，一般是县城次中心。一般集镇，其服务范围是本乡，一般布置有乡（镇）办的工业企业和为本乡服务的医院、商店、学校、邮电等公共设施。村庄，是农民从事生产和生活活动的基本居民点，由于经济、信息、生活上的联系，村庄在职能、规模、空间结构上形成不同的层次，为满足经济、信息、生活上的联系及管理上的需要，地理位置适中、发展条件好的村庄，逐渐形成一组村庄中心，即在村庄中形成中心村。在空间结构上形成中心村、基层村的层次：中心村一般是村民委员会所在地，设有基本的生活设施；基层村一般是村民小组的所在地，设有简单的生活服务设施。

在村镇体系中，村庄和村庄，村庄和集镇间的相互联系，表现为经济上互为依托，生产上分工协作，生活上密切联系，发展上协调统一。因此，建立起完整的村镇体系，从区域和系统的角度进行村镇规划，对村庄和集镇定点、定性分类分级，明确发展对象，合理布局生产力具有深远的意义。

1.2.2 村镇规划

1.2.2.1 村镇规划的含义

村镇规划是乡（镇）人民政府为实现村镇经济和社会发展目标，依据区域和自身发展条件而建立的、具有区域综合性的、动态连续的系统控制，是一定时期内村镇发展与各项建设的综合性布置，是指导村镇建设的依据。村镇规划包括新建村镇的规划和原有村镇的改建、扩建规划。

1.2.2.2 村镇规划的任务

村镇规划的基本任务是：在一定的规划年限内，从区域的角度，研究确定各级居民点及其相互间的联系，确定村镇的性质、发展方向和规模，合理组织村镇各建设项目的用地与布局，妥善安排建设项目的进程，以便科学地、有计划地进行农村现代化建设，满足农村居民日益增长的物质生活和文化生活需要。

我国现有300多万个村庄和4万多个集镇，分布在全国各地。由于地理位置、自然条件、社会经济条件、风俗习惯等方面的差异较大，村镇规划工作要在全国农业资源调查和农业区划的基础上，根据国家的政策法令和规划原则，因地制宜地，有计划、有步骤地进行。

总之，村镇规划对村镇建设和经济发展有重要的指导意义。由于涉及面广，政策性、综合性强，因此，要求规划工作者要以辩证唯物主义的思想为指导，努力学习方针、政策，提高理论修养和扩大知识面，从宏观着眼、微观入手，运用现代科学技术手段和方法进行综合分析与论证；全面规划、统一布局，协调各方面的矛盾，使规划方案在经济上合理，技术上先进、适用，建设上可行。

1.2.2.3 村镇规划的内容

村镇规划的编制分总体规划和建设规划两个阶段。

村镇总体规划（村镇体系规划）是以县域规划、县域经济和社会的各项发展规划以及当地的自然环境、资源条件、历史和现状为依据，在全乡（镇）范围内进行村镇布点和相应建设项目的全面部署。

村镇建设规划是在村镇总体规划（村镇体系规划）指导下，对村庄和集镇的建设进行合理布局和安排建设项目。即对一个集镇和村庄进行内部的、具体的规划，选定每个建设项目的定额指标，并确定规划实施的步骤和措施等。

我国村镇规模小、布点分散，但在经济发展、生活服务以及行政管理上又有密切的内在联系，形成一个村镇体系。对任何一个具体的村庄和集镇来说，都不是孤立的，它与周围的村镇共同组成一个村镇体系，是其中的一个成员。因此，对每个村庄、集镇来说，都应该首先明确自己在体系中的地位和作用，这就需要通过村镇总体规划来体现，然后才能以此为依据，编制每个村庄和集镇的建设规划。编制村镇规划，必须首先编制村镇总体规划，然后再编村镇建设规划，这样才能使村镇建设有一个正确的发展目标和方向，否则村镇规划就会失去科学依据，必然带来一定的局限性、片面性和盲目性；如果只编制村镇总体规划，忽视建设规划，总体规划确定的方向、目标和战略部署就会落空，总体规划也就失去了意义。所以，村镇总体规划是村镇建设规划的依据；村镇建设规划是村镇总体规划的继续和具体化。两者是整体与局部的关系，是前后延续、相互衔接、不可分割的关系。

1.2.3 村镇建设

1.2.3.1 村镇建设的内容

村镇建设的内容包括以下五个方面：

① 住宅建设。这是村镇建设的主要部分。住宅建设面积约占村镇建筑总面积的70%以上，规模较小的基层村可占90%左右，在集镇上也要占建筑面积的50%以上。

② 公共建筑建设。包括学校、医院、影剧院、幼儿园、商店、书店、旅店、集贸市场、行政办公场所等，是村镇建设的重要组成部分，它们的建筑形式和特色突出反映了村镇的风貌特色。公共建筑建设面积占村镇建筑总面积的15%~18%。

③ 生产性建筑和仓储设施建设。包括工业、畜牧业、副业等生产建筑和仓储设施，如厂房、畜舍等，其建设面积占村镇建筑面积的8%~10%。

④ 公共工程设施。包括道路、给水、排水、供电、通讯等各项公共工程设施，这些设施是村镇发展生产和提高居民生活水平的重要前提，是村镇建设的基础部分。

⑤ 环境建设。包括绿化、防灾设施、环卫设施以及建筑小品等。它们对村镇起着调节气候、保护环境、平衡生态、美化村容镇貌的作用，是村镇建设中不可忽视的重要组成部分。

1.2.3.2 村镇建设的特点

村镇建设与城市建设有相同之处，但也有其自身的特点。弄清村镇建设的特点是理解和贯彻有关方针政策、组织和领导好村镇建设工作的前提。村镇建设的特点主要有：

① 村镇数量多，布局分散，人口规模比较小，但相互间具有一定的内在联系，群体性强，能够形成集镇、中心村和基层村多层次的村镇体系。因此，村镇规划不能孤立地以村论村、以镇论镇，而应从全局出发，考虑不同层次、不同等级村镇发展的特点和要求，从整体上对村镇进行合理布局。

② 村镇是以农业经济为主，兼具有第一、二、三产业并存的特点。为此，村镇的分布、规模、结构及建筑物形式等方面与农村的产业结构和劳动力结构的变化有着密切关系。

③ 村镇各项建设设施具有多功能性。住宅建筑具有生活与生产的双重功能；公共建筑具有多功能的综合性；生产建筑具有灵活变化的适应性。

④ 村镇建设具有地方性。我国地域辽阔、民族众多，各地自然条件、经济条件、风俗民情等千差万别，各地村镇建设在长期的发展演变过程中形成了独特的风格和艺术，富有地方特色。各地的村镇建设应当在体现时代特点的同时注意继承和发展自身的地方特色。

⑤ 村镇各项建设资金多是依靠农民个人自筹或劳动经营集体筹集，或是通过多方集资。村镇建设呈分散状态，这就要求村镇规划应综合党和国家的方针政策、农民的意愿，以此给予正确的引导。

⑥ 集镇面向城乡两个市场，一头联结城市，一头联结农村，从而把城乡两个市场紧密地联系起来；其还是城乡之间的纽带和过渡部分，具有工农结合、城乡结合的特点。

认识和分析村镇建设的特点，目的在于让村镇建设工作者了解村镇与城市的区别。在村镇建设中，必须突出农村特点，联系农村实际，不能生搬硬套城市建设的经验。

1.2.4 村镇规划在村镇建设中的地位和作用

村镇建设包括住宅建设、公共建筑建设、生产性建筑和设施建设、公用工程设施建设和环境建设等方面内容，这些内容都与广大农民的切身利益密切相关。我国是个农业大国，村镇建设是关系着亿万农民的生活、生产的伟大事业，也是我国社会主义现代化建设的重要组成部分。

村镇建设是一个复杂的过程，需要经过一系列的步骤才能完成。具体来说，进行村镇建设必须通过以下四个环节：

① 规划。这是村镇建设的龙头，要进行村镇建设，必须首先做好规划。通过规划对村镇的各项建设进行全面、科学地总体安排，为各项工程设计和管理提供依据。村镇规划是村镇建设的首要环节。

② 设计。村镇设计依托并体现规划意图，对某一建筑物或构筑物进行具体设计，以指导施工。

③ 施工。依据村镇规划具体要求的建设位置和设计，对建筑物或构筑物具体组织实施，是体现规划和设计意图的物质生产活动。

④ 维护。即对建成后的各类建筑物和设施进行维修和维护，以延长它们的使用寿命，保障建设成果发挥效益。

从以上四个工作环节可以看出，村镇规划在村镇建设中的地位和作用。村镇规划对村镇建设起着综合、协调和指导作用。村镇建设水平在很大程度上首先取决于村镇规划的水平。做好村镇规划，村镇建设就有了一个好的开端。

1.2.5 村镇规划的意义和存在的问题

1.2.5.1 村镇规划的意义

（1）科学的村镇规划是农村协调可持续发展的基本依据

规划在前，发展在后，这是村镇规划应遵循的一个基本原则。一定要事先进行科学、全面、系统的规划，尽可能全面地掌握基础资料，对村镇的现状、内外部环境进行深入的分析研究，准确认识和把握村镇发展的内在矛盾和问题，从而确定规划的主攻方向。规划一旦编制并被认可，就要作为该村镇今后发展与建设的基本依据，严格按照规划实施和管理。

（2）科学的村镇规划是农村协调可持续发展的重要手段

协调可持续发展是新农村建设的重要内容，以科学的发展观为指导，促进经济、社会、环境、人口、资源相互协调和共同发展，既满足当代人的需求，又不影响后代人发展的可持续发展战略，其核心就是人与环境、人与资源的和谐平衡问题，把规划作为一种重要的手段来协调这几种关系，对保障新农村建设健康发展十分重要。

（3）科学的村镇规划是充分利用有效投入的根本前提

新农村建设要本着节约的原则，充分立足现有基础进行各项建设和改造，提高有效投入的利用率，防止盲目大拆大建、重复建设和二次改造所造成的人为浪费。科学的村镇规划就是要综合考虑现状基础和未来发展，统筹安排。

（4）科学的村镇规划是立足当前、兼顾长远的基本保证

规划最基本、最重要的特征是它对未来的导向性，不仅要有效地解决当前的发展建设问题，还要高瞻远瞩地预见未来。科学的村镇规划能够保证村镇发展和建设的系统性、连贯性和整体性。

（5）科学的村镇规划是确保提高农民生活质量的有效途径

建设社会主义新农村是解决"三农"问题的又一重大举措，其目的在于进一步缩小城乡差距，切实增加农民收入，提高农民生活质量。科学的村镇规划，是促进农村全面、协调、可持续发展的有效途径。改善农村旧的生活环境，从根本上提高农民的生活质量，制定科学的村镇规划在目前形势下是极其重要和紧迫的。

1.2.5.2 村镇规划存在的问题

目前，我国村镇规划工作整体相对滞后，不能适应新的发展形势，地区之间也存在较大差异。村镇规划主要存在以下几方面的问题。

① 由于规划意识不强、法制观念淡薄，很多地方的村镇规划修编不及时，甚至没有编制规划。

② 编制的规划质量相对较差，主要表现在：编制乡镇域总体规划和村镇体系规划时，在空间上缺乏区域的观点、整体的观点，存在就村镇论村镇的现象；在时间上，对规划的动态连续性把握不够，规划缺少应有的弹性；规划文本和图纸均较简单，达不到国家标准要求；规划设计缺乏特色；村镇规划在与上一层次的规划衔接方面存在不协调，或缺少县域城镇体系规划对村镇体系规划的指导。

③ 规划审批不规范。按照《城乡规划法》的要求，村庄、集镇总体规划和集镇建设规划，经乡级人民代表大会审查同意，由乡级人民政府报县级人民政府审批。村庄建设规划，经村民会议讨论同意后，由乡级人民政府报县级人民政府审批。但实际中存在未组织审批及未按规定程序报县级人民政府批准的问题。

④ 规划执行不够严格，建设随心所欲。"一任领导一个规划"的现象较普遍，规划的法令性和严肃性在一些地方得不到很好的执行。

由于存在上述问题造成以下后果。第一，在一定程度上导致了农村建设的无序，如农村居民的饮用水源被工业、养殖业或自己的生活污水污染；道路穿村而过，路面高于住宅，威胁农民生命财产安全；发展家庭养殖业过程中"人畜混杂"，留下人畜共患病的公共安全隐患；生活垃圾填埋到不应填埋的地方；住宅建在了泄洪区、泥石流区和地下采空区；随意建房或堆放柴草，没有留出消防通道；厕所搭建不合理等。第二，因为缺乏统一规划，部分基础设施和公共服务设施重复建设，在一定程度上也造成了资源和有限建设资金的浪费。第三，由于规划的缺失，村镇建设发展过程中对生态环境的破坏也不容忽视。

如果以科学合理的规划为先导，指导村镇建设，则会取得良好的效果。全国各地近年来以村镇规划为切入点，开展村庄整治，加强农村基础设施和生态环境建设，给广大农村带来了巨大变化。

小结

一定地域范围内，村庄和集镇组成的有机联系整体即为村镇体系，可以划分为集镇、中心村和基层村。

村镇规划是乡（镇）人民政府为了实现村镇经济和社会发展目标，依据区域和自身发展条件而建立的具有区域综合性的动态连续的控制系统，是一定时期内村镇发展与各项建设的综合性布置，包括村镇总体规划和村镇建设规划两个阶段。

村镇规划在村镇建设中是龙头性工作，对村镇建设具有综合、协调和指导作用。

思考题

1. 村镇规划的任务和内容是什么？

2. 村镇规划在村镇建设中的地位和作用如何？

3. 村镇规划在村镇建设中有什么意义？

1.3 村镇规划的指导思想、基本原则和工作特点

本节要点

本节主要介绍村镇规划的指导思想和基本原则，村镇规划工作特点和工作程序。重点要求学生明确村镇规划工作的特点和工作程序。

1.3.1 村镇规划的指导思想

根据村镇经济发展的要求，从村镇建设出发，建立起一定区域的村镇体系，从整体建设部署上适应生产发展与生活提高的需要，综合规划，统筹安排村镇各项建设并协调发展。因地制宜，从实际出发，以改造为主，逐步建设，使村镇布局合理紧凑，设施完善实用，交通便利，环境优美宜人，把村镇建设成具有各类地方特色的现代化集市和文明新村。在这个基本思想的指导下，加强领导，搞好宣传，充分调动广大农民的积极性，走自己动手建设家园的路子。坚持全面规划，合理布局，节约用地，充分利用原有设施，逐步改进、不断完善，避免刻意求新、过急、大拆、大建；在坚持发展生产的基础上，正确处理生产与生活的关系，量力而行，分期分批，逐步建设；坚持因地、因时、因事制宜，确定建设规模，建房方式和建筑形式，不能一刀切，坚持群众路线，典型引导的方法，注意社会效益、经济效益、环境效益的统一。

1.3.2 村镇规划的原则

搞好村镇规划，必须认真贯彻执行相关的方针、政策，发动群众，依靠群众，群策群力，执行以下原则：

（1）统一规划，有利生产，方便生活

村庄和集镇是一个有机联系的整体。在这个整体中，集镇是中心，是基地，它的生活、生产、公用服务等各项设施要面向村镇全范围，村镇规划必须考虑经济区域内集镇与村庄的联系，统一规划。

村镇必须充分考虑生产与生活统筹兼顾，合理安排，既要有好的生活条件，如居住环境宁静、交通方便，公建及其他服务设施配套；又要有好的生产条件，使村镇规模恰当，位置合理，才能有效地达到村镇规划的目的，有利生产，方便生活。

（2）节约用地

村镇规划首先应当充分挖掘原有村镇的用地潜力。过去我国广大村镇是在小农经济的基础上自发形成的，内部结构松散、零乱，但绝大多数村镇布局经历史的考验已定型。规划的主要任务是在原有基础上就地改造、扩建。当必须选址新建时，尽量利用坡地、荒地、薄地，严格控制占用耕地、林地、人工林场，并不得因远期规划规模过早过多占用土地，避免防止占而不用，少占多用及多占宽用等现象。在人多地少的农业高产地区和有条件的地方提倡建楼房。

（3）远近期相结合，以近期为主，分期建设逐步实现

村镇规划既要解决当前的建设问题，又要为今后发展留有余地，近期建设和远期建设紧密配合，协调统一。村镇建设的主要任务应该从当地村镇实际出发，正确处理需要和可能的关系，确定适宜的建设标准和分期实施计划。

（4）在村镇建设中，重点搞好集镇建设

集镇是村镇建设的"龙头"。发展集镇经济就可以带动村镇整体经济的发展，搞好集镇建设，不仅能够改善和提高人民的物质、文化生活水平，还可以加速人口集镇化进程，缩小城乡差距。在村镇建设中，着重抓好集镇建设是一定区域内政治、经济、文化和生活服务的中心，应充分发挥集镇建设在农业现代化建设和组织农民经济文化生活中的带头作用。

（5）村镇规划要有特色

村镇规划要结合当地现状、自然条件、生活习惯等特点，为居民创造舒适、卫生的生活环境。规划布局和空间组织要因地制宜，灵活多样，具有鲜明的地方特色和民族特点。

1.3.3 村镇规划工作的特点

村镇规划关系到人民的生活，涉及政治、经济、技术和艺术等方面的问题，内容广泛而复杂。为了对村镇规划的性质有比较准确的了解，必须进一步认识村镇规划的工作特点。

1.3.3.1 综合性

村镇规划需要统筹安排村镇的各项建设，村镇建设涉及面广，包括农、林、牧、副、渔、工、商、文、教、卫等各项专业，又涉及人们的衣、食、住、行和生、老、病、死等各个方面，要通过规划工作

把这样繁杂、广泛的内容有机地组织起来，统一在村镇规划之内，进行全面安排，协调发展。因此，村镇规划是一项综合性的技术工作。

1.3.3.2 政策性

村镇建设的项目包括国家的、集体的、个人的，需注意处理好国家、集体和个人对村镇建设的积极性，把集体和个人的力量与智慧吸收和汇总到村镇的规划中。另外，在村镇规划中，一些重大问题的解决牵扯到国家和地方的方针、政策。例如，村镇性质、规模、指标等，都不单纯是技术和经济问题，而是关系到生产力的发展水平、城乡关系、消费与积累比例等重大问题。因此，规划工作者必须加强政策观念，在工作中认真贯彻执行党的方针政策。

1.3.3.3 地方性

我国幅员辽阔，南方与北方，山区与平原，内地与沿海各地的自然条件，经济条件，风俗习惯和建设要求都不相同，村镇规划必须因地制宜，反映出当地村镇特点和民族特色，不能"一刀切"。因此，村镇规划具有地方性的特点。

1.3.3.4 长期性

村镇建设是百年大计，需要循序渐进，一个村镇规划的实施，不是短时间的事，一般都要经过几年、十几年的持续建设才能完成。另外，由于受到技术上和认识上的局限，不可能对村镇建设的未来做出准确的预测。因而在规划中，既要适应当前建设的需要，又要考虑远期和近期结合，对规划的内容不断加以改进、补充，逐步完善。

1.3.4 村镇规划的工作程序

村镇规划分为村镇总体规划（村镇体系规划）和集镇、村庄的建设规划（图1-2）。

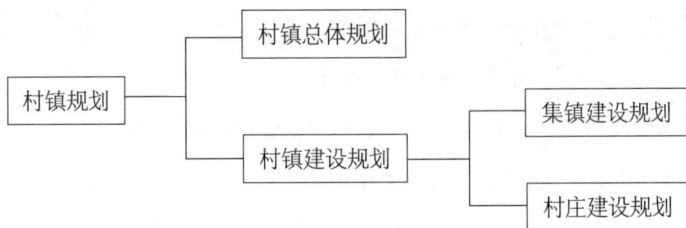

图1-2 村镇规划示意图

村镇总体规划是根据国民经济发展计划，以县域规划、县域经济和社会的各项发展规划以及当地的自然环境、资源条件、历史和现状为依据，对全乡（镇）辖区范围内的村镇进行合理分布和主要建设项目进行全面布局。

村镇建设规划是以总体规划为依据，对村镇个体进行的各项建设用地布局和建设项目安排的控制性规划与建设实施规划，以指导村镇建设，达到发展总目标的要求。

村镇规划两个部分的划分是符合我国村镇的具体情况的。因此，根据我国村镇群体中村镇的行政分布组织，经济发展，生活服务等特点，既需要对村镇群体内的所有村镇进行总结协调，又需要对每个村镇进行详细安排。就某一村镇而言，其并不是孤立地存在的，而是村镇群体中的一部分。在编制一个村镇的建设规划时，必须全面了解这个村镇在村镇群体中的地位、职能作用、发展趋势以及具体的建设要求，并以此作为建设规划的依据，而这些依据应当在总体规划中显示出来。因此，村镇总体规划是建设规划的依据，建设规划是总体规划的深入和具体化，两者的关系是整体和局部的关系，是相辅相成、互相衔接的两个阶段。

小结

村镇规划必须坚持统一规划、方便生活、节约用地、远近结合、建设为主和保持特色的原则。

村镇规划具有综合性、政策性、地方性和长期性的特点。

思考题

1. 村镇规划的原则和指导思想是什么？

2. 村镇规划的工作程序。

参考文献

金兆森. 1995. 乡镇规划[M]. 北京：中国农业出版社.

胡修坤. 2005. 村镇规划[M]. 北京：中国建筑工业出版社.

贾有源. 1992. 村镇规划[M]. 北京：中国建筑工业出版社.

骆中钊, 等. 2005. 小城镇规划与建设管理[M]. 北京：化学工业出版社.

庄林德, 张京祥. 2002. 中国城市发展与建设史[M]. 南京：东南大学出版社.

朱建达, 苏群. 2008. 村镇基础设施规划与建设[M]. 南京：东南大学出版社.

冷御寒. 2005. 小城镇规划建设与管理[M]. 北京：中国建筑工业出版社.

李德华. 2001. 城市规划原理[M]. 北京：中国建筑工业出版社.

顾朝林, 浦善新. 2008. 论县下设市及其模式[J]. 城市规划学刊, 173(1)：57-61.

宋建辉, 李瑾. 2010. 我国部分省份推行"强镇扩权"改革研究综述[J]. 城市管理(4): 46-49.

第2章　村镇规划编制前的准备工作

村镇规划是一项综合性、政策性、地方性、技术性很强的工作，既要考虑现实要求，又应具有科学的预见性，是指导规划范围内今后相当长一个时期内村镇发展与建设的战略部署。为了使编制的村镇规划能够从实际出发，指导村镇建设，在编制村镇规划前，必须首先对规划的对象做深入细致的了解，即必须做好基础资料的搜集、整理和分析工作。

2.1 基础资料的搜集

本节要点

本节重点介绍基础资料搜集的内容和作用，资料搜集的方法和注意的问题。要求学生熟悉村镇规划中所涉及的基础资料搜集工作。

2.1.1 村镇资料搜集的重要性

通过基础资料的搜集、整理和分析，可以掌握规划范围内各行各业的需求及其相互联系，掌握自然条件和经济条件对村镇发展的优势和限制等。如果不掌握准确而充分的基础资料，就不可能对当地的自然资源条件和建设条件进行科学的分析；不可能认清当地的优势而扬长避短地进行建设；也不可能抓住主要矛盾并提出相应的解决办法。如果没有基础资料的调查，编制出来的规划必然是脱离实际、无法实施，只能是"规划规划，纸上画画，墙上挂挂，别人夸夸"而已，既浪费财力、人力、物力，又挫伤群众的积极性。即使有的规划勉强实施，由于没有足够而准确的资料作为依据，实施过程中也会处处被动，以致最后不得不放弃原来的规划和建设而从头开始，同样造成巨大浪费。

由于缺乏完整详细的资料，给村镇建设带来很多不应有的损失的例子是很多的。例如，有的地区在资源不清的情况下就盲目兴建一些工厂，结果，由于原料不足或者产、供、销严重不平衡而被迫停产；有的村庄为了扩大耕地，在未做充分调查研究的情况下，盲目从平地迁到山地建新村，当多数农民迁居后，才发现新址水源量少质差，严重影响了农民的生产和生活；有的村庄，由于人们对大片山体断裂造成大规模滑坡等因素缺乏认识，出现了在滑坡灾害中造成村庄被毁灭，村民丧生的悲剧；有的村镇编制规划时，由于地形图纸资料不全，在此基础上绘制的规划图纸，精度低、误差大，这就很难起到指导建设的作用；还有的村镇，编制竖向规划前，不了解村镇周围洪水资料，竖向设计标高低于最高洪水位，一旦发生洪水时，就会出现被洪水淹没的危险。这些问题的产生，虽然也有各种客观原因，但其中重要的一条就是不重视对基础资料的搜集和研究，缺乏对现状条件的科学分析，这些都是主观盲目性而造成的结果。

由此可见，在没有基础资料或资料不足的情况下，不可能做出符合当地实际、质量较高的规划。因此可以说，通过调查研究，做好基础资料的搜集和整理工作，是编制村镇规划之前最重要的工作阶段；是全面认识村镇现状的手段；是村镇规划设计的依据；是保证村镇规划质量的重要环节。

2.1.2　资料搜集的内容和作用

村镇规划具有综合性的特点，涉及的方面较广，具体内容及其作用主要包括以下几方面。

2.1.2.1　历史沿革

历史沿革包括村镇的形成和发展过程、发展动力及村镇形态的演变原因；各历史阶段的人口规模；村（镇）址扩展或变迁的情况；交通条件和村镇兴衰的情况；标志村镇历史文化特征的名胜、古迹、古建筑遗址及其位置与简况；当地的民族习俗、风土人情等。掌握这部分资料，可以从村镇在历史上的地位和作用，来分析村镇未来发展的趋势，有助于确定村镇的性质和发展方向，有助于在规划和建设中突出地方风格、保持民族特色，有利于保护和利用文化遗产。这部分资料可通过查阅当地县志等史料，结合民间传说、访问高龄老人等进行分析考证。

2.1.2.2　区域资源

（1）区域资料

区域资料包括区域的范围界限、经济发展水平及发展条件、城乡建设现状、城乡之间的相互关系、村镇在区域中所处的地理位置及作用等。了解区域资料有助于较为准确地为村镇规划定位，并处理好局部与整体的关系，以充分发挥村镇在区域中的作用。

（2）自然条件

① 地形图。无论是编制村镇总体规划，还是编制村镇建设规划，都必须具备适当比例尺的近期地形图。有了地形图，就为分析地形和建设用地条件提供了依据。随后，通过踏勘和调查研究，可以在地图上绘制现状分析图，作为编制规划方案的重要依据和基础。

a. 村镇总体规划用地图。图纸比例应视乡（镇）所辖面积的大小来确定。较小的乡（镇）用1：5000或1：10000，较大的乡（镇）可用1：20000或1：25000。图上应标明乡（镇）用地范围，与邻县或邻乡（镇）的交通联系，全乡（镇）范围内村庄和集镇的位置及其用地范围、名胜古迹、厂矿、河流、灌排渠道、防洪堤坝、湖泊、水库、高压输电线路、村镇间道路和各种已有工程设施，以及农田、林地、果园等各类用地的界限等。

b. 集镇建设规划用地图。该图是指一个具体集镇建设范围内的地形图。图纸比例一般采用1：2000，规划人口规模超过1万人时可采用1：5000。地形图的测区范围，一般应比要规划的用地范围宽出100～500m。图上应有测量坐标网，测量标志的点位，详细标明各种地物、地貌、各类建筑物、构筑物、道路和桥涵、管线工程以及村镇范围内的农田、菜地、水体等。

c. 村庄建设规划用地图。图纸比例为1：2000或1：1000。图上应标明的内容同集镇建设规划用地图。

② 地质。地质资料可分为工程地质和水文地质两部分，工程地质包括地质构造、地基承载力以及地震、滑坡等不良工程地质现象。水文地质主要是地下水的情况。

a. 工程地质方面。

■ 土壤情况和地基承载力　一般工程建设涉及地面以下一定的深度，这部分主要是由土和岩石构成，土和岩石都有许多种类，这许多种土和岩石又有不同的组合方式，再加上地上地下水的影响，地基承载力大小相差悬殊，需搜集村镇建设用地范围内各地段的土壤和地基承载力大小情况。地下如有淤泥、流沙、胀缩土等，应了解其分布情况、范围大小、厚度等。这些资料对土地的合理利用非常重要。如地基承载力大的地段可以安排重型工厂或其他大型建设项目，承载力小的地段安排一般建设项目，再差的地段可以布置绿化带，或者采取工程措施后作其他用途。

■ 地震　地震对村镇建设有很大影响，特别是强烈地震对建筑物、构筑物破坏性极大，影响范围也较广。村镇用地选择、规划布局和各项工程设施的建设都必须考虑防震、抗震及震后疏散救灾等问题。

了解当地历史上的地震情况、地震基本烈度以及地质构造是否有发生地震危险的活动性断层等，对于合理选择村镇建设用地有重要意义。

■ 滑坡　坡地由于风化作用，或由于地表水、地下水的作用，或出于人为的原因，在重力作用下，使部分岩土失去稳定性，而整体的和长期的向下滑动，这就是滑坡。滑坡对地面上各种设施的破坏虽不如地震强烈，但也能造成很大危险，例如，有的工厂因滑坡现象而坍塌，河岸、路堤也会因滑坡而滑塌，在滑动的坡体大而滑动速度快时，甚至可将整个村镇破坏。1925年，四川南沱一个镇就随岩体滑动而一起滑落。

在调查地质资料时，需要了解有没有滑坡的迹象，滑坡的稳定性如何（越是不稳定的滑坡危害越大），滑坡地带的分布和稳定的用地的界限，为村镇用地评定以及村镇用地选择提供依据。不稳定的滑坡自然不宜作为村镇建设用地，如果有必要选用有滑坡可能的用地，必须根据具体情况，采取工程措施加以防治。

■ 岩溶　地下可溶性的岩石（如石灰岩、盐岩、石膏等）在含有二氧化碳、硫酸盐、氯等化学成分的地下水的溶解、侵蚀之下，使这些岩石内部形成空洞（地下溶洞），这种现象称为岩溶。这种地下溶洞有时分布范围很广，洞穴空间高大。地面上的设施如果不慎选在这种空洞之上，其危险性是不可想象的。因此，在调查地质情况时，需要摸清岩溶的分布和深度。地下的溶洞虽然会对地面上的建筑造成危害，但有时洞内景色离奇，可辟作游览胜地。

■ 采空区　地下矿藏经过开采之后，形成采空区。出于地层结构受到破坏，使岩层崩落、弯曲、地表下沉，由于矿层埋藏深度、地质构造和开采情况不同，对地面的影响也有大有小。与地下溶洞现象相似，采空区对地面影响较大时，也不宜作为建设用地。调查中应了解采空区的分布情况及分析对地表的影响。

以上资料不是工程地质的全部内容，也不是各地都有的现象，可以根据当地情况，调整资料的内容。

b. 水文地质。水文地质资料主要是了解地下水的情况，如地下水的分布、运动规律及其物理、化学性质，以便在村镇建设中合理利用地下水、防止地下水的危害。

有关地下水的资料包括水位、含水层分布厚度、水量、水质（水温、色、味、透明度、硬度、pH值及其他成分含量等）、流向等；还要了解有没有泉水、自流井及其位置、流量；还包括了解目前的情况和发展趋势，如地下水位的变化和水量、水质的变化等；还应了解地下水开采、利用的情况。

有丰富的地下水源和优良的水质，对村镇的工农业生产的发展和生活用水的供应都是极为有利的条件。如优良而稳定的水质，可以满足某些工业生产对水质有较高的要求以及饮用水、食品工业用水的卫生要求；含有特殊矿物质的温泉和矿泉更是重要的资源；低温地下水是很好的冷却水等，这些都有较大的经济效益，是地面水不能相比的。

地下水并不是取之不尽的，所以要了解它的蕴藏量和补给情况，合理开发利用。局部地区的过量开采，使地下水位大幅度下降，形成漏斗状，使四周的污染物质都流向漏斗中心，使水质变坏，而且难以治理。严重的还会造成地面下沉，使村镇及其邻近地区形成一个碟形洼地，对防汛、排水等很不利。

地下水的流向对村镇布局也有影响。与地面水情况类似，对地下水有污染的一些项目要布置在地下水的下游一侧，尽量减少污染，特别要注意防止水源地的地下水受到污染。

地下水对村镇建设也有不利影响的一面，如地下水位过高对地基不利，对地下工程的影响更为明显；地下水中含有的某些成分对地下设施有侵蚀作用。

③ 水文资料。水文资料包括河湖的水位、流向、流量、含沙量等。水文资料十分重要，是选择村镇用地的重要依据。分析研究水文资料，与保证村镇的安全，不受洪水威胁，与河湖的整治和管理，与估算工农业生产及各项设施的用水、供水，与改善村镇环境，与水上运输及水利工程的建设等都有非常密切的关系。水文资料主要的内容如下：

a. 水位。主要查清各河段历史上发生洪水的时间、最高水位及淹没的范围，重点是了解近百年的资料。除了解最高水位以外，还应了解水位变化情况。如一年内不同季节水位变化情况和不同年份水位变化情况等。

b. 流量。指各河段在单位时间内通过河流某一横断面的水量，以 m^3/s 为单位。也要了解历年的变化情况及一年之内不同季节流量变化情况，如洪水季节的最大流量，枯水期的流量，平均流量等。

c. 含沙量。指河湖某一断面的含沙数量。也需要了解历史上最大、最小含沙量，了解发展趋势，了解河湖泥沙淤积情况。

④ 气象。气象对村镇规划与建设影响较大，包括风、日照、气温、湿度、降水量等。现分述如下：

a. 风。风就是地面大气的水平运动，风是由风向与风速来表示的。风在大气中起着输送、扩散有害气体和粉尘的作用，为了减少村镇大气污染，保护环境卫生和居民的身体健康，在村镇规划中，必须对当地风向、风速的变化特点进行分析、研究，使村镇布局更加合理。

■ 风向　在村镇规划中，风向一般用8个方位来表示，即北（N）、东北（NE）、东（E）、东南

（SE）、南（S）、西南（SW）、西（W）、西北（NW）。

表示风向最基本的一个特征指标为风向频率。不同方位的风向发生的次数与这一时期观测总数的比值就称为风向频率，一般用百分数来表示。即

$$风向频率 = \frac{某一风向发生次数}{风向观测总次数} \times 100\% \qquad (2\text{-}1)$$

■ 风向玫瑰图　把各个方位的风向频率用图案方式表现出来，使人一目了然地看出该地某一时期不同风向的频率大小，这就是风向玫瑰图。

风向玫瑰图可以表示一个地区某一个月、一个季度或全年的风向频率情况。在村镇规划中要考虑不同季节的风向以及全年的风向。

■ 风速　风速就是空气流动的速度。通常用m/s来表示风速的快慢。规划工作中所使用的风速是平均风速，平均风速也有月平均值、季平均值、年平均值或多年累计的平均值。

只有掌握风资料，才能正确处理好产业用地同居住用地之间的相互关系，避免形成将有害工业布置在居住小区的上风位的不合理布局。

b. 日照。日照是指太阳光直接照射地面的现象。日照与人们的生活关系十分密切。在村镇规划中，确定村镇道路的方位、宽度、建筑物的朝向、间距以及建筑群的布局，都要考虑日照条件。

c. 气温。气温通常指离地面1.5m高处测得的温度，单位为℃。不同地区、不同海拔、不同季节、不同时间，气温均不相同，所以要搜集当地历年的气温年变化和日变化情况，包括平均温度和高温、低温的记录，如全年平均温度，一年中最冷月、最热月的平均温度，全年绝对最低温度和绝对最高温度等。气温资料对村镇用地选择、绿地规划、建筑布置、采暖规划、工程施工等都很有用处。

d. 降水量。降水量是指落在地面上的雨、雪、雹等融化后未经蒸发、渗透、流失而积聚在水平面上的深度，单位为mm，资料内容包括单位时间（一年、一季、一月、一日）内的降水量，有平均降水量及最高降水量、最低降水量，还有降雨强度（一定时间内降雨量的大小）等。我国有些地区降雨量很大，常因此引起山洪暴发和江河泛滥，造成灾害。所以降水资料对规划建设影响很大，特别是排水、防洪、江河治理等问题更离不开降水资料。

⑤ 自然灾害情况。自然灾害资料是选择村镇用地和经济合理地确定村镇用地范围的依据，是做好村镇规划的前提条件之一。

2.1.2.3　人口结构

（1）村镇人口基本情况

村镇现状总人口、镇区和所属各村镇现状人口、农业人口与非农业人口、劳动人口与非劳动人口、常住人口与非常住人口的数量及其在总人口中所占的百分数。

（2）人口职业构成

人口职业构成指农业、工副业、服务业、商业、文教卫生、交通、水利、建筑、运输等各行业人口的数量及其百分比，就业程度等。

（3）人口的年龄构成

年龄构成指各年龄组的人数占总人数的比例。一般将年龄分成6组：0～3岁（托儿组）、4～6岁（幼儿组）、7～12岁（小学组）、13～18岁（中学组）、19～60岁（成人组）、60岁以上（老年组）。

（4）文化水平构成

按大学、高中、初中、小学、文盲不同文化水平分别统计出人数和百分比，特别要注意劳动力的文化水平。

（5）人口变化资料

人口变化资料包括历年出生、死亡人数和人口自然增长率，计划生育政策的执行情况；历年迁入、迁出的人口数和机械增长率，以及迁入人口的来源、迁出人口的去向等。

搜集、整理分析人口资料的目的是：第一，通过人口的分布现状和存在问题的分析，对人口如何合理分布，怎样进行调整各村镇的人口规模等，提供可靠的依据；第二，根据现有人口数、年龄构成、自然增长率、机械增长率等资料，可以估算出村镇在规划期内的人口规模，为村镇的住宅、公共建筑和工程设施等的配置提供科学依据；第三，通过年龄构成和文化水平分析等资料，可以估计新增劳动力的数量和知识水平，为村镇建设和发展提供劳动力；第四，通过职业构成和各行业的发展进行规划分析，可以为产业结构的调整提供依据。

2.1.2.4　村镇工业

村镇工（矿）业（包括中央、省、县各级所属的工矿业）的现状及近期计划兴建和远期发展的设想，包括产品种类、产量、职工人数、带眷人数、用地面积、用水量、运输量、运输方式、三废污染及综合利用情况、企业之间的协作关系等。

手工业和农副产品加工业的种类、产量、职工人数、工场面积、原料来源、产品销售情况、运输情况和发展前景。

乡镇企业是村镇经济发展的主体，也是村镇形成和发展的基本条件。工业布局常常决定村镇的基本形态、交通流向及道路网络。因此，掌握村镇工业现状及发展设想的基础资料，有利于合理地安排村镇总体布局。

（1）居住建筑

居住建筑情况包括村镇辖区居住用地总面积、按使用性质分类的各类建筑面积、建筑质量等级、建筑平均层数、建筑密度、住宅用地面积、容积率、住宅户型结构、人均住宅面积等。

居住用地建设是村镇建设的重要组成部分。通过调查掌握村镇现有的居住水平，估算需增建的居住用地数量，在村镇规划布局中合理安排居住用地。

（2）公共设施

公共设施规划包括村镇政府办公大楼、各类商店、市场、饮食、日用修理、信用社、影剧院、图书馆、游乐场、活动中心、医院、运动场等公共设施用地的分布、数量、用地面积、建筑质量及近期、远期的发展规划。

通过调查了解村镇公共设施的现状水平，分析其分布是否合理，是否能够满足当前的需求，以便在规划中提出改进措施，对于一些必要的大型公共建筑项目，如果暂无修建计划，应预留用地。

（3）市政工程设施

① 交通运输。交通运输的方式种类，有无公共交通，公共交通的线路布设，机动车、非机动车的拥有量，主要道路的日交通量，高峰小时交通量，交通堵塞、交通事故概况及与对外交通的关系等。

② 道路、桥梁。主要街道的长度、密度、路面等级、通行能力及利用情况及桥梁位置、密度、结构类型、载重等级。

③ 供水。水源地、水厂、水塔位置、容量、管网走向、长度、水质、水压、供水量。现有水厂和管网的潜力，扩建的可能性。

④ 排水。排水体制、管网走向、长度、出口位置；污水处理厂的数量、位置及处理能力；水排除情况。

⑤ 供电。电厂、变电所（站）的容量、位置；区域调节、输配电网络概况、用电负荷、高压走廊等。

⑥ 通讯。各类通讯手段及设施概况。

⑦ 环境卫生。公厕、垃圾场（站）等。

⑧ 防灾设施。主要灾害的种类、防灾减灾工程、措施等。

了解以上各项市政工程的现状资料，为村镇市政工程规划奠定了基础。

2.1.2.5　集市贸易

集市贸易用地的现状分布、占地面积、服务设施状况、存在的主要问题。集市贸易主要商品的种类、成交额、平日和高峰日的摊数、赶集人数和影响范围、赶集人距城镇的一般距离和最远距离、集市的发展前景。

集市贸易是村镇第三产业的主要特征，对村镇的经济发展起着重要作用。

2.1.2.6　环境保护

① 环境污染（废水、废气、废渣及噪声）的危害程度，包括污染来源、有害物质成分、污染范围及发展趋势。

② 作为污染源的有害产业、污水处理场、垃圾处理场、屠宰场、饲养场、火葬场等的位置及其概况。

③ 村镇对各污染源采取的防治措施及综合利用途径。

2.1.3 搜集资料的方法

基础资料内容很多，涉及各部门各单位，如何将这些分散在各部门的资料收集起来，这就要求在开展调查以前，要做好充分的准备工作。首先要明确所需资料的内容及其在规划中的作用，做到目的明确，心中有数。并在此基础上拟定调查提纲，列出调查重点，然后根据提纲要求，编制各个项目的调查表格。表格形式根据调查内容自行设计，以能满足提纲要求为原则。另外在调查之前，还要把已经掌握的资料检查一下，现有什么，还缺什么，使调查针对性强，避免遗漏和重复。这些工作做好以后，再进一步研究用什么方法、到什么部门去搜集有关资料。经过这些充分准备再正式开展调查，就可以做到有的放矢，避免盲目性，大大提高工作效率。

（1）搜集资料的方法

搜集资料的方法一般有以下几种：

① 文献调查法。历史文献法，就是搜集各种文献资料、摘取有用信息、研究有关内容的方法。文献调查的主要优点在于调查范围广、误差较小、调查方便自由、人财物和时间花费较少。但文献调查也有其不足之处，文献永远落后于现实，信息缺乏具体性和生动性，对调查者的文化水平特别是阅读能力要求较高。

② 实地观察法（现场踏勘）。根据研究课题的需要，有目的、有计划地运用自己的感觉器官、或借助科学观察工具，直接考察研究对象，能动地了解处于自然状态下的社会现象的方法。实地观察法获得的是直接的、具体的、生动的感性认识，能掌握大量第一手资料，调查的结果比较真实可靠。不足之处在于观察结果具有一定的表面性和偶然性，而且受时间、空间等客观条件的限制与约束，不宜进行宏观调查。

③ 访问调查法。包括一对一的访谈法与一对多的集体访谈法（会议法）。访问调查法适用范围广，利于实现访问者与被访问者之间的互动，易于深入探究和讨论。但对于一些敏感性、保密性等问题不宜采用访问调查法，集体访谈法对于会议的组织者要求较高，而且往往会受时间、地点的限制，复杂的问题也难以进行详细深入的交谈。

④ 问卷调查法。调查者使用统一设计的问卷，向被选取的调查对象了解情况，或征询意见的调查方法。问卷调查的主要优点是范围广、容量大，调查成本低，宜于定量研究。不足之处在于被调查者的合作情况无法控制，问卷回复率、有效率低。

（2）资料的表现形式

基础资料的表现形式多种多样，可以是图表，也可以是文字，也可以图表和文字并举，有的还需要绘成图纸，如工程地质图、水文地质图、矿产资源图、村镇现状图、表示气象资料的风向玫瑰图等。究竟如何表现，以能说明情况和问题为准，因地制宜，不求一律。有些资料，如用表格的形式表现出来，则更能一目了然。因各地情况各异，即使同一项内容，也很难用一个统一的表格来解决问题。这里仅就一些主要项目举一些采用表格的例子，供参考。实际工作中，应根据不同情况进行增、删或修改。

① 有关人口资料的表格。

② 住宅建筑调查表格。

③ 村镇公共建筑统计表格。

④ 工副业生产建筑调查表格。

⑤ 各类建筑情况统计表格。

⑥ 村镇现状用地情况表和乡镇土地利用情况表。

⑦ 集市贸易情况统计表。

⑧ 交通量调查表。

⑨ 经济情况统计表。

⑩ 公共建筑现状指标分析表。

上述表格都是调查、整理、分析基础资料所必需的。但村镇有大有小、功能有多有少，各个村镇不可能完全一样，规划工作人员要根据实际情况的需要，设计表格，以适应编制规划的需要。总体来讲，表格虽有一目了然的优点，也便于不同村镇相互比较。但这些材料毕竟比较死板，因此，往往在做完调查后，还应做深入的资料分析评价工作，写出现状调查报告、存在问题以及解决这些问题的建议和办法。

2.1.4 搜集资料应注意的问题

搜集资料不是目的，而是作为规划的一种方法和手段。我们的任务是要编制符合实际情况并能指导今后发展的村镇总体规划和村镇建设规划方案，这就需要对搜集到的大量基础资料进行分析和整理，找出村镇经济和建设发展过程中存在的主要问题，进而提出有针对性的调整和改进方案。

在具体进行资料的分析、整理时，要注意以下几个问题：

① 要善于去伪存真，保证资料的准确性。我们搜集的资料是编制规划的依据，要求所提供的资料必须准确。不准确的资料所导致的后果比没有资料更糟。因为它会造成与客观规律相违背的错误结论，使我们编出脱离实际甚至完全错误的规划，按照这样的规划来指导建设必然带来巨大损失。因此，一方面在搜集时要加强责任感，另一方面在分析整理时也要把好准确性的第二道关，要善于鉴别，及时进行调整和修正。

② 注意调整各专业资料之间的矛盾。在没有进行县城规划的地区，各部门所提供的资料大都是根据本部门所进行的专业规划提供的，各专业之间一般没有进行协调工作，因此，各专业部门所提供的规划资料之间发生矛盾是经常出现的。例如，水利部门根据农田排灌要求提出的水位和交通部门根据航运要

求提出的水位控制标高就可能完全不同，这就需要调整修正或者通过某些经济技术手段来协调彼此之间的矛盾。

③ 对于各个方面的资料，应着重从不同的侧面进行资料的动态分析。例如，对作为规划依据的经济资料，除了注意发现该地区的经济发展的优势以外，还要注意发挥这些优势的现实性和实施的具体措施，并且要研究这些措施纳入规划以后会出现什么新问题，会对全局和其他各项建设产生什么相应的影响。对于自然资料的分析，则应着眼于村镇的发展和扩建、或者村庄迁并的可能性。对于生活服务设施及各项工程设施的资料，除了应分析当前使用状况和存在问题以外，还应重点研究它同国民经济的发展存在哪些矛盾，并据此提出解决矛盾的具体办法。

小结

基础资料搜集的内容很多，主要包括历史沿革、区域资源、人口结构、村镇工业、集市贸易和环境保护等方面的内容。

资料搜集方法主要有文献调查法、实地观察法、访问调查法和问卷调查法。

思考题

1. 村镇规划中，资料搜集的内容有哪些？
2. 资料搜集采用的方法有哪些？在资料搜集中应注意哪些问题？

2.2 村镇用地评价与选择

本节要点

本节主要介绍村镇用地综合评价、用地适用性评价、用地的综合评定和村镇用地的选择。学生应重点掌握村镇用地综合评价和适宜性评价，熟悉村镇用地选择的要求和方法。

村镇规划是在对用地的自然环境条件、建设条件、现状条件综合分析的基础上，对村镇用地合理的评价及选择。村镇用地评价是进行村镇规划的一项必要的基础工作，它的主要内容是：在分析、调查、收集所得各项自然环境条件资料、建设条件和现状条件资料的基础上，按照规划建设的需要，以及发展备用地在工程技术上的可行性和经济性，对用地条件进行综合的分析评价，以确定用地的适宜程度，为村镇用地的选择和组织提供科学的依据（图2-1）。

```
                    ┌──────────────────┐
                    │   资料的收集与分析   │
                    └────────┬─────────┘
                             ↓
                    ┌──────────────────┐
                    │    用地综合分析    │
                    └────────┬─────────┘
        ┌────────────────────┼────────────────────┐
        ↓                    ↓                    ↓
  ┌──────────┐        ┌──────────┐        ┌──────────┐
  │  自然条件  │        │  建设条件  │        │  其他条件  │
  └─────┬────┘        └─────┬────┘        └─────┬────┘
        ↓                   ↓                   ↓
  ┌──────────┐        ┌──────────┐        ┌──────────┐
  │地质、水文、气象、│     │村镇现状条件 │       │社会、经济、文化、│
  │地形、生物、其他│      │技术经济条件 │       │生态、其他   │
  └─────┬────┘        └─────┬────┘        └─────┬────┘
        ↓                   │                   ↓
  ┌──────────┐              │             ┌──────────┐
  │  用地评价  │──────────────┤             │ 村镇发展方向│
  └──────────┘              ↓             └──────────┘
                     ┌──────────┐
  ┌──────────┐       │  综合评价  │
  │ 分等定级成果│───────└─────┬────┘
  └──────────┘              ↓
                     ┌──────────┐
  ┌──────────┐       │  用地选择  │        ┌──────────┐
  │土地开发整理规划│────└─────┬────┘────────│ 村镇总体规划│
  └──────────┘              ↓             └──────────┘
                     ┌──────────┐
                     │  村镇规划  │
                     └──────────┘
```

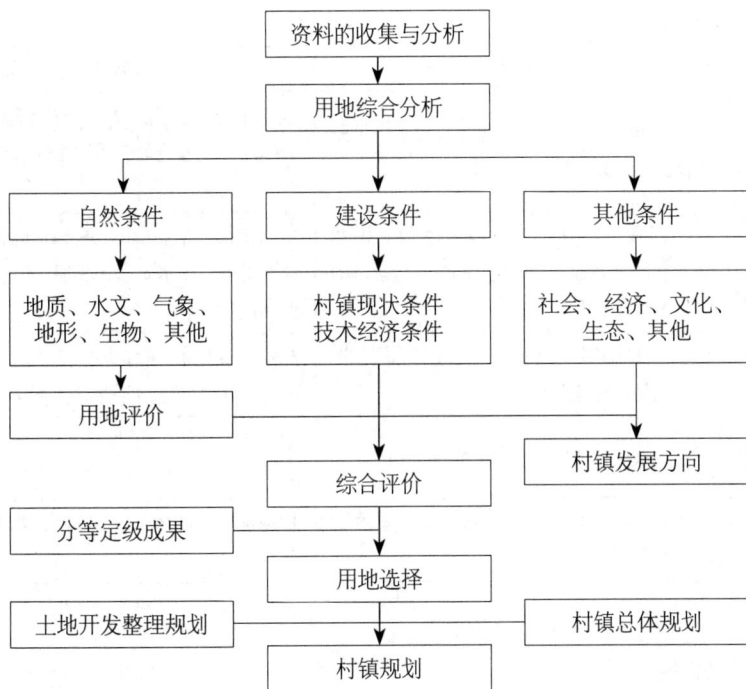

图2-1 村镇用地评价流程图

2.2.1　村镇用地综合评价

村镇用地的评价是进行村镇规划的一项必要的基础工作。主要内容有：在分析、调查、收集所得各项自然环境条件资料、建设条件资料和现状条件资料的基础上，按照规划建设的需要，以及发展备用地在工程技术上的可行性和经济性，对用地条件进行综合的分析评价，以确定用地的适宜程度，为村镇用地的选择和组织提供科学的依据。

2.2.1.1　村镇自然环境条件的分析

村镇自然环境条件主要是指地质、水文、气候以及地形等几个方面。这些要素从不同程度、不同范围并以不同方式对村镇产生影响。

由于不同的地理位置及地域差异的存在，自然环境要素的构成中对村镇规划和建设的影响有所不同。例如，有的是气候条件比较突出，有的可能是地质条件比较显著。而且，一项环境要素往往对村镇规划和建设有着有利与不利两个方面的影响。因此，在分析中应着重于主导因素，研究它的作用规律及影响程度（表2-1）。

表2-1 自然环境条件的分析

自然环境条件	分析因素	对规划和建设的影响
地质	土质、风化层、冲沟、滑坡、岩溶、地基承载力、地震、崩塌、矿藏	规划布局、建筑层数、工程地基、工程防震、设计标准、工程造价、用地指标、村镇规模、工业性质、农业
水文	江河流量、流速、含沙量、水位、洪水位、水质、水温,地下水水位、水量、流向、水质、泉水	村镇规模、工业项目、村镇布局、用地选择、给排水工程、污水处理、堤坝、桥涵工程、港口工程、农业用水
气象	风向、日辐射、雨量、湿度、气温、冻土、温度、地温	村镇工业分布、环境保护、居住环境、绿地分布、休假疗养地布置、郊区农业、工程设计与施工
地形	形态、坡度、坡向、标高、地貌、景观	规划布局结构、用地选择、环境保护、管路网、排水工程、用地标高、水土保持、村镇景观
生物	野生动物种类和分布、生物资源、植物、生物生态	用地选择、环境保护、绿化、郊区农副业、风景规划

2.2.1.2 村镇建设条件的分析

村镇建设条件主要有以下几点:

① 村镇所在地区的经济地理条件。如周围村镇和农村地区的经济联系,工业与矿藏原料基地的关系带。

② 交通运输条件。如铁路、公路、水运条件。

③ 供电条件。是否可连接上电网,或邻近是否有发电厂可以供电,高压输电线路的位置等。

④ 供水条件。是否有充足的水源,水质、水量等方面能否满足村镇生产与生活的需要,以及村镇用水与航运、农业用水等方面的矛盾。

2.2.1.3 村镇现状条件分析

现状条件资料一般是指村镇生产、生活所构成的物质基础和现有的土地使用情况,如建筑物、构筑物、道路交通、名胜古迹、工程管线等。这些都是经过一定历史时期的建设逐步形成的。我国现有的村镇一般都没有进行过规划,许多都是自然形成的,盲目建设造成的布局混乱状况较为常见,所以需要认真进行现状资料的分析,找出布局中存在的种种矛盾,进而提出相应的解决办法。

村镇现状条件的分析就总体布局来说主要着重于:

① 村镇布局是否围绕着乡镇的性质和特点展开。

② 村镇各项设施之间及在功能关系上,用地的规模与分布等方面是否合理,存在哪些矛盾。

③ 村镇用地的分布同自然环境是否协调,以及村镇布局对村镇环境所造成的影响等。

2.2.2　村镇用地适用性评价

2.2.2.1　村镇用地适用性评价的重要性

村镇用地适用性评价是村镇规划的重要工作内容之一，是在调查分析村镇基础资料的基础上，对可能成为村镇发展建设用地的土地功能进行科学的分析评价，确定用地的适用程度。即哪些用地适合用于建设，哪些不适合，为选择村镇用地和编制规划方案提供依据。新建村镇或现有村镇的扩建都需要选择适宜的用地。如果用地选择适当，就可以节约大量资金，加快建设速度。反之，就要增加工程费用，延长建设年限，给村镇的建设和管理带来许多困难，给建设事业造成损失。选择适宜的用地的重要前提条件之一就是要有科学的用地评价，特别在自然条件和建设环境较为复杂的地区，村镇用地评价的工作更为重要。例如，某镇在初步考虑规划方案时，地质勘察资料还没有整理出来，也还没有进行用地评价，仅根据已经掌握的地形、气象、水文资料等大体考虑了一个方案。当地质勘察报告提出以后，发现在所规划的工业用地范围内，地下有一条断裂带通过。这时规划并未完成，也没有具体布置工业项目。规划人员根据地质勘察报告及时修改了规划方案，使工业用地避开断裂带，在断裂带的位置布置了100m宽的绿化地带，正好成为工业用地和生活居住用地之间的卫生防护绿带，并规定在该地段内不布置建筑物或其他重要设施，以减少地震时可能引起的破坏。

2.2.2.2　村镇用地适用性评价

村镇用地根据是否适宜于建设，通常划分为三类用地：

（1）一类用地

一类用地即适宜修建的用地。适宜修建的用地是指地形平坦、规整、坡度适宜，地质良好，没有洪水淹没的危险的土地。这些地段，因自然环境条件比较优越，适于村镇各项设施的建设要求，一般无须或只需稍加工程措施即可进行修建。属于这类用地的有：

① 非农田或者在该地段产量较低的农业用地。

② 土壤的允许承载能力满足一般建筑物的要求，这样就可以节省修建基础的费用。建筑物对土壤允许承载力的要求如下：

一层建筑：$0.6 \sim 1.0 \text{kg/cm}^2$。

二、三层建筑：$1.0 \sim 1.2 \text{kg/cm}^2$。

四、五层建筑：$>1.2 \text{kg/cm}^2$。

当土壤承载力$<1 \text{kg/cm}^2$时，应注意地基的变形问题。各类土壤的允许承载力应以现行的《工业与民用建筑地基基础设计规范》（TJ 7—74）中的规定为准。

③ 地下水位低于一般建筑物、构筑物的基础埋置深度。建筑物、构筑物对地下水位距地面深度的要求如下：

一层建筑：$\geqslant 1.0 \text{m}$。

二层以上建筑：>2.0m。

有地下室的建筑：>4.0m。

道路：0.7~1.7m（砂土为0.7~1.3m，黏土为1.0~1.6m，粉砂土为1.3~1.7m）。

④ 不被10~30年一遇的洪水淹没。

⑤ 平原地区地形坡度，一般不超过5%~10%；在山区或丘陵地区地形坡度，一般不超过10%~20%。

⑥ 没有沼泽现象，或采用简单的措施即可排除渍水的地段。

⑦ 没有冲沟、滑坡、岩溶及胀缩土等不良地质现象。

（2）二类用地

二类用地即基本上可以修建的用地。基本上可以修建的用地是指必须采取一些工程准备措施，才能修建的用地。属于这类用地的有：

① 土壤承载力较差，修建时建筑物的地基需要采取人工加固措施的地段。

② 地下水位较高，修建时需降低地下水位或采取排水措施的地段。

③ 属洪水淹没区，但洪水淹没的深度不超过1m，需采取防洪措施的地段。

④ 地形坡度为10%~20%，修建时需有较大土（石）方工程数量的地段。

⑤ 地面有渍水和沼泽现象，需采取专门的工程准备措施加以改善的地段。

⑥ 有不大的活动性冲沟、砂丘、滑坡、岩溶及胀缩土现象，需采取一定工程准备措施的地段。

（3）三类用地

三类用地即不适宜修建的用地。具体是指下列几种情况：

① 农业价值很高的丰产农田。

② 土壤承载力很低，一般容许承载能力小于0.6kg/cm²和厚度在2m以上的泥炭层、流沙层等，需要采取很复杂的人工地基和加固措施，才能修建的地段。

③ 地形坡度过陡（超过20%以上）、布置建筑物很困难的地段。

④ 经常受洪水淹没，淹没深度超过1.5m的地段。

⑤ 有严重的活动性冲沟，砂丘、滑坡和岩溶及胀缩土现象，防治时需花费很大工程数量和费用的地段。

⑥ 其他限制建设的地段。如具高开采价值的矿藏，开采时对地表有影响的地带，给水水源防护地带，现有铁路用地，机场用地以及其他永久性设施用地和军事用地等。

2.2.3 村镇用地的综合评定

村镇规划与建设所涉及的方面较多，而且彼此间的关系往往是错综复杂的。对于用地的适用性评价，在进行以自然环境条件为主要内容的用地评定以外，还须从影响规划与建设更为广泛的方面来考虑。如前所述的村镇建设条件和现状条件。此外，还有社会政治、文化以及地域生态等方面的条件作为环境因素客观地存在着，并对用地适用性的评定产生不同程度与不同方面的影响。所以，为了给用地选择和用地组织提供更全面、更确切的依据，就有必要对村镇用地的多方面条件进行综合评价。

用地条件的综合评价与用地选择是相互依存、关系紧密的两项内容。前者是后者的依据；后者则向前者提出评价的内容与要求。

2.2.4 村镇用地的选择

村镇用地的选择，是根据村镇规划布局和各项设施对用地环境的要求，除对用地的自然环境条件、建设条件等进行用地的适用性分析与评定外，还应对村镇用地所涉及的其他方面，如社会政治方面（城乡关系、工农关系、民族关系等）、文化关系（历史文化遗迹、村镇面貌、风景旅游及革命圣地、各种保护区等）以及地域生态等方面的条件分析，在用地综合评价的基础上对用地进行选择。

2.2.4.1 村镇用地的选择要求

作为村镇用地的选择有下列要求：

① 用地选择，要为合理布局创造条件。村镇各类建筑与工程设施，由于性质和使用功能要求的不同，其对用地也有不同的要求。所以首先应尽量满足各项建设项目对自然条件、建设条件和其他条件的要求，并且还要考虑各类用地之间的相互关系，才能使布局合理。因为，村镇是一个有机整体，各类用地有相互依赖、制约、矛盾等错综复杂的关系。如工业、副业用地，离居住用地过近就会影响居住区的宁静，还有可能污染居住环境。

② 要充分注意节约用地，尽可能不占用耕地和良田。

③ 选择发展用地，应尽可能与现状或规划的对外交通相结合，使村镇有方便的交通联系，同时应尽可能避免铁路与公路对村镇的穿插分割和干扰，使村镇布局保持完整统一。

④ 要符合安全要求。一是要不被洪水淹没，倘若须选用洪水淹没地作为村镇用地时，必须有可靠的防洪工程设施；二是要注意滑坡，避开正在发育的冲沟，石灰岩溶洞和地下矿藏的地面也要尽可能避开；三是避开高压线走廊，离易燃、易爆的危险品仓库要有安全的距离。

⑤ 要符合卫生要求。首先，要有质量好、数量充沛的水源。质量好，就是经过一般常规处理，能达到国家规定的饮用水标准；数量充沛，就是能满足生活和工副业生产所需要的水量。其次，村镇用地不能选在洼地、沼泽、墓地等有碍卫生的地段。当选用坡地时，要尽可能选在阳坡面，这对于居住用地尤为重要；在山区选择用地，要注意避开窝风地段；此外，在已建有污染环境的工厂附近选地，要避开工厂的下游和下风向。

2.2.4.2 村镇用地选择的方案比较

村镇用地的选择，由于受到许多因素的相互制约，其方案就不可能是唯一的，常常可以产生多种方案，而各个方案都有不同的优缺点。情况比较复杂时，不进行详细的比较，就难以判断哪个方案最为合理。村镇用地的方案比较，一般是将不同方案的各种条件用扼要的数据、文字说明制成表格，以便于条理清楚地对照比较。方案比较的内容通常有以下几个方面：

① 占地情况。包括占地的数量和质量。如耕地（分良田、坡地、薄地）、园地（茶、桑、果）、荒地等各占多少。

② 搬迁情况。需要搬迁的居民户数、人口数，拆迁的建筑面积，所占用地的生产现状及建设征地后的影响补偿费用和农业人口的安排情况。

③ 水源条件。水的质量、数量，水源距离以及乡镇建设可能产生的影响。

④ 环境卫生条件。日照、通风、排水、绿化条件，分析各方案在环境保护方面的措施是否有遗留问题，以及由此所产生影响的程度。

⑤ 交通运输条件。对外如公路、水运及其水陆联运方面，对内的道路交通是否方便，年运输费用的比较；工程投资是否节省。

⑥ 工程设施的合理性比较。道路走向、长度、桥梁座数，给排水管线的走向、长度，是否需要设置防洪工程。

⑦ 对原有设施的利用状况。可利用项目和可利用程度。

⑧ 主要近期建设项目造价比较。上述几个方面，以占地和水源为主要因素，是方案取舍的主要条件。在某些情况下，其他因素也可能占主要地位，要根据当地实际情况，具体分析。

2.2.4.3　确定村镇用地方案

对于方案比较的结果，需要向相关部门和村镇各界汇报方案，广泛征集各方面的意见，说明该方案的特点及意图，并进行归纳总结对规划方案做出适当的修正，使其更加完善。召集有关领导、技术人员以及居民代表开会，对村镇总体规划中遇到的重大问题进行讨论，取得一致意见后确定最终方案。

选择的过程中要注意协调村镇建设用地与农用地的关系，在深入研究村镇如何发展，基础设施建设等各项非农业建设中，一定要遵循各项非农业建设尽量少占耕地或不占优质耕地的原则，将农用地等级图与供选方案的村镇建设规划图叠加，提取不同方案建设用地所占用耕地的质量状况，积极引导建设用地占用耕地的空间布局，合理选择村镇和基础设施空间扩展的方向与布局结构的形态，通过空间发展政策并结合土地用途管制对社会主义新农村发展空间模式加以引导，并合理调整农业产业结构，以防止优质耕地和基本农田被占用。

小结

村镇用地的评价是在分析、调查、收集所得自然环境条件资料、建设条件资料和现状条件资料的基础上，按照规划建设的需要，以及发展备用地在工程技术上的可行性和经济性，对用地条件进行综合的分析评价，以确定用地的适宜程度，为村镇用地的选择和组织提供科学的依据。

村镇用地的选择是对用地的自然环境条件、建设条件等进行用地的适用性分析与评定外，还应对村镇用地所涉及的社会政治、文化关系以及地域生态等方面的条件进行分析，在用地综合评价的基础上对用地进行选择。

思考题

1. 村镇综合评价的内容有哪些？

2. 什么是村镇用地的适用性评价？为什么要进行村镇用地的适用性评价？

2.3 绘制现状分析图与编写规划纲要

本节要点

本节主要介绍村镇规划前期必需的现状分析图和规划纲要编制的内容。重点要求学生熟悉村镇规划纲要编制的具体内容。

在搜集、整理和全面分析基础资料之后，规划编制组应提出现状分析图和规划纲要。

2.3.1 现状分析图

现状分析图是把村镇的现状和存在的问题集中用图的形式反映和表现出来，是村镇规划工作的一个重要组成部分，也是编制村镇规划的基础。由于村镇规划包括村镇总体规划和村镇建设规划两部分，由于规划范围不同，现状分析图有两种：一种是为编制村镇总体规划用的乡（镇）域范围的现状分析图；另一种是为编制村镇建设规划用的集镇或村庄的现状分析图。

（1）乡（镇）域范围的现状分析图

该图应绘制在基础资料搜集时所要求的乡（镇）域范围的地形图上。这是编制总体规划的基础图，应表明的主要内容有：

① 管辖区内各类土地利用现状，包括耕地、园地、林地、牧草地、居民点及工矿用地、交通用地、特殊用地、水域和未利用地等。

② 村庄和集镇的位置、人口规模、用地范围。

③ 主要乡镇企业的位置、规模和用地范围。

④ 主要公共建筑的位置、规模与服务范围。

⑤ 村镇间交通运输（包括陆路和水路）线路的走向及其设施（车站、码头）的配置。

⑥ 电力、电讯、给水、排水等工程线路的走向及与其相关的设施（变电站或变电所、电信局、水

厂、污水处理设施等）的配置。

⑦ 自然灾害及环境现状的质量评价。

⑧ 各种自然资源分布状况。

⑨ 乡（镇）域的边界及与附近地区的关系。

⑩ 其他对总体规划有影响、需要解决并可以在图上表示的问题。如国家或地区在本乡（镇）域内已有及拟修建的大型工程（水库、大型排灌渠道、铁路等）的位置，名胜古迹、自然风景区的位置及保护范围等。

（2）集镇或村庄的现状分析图

该图也应绘制在基础资料搜集时所要求的具体集镇或村庄的地形图上。这是编制集镇或村庄建设规划的基础图，应表明的主要内容有：

① 各类用地的规模与分布。

② 各类建筑（住宅建筑、公共建筑、生产建筑）的功能、质量、层数。

③ 各级道路的走向、宽度及质量。

④ 对外交通线路及其设施。

⑤ 给水、排水、电力、电讯等工程线路的走向及其设施的位置。

⑥ 环境现状的质量评价。

⑦ 名胜古迹、革命历史遗址等的位置。

⑧ 集镇或村庄周围可供发展的用地状况。

⑨ 其他对建设规划有影响、需要在图纸上表达的主要问题。

上述内容，可以用规定的标准图例表达，各类用地和各类建筑以及工程设施等均可用标准图例表达；也可用柱状图、圆瓣图、曲线图等表达人口规模、用地规模、年龄构成、用地结构、产业结构、人口或经济变化情况等内容，使数字概念更加形象化，用其分析发展趋势和相互关系等；也可用照片表达某些内容，如有价值的名胜古迹、古建筑等。

需要指出的是，村镇建设现状要分析的问题很多，不可能完全在现状分析图上反映出来，有些难以在图面上表现的内容，还需要用文字在说明书中表述。

2.3.2 规划纲要

规划纲要是指导规划编制的依据和纲领性文件。它是在分析研究基础资料和绘制现状分析图的基础上，再结合村镇发展设想，进行综合分析研究，提出规划中重大问题的原则性意见。其主要内容包括：

① 分析论证当地的优势、建设基础、发展条件。

② 提出当地存在的主要问题。

③ 提出经济发展目标。

④ 确定规划期限及其发展速度。

⑤ 提出农业生产发展对村镇建设的要求，对村镇体系布局的影响和相应的对策。

⑥ 提出工业生产与多种经营发展对村镇体系布局和建设的要求以及相应的对策。

⑦ 提出乡（镇）的性质，各村镇的功能分工及其人口发展规模的预测。

⑧ 提出集镇、村庄建设用地布局、选择发展方向的意见。

⑨ 提出宅基地、人均占地等主要技术经济指标和重要设施的标准。

⑩ 提出近期建设项目、规模的设想。

⑪ 提出建设资金来源。

规划纲要由乡（镇）人民政府组织有关部门讨论通过后，以它作为规划编制组的工作纲领，然后再进行具体的规划编制工作。

小结

村镇现状分析图主要包括编制村镇总体规划使用的乡（镇）域范围的现状分析图和为编制村镇建设规划用的集镇或村庄的现状分析图。

规划纲要是指导规划编制的依据和纲领性文件，是在分析研究基础资料和绘制现状分析图的基础上，结合村镇发展设想，进行综合分析研究，提出规划中重大问题的文件。

思考题

1. 村镇现状分析图有哪些表现形式？

2. 什么是村镇规划纲要？规划纲要编制的内容有哪些？

参考文献

崔英伟. 2008. 村镇规划[M]. 北京：中国建材工业出版社.

金兆森. 2005. 村镇规划[M]. 南京：东南大学出版社.

裴杭. 1988. 村镇规划[M]. 北京：中国建筑出版社.

李德华. 2001. 城市规划原理[M]. 北京：中国建筑工业出版社.

李和平, 李浩. 2004. 城市规划社会调查方法[M]. 北京：中国建筑工业出版社.

第3章 村镇总体规划

3.1 村镇总体规划的编制

本节要点

本节重点介绍村镇总体规划的任务和内容，总体规划的方法和步骤，以及总体规划的主要成果。要求学生重点掌握村镇总体规划的内容和主要成果。

3.1.1 村镇总体规划的任务和内容

3.1.1.1 村镇总体规划的任务

村镇总体规划的任务是以乡（镇）行政辖区范围为规划对象，依据县域规划、县农业区划、县土地利用总体规划和各专业的发展规划，在确定的发展远景年度内，确定乡（镇）域范围内居民点的分布和生产企业基地的位置；根据各自的功能分工、地理特点和资源优势，确定村镇的性质、人口规模和发展方向；按照相互之间的关系，确定村镇之间的交通、电力、电讯以及生活服务等方面的联系。总体规划体现农业、工业、交通、文化教育、科技卫生以及商业服务等各个行业系统对村镇建设的全面要求和相应建设的总体部署。

3.1.1.2 村镇总体规划的内容

① 分析乡（镇）的基本情况、发展优势和制约因素，提出村镇的发展目标。村镇总体规划对村镇经济发展具有重要的影响，村镇的发展方向和发展目标将决定村镇建设和发展的速度。因此，村镇总体规划必须对村镇经济进行认真调查和分析，从村镇经济的全局出发，合理调整经济结构，确定主导经济，发挥地方特色和地方优势，并在此基础上提出村镇发展的目标。

② 确定村镇体系布局和主要生产企业的分布。村镇总体规划必须对规划区域的现有自然村和集镇进行统一考虑，合理确定需要新建、改建、合并和搬迁的村镇，统一村镇选点、布点。结合我国现行的行政体制，确定各个农村居民点的结构层次和职能分工。同时，还要特别重视农村现有产业的现状调查和分析，为制定该区域产业布局提供依据。

③ 确定集镇和主要村庄的性质、规模、发展方向和建设特点。在村镇总体规划中，对规划区域范围内各个村镇的地位和职能，所起的作用以及现状条件、特点和优势进行认真分析，拟定主要村镇的性质、规模和发展方向。

④ 村镇道路、电力、电讯、供水、排水等工程设施的总体安排。村镇之间的交通运输规划，主要是道路联系和水路运输，解决好村镇之间的货流和人流的运输问题。村镇电力电讯系统规划，主要是合理解决村镇的电力供应和通讯联系，保证每个村镇都有可靠的电力供应条件、保证有线和无线联系正常可靠。村镇供水、排水规划主要保障村镇供水、排水设施的可行性，经济合理性，提出科学的选型方案。

⑤ 乡（镇）域主要公共建筑的合理配置。村镇主要公共设施的配置，是解决村镇域范围内各村庄和集镇的主要公共建筑物的合理分布问题。在乡镇管辖区范围内，村镇数量多，且规模大小，所处的位置

等都不同，不可能每个村镇都配置和建设齐全的设施、成套的公共建筑，特别是主要的公共建筑，要有计划的配置和合理的安排，既要做到使用方便，适应村镇分散的特点，又要尽量达到充分利用，经营管理合理的目的。

⑥ 综合协调防灾、环境和风景名胜保护等方面的要求。汇总环境保护、综合防灾的规划方案，进行综合部署。凡是风景旅游资源，历史文物，名胜古迹的地区，提出开发和保护设想，进行环境保护规划。

上述总体规划内容，其中主要归结为"三定""五联系"。"三定"就是定点（定居民点和主要生产企业基地位置）、定性（定村镇的性质）和定规模（定村镇的规模）。"五联系"就是交通运输联系、供电联系、电讯联系、供水排水联系和生活服务联系（主要公共建筑的合理配置）。

3.1.1.3　村镇总体规划的依据和规划期限

（1）村镇总体规划的依据

① 县级各项规划成果。如县域规划、县级农业区划、县级土地利用总体规划等。这些规划成果都是比村镇总体规划高一层次的发展规划，对村镇总体规划都具有指导意义。因此，在编制村镇总体规划之前，应尽量搜集上述规划成果，认真分析其对本乡（镇）范围内村镇发展的具体要求，使之具体体现和落实到村镇总体规划中来。

② 国民经济各部门的发展计划。包括工业交通、文化教育、科技卫生、商业服务等各行各业系统，它们在一定的地域内有各自的发展计划。编制村镇总体规划时，也要认真分析研究它们对当地乡（镇）的具体要求，将其纳入村镇总体规划中，以便与之相协调。

③ 当地群众及乡（镇）政府官员对本乡（镇）、村镇建设发展的设想。特别是要了解这些计划或设想的客观依据。

上述规划成果及搜集的各项资料，都是村镇总体规划的依据。在没有编制县级区域规划的地区，对村镇总体规划进行编制时，应由县人民政府组织有关部门，从县域范围进行宏观预测，提出本乡（镇）范围内村镇的性质、规模、发展方向和建设特点的意见，作为编制村镇总体规划的依据。位于城市规划区内的村镇，应在城市规划的指导下进行编制。

（2）村镇总体规划的期限

村镇总体规划的期限是指完全实现总体规划方案所需要的年限。其期限的确定应与当地经济和社会发展目标所规定的期限相一致，一般为10~20年。

3.1.2　村镇总体规划的方法和步骤

3.1.2.1　确定规划范围，搜集整理资料

① 确定规划范围。村镇总体规划以县域规划与县域乡镇社会经济发展规划为依据，规划范围应与其相适应。

② 搜集资料。根据村镇总体规划的任务与内容，需要以下几个方面的资料。

a. 地形图资料。地形图资料主要包括村镇区域位置地形图、村镇所在范围现状图，以及用于规划编制的地形图等，图纸比例尺一般包括1∶20000、1∶10000、1∶5000、1∶2000等，根据规划区域的大小选用。

b. 自然资料。自然资料主要是指气候、水文、地质等自然环境资料。

c. 社会经济资料。主要包括人口资料、农业生产、工副业生产、重要工程设施、大型公共建筑、名胜古迹等资料。

人口资料主要包括乡（镇）域内各居民点的人口数、户数，其中包括农业户数和非农业户数、人口数、人口分布密度等。

农业生产包括各类农作物分布，生产水平（单产、总产）和商品率等。

工副业生产包括工副业产品的产量、原料、燃料来源、销售方向、职工人数、重要工副业布点、生产规模等。

重要工程设施资料包括农业工程、交通运输、电力、电讯等工程设施的数量、分布和使用状况等。

大型公共建筑资料主要包括学校、医院、影剧院等的分布、规模、服务范围等。

名胜古迹等包括著名的山、水、湖、泉、洞、园林、寺庙、古建筑、历史名人的故居、墓碑，以及已列入各级文物保护的单位等。

d. 规划、计划资料。主要包括农业区划、区域规划、土地利用规划、农业基本建设规划、国民经济发展规划，以及交通、电力、水利等专业规划的图纸、文件等。

③ 根据村镇总体规划的内容，将有关资料分门别类进行整理，并根据整理的资料，制作现状图、图表等，供分析使用。

3.1.2.2 分析研究资料，构思初步方案

（1）分析研究资料

分析研究资料，首先，要确定资料的可靠性，资料是规划工作的基础，资料本身不可靠，就会直接影响规划质量。其次，要注意各类资料间的相互矛盾，特别是没有区域规划的情况下，许多专业规划都是根据本专业技术经济要求制定的，相互之间存在矛盾在所难免。例如，水利部门制定的水利规划，是根据农田排灌要求制定水位控制标高；而交通部门制定航运规划，则是根据通航要求制定水位标准。再次，通过资料分析，找出存在的问题（包括总体规划的各项内容），这就是分析研究资料的重要目的。

（2）研究解决问题的办法，构思初步方案

研究解决问题的过程，就是构想初步方案的过程。解决问题的方法、途径不同，都会产生不同的方案，如乡镇分布集中程度不同，就可能有几种不同的方案，重要工业副业的不同配置，方案也不一样；又如交通网的不同布置方式，也就产生不同方案。故构思初步方案，不应该是一个，而应该是若干个或者许多个。因此，在分析研究方案构思过程中，产生不同意见，不要强求一致，可以做不同方案的探讨。

（3）进行多方案比较，确定正式方案

进行多方案比较，必须对每一方案，从技术上的科学性，经济上的合理性，实施的可行性等多个方面进行综合分析比较，才能确定较佳方案。并对选定方案，进一步讨论补充修改，最终作为正式方案。最终方案的确立，必须广泛听取当地群众的意见，由当地政府经过充分讨论后，做出决定。

3.1.2.3 绘制图纸，编制说明书

完成村镇总体规划成果阶段。规划的全部内容，通过图纸或说明书的形式反映出来。

（1）村镇总体规划图

村镇总体规划图的内容主要表示村镇体系布局的方位、类型、重要工副业基地和农业工程，大型公共建筑，交通网的布置，电站、变电所的位置，高压线、电讯线路的走向等。这些内容都要用不同的符号在规划图纸上标出来。

（2）村镇总体规划说明书

村镇总体规划说明书主要包括两个部分内容。第一部分，对现状进行简要的分析，指出存在的主要问题，并提出解决这些问题的意见。第二部分，对规划方案的简要说明，包括规划期限、村镇分布的调整和人口规模，各种工程规划的介绍等。经过整理与总体规划直接相关的资料，都应作为总体规划说明书的附件。

上述内容加上村镇分布的现状图，就是一套完整的村镇总体规划文件，报上级批准后，就可作为村镇详细规划的依据、组织逐步实施。

3.1.3 村镇总体规划的成果和要求

村镇总体规划阶段的成果主要包括下列图纸和文件。

3.1.3.1 村镇区域位置图

村镇区域位置图主要表明规划村镇的地理位置，规划村镇的用地范围，以及其与周边县城和周边村镇的交通联系等。图纸比例尺一般为1∶10000或1∶50000（图3-1）。

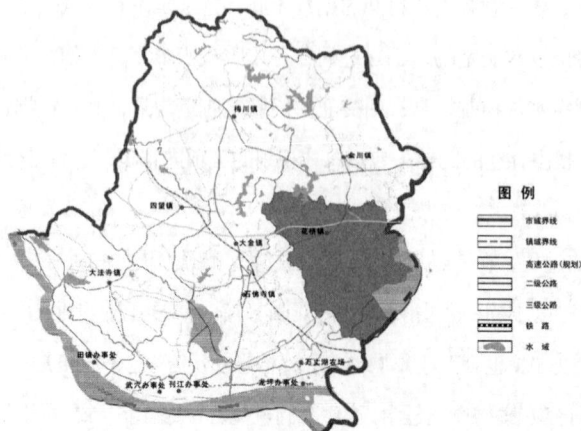

图3-1 村镇区域位置图

3.1.3.2 村镇体系规划图

村镇体系规划图主要表明规划区域现有村庄和集镇的分布位置与规模，明确村镇的类型和职能分工、发展方向、发展规律，确定村镇各自发展、合并、取消的实施方案等。村镇体系规划图采用的比例尺一般为1：10000或1：50000（图3-2）。

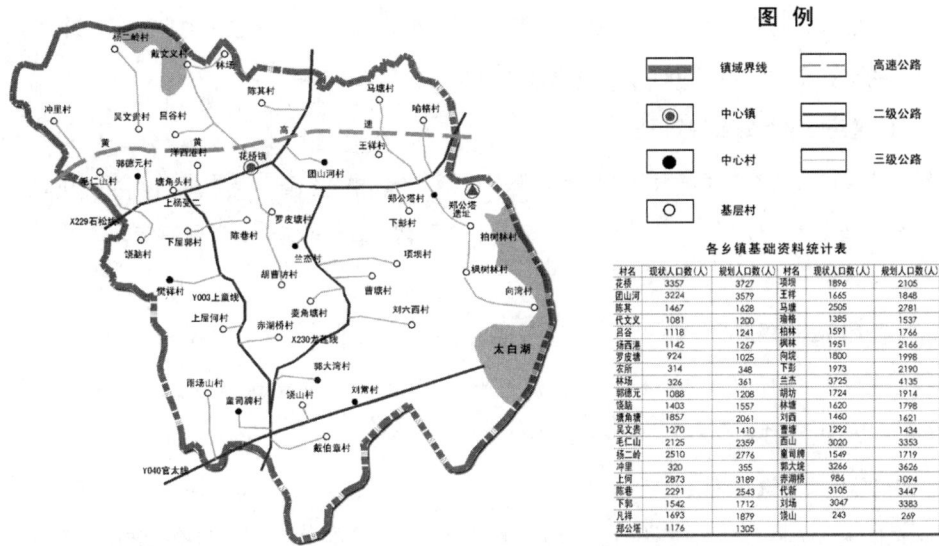

图3-2 村镇体系规划图

3.1.3.3 村镇现状图

村镇现状图就是根据规划设计需要，在地形图上用各种图例表示出村镇现有各项用地的位置和范围，村镇各项现有公用设施、交通设施和主要工程建筑物、构筑物的位置，以及各项工程管线位置等。村镇现状图的比例尺一般为1：5000或1：2000（图3-3）。

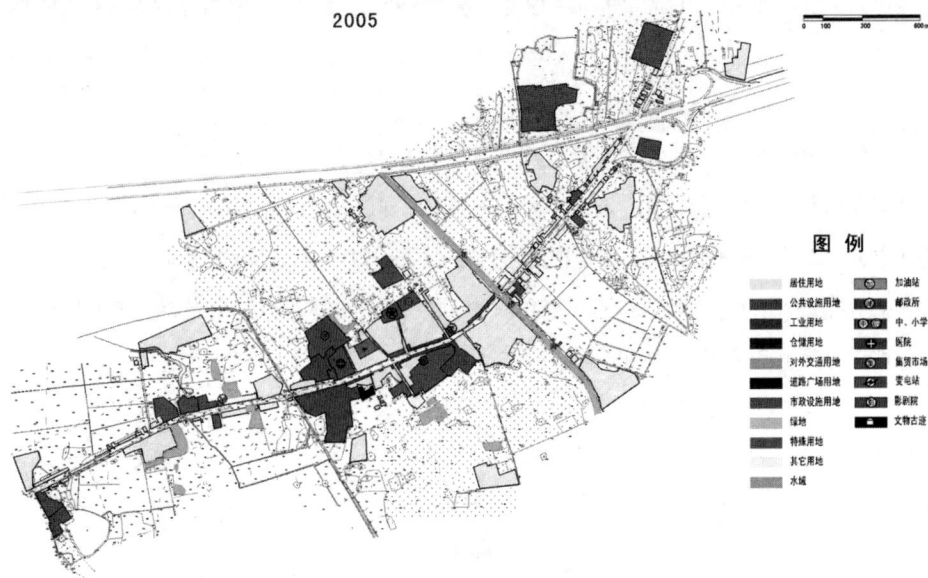

图3-3 村镇现状图

3.1.3.4 村镇总体规划图

村镇总体规划图主要绘出村镇规划用地范围，工业、手工业、仓库及对外交通运输的车站、码头用地的位置；消防车队的位置；居住用地的位置；公共建筑的位置；集贸市场及运动场的位置；主干道和干道的道路系统，主要河、湖水体位置；公共绿地、果园、桑林和农业用地位置；副食品生产基地和其他为村镇服务的设施用地等。并附图例、风玫瑰图、用地平衡表、生活居住用地平衡表及说明等。村镇总体规划图的比例尺一般为1∶5000或1∶2000（图3-4）。

3.1.3.5 村镇道路、管线综合规划图

村镇管线综合规划图主要绘出村镇给水、排水、电力、电讯等工程管线的布置系统，同时绘出村镇的道路系统。这样合一的图纸，有利于发现、解决各种管线及工程的关系。村镇管线综合规划图纸的比例尺一般为1∶5000或1∶2000（图3-5）。

3.1.3.6 村镇近期建设规划图

村镇近期建设规划图主要表示村镇近期各项建设用地范围和工程设施的位置等。图纸比例尺一般为1∶5000或1∶2000（图3-6）。

3.1.3.7 村镇总体规划说明书

村镇总体规划说明书主要概括村镇的历史、现状特点、存在的主要问题和解决措施；村镇的性质、建设原则、规划的期限与规模；道路系统、功能分区、工副业规划，住宅建设，公共建筑布局，以及仓储设施，绿化建设，环境保护，蔬菜副食品基地，给水、排水系统，电气工程以及投资估算和实施建议等。另外，如果在总体规划中曾对某些重大原则问题进行方案比较时，则要在说明书中列出几种方案比较条件、结果和选定方案的意见。村镇规划所依据的调查详细资料可另编为附件。

村镇建设总体规划图纸和说明书的详尽程度，应达到可作详细规划和各种专业规划的依据要求。

小结

村镇总体规划的任务是以乡（镇）行政辖区范围为规划对象，依据县域规划、县农业区划、县土地利用总体规划和各专业的发展规划，确定乡（镇）域范围内居民点的分布和生产企业基地的位置；确定村镇的性质、人口规模和发展方向；确定村镇之间的交通、电力、电讯以及生活服务等方面的联系。

总体规划的步骤是确定范围，搜集整理资料，分析研究资料，构思初步方案，绘制图纸编制说明书等。

总体规划的主要成果包括图纸和文件。

思考题

1. 村镇总体规划的任务和内容是什么？

2. 村镇总体规划的主要步骤是什么？主要成果有哪些？

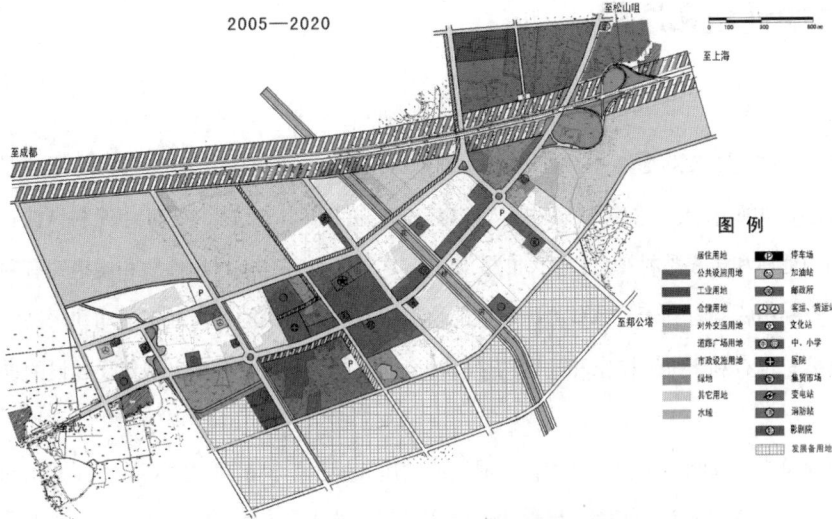

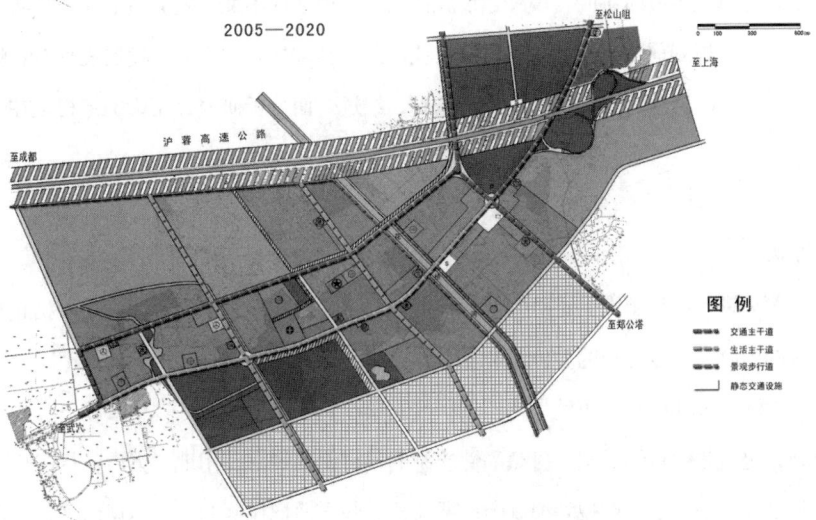

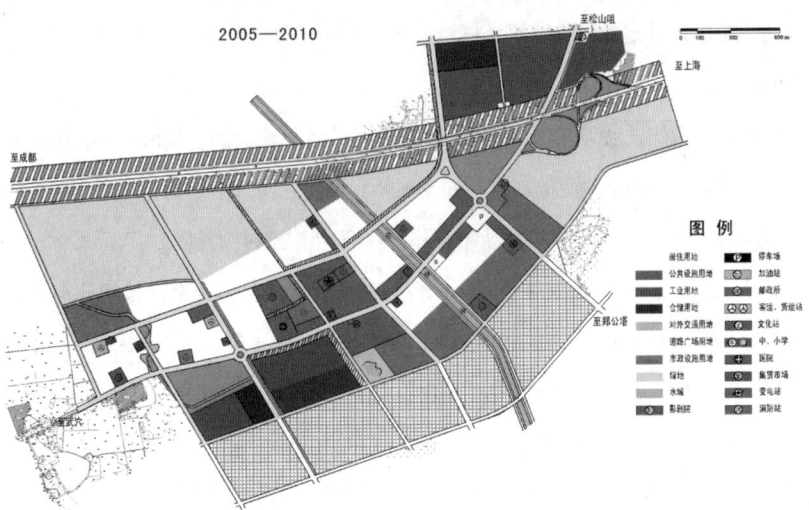

图3-4 村镇总体规划图
图3-5 村镇道路交通工程规划图
图3-6 村镇近期建设规划图

3.2 村镇的性质和规模

本节要点

本节主要介绍村镇层次和类型，村镇性质确定的依据和方法，村镇人口和用地规模。要求学生重点掌握村镇性质的分析和确定方法，熟练掌握村镇人口规模的分析和计算方法。本节难点是村镇性质的分析。

确定村镇的性质和规模是村镇总体规划的重要内容之一，合理确定村镇性质和规模，有利于调整村镇产业结构、空间结构；有利于村镇各方面职能的协调；有利于村镇的各项经济活动和居民的工作、劳动、学习的需要；也有利于推动国家和地区的经济社会的发展，加快社会主义现代化建设的进程，取得较好的经济效果。

大量村镇建设实践证明，重视并正确拟定村镇的性质和规模，村镇建设规划的方向就明确，建设依据就充分。反之，村镇发展方向不明，规划建设就被动，规模估计不准，就会造成建设和布局的紊乱。因此，在编制村镇总体规划前，应详细了解县级农业规划、县域规划和各专业发展规划对村镇发展提出的要求，结合地区特点、资源特点和现状的生产基础，经过全面分析研究，正确拟定村镇在一定时期内的性质和规模。

3.2.1 村镇性质

村镇性质，简单讲是指村镇在一定时空范围内的职能、地位和作用的综合表述。概括起来村镇性质应包括两个层次的内容。一是村镇的地位和职能，即一个具体村庄或集镇在一定区域范围内，在政治、经济、文化等方面的地位和职能，也就是村镇的层次；其次是一个具体村庄或集镇在自身区域中所处的特点或发展方向，也就是村镇的类型。村镇的性质制约着村镇的经济、用地、人口结构、规划结构、村镇风貌、村镇建设等各个方面。在规划编制中，要通过这些方面把村镇的性质体现出来，发挥其应有的地位和职能，因此，正确地确定村镇的性质是村镇规划中十分重要的内容。

3.2.1.1 村镇层次和类型

村镇的性质代表着村镇的发展方向，反映村镇的特色和个性。由其历史发展特点，影响范围的资源和经济发展水平，以及现有的基础所决定的。在村镇发展规划确定之前，必须认真地进行调查研究，揭示村镇发展的优势，特点和个性，分析推动村镇发展的因素，科学地拟定村镇性质。

我国是一个农业大国，村镇居民点点多面广，各具特色。从目前情况看，村镇分布尚无统一方法。根据我国村镇的具体情况，在实际工作中，可按以下三种方法进行分类。

（1）按村镇在一定地域内的地位、作用分类

① 集镇。在我国，集镇一般可划分为以下三类。

第一类是乡（镇）政府所在地，撤乡建镇的则为镇镇政府所在地。这类集镇一般来说，位置比较集

中，交通便利，是全乡（镇）政治、经济、文化和生活服务的中心，是该区域内商业、集市贸易的枢纽和农副产品的集散地，同时也是城市与农村的联系的桥梁，是各类工业、手工业，特别是以农副产品粗加工为主，小型建材和农机修理为辅的工业集中地。

第二类是乡（镇）管辖的集镇，虽然不是乡（镇）的政治、经济、文化的中心，但有的国营工矿所在地，或是靠水运码头，接近铁路车站，几条公路交叉等交通枢纽，或在历史上早已形成，商业、服务业、集市贸易比较繁荣，经济比较活跃。这些集镇基本属于以商业为主，辅以小型工业、手工业作坊，为商业性集镇。

第三类是以风景、旅游、休养为主要性质的乡（镇）管辖集镇。

② 中心村。一般是村民委员会等管理机构所在地。在目前有的地方实行一村一组的管理体制下，则为村管理机构所在地，以从事农业、家庭副业为主，辅以一些小型工副业生产的村庄。

③ 基层村。一般是村民小组所在地，从事农业生产和家庭副业的村庄。

（2）按村镇经营生产的内容分类

① 以农业生产为主的村镇。这类村镇以生产粮食作物为主，大多数分布在产粮区。

② 以蔬菜生产为主的村镇。这类村镇大多分布在城镇郊区，以生产蔬菜为主，是城镇蔬菜生产的基地。

③ 以畜牧业为主的村镇。这类村镇大多分布在草原地区。

④ 以林业为主的村镇。大多分布在山区丘陵地带，以生产木材和林业编制等产品为主。

⑤ 以种植经济作物为主的村镇。这类村镇主要是以种植棉花、麻类、甜菜、油料、果树等经济作物为主的地区。

⑥ 以渔业生产为主的村镇。多在湖区、沿海一带，以渔业的养殖、捕捞为主的地区。

⑦ 综合性村镇。主要是指农、林、牧、渔等均衡发展的村镇。

⑧ 农工商一条龙组织形式的村镇。这类村镇一般首先由集镇发展起来，是迄今村镇发展的方向。

（3）按村镇经济基础分类

① 以集体所有制为经济基础的村镇。沿袭了原有公社、大队、生产队三级所有制。这类村镇在我国占绝大多数。

② 全民所有制村镇。国有农场、军垦所属的各村镇。

3.2.1.2 确定村镇性质的依据

村镇是客观物质实体，有产生、发展的规律。因此，确定村镇性质必须综合分析影响村镇形成和发展的各种因素，特别是对村镇发展起决定作用的基本因素，并结合科学的分析计算，明确村镇的主要职能和发展方向。

（1）国民经济发展计划与国家方针政策

国民经济发展计划与国家方针政策直接影响到村镇工业、交通运输、文教科研事业的发展规模和速度。计划建设的重大项目，如大型工矿企业、规划的铁路、公路干线等，往往可以决定一个城市的性质，如较大项目安排在村镇上时自然将对村镇的性质起着决定性的作用。因此，它是分析和确定村镇的重要依据之一。

（2）区域规划

区域规划的主要内容之一就是进行城镇布局，对于村镇来说，一般是指在县域范围内，根据不同的条件和特点，确定各类村镇的发展方向和合理规模，对每个村镇都要明确其主要职能。因此，县域规划也是确定村镇性质的主要依据之一。目前尚未开展县域规划、区域规划的地区，村镇的性质可以根据地区国民经济发展计划，结合生产力合理布局的原则，考虑当地的自然资源条件、生产基础设施等因素来综合分析研究村镇的性质。

（3）资源条件

村镇范围内资源条件，包括矿产、水利、农业、森林、风景旅游等资源的数量和质量，是决定村镇发展的物质基础，也是影响村镇性质的因素之一。如吉林省白城地区前郭县长山镇，原本是一个只有几十户人家、以农业生产为主的自然屯，由于前郭、扶余、大安等县发现了石油，并加以开发利用，结果使位于长白铁路和长白公路沿线上的长山镇建起以石油为原料的发电厂和化肥厂，发展成为1万多人口的以能源、化工为主的小城镇。

（4）生产基础

生产基础一般是指工业、交通和农业生产的现状基础，也是研究分析村镇性质和发展方向的重要因素。

（5）村镇的历史沿革和发展趋势

研究村镇的历史，对今天的村镇规划与建设有重要的借鉴作用。要着重了解村镇产生的社会经济背景及其地理位置条件，村镇过去的职能与规模，引起村镇发展变化的原因，以及历史上村镇影响的地域范围。此外，村镇对外交通运输的联系情况，包括河、湖的天然通道，特别是运河、铁路、公路的开辟对村镇发展的重要影响等，都是确定和分析村镇性质的依据。

3.2.1.3 确定村镇性质的方法

确定村镇的性质时，要综合分析村镇的基本因素及其特点，明确其主要职能。为了使这种分析具有科学性和说服力，特别是对一些问题有争议时或不明确时，要进行分析、比较和论证。一般多采用定性分析和定量分析的方法。

（1）定性分析

定性分析就是全面分析村镇在一定区域内政治、经济、文化生活中的地位与作用。通过分析村镇在该地区内的经济优势、资源条件、现有基础、与邻近村镇经济联系和分工等，确定村镇的主导生产部门，并以此带动周围地区的经济协调发展，并取得较大的经济效果。

（2）定量分析

定量分析就是在定性分析的基础上对村镇的职能，特别是经济结构，采用以数量表达的方式来确定主导的生产部门，包括产品、产量、产值、职工人数、用地面积等。一般认为，当某一项指标的数量超过总体的20%～30%时，应视为主导生产部门，可作为确定村镇性质的依据。例如，某村镇的建材工业产值占总产值的40%，职工人数占职工总人数的38%，用地面积占工副业用地面积的41%，则可确定该集镇是以建材工业为主的村镇。

必须指出，村镇的性质不是一成不变的。由于生产的发展、资源的开发或因客观条件的变化，都会促进小城镇有所变化，从而影响村镇性质。因此，在确定村镇性质时，既要考虑生产结构现状，又要充分估计生产发展变化的可能。

拟定村镇性质时，既不能就村镇论村镇，也不能以静止的现状分析代替村镇规划的性质，这是因为，村镇在一定地域体系中，是动态发展的。在经济社会、生产结构等多方面与周边地区的村镇存在相互促进的一面，也存在相互制约的一面。因此，确定村镇的性质应从整体上，全面调查分析，进行综合平衡，正确处理相邻村镇的经济联系和分工协作关系，明确村镇的发展方向，从而确定村镇性质。

村镇性质论证是一项科学性很强且十分复杂的工作。应充分了解各个主管部门的设想和客观依据，广泛听取单位和专家学者的意见。只有经过全面分析、综合论证，才能提出实事求是的、有说服力的规划意见。

3.2.2 村镇规模

村镇规模是指村镇人口规模和村镇用地规模，因用地规模随人口规模的变化而变化，村镇规模通常以人口规模来表示。它是衡量村镇发展水平的一项综合性指标。

村镇人口规模是指在一定时期内村镇建成区人口的总数，是村镇规模的基础指标，是编制村镇各项建设计划所不可缺少的资料，是确定村镇建设和发展各项指标的基本依据。村镇人口规模直接影响着村镇用地大小、建筑层数和密度、村镇的公共建筑项目的组成和规模，影响着村镇基础设施的标准、交通运输、村镇布局、环境等一系列问题。因而，村镇人口规模估计的合理性对村镇的影响很大，如果人口规模估算过大，用地必然过大，造成投资费用过大，在使用上会出现长期不合理与浪费；如果人口规模估计太小，用地也会过小，相应的公共设施和基础设施标准不能适应村镇建设发展的需要，会阻碍经济发展，同时造成生活、居住环境质量下降，给村镇居民的生活和生产带来不便。

因此，在村镇规划中，准确地确定村镇人口规模是经济、合理地进行村镇规划和建设的关键。

3.2.2.1 村镇人口调查与分析

在预测规划人口规模之前，必须首先调查清楚村镇人口现状和历年人口变化情况，以及由于各部门的发展计划和农村剩余劳力的转移等引起的人口机械变动情况，然后进行认真分析，从中找出规律，以便正确地预测村镇人口规模。

制定村镇人口发展规模，是一项计划性、科学性很强的工作，要向民政、公安部门了解人口现状及历年人口变化情况，也要向国民经济各部门了解发展计划而引起的人口机械变化，从中找出规律，制定正确的人口发展规模。

（1）村镇人口统计

村镇人口统计一般包括户口在村镇管辖区范围内并在建成区内的常住人口。在统计时，集镇人口应按居住状况和参与社会活动的性质分类，村庄人口可不进行计算。

集镇人口通常可以分为常住人口、通勤人口、临时人口三类，具体介绍如下。

① 常住人口。居民、村民、集体（单身职工、寄宿学生等）三类户籍形态的人口。

② 通勤人口。主要是指劳动、学习在镇内，而户籍和居住在镇外，定时进出集镇的职工和学生。

③ 临时人口。出差、探亲、旅游、赶集等临时进出集镇或参与集镇生活的人员。

镇域规划期内人口分类（表3-1）。

表3-1　集镇规划期内人口分类预测

人口类别		统计范围	预测计算
常住人口	村民	规划范围内的农业户人口	按自然增长计算
	居民	规划范围内的非农业户人口	按自然增长和机械增长计算
	集体	单身职工、寄宿学生等	按机械增长计算
通勤人口		劳动、学习在集镇内，住在规划范围外的职工、学生等	按机械增长计算
流动人口		出差、探亲、旅游、赶集等临时参与集镇活动的人员	进行估算

（2）村镇人口的年龄构成

村镇人口的年龄构成是指村镇人口在一定时间、一定地区各年龄组人口数在全体人口数中的比重，又称人口年龄构成。村镇人口年龄构成是过去几十年、甚至上百年自然增长和人口迁移变动综合作用的结果，又是今后人口再生产变动的基础和起点。它不仅对未来人口发展的类型、速度和趋势有重大影响，而且对今后的社会经济发展也将产生一定的作用。

反映人口年龄构成特征的指标很多，主要有：

① 老年系数。又称老年人口比重，指老年人口占总人口的百分比。一个国家或地区60岁以上人口占总人口的60%，或65岁以上人口占总人口的65%即为人口老龄化。

② 少儿系数。少年儿童的人数占总人数的百分比。

③ 老少比。人口中老人与少年儿童人口的百分比。

④ 抚养比。又称负担系数。指人口中非劳动年龄人口与劳动年龄人口的百分比。

⑤ 老年抚养比和少年儿童抚养比。老年人口或少年儿童人口与劳动年龄人口之比。

在具体规划中，根据村镇规划的特点，一般将年龄分为6个组别：托儿组（0~3岁）、幼儿组（4~6岁）、小学组（7~12岁）、中学组（13~18岁）、成年组（男17/19~60岁、女17/19~55岁）和老年组（男61岁以上、女56岁以上）。为了便于研究，常根据统计做出年龄构成图和百岁图，如图3-7所示。

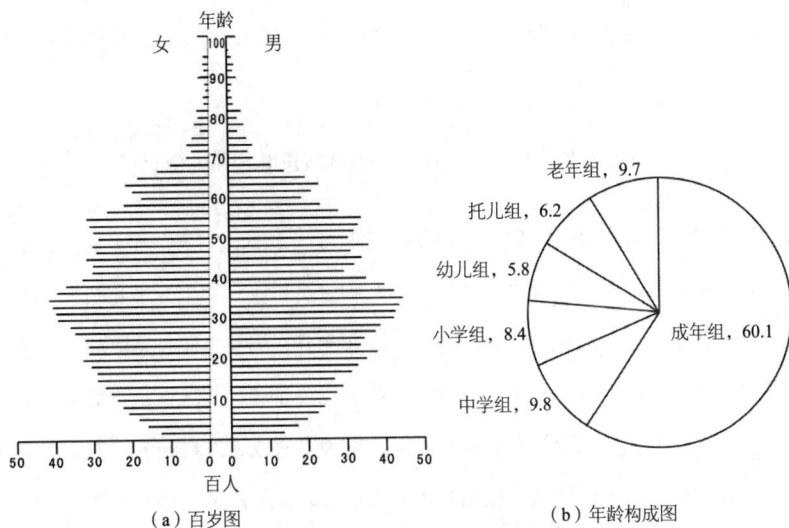

（a）百岁图　　　　　　　（b）年龄构成图

图3-7　村镇人口年龄构成分析图

研究村镇人口年龄构成意义在于：

① 比较成年组人口数与劳动力人数，可以看出从业人数和劳动力潜力。

② 掌握劳动后备军的数量和被抚养人口的比例，对估算人口发展规模有重要意义。

③ 掌握学龄前儿童的数字和趋势，是制定托儿所、幼儿园、中小学规划指标的重要依据。

（3）村镇人口变动

村镇人口的变动情况通常使用人口的增长来表达。村镇人口的增长来自两方面：人口的自然增长和人口的机械增长。二者之和便是村镇人口的增长数值。

① 人口自然增长数和人口自然增长率。人口自然增长数就是一定时期和范围内出生人数减去死亡人数而净增的人数。

出生率的高低与村镇人口的年龄构成、育龄妇女的生育率、初育年龄、人民生活水平、文化水平、传统观念和习俗、医疗卫生条件以及国家计划生育政策有密切关系。死亡率则受年龄构成、卫生保健条件、人民生活水平等因素影响。目前，中国人口自然增长情况，已由解放初期的高出生、低死亡、高增长的趋势转变为低出生、低死亡、低增长。

人口自然增长率，就是人口自然增长的速度。有年自然增长率和年平均自然增长率之分。年自然增长率就是某年内出生人数减去死亡人数与该年初（或年末）总人口数的比值，即

$$年自然增长率 = [（年内出生人数 - 年内死亡人数）/ 本年初总人数] \times 1000‰$$

因为年自然增长率只代表某年人口的增长速度，不能代表若干年（如规划年限）内人口的增长速度，因此，若要计算规划人口规模，还须若干年内的年平均自然增长率。

年平均自然增长率，就是在一定年限内多年平均的自然增长率，可由若干年的年自然增长率和相应年数求出：

$$年平均自然增长率 = 若干年人口自然增长率之和 / 相应年数$$

② 人口机械增长数和人口机械增长率。机械增长数，主要包括以发展工副业和公共福利事业吸收的劳动力以及迁村并点引起的增减人口两方面。至于参军和复员转业、学生升学和知识青年回乡等原因引起的人口增减，因人数不多，可以忽略不计。发展工副业和公共福利事业，其劳动力都是从整个区、乡（镇）辖区内各村吸收的。根据现行政策，这类工副业吸收农业剩余劳动力，户粮关系不转，可以不考虑带眷人数，只考虑职工人数。至于村办企业的职工，均为本村或附近村的劳动力，在家食宿，不会引起人口增减。迁村并点引起的人口增减，根据村镇分布规划，分阶段按迁移的时间、户数、人口（也包括自然增长数）进行计算。

人口机械增长率，就是人口机械增长的速度。有年机械增长率和多年平均机械增长率之分。年机械增长率就是某年内迁入人数减去迁出人数与该年初总人口数的比值，即

$$年机械增长率 = [（年内迁入人数 - 年内迁出人数）/ 本年初总人数] \times 1000‰$$

年平均机械增长率，就是一定年限内多年平均的机械增长率，可由若干年的年机械增长率和相应年数求出：

$$年平均机械增长率 = 若干年的年机械增长率之和 / 相应年数$$

（4）农业剩余劳动力的调查分析

农业剩余劳动力，是由于社会生产力的进步，农业劳动生产率的提高和正确政策引导的结果。农业剩余劳动力是村镇建设和发展的劳动力资源。中国共产党的十一届全会以来，由于在农村实行了家庭联产承包责任制和生产结构的调整，提高了广大农民的生产积极性，大大解放了农村劳动力，使大批劳动力从种植业上解放出来，各地均出现大批剩余劳动力，数量上差异很大。经济发达地区，如浙北和浙东沿海地区，已有70%左右劳动力过剩；浙南沿海地区，人多地少，剩余劳动力更多；浙南山区和浙西半山区劳动力过剩相对少一些。劳动力流动出现的新动向，很值得我们调查和研究，这对于如何安排剩余劳动力和合理组织人口转移是十分必要的。

根据我国农村的实际，剩余劳动力的出路有以下几方面：第一，各村庄就地吸收，调整种植结构，增加劳动力投入，从事手工业、养殖业和加工业等；第二，外出到县城或城市，从事他业；第三，流动于城乡之间，从事运输贩卖等；第四，进入集镇做工，经商或从事服务业等，这部分人对集镇的人口规模预测关系重大，应予以足够重视。农业剩余劳动力的统计范围要以乡（镇）为单位，以集镇为中心，在乡（镇）域内做好村镇体系布局，考虑村镇在某一地域中的职能和地位；以及经济影响和辐射面的大小，同时要根据近几年人口变化的特点，来确定村镇吸收剩余劳动力的能力。影响人口的因素是多方面的，可变的因素特别多，还是要抓住主要矛盾进行调查分析，用发展的眼光对待剩余劳动力转移问题。

3.2.2.2 村镇规划人口规模预测的方法

村镇规划人口规模预测，是一项计划性、科学性很强的工作，既要向民政、公安部门了解人口现状和历年来人口变化情况，也要向国民经济各部门了解由于发展和投资计划而引起的人口机械变动，从中找出规律，科学合理地确定城市人口的发展规模。

中国村镇类型多，劳动构成和人口增长又各有特点，而各地编制社会经济发展计划的深度也不一样，有关人口资料的完备程度不同，估算村镇人口发展规模的方法不能强求一致，以某种方法为主，辅以其他方法校核。

预测村镇规划人口规模，首先要根据村镇域自然增长和机械增长两方面的因素，预测出乡（镇）域规划人口规模；然后再根据农村经济发展和各行业部门发展的需要，分析人口移动的方向，明确哪些村镇人口要增加，增加多少，哪些村镇人口要减少，减少多少，具体预测各个村庄或集镇的规划人口规模。

（1）镇域规划总人口的预测

镇域规划总人口是村镇辖区范围内所有村庄和集镇常住人口的总和。其总人口预测的计算公式如下：

$$N = N_0 (1+K)^n + B \qquad\qquad (3\text{-}1)$$

式中：N——镇域规划总人口数，人；

$\quad N_0$——镇域现状总人口统计数，人；

$\quad K$——规划期内人口年均自然增长率，‰；

$\quad n$——规划年限，年；

$\quad B$——规划期内人口的机械增长数。

人口年平均自然增长率，应根据国家的计划生育政策及当地计划生育部门控制的指标，并分析当地人口年龄与性别构成状况予以确定。

人口的机械增长数，应根据不同地区的具体情况予以确定。对于资源、地理、建设等条件具有较大优势，经济发展较快的小城镇，可能接纳外地人员进入本城镇；对于靠近城市或工矿区，耕地较少的小城镇，可能有部分人口进入城市或转至外地。

【例3-1】某镇共辖14个村，合计现状总人口为12465人，计划生育部门提供的年平均自然增长率为7‰，根据当地经济发展计划，确定规划期限为20年。据调查该镇范围内盛产棉花，有关部门计划在规划期限内建棉纺织厂和被服厂各1家，共需从外地调入职工及家属1200人，计算该镇的规划人口规模。

解：$N = N_0 (1+K)^n + B = 12465 \times (1+7‰)^{20} + 1200 = 15531 \approx 15600$（人）

（2）镇区规划人口规模的预测

镇区规划人口规模的预测，应按人口类别分别计算其自然增长、机械增长和估算发展变化，然后再综合计算集镇规划人口规模。集镇规划人口预测的计算内容如表3-1所示。

集镇人口的自然增长，仅计算常住人口中的村民户和居民户部分。集镇人口的机械增长，应根据当地情况，选择下列的一种方法进行计算，或用两三种方法计算，进行比较。

① 平均增长法。在城镇的建设项目尚未落实的情况下，宜按平均增长法计算人口的发展规模，计算时应分析近年来人口的变化情况，确定每年的人口机械增长数或机械增长率：

$$N = N_0 (1+k_1+k_2)^n \tag{3-2}$$

式中：N——规划期末镇区人口规模；

N_0——镇区现状人口规模；

k_1——镇区年平均自然增长率；

k_2——镇区年平均机械增长率；

n——规划年限。

【例3-2】如某镇现状建成区人口为40000人，其中，非农业人口占60%，为24000人；建成区内农业人口占15%，为6000人；亦工亦农人口占21%，为8400人；学校寄宿生（主要指外乡来镇读书的中学生、大专生及其他职工学校住读的学生）占4%，为1600人。计算近期（5年）规划人口和远期（15年）规划人口。

解：非农业人口，自然增长率6‰，机械增长率15‰：

$$24000 (1+0.006+0.015)^5 = 26628 \text{（人）}$$

农业人口，自然增长率6‰，机械增长率4‰：

$$6000 (1+0.006+0.004)^5 = 6306 \text{（人）}$$

亦工亦农人口，机械增长率50‰：

$$8400 (1+0.05)^5 = 10721 \text{（人）}$$

学校寄宿生估计达到2500人。

近期总人口：

$$26628 + 6306 + 10721 + 2500 = 46155 \text{（人）}$$

远期人口的估算，由于可变因素较多，依据不足，估算较粗。一般可根据上式推算，但不一定分项计算再叠加。远期（15年）规划人口的推算如下：

根据近15年人口的增长规律，估算出人口的机械增长率和自然增长率总值为30‰，则

$$远期总人口 = 40000（1+0.03）^{15} = 62318（人）$$

② 带眷系数法。在建设项目已经落实，规划期内人口机械增长稳定的情况下，宜按带眷系数法计算人口发展规模。计算时应分析从业人员的来源、婚育、落户等状况，以及镇区的生活环境和建设条件等因素，确定增加的从业人员及其带眷人数。

$$N = N_1（1 + \alpha）+ N_2 + N_3 \tag{3-3}$$

式中：N —— 规划期末镇区人口规模；

N_1 —— 带眷职工人数；

α —— 带眷系数；

N_2 —— 单身职工人数；

N_3 —— 规划期末镇区其他人口数。

其中带眷系数指每个带眷职工所带眷属的平均人数，这对于估算新建工业企业和镇区人口的发展规模，以及确定住户形式都可提供依据。

【例3-3】某工业镇确定生产性职工为20000人，生产性职工与非生产性职工的比例为4：1，职工总数为25000人，单身职工占职工总数2/3，同地双职工占带眷职工的30%，带眷系数3（或平均每户人数4.5人），计算规划期末总人口。

解：规划期末总人口 = 25000 × 1/3 ×（1 + 3）+ 25000 × 2/3 = 50000（人）

③ 剩余劳力转化法。随着农村经济的发展，机械化程度和劳动生产效率的不断提高，出现了大量的农村剩余劳动力，这些劳动力大量地进城、进镇，使城市化水平逐步提高。在预测镇区人口规模时，必须分析农村剩余劳动力的数量变化和转移去向，分析剩余劳动力进城、进镇的可能性及数量。

$$N = N_0（1 + K）^n + Z[f \cdot N_1（1 + k）^n - S / b] \tag{3-4}$$

式中：N —— 规划期末镇区人口规模；

N_0 —— 镇区现状人口规模；

K —— 镇区人口的综合增长率；

Z —— 农村剩余劳动力进镇比例；

f —— 农业劳动力占周围农村总人口的比例，一般为45%～50%；

N_1 —— 镇区周围农村现状人口总数；

k —— 镇区周围农村的自然增长率；

S —— 镇区周围农村的耕地面积；

1hm² = 15亩　　b —— 每个劳动力额定负担的耕地亩数，一般为1.4~1.7 hm²；

n —— 规划年限。

④ 劳动平衡法。劳动平衡法主要是建立在"按一定比例分配社会劳动"的基本原理、社会经济发展计划以及相互平衡的原则基础上，以社会经济发展计划的基本人口数和劳动构成比例的平衡关系来确定的。抚养人口的比重可用分析居民年龄构成的方法确定；服务人口比重可按城镇居民的生活水平、城镇的规模、作用和特点来确定，因此，掌握在城镇基本部门工作的职工的绝对数值后，按下式计算。

$$N = N_1 / [1 - (\beta + \gamma)] \tag{3-5}$$

式中：N —— 规划期末城镇人口规模；

N_1 —— 规划期基本人口；

β —— 服务人口的百分比；

γ —— 被抚养人口的百分比。

其中基本人口指各种工业企业的职工数和实际从事农业劳动的劳动力数，即第一、二产业的职工数。服务人口指第三产业的职工数。

【例3-4】某镇现状人口为55000人，其人口构成比例是基本人口为40%，服务人口为25%，被抚养人口为35%。根据调查研究分析，规划期基本人口为35000人，则

解：根据分析，$N_1 = 25000$人，$\beta = 0.25$，$\gamma = 0.35$

规划期末城镇人口：$N = N_1 / [1 - (\beta + \gamma)] = 25000 / 0.4 = 62500$（人）

⑤ 递推法。影响人口变化的因素是十分复杂的，目前较为科学的预测方法是采用人口预测动态模型，对于要求较高的专题研究，它可以进行较逼真地模拟人口动态的变化过程，而且还可预测人口不同年龄段受不同教育程度的人口的比例等，能获得相当丰富的人口的信息，以供问题的研究。但由于该方法要搜集较多的数据，计算量大，在普及上尚有难度；更重要的是，在城市规划预测上的观念已有变化，不是单纯从预测方法上追求预测的精度，而应在规划的模式上增加规划的适应性。为此将把人口预测动态模型的基本思想做了简化，形成递推法。递推法核心是将城镇发展分成若干阶段，根据城镇发展的不同阶段、影响人口因素的变化分别确定有关的参数，逐段向前递推预测。

【例3-5】某城镇从1985—1990年人口年均增长25.7 ‰，其中自然增长率为9.6 ‰，机械增长率为16.1 ‰，而从1991—1995年，人口年均增长率提高到30.9 ‰，但其中自然增长率下降为6.6 ‰，机械增

长率提高到24.3‰。1995年的人口达到0.872万人。从人口年龄构成上可以看出，育龄妇女年龄段人口正步入高峰期，在今后10年内生育将会繁荣昌盛，会造成自然增长率有所上升，参照前10年的自然增长率取后5年的自然增长率为7.0‰。而机械增长率将因交通干线建成和地区的政策倾斜，机械增长人口还将保持24.0‰的水平，因此对其未来5年即2010年的人口预测。

解：$0.872 \times (1 + 7.0‰ + 24.0‰)^5 = 1.02$（万人）

同理，以2010年人口为基数，再分析2000年后若干年的历史阶段，各方面可预见的经济、政策等因素的变化，动态地修正有关参数再向前推算，这种方法虽然不及采用数学的相关因子、回归分析法严密，但它将根据影响城镇人口发展的主要因素，采取定性分析结合动态的参数调整来预测，从而显得更为科学，同时计算也十分简单。

以上几种方法简明、易于使用，在实际工作中，常以几种方法同时应用，并互相校核。此外，对于工业污染比较严重、水资源缺乏、绿地减少、居住环境质量变差的城镇，还应考虑人口规模与城镇生态系统、环境净化能力及环境容量的关系，在村镇总体规划中，除按上述公式计算出人口规模外，还应再以村镇环境容量进行校核，才能使村镇人口规模更为适度，为合理的村镇规划奠定基础，从而有效地改善村镇环境质量，促进村镇的健康发展。

集镇常住规划人口规模是确定集镇各项建设规模和标准的主要依据；其余定时进、出集镇的职工和学生以及临时人口规模则主要是在确定公共建筑规模时，应考虑这部分人口对公共建筑规模的影响。

（3）村庄规划人口规模预测

村庄规划人口规模预测，一般仅考虑人口的自然增长和农业剩余劳动力的转移两个因素。随着农业经济的发展和产业结构的调整，村庄中的农业剩余劳动力大部分就地吸收，从事手工业、养殖业和加工业，还有部分转移到集镇上去务工经商。因此，对村庄来说，机械增长人数应是负数。故村庄的规划人口规模计算公式为：

$$N = N_o (1+K)^n - B \qquad (3-6)$$

式中：N —— 村庄规划人口规模，人；

N_o —— 村庄现有人口数，人；

K —— 年平均自然增长率，‰；

n —— 规划年限，年；

B —— 机械增长人数，人。

【例3-6】某村庄现有人口596人，计划生育部门提供的年平均自然增长率为8‰，根据经济发展，某集镇需从本村吸收剩余劳力50人，若规划期限为10年，试计算该村的规划人口规模。

解：$N = N_o (1+K)^n - B = 596 \times (1+8‰)^{10} - 50 = 595 \approx 600$（人）

3.2.3　村镇用地规模预测

村镇用地规模是建设规划区的现状用地、发展用地和规划应控制用地的总和，一般以hm^2表示。用地规模估算的目的，主要是为了在进行村镇用地选择时，能确定村镇规划期末需要多大的用地面积，为规划设计提供依据，以及为了在测量时明确测区的范围。村镇总体规划必须对每个村庄和集镇的总用地规模加以控制，控制依据主要是村镇人口发展规模和人均建设用地指标。可采用下述公式估算：

$$F = N \cdot P \qquad\qquad (3-7)$$

式中：F —— 村镇规划期末总用地面积，hm^2；

$\quad\ N$ —— 村镇规划人口规模，人；

$\quad\ P$ —— 人均建设用地面积，m^2/人。

人均建设用地面积是指建设用地除以常住人口数的平均值。人均建设用地的规划标准受我国国情制约。由于我国农村存在明显的地区差异，各地发展极不平衡，不可能硬性规定一个通用标准，来指导村镇规划和建设，而应根据当地用地面积与自然条件、村镇规模大小、人均耕地多少等因素，制定当地的用地指标，并赋予一定的弹性，使各省、市、自治区能够根据国家总的用地要求，结合当地的具体情况，制定切合实际的用地指标。如黑龙江省规定各级居民点人均建设用地指标为：中心集镇$160 \sim 220 m^2$/人，一般集镇$150 \sim 200 m^2$/人，中心村$140 \sim 180 m^2$/人，基层村$130 \sim 160 m^2$/人；山西省则分得更细，他们不仅按各级居民点加以控制，还根据不同的地区特征如平原、丘陵、山地等情况区别对待，其人均建设用地指标为：其中中心集镇，平地$70 \sim 120 m^2$/人，丘陵$67 \sim 120 m^2$/人，山地$65 \sim 120 m^2$/人；一般集镇，平地$64 \sim 115 m^2$/人，丘陵$62 \sim 115 m^2$/人，山地$61 \sim 115 m^2$/人；中心村，平地$53 \sim 112 m^2$/人，丘陵$55 \sim 116 m^2$/人，山地$56 \sim 112 m^2$/人；基层村，平地$51 \sim 111 m^2$/人，丘陵$54 \sim 115 m^2$/人，山地$51 \sim 114 m^2$/人。

在编制村镇规划中，对于已经制定规划指标的省、自治区、直辖市可按当地指标要求拟定人均建设用地规划指标。而在目前尚未制定规划指标的地区则应本着控制用地、节约用地、合理地使用土地资源的原则，结合当地人均耕地状况，按照相关标准确定。

【例3-7】山西省某平原中心集镇，规划人口规模为6500人，据山西省小城镇建设规划定额指标，平原中心集镇人均建设总用地面积为$70 \sim 120 m^2$/人，取$100 m^2$/人，求该中心集镇的用地规模。

解：$F = N \cdot P = 6500$人$\times 100 m^2$/人$= 650000 m^2 = 65 hm^2$

小结

村镇性质是一定区域内的职能、地位和作用，确定村镇性质的方法有定性的和定量的两种。

村镇规模主要指村镇人口规模和用地规模，用地规模随着人口规模而变化。确定人口规模必须调查和分析规划区人口现状，并采用相关的方法对未来人口的发展进行预测。

思考题

1. 简述村镇性质的概念，确定村镇性质的方法。

2. 简述村镇人口规模的分析和调查内容，村镇人口预测方法。

3. 某集镇现有常住人口5560人，其中村民3250人，居民1570人，单身职工500人，寄宿学生240人；现有通勤人口1325人，其中定时进、出集镇的职工700人，学生625人；现有临时人口750人。根据当地计划生育部门的规定，村民的年平均自然增长率为7‰，居民的年平均自然增长率为5‰。据历年来统计分析，居民的年平均机械增长率为10‰，根据当地发展计划，单身职工需增加300人，寄宿学生增加240人；定时进、出集镇的职工增加300人，学生增加575人；根据预测，临时人口将增加300人。若规划年限为10年，试计算该集镇的规划人口规模。

4. 简述村镇用地规模预测。

3.3　村镇体系布局

本节要点

本节主要介绍村镇体系的概念，阐述村镇体系布局规划的意义，分析和探讨村镇体系布局规划的基本要求，论述村镇体系布局规划的方法和步骤。要求学生重点掌握村镇体系布局规划的要求，掌握村镇体系布局规划的方法。

3.3.1　村镇体系布局的概念和意义

村镇体系规划是在乡（镇）域范围内，解决村庄和集镇的合理布点问题，故又称布点规划。其主要内容是预测镇域之间人口分布状况，合理确定村镇功能和空间布局结构，选取重点发展的中心镇，提出村镇居民点性质、规模和集中建设、协调发展的总体方案；有条件地提出中心村和其他村庄布局的指导原则。

3.3.1.1　村镇体系的概念

村镇体系是指一定区域内，由不同层次的村庄与村庄、村庄与集镇之间的相互影响、相互作用和彼此联系而构成的相对完整的系统。农村居民点，包括集镇和规模大小不等的村庄，表面看起来是分散、独立的个体，实际上是在一定区域内，以集镇为中心，吸引附近的大小村庄组成了一个群体网络组织。它们之间既有明确的分工，又在生产和生活上保持了密切的内在联系。客观地构成了一个相互联系、相互依存的有机整体。

（1）规模结构

村镇体系规模结构是指镇域内不同层次的村镇等级组合形式。

镇域村镇体系一般由中心镇、一般镇、中心村、基层村四个层次构成。基于东西部经济发展水平和人口密度不同，故按规划范围的常住人口分为特大、大、中、小四级。

县城镇是县政府所在地，是县城行政、经济、文化和服务中心；中心镇是乡村一定区域的经济、文化和服务中心，一般是建制镇政府所在地，设有配套的服务设施；一般镇多数是乡政府所在地，具有组织本乡生产、流通和生活的综合职能，设有较齐全的服务设施；中心村一般是村民委员会所在地，设有基本的生活服务设施；基层村一般是村民小组所在地，设有简单的生活服务设施。

各地村镇体系层次和规模结构，可按经济发达地区、经济中等发达地区和经济欠发达地区具体划分，并应兼顾区域地理差异，考虑平原或山区，南方、北方以及东部、中部和西部的区域特点。就我国目前农村居民点的分布现状，乡（镇）域村镇体系是由集镇—中心村—基层村所构成。

① 集镇。主要为乡（镇）政府所在地，服务于乡（镇）一定区域的农村，是该地区政治、经济、文化活动中心，是农副产品的集散地，村镇工业的集中地，也是该地区的交通枢纽，农工商综合发展的经济与社会的综合体。设有一定规模的文化、教育、福利、服务设施。

② 中心村。一般设在有行政村的适中地段，相当于一个行政村范围的农村中心，一般是村管理机构的所在地。设有小学、卫生所、小百货、幼儿园、文化站的基本设施，以农业人口为主要服务对象。

③ 基层村。主要是以村民小组或较大的自然村庄为单位，是农民从事生产、生活居住的基地，也是村镇体系的基本单元，没有或设有简单的服务设施。

总之，乡（镇）域村镇总体规划体系应形成以集镇为中心，中心村为网络，基层村为基础的村镇体系的空间结构（图3-2）。

（2）职能结构

村镇体系职能结构是指域内各种不同类型村镇的组合形式。

村镇的类型一般可根据其现状产业结构的特征和比重，影响今后发展的优势和条件，按其职能界定性质，主要分为综合发展型、农业基地型、工业主导型、商贸流通型、交通枢纽型、风景旅游型、城市郊区型等。也可将其划分为综合性小城镇，某种经济职能为主的小城镇和特殊职能的小城镇三个类别。

县城镇和中心镇一般多为综合型城镇。从单一职能型向综合型转化将是城镇职能演变的趋势。

（3）布局结构

村镇体系布局结构是指镇域内多个村镇在空间上的分布、联系及组合的形态。其核心是城镇空间位置的确定，从空间形态上划分，可分为四类：

第一类是城市周边地区的城镇，呈圈层式分布。此类城镇的性质、发展方向、发展规模、基础设施建设应与中心城市统筹考虑，以避免当前的建设给未来的发展造成障碍。其职能应变全能型为功能型，可考虑分担中心城市的部分职能。此类城镇的建设标准要高起点，可执行和对照城市规划的标准进行。

第二类是经济发达、交通便捷地区的城镇，表现为多沿交通轴向扩展，呈城镇带式分布。该类城镇要加强彼此间的协调，避免在发展方向和产业结构上的雷同。应注意引导城镇向过境地公路一侧的纵深方向集聚发展，保障过境公路的畅通。城镇与城镇之间必须保留大片的农田绿地并保持一定的距离。

第三类是远离城市，在目前和将来都是相对独立发展的城镇，呈散点式分布。此类城镇中除地处省市行政区边缘的城镇外，由于商贸流通的需要往往得以长足发展，大部分城镇经济实力较弱，城镇面貌改变不大，以为本地农村服务为主。因此要积极促进它们发展经济、增长实力并引导它们按规划进行建设。

第四类是在城市化快速发展时期，通过"三集中"促进产业集约、人口聚集，出现了围绕各种产业基地形成的若干个村镇片区，呈组团式分布。村镇体系由几个片区构成，各设中心、相互依存、优势互补，为合理撤乡建镇和迁村并点创造了条件。此类城镇应及时编制规划，指导建设并强化管理。

（4）网络结构

村镇体系网络结构是指镇域内各类公用设施有机构成的组合形式。网络结构可以说是村镇体系的"骨架"，城镇是村镇体系网络结构中的节点。村镇体系网络可分为动态网络和静态网络两类。动态网络是指镇域经济、社会、文化活动中通过交通运输和信息通信系统由人、物、信息、资金、技术流动所组成的交流网络。静态网络是指村镇赖以生存和发展的基础设施、公共服务设施、生态环境、安全防灾设施和行政管理机构等竖向等级结构的保障网络。两者共生互补，科学发展，形成良性互动的有机整体，促进镇域经济、社会、环境协调发展，这是现代化城镇体系的重要标志之一。

（5）发展时序

村镇体系发展时序规划是在村镇体系规模结构、职能结构和空间布局规划的基础上，根据区域发展的需要，对当地经济实力的可能性、发展趋势和潜力进行全面分析后选取重点优先发展的中心镇，同时提出村镇体系中各村镇的性质规模和发展时序，并制定相应的发展对策。

3.3.1.2　建立村镇体系的意义

村镇体系不是凭空想象出来的，而是在村镇建设的实践基础上获得的。过去在村镇建设上曾出现过"就村论村，以镇论镇"的问题，忽视了村镇之间具有内在联系这一客观实际，从而盲目建设，重复建设，造成了不必要的浪费和损失。村镇体系这一观点，体现了具有中国特色的村镇建设道路，是我国村镇建设的理论基础，并成为我国村镇建设政策的重要组成部分，由此确定了村镇建设中的许多重大问题。

① 明确了村镇体系的结构层次问题。

② 进一步明确了村镇总体规划和村镇建设规划是村镇规划前后衔接、不可分割的组成部分。

③ 确定了以集镇为建设重点，带动附近村庄进行社会主义现代化建设的工作方针。这一方针是根据我国国情而确定的，在当前农村经济还不是十分富裕的情况下，优先和重点建设与发展集镇，以集镇作为农村经济与社会发展的前沿基地，带动广大村庄的全面发展，逐步提高居住条件，完善服务条件，改善环境条件，这些都具有积极的战略意义。

3.3.2 村镇体系布局的考虑因素

（1）要有利于工农业生产

村镇的布点要同乡（镇）域的田、渠、路、林等各专项规划同时考虑，使之相互协调。布点应尽可能使之位于所经营土地的中心，以便于相互间的联系和组织管理；还要考虑村镇工业的布局，使之有利于工业生产的发展。对于广大村庄，尤其应考虑耕作的方便，一般以耕作距离作为衡量村庄与耕地之间是否适应的一项数据指标。耕作距离亦称耕作半径，是指从村镇到耕作地尽头的距离，其数值同村镇规模和人均耕地有关，村镇规模大或人少地多，人均耕地多的地区，耕作半径就大；反之则小。耕作半径的大小要适当，半径太大，农民下地往返消耗时间较多，对生产不利；半径过小，不仅影响农业机械化的发展，还会使村庄规模相应地也变小，布局分散，不宜配置生活福利设施，影响村民生活。在我国当前农村以步行下地为主的情况下，比较合适的耕作半径可这样考虑：在南方以水稻或棉花为主的地区，人口密度大，人均耕地少，耕作半径一般可定为0.8~1.2km；在北方以种植小麦、玉米等作物为主的地区，相对的人口密度小，人均耕地多，耕作半径可定为1.5~2.0km。随着生产和交通工具的发展，耕作半径的概念将会发生变化，它不应仅指空间距离，还应以时间来衡量，即农民下地需花多少时间，国外常以30~40min为最高限。在人少地多的地区，农民下地以自行车、摩托车甚至汽车为主要交通工具时，耕作的空间距离就可大大增加，与此相适应，村镇的规模也可增大。

（2）要考虑村镇的交通条件

交通条件对村镇的发展前景至关重要，农村早已不是自给自足的小农经济，有了方便的运输条件，才能有利于村镇之间、城乡之间的物资交流，促进其生产的发展。靠近公路干线、河流、车站、码头的要镇一般都有发展前途，布点时其规模可适当扩大，在公路旁或河流交汇处交通条件便利的村镇，可作为集镇或中心集镇考虑；而对一些交通闭塞的村镇，切不可任意扩大其规模，或者维持现状，或者逐步淘汰。考虑交通条件时，应考虑远景，若干年后会有交通干线通过的村镇仍可发展，但要立足现状，尽可能利用现有的公路、铁路、河流、码头，这样有利于节约农村的工程投资。具体布局时，应注意避免铁路或过境公路穿越村镇内部。

（3）考虑建设条件的可能

在进行村镇位置的定点时，要进行认真的用地选择，考虑是否具备有利的建设条件。建设条件包括的内容很多，除了要有足够的同村镇人口规模相适应的用地面积以外，还要考虑地势、地形、土壤承载力等方面是否适宜于建筑房屋。在山区或丘陵地带，要考虑滑坡、断层、山洪冲沟等对建设用地的影响，并尽量利用背风向阳坡地作为村址。在平原地区受地形约束较少，但应注意不占良田，少占耕地，并应考虑水源条件。此外，如果条件具备，村镇用地尽可能在依山傍水，自然环境优美的地区，为居民创造出适宜的生活环境。总之，要尽量利用自然条件，采取科学的态度来选址。

（4）要满足农民生活的需要

规划和建设一个村庄，要有适当的规模，便于合理地配置一些生活服务设施。但是，由于村庄过于分散，规模很小，不可能在每个村庄上都设置比较齐全的生活服务设施，因此，在确定村庄的规模时，在可能的条件下，使村庄的规模大一些，尽量满足农民在物质生活和文化生活方面的需要。

（5）村镇的布点要因地制宜

应根据不同地区的具体情况进行安排，比如南方和北方，平原区和山区的布点形式显然不一样。即使在同一地区以农业为主的布局与农牧结合的布局相比也有所不同。前者主要以耕作半径来考虑村庄布点；后者除要考虑耕作半径外，还要考虑放牧半径。在城市郊区的村镇规模又与距离城市的远近有关，特别是城市近郊，在村镇布点、公共建筑布置、设施建设等方面都受城市影响。城市近郊应以生产供应城市所需要的新鲜蔬菜为主，其半径还要符合运输蔬菜的"日距离"，并尽可能接近进城公路。根据不同的情况因地制宜编制的规划才符合实际，才能达到"有利生产，方便生活"的目的。

（6）村镇的分布要均衡

力求各级村镇之间的距离尽量均衡，使不同等级村镇各带一片。如果分布不均衡，过近将会导致中心作用削弱，过远则又无法受到经济辐射的吸引，使经济发展受到影响。

（7）慎重对待迁村并点问题

迁村并点，指村镇的迁移与合并，是村镇总体规划在考虑村镇合理分布时必然遇到的一个重要问题。我国的村庄，多数是在小农经济基础上形成和发展起来的，总的看来比较分散、零乱。南方类似的情况很多，不仅是山区，平原地区土地也被分得零零碎碎，满天星式的农舍到处可见。例如，江苏省某村700多户分散在89个自然村上。这种状况既不符合农村发展的总趋势，也不利于当前农田基本建设和农业机械化。因此，为了适应乡村生产发展和提高生活质量的需要，也必须对原有自然村庄的分布进行合理调整，对某些村庄进行迁并。这样做不仅有利于农田基本建设，还可节省村镇建设用地，扩大耕地面积，推动农业生产的进一步发展。迁村并点是件大事，应持慎重态度，必须根据当地的自然条件、村镇分布现状、经济条件和群众的意愿等，本着有利生产、方便生活的原则，对村镇分布的现状进行综合分析，区分哪些村镇应予以保留，哪些需要选址新建，哪些需要适当合并，哪些不适于发展应淘汰等。从目前情况分析，当前急需解决迁村并点问题的是那些规模过小、生活极为不便的村庄，或因兴修水利工程（如水库、大型排灌渠道等）、矿产资源的开发、受自然灾害（滑坡、地震、洪水等）威胁而需要搬迁的村镇。需要强调说明的是，当地经济水平和群众意愿是能尽快实现迁村并点的主要因素。在经济水平较高、群众又有强烈搬迁愿望的地区，迁村并点就能较快地实现；而对经济水平低，但从发展上看有必要迁村并点的村镇，须指出将来应迁移或合并的方向，应控制当前发展和建设，等将来经济条件具备时，再进行迁移或合并，这样可以避免因盲目建设而造成的浪费。有些地方，在没有编制总体规划的情况下，盲目进行迁村并点，出现拆了建，建了又拆的现象，造成极大浪费，这是应该吸取的教训。

3.3.3 村镇体系布局的方法

（1）搜集资料

搜集所在县的县域规划、农业和土地利用总体规划等资料，分析当前村镇分布现状和存在问题，为拟定规划提供依据。

（2）确定村镇居民点分级

在规划区域内，根据实际情况，确定村镇分布形式，采用三级（集镇、中心村、基层村）或二级（集镇、中心村）布置等。

（3）拟订村镇体系布局方案

在当地农业现代化远景规划指导下，结合自然资源分布情况，村镇道路网分布现状，当地土地利用规划，以及村镇工业、牧业、副业规划等，进行各级村镇的布点规划，并在地形图上确定各村镇的具体方位。该项工作通常结合农田基本建设规划同时完成，做到山、水、田、林、路、电、村镇全盘考虑，全面规划，综合处理。

小结

村镇体系规划是在乡（镇）域范围内，解决村庄和集镇的合理布点问题，故又称布点规划。

确定村镇体系必须考虑有利生产、交通便捷、适宜建设、方便生活、因地制宜、分布均衡以及迁村并点要慎重等要求。

思考题

1. 什么是村镇体系？村镇体系布局考虑哪些因素？

2. 简述村镇体系布局的方法。

3.4 村镇对外交通运输系统规划

本节要点

本节主要介绍铁路、公路和水运在村镇规划中的布局问题。重点要求学生熟悉对外公路交通在村镇总体规划中的布局要求。

村镇对外交通运输系统是村镇居民点与其外部城镇联系的交通设施，以及村镇域范围内的村庄、集镇进行联系的各种交通设施的总称，它是村镇存在和发展的重要条件，也是构成村镇一种重要的物质要素。在村镇总体规划中，当确定了村镇和各生产企业的位置后，就要进行村镇间，以及村镇与外部城镇间道路交通规划,把分散的村镇和主要生产企业相互联系起来,形成有机整体。村镇间道路交通运输规划,主要指村镇间的道路联系、南方水网区的水路运输等,其目的是解决村镇之间的货流和客流的运输问题。

我国的集镇大部分都是沿交通干线逐步发展起来的,公路既是交通通道,也是街道市场。随着集镇规模的不断扩大与交通流量的不断增长,就会造成过境交通与集镇活动的矛盾日益尖锐。所以,在村镇规划中,应合理进行村镇布局,正确处理对外交通运输系统。

3.4.1 村镇对外交通系统的类型

村镇对外交通一般有铁路、公路和水运交通三类。各类交通类型都有它各自的特点:铁路交通运输量大,安全,有较高的行车速度,连续性强,一般不受季节、气候影响,可保持常年正常运行;水运交通有运输量大、成本低、投资少的特点;公路交通机动灵活、设备简单,是适应能力强的交通方式。由于各类对外交通运输方式都有其特点和适宜范围,根据村镇对外联系的需要,建立各种方式相互结合、合理分工的对外交通运输体系,对村镇交通运输业的发展有重要作用。

各种对外交通的站场、港口和线路不但在村镇中占据重要部位,并与村镇功能区及道路网布局有密切关系。从空间组合角度分析村镇对外交通应包括以下几个方面内容:

① 尽量满足各种交通方式在修建和运营上的要求。

② 使各种交通方式互相协调、有机结合,既能发挥其各自特长,又能搞好联合运输。

③ 与村镇内部交通紧密衔接,便于客货集散。

④ 在新村镇建设和旧村镇改建中,将村镇对外交通布局连同各种村镇功能区布局进行统筹规划与建设。

⑤ 改善对村镇环境的不利影响,并为村镇提供更为迅速、便捷和经济的对外运输联系。

3.4.2 铁路在村镇规划中的布置

铁路是乡(镇)对外交通的重要工具,乡(镇)的生产生活都需要铁路运输,但由于铁路运输技术设备深入镇区,含给城镇带来干扰,如何使铁路既方便镇区,又能够合理地布置铁路车站线路设备,充分发挥运输效能,与城镇互不干扰,这是城乡规划中一项复杂的工作。

铁路由铁路线路和铁路车站两部分组成。村镇所在的铁路车站大多是中间车站,客货合一,多采用横列式布置方式。它在村镇中的布置与货场的位置有很大关系。由于村镇用地范围小,工业、仓库较少,为了避免铁路分割村镇,互相干扰,原则上铁路站场应布置在村镇一侧边缘,并将客站和货站用地均布置在村镇同侧,货站接近工业、仓库用地,而客站接近生活居住用地。

当车站客、货部分不能在村镇一侧而必须采用客货对侧布置,村镇交通不可避免地跨越铁路时,应保证建成区以一侧为主,货场和地方货源、货流同侧,以充分发挥铁路设备和运输效率。并在村镇用地布局上尽量减少跨越铁路的交通量。除此之外，铁路选址需考虑到用地条件，工程造价，经营费用，发展余地与村镇其他要素之间的关系等；客运站必须与村镇主干道相连，以保证货流畅通。

铁路站场布局要与村镇总体规划相协调，处理好村镇布局与铁路建设的关系。

（1）处理好村镇发展与铁路建设的关系

修建铁路要与村镇发展规划相协调。铁路建设对铁路营运者来说，是要最大可能地吸引客货流；对旅客来说，是要方便、快捷地乘车，尽量缩短出行距离和时间；对于城镇管理部门来说，一是要给市民提供方便的交通工具，二是希望铁路车站的布局能与城镇规划协调配合，尽量减轻交通的负担和压力。

（2）优化铁路与城镇交通的布局关系

铁路车站客货流量大，经常在高峰时段密集地到达和发送。客货运站将是城镇主要的客货运交通枢纽，因此必须做好站区的综合交通规划，与城镇交通系统有密切的联系和方便的通道，形成立体化的综合交通枢纽，将旅客和货物迅速、方便地疏散到村镇的各个地区。

实际工作中经常会遇到铁路部门与村镇规划管理部门观点不同的问题。即认为最初是铁路带来了城镇的逐步发展、壮大和繁荣，镇区发展到相当规模时又感觉铁路切割了镇区，限制了城镇的发展。这反映出铁路发展中的一些问题，即在铁路发展初期对枢纽规划考虑不够长远，编组站、货运站距客运站普遍偏近，城镇发展后编组站、货运站大部分位于城镇中心地带，大量货车进出城镇中心，脏、乱、差问题普遍存在；同时铁路占地大，修建镇区道路困难，自然造成切割镇区的情况。因此在研究将铁路引入城镇问题时，必须考虑城镇的不断发展，适当调整铁路布局，应按"客货分线、客内货外、作业集中、疏解灵活"的总体思路，将有条件的编组站、货场逐步外迁，改善位于城镇中心的客运站条件和配套能力。

村镇总体规划与铁路要互相配合，从全局出发，以"双赢"为目标，处理好城镇和铁路发展中的具体问题，以带动经济的进一步繁荣为最终目的。

3.4.3　公路在村镇规划中的布置

公路运输是城乡居民普遍采用的对外交通运输方式。各种公路按其在国家公路网中的地位分为国道、省道、县道和乡镇道三类，按其使用任务和通过能力又分为五级：

- 高速公路　具有特别重要的经济意义，年平均昼夜通车量大于10000辆。
- 一级公路　具有重要的经济意义，年平均昼夜通车量大于5000辆。
- 二级公路　联系重要的政治、经济中心和大工矿地区的主要干线，年平均昼夜通车量达2000～5000辆。
- 三级公路　联系县以上城市的一般干道，年昼夜平均交通量小于2000辆。
- 四级公路　联系县以下乡村支线，年平均昼夜交通量小于2000辆。

高速公路具有独特的交通运输特性，对村镇没有什么影响，其余四级公路对村镇的建设和发展都存在不同程度的影响。公路的选线和设计是从更大的区域经济联系的角度来考虑，如国道、省道是从全国、全省的范围来确定，要求交通运输快速、便捷、安全、运输费用低，因而，在村镇规划中，不能擅自改线、搬迁。正确的做法是合理利用并尽量减少相互干扰，选址新建的村镇要避免过境公路从村镇中心穿越，原址改建、扩建的村镇，应采取一定的措施，解决过境公路和村镇建设之间的矛盾。

（1）公路线路与村镇的联系

公路线路在村镇中的位置分两种情况：公路穿越或者绕过（切线或环形绕过）村镇。采用哪种布置方式，要根据公路的等级、过境交通和入境交通的流量、村镇的性质和规模等因素来确定。

① 公路穿越村镇。过境公路对村镇建设和发展有很大影响，有时直接造成村镇的兴旺和衰落。因此，人们常习惯"依路建镇"。出现这种情况主要是由于村镇趋向交通方便的道路沿线发展，利于对外交通联系和增加对外的经济吸引力，达到活跃经济的目的。但由于村镇建设往往缺少资金，道路建设较困难，所建道路质量一般较低，难以满足村镇内部交通的要求，从而造成借用公路，跨路建设的局面。当然，沿公路建镇对活跃市场起到一定的作用，但也是造成这一局面的基本原因。所以，对过境公路不能盲目外迁，要根据实际情况综合考虑。对交通量不大的过境公路，可适当地拓宽路面，改过境公路为城市型道路，做到一路两用，既为镇内街道，又为过境通道，同时加强市场管理。严格控制在公路两侧摆摊设点，搞好村镇用地布局，减少两侧建设项目的交通联系，尽量避免利用公路作为村镇生活主街的现象发生（图3-8）。

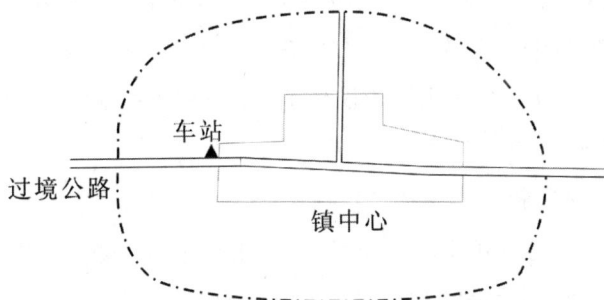

图3-8 公路穿越村镇

② 过境公路绕过村镇。对等级较高、交通量过大的过境公路一般应绕过村镇，与村镇的联结方式有以下两种：

将过境公路以切线方式通过村镇。如天津青光镇津霸（天津 — 霸县）公路横穿镇中心，穿越长度达2500m。高峰小时机动车辆达200辆，与马车、自行车混行，对居民生活干扰很大，因此规划时商请交通部门决定改道，将津霸公路改从青光镇边缘通过，这样既改善了居民生活环境，又提高了交通运输能力（图3-9）。

一般来说，公路等级越高、经过的村镇规模越小，则在通过该集镇的车流中入境的比重越小，因而公路宜离开村镇，其连接引入辅助道路。

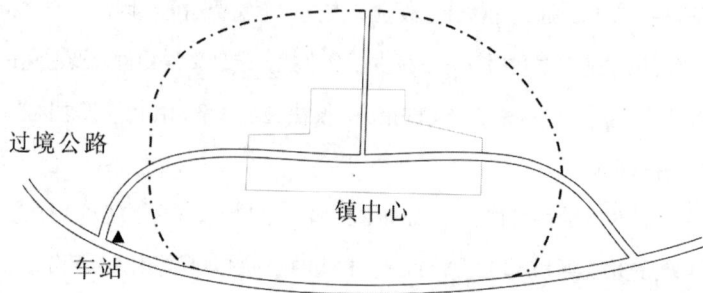

图3-9 公路沿村镇边缘相切通过

（2）站场位置选择

村镇站场主要有公共交通车站和公路车站（又称为长途汽车站），其位置的选择应结合村镇特点和村镇干道系统进行。总的原则是汽车站场既要使用方便，又不影响村镇的生产和生活，并要与铁路站场、轮船码头有较好的联系，便于组织经营。

① 公共交通车站。在路段上，同向换乘距离不应大于50m，异向换乘距离不应大于100m；对置设站，应在车辆前进方向迎面错开30m。为了提高站点的能力，停靠站应从交叉口相应后退一段距离。在道路平面交叉口和立体交叉口上设置的车站，换乘距离不宜大于150m，并不得大于200m。长途客运汽车站、火车站、客运码头主要出入口50m范围内应设公共交通车站。快速路、主干路及郊区双车道公路上的公交停靠站不应占用行车道，应采用港湾式的布置，市区公交港湾停靠站长度至少应设两个停车位。

② 公共汽车的首末站。应设置在城镇道路以外的用地上，每处用地面积可按1000～1400m²计算。有自行车存车换乘的，应另外附加面积。

（3）公路规划设计技术要求

村镇总体规划中，对过境公路的处理和村镇之间相互联系的乡村道路除应满足以上所述的要求外，还应符合交通部门的有关规定，并分别按表3-2和表3-3所示执行。

3.4.4　水运在村镇规划中的布置

沿江河湖泊的村镇在规划时要依照深水深用，浅水浅用的原则，综合村镇用地的功能组织，对岸线作全面的安排。为保证发挥水运优势，首先必须将适宜于航运的村镇岸线，在总体规划时明确规定下来，而且要保证有一定的纵深陆域，用以布置仓库、堆场以及陆上疏导设施。同时，还要留出居民游憩生活需要的生活岸线。

货运港的疏港公路应与干线公路及村镇货运交通干道连接，客运港要与乡（镇）客运交通干道衔接，并与铁路车站、长途汽车站有方便联系。接近生活区的岸线应留出一定长度为村镇居民生活、休息使用。

表3-2 村镇公路主要控制技术指标

公路等级		二级公路		三级公路		四级公路		准四级公路
设计速度 / (km/h)		80	60	40	30	20	15	—
车道宽度 / m		3.75	3.50	3.50	3.25	3.00	单车道3.50	3.50
路基宽度 / m	一般值	12.00	10.0	8.50	7.50	6.50	4.50	4.50
	最小值	10.00	8.50	—	—	5.50	—	—
圆曲线最小半径 / m	一般值	400	200	100	65	30	20	20
	最小值	250	125	50	25	15	12	12
停车视距 / m		110	75	40	30	20	15	15
极限最小竖曲线半径 / m	凸形	3000	1400	450	250	100		100
	凹形	2000	1000	450	250	100		100
竖曲线最小长度 / m		70	50	35	25	20		15
最大纵坡 / %		5	6	7	8	9		10
最小坡长 / m		200	150	120	100	60		40
路基设计洪水频率		1/50		1/25		按具体情况确定		
小桥涵设计洪水频率		1150		1/25		1/25		
桥涵设计汽车荷载		公路—Ⅱ级		公路—Ⅱ级		公路—Ⅱ级		

表3-3 村镇公路主要技术参数

道路分级	路面宽度 / m	最大坡度 / %	路面质量	备注
乡（镇）路	5~7	≤9	水泥混凝土或沥青路面	乡镇域内主要交通道路
村庄道路	4~6	≤10	水泥混凝土路面	村庄间交通道路

　　港口是所在城镇的一个重要组成部分，在村镇总体规划中需要全面综合考虑，合理地部署港口及其各种辅助设施在镇区的位置，妥善解决港口与城镇其他组成部分的联系。港口建设与工业布置紧密结合，把那些货运量大的工厂尽可能沿通航河道或海滨布置。

　　港口为水陆联运枢纽，涉及面广，其位置应根据港口生产上的要求从发展需要、自然地形地质水文条件与陆路交通衔接等要求，从政治、经济、技术方面，全面比较后进行选定。

　　港址选择是在河流流域规划或沿海航运区规划的基础上进行的，港址选择的基本要求如下：

　　① 要符合与村镇总体规划布局相互协调发展的整体利益，特别是选择港址的同时并使它们有机统一，既要满足港口在技术的要求，也要符合城镇发展。解决港口与居住区工业区的矛盾，水域条件是选址中一个重要因素。

　　② 港址应选在地质条件较好，冲淤变化小，水流平顺，较宽水域和足够水深，可供船舶周转、停泊

和水上装卸作业的地点。

③ 港址应有足够的岸线长度和一定的陆域面积或具有回填陆域的可能性，以供布置生产和辅助设施之用，便于与铁路公路相连接，并有方便的水电建筑材料等供应。

④ 港址应尽量避开水上贮木场、桥梁闸坝及其他重要的水上构筑物，不影响交通干道，不影响城镇的卫生与安全。

海岸地区筑港的主要特点是，常须修建外堤围护水域，以保证港内水域平稳和减少泥沙淤积。沿岸的地质地貌对于海港建筑有重要的意义，就岩石海岸而言，港内没有严重的淤积问题；要保证港内水域的平稳，必须注意寻求有利的地形或利用海湾岛屿，使所处外堤处水深最小，尽量缩短外堤的长度。对于砂质平坦海岸而言，主要是保证减少港内淤积和维持所要求的水深，为此必须选择无大量沿岸泥流的地区，或新建港口构筑物应尽量避免影响沿岸泥沙运动，使所建港门回淤最小。

海河口地区筑港的主要特点是，大部分河流是冲积性河流，水流基本在它所带来的冲积物上流动，应根据各种河段的泥沙流动规律，选择在河床稳定的地段建港。

河网地区水位变化幅度小，水流平，沿河缓，含砂量小，河道稳定，建港条件较好，厂区可分散修建码头。

在湖区选港址时，除满足一般选址条件外，应考虑风浪对船舶靠离及装卸作业的影响；必要时，可根据水域条件设置防波堤，或利用湖坛修建挖入式避池。

在水库港选址一般同湖区港类似，但要注意不应选在水库近坝段和水库回水末端的水位变化段，而应选在有避风条件，且不致因水库淤积而引起水深不足的地段。

在封冻河流地选址除应按非封冻河流特性考虑外，为避免港区遭受不必要的淹没和对开航前准备载运工作的影响，还应注意不宜选在经常发生冰坝河段、河床骤然缩窄处、桥梁束窄河床的水上建筑物的上游附近。

合理进行岸线分配作业区布置时，将有条件建设港口的岸线留做港口建设区，但不宜把全部岸线占满，应留出一定生活岸线供居住区使用。镇区居民接收快慢货件服务的作业区以及客运码头要接近镇中心区，并与铁路汽车站有便捷的交通联系，还应有疏港交通干道。

煤水泥矿石石灰等多尘和有气味的货物作业区分布在其他码头的下风向并远离居住区，同客运食盐、粮食、杂货等码头保持不小于100m的间距。木材作业区要有宽广的水域，便于停放编解木筏，不应设在船只来往频繁的地段，应单独设置，离易燃材料如石油煤炭保持一定距离以免发生火灾。

沿河两岸建设的村镇注意交通联系，桥梁位置过江隧道的出入口轮渡、车渡等位次均应与村镇道路系统相衔接。

小结

村镇的铁路车站大多是中间车站，客货合一，多采用横列式布置方式。铁路站场应布置在村镇一侧边缘，将客站和货站用地均布置在村镇同侧。

村镇公路线路的位置分为公路穿越或者绕过村镇两种，采用哪种布置方式，要根据公路的等级、过境交通和入境交通的流量、村镇的性质和规模等因素来确定。

村镇水运要保证有一定的纵深陆域，用以布置仓库、堆场以及陆上疏导设施。

思考题

1.村镇对外交通的特点是什么？

2.村镇对外交通布局要点有哪些？

3.5 村镇总体规划中其他主要项目的规划

本节要点

本节主要介绍村镇公共建筑布局考虑的因素，阐述村镇生产基地布局应注意的问题，论述村镇内部道路交通、给水排水和电力电讯规划等主要内容。重点要求学生掌握村镇公共建筑和生产基地的布局问题。

在村镇总体规划中，除了村镇的分布规划和确定村镇性质及规模外，还包括主要公共建筑的配置规划，主要生产企业的安排，村镇之间的交通、电力、电讯、给水、排水工程设施等项目规划。这些规划都是村镇总体规划的重要组成部分。

3.5.1 村镇主要公共建筑的配置规划

村镇主要公共建筑的配置规划，主要解决村镇域范围内规模较大、占地较多的主要公共建筑的合理分布问题。在一个村镇域范围内，村镇的数量较多，而且规模大小，所处的地位以及重要程度等都不一样，人们不像城市人口那样集中居住，而是分散居住在各个居民点里，这是由农业生产特点所决定的。因此，没有必要也没有可能在每个村镇都自成系统地配置和建设齐全、成套的公共建筑，一些主要的公共建筑要有计划地配置和合理地分布，既要做到使用方便，适应村镇分散的特点；又要尽量达到充分利用，经营管理合理的目的。

村镇公共建筑的配置和分布，要结合当地经济状况、公共建筑状况，从实际出发，要注意避免下列偏向：一是配置公共建筑项目偏全，规模偏大，标准偏高；二是不优先考虑建设广大农民急需的一些生活服务设施，花费大量资金、材料、劳力优先建造办公楼、大礼堂等大型公共建筑；三是对农民生活必需的服务设施，没有很好地安排，农民居住条件改善的同时，由于缺乏必要的生活福利设施，生活仍不方便。

村镇总体规划中，需要对主要公共建筑的配置进行规划，可以指导各村镇的建设，使各村镇的公共建筑能够科学地、合理地分布，避免盲目性。凡是为村镇域服务的公共建筑和规模较大的公共建筑均属于主要公共建筑。对主要公共建筑进行配置和分布时，要考虑下面几个因素。

（1）根据村镇的规模和层次，分级配置规模不同的公共建筑

集镇是乡（镇）范围的中心，不同于一般村庄。因此，在主要公共建筑的配置上，不仅要考虑为本集镇的居民（包括居住在集镇上的农、林、牧、渔业人口，非农业人口和流动人口）服务，还要考虑为全乡（镇）范围的居民服务，有的甚至要考虑为附近的乡（镇）的部分居民服务。一般配置的项目有：卫生院、普通中学、农业中学、农业科技试验站、供销社、邮电所、银行、旅社、饭馆、照相馆、理发室、公共浴室、书店、阅览室、影剧院、文化活动站、集贸市场以及乡（镇）办公用房等。有条件的集镇，还可以考虑开辟小型运动场地。随着农村经济的发展，可以根据当地农村生活的需要，逐步增加一些项目，建设一些现代化的工程设施，不断适应生产发展和人民生活提高的需要。

中心村公共建筑的配置，应结合具体情况，配置为本村或附近村庄服务的生活福利设施，一般设有分销店、合作医疗站、小学等。

（2）公共建筑应安排在有发展前途的村镇，以发挥最大的使用和经济效益

公共建筑的配置，是提高居民的物质文化生活水平必不可少的设施。公共建筑的配置，一方面要为居民创造方便实用的生活条件，满足居民对物质和精神上的需要；另一方面，要考虑公共建筑设置的经济问题，这就要求公共建筑的布局和规模，同时还要考虑建设的经济效益。从当前各地村镇规划与建设的实际情况看，在村镇公共建筑的配置和分布上，不要贪大求全，忽视实用效果和经济效益。大型公共建筑物都应该从一定区域内统一考虑。如医院不可能在每个乡（镇）、中心村都配置一套较完善的医疗设备及设立住院部，这样既不经济也不利于医疗水平的提高。可几个乡（镇）设一个医院，规模可以大些；一般医院则以门诊为主，规模可小些。一些规模小的经常性使用的服务设施。可运用一定的建筑技术有机地结合在一起，这样不仅可以节约资金，降低造价，而且方便居民。这种形式较适合村镇的实际情况。

（3）合理利用原有的公共建筑，逐步建设，不断完善

村镇建设绝大多数是在原有村庄或集镇上进行改造或扩建的。其公共福利建筑，在改建或扩建规划中，应合理利用，不要轻易拆除。对于结构尚好而外表有些破旧的可以加强维修；对于使用价值不高的可以改变功能另作他用。在原有规模较大的村庄中，如确实需要新建的项目，也要根据不同项目和不同要求，在标准上要有所区别。学校建筑，应从保证和提高教学质量，保护青少年、儿童的身体健康出发，合理地加以规划设计，建设标准也可以适当高于其他的项目。

公共建筑的建设要随着生产的发展和生活水平的提高，逐步进行改善，使公共福利建设逐步完善。在主要公共建筑的建设顺序上，要根据当地的财力、物力等情况，对哪些项目需要先建、哪些可以缓建，做出统一安排，逐步建设，不断完善。

3.5.2　主要生产基地安排

农村经济已从过去单一的农业经济转向包括农业、工业、商业、畜牧饲养、庭院经济在内的复合型经济，这种转化促进了农村经济的发展，吸收了农村大部分剩余劳动力，为村镇建设和发展创造了有利条件。

生产基地是指独立于村镇建设用地之外的、从事各种生产活动的地段，一般设置在生产基地上的生产建筑包括：就地取材的工副业项目；对居住环境有严重污染的项目；生产本身有特殊要求，不宜设在村镇内部的；以及在生产中有较大运输量的农业生产基地。各类生产基地应根据原料来源、生产特点、建设条件及对环境的污染程度进行合理布置。

（1）就地取材的工副业生产基地

就地取材的工副业生产基地因受原料、交通条件的影响，不宜布置在村镇范围内，而应设在独立的地段。如砖瓦厂、采石场、采矿场、石灰厂等，应靠近原材料产地安排相应的生产性建筑和公共设施。

（2）有严重污染的生产基地

对居住环境有严重污染的项目，应独立设置在适当的地段。如水泥厂对大气污染严重，宜布置在村镇下风向位置，这样既可不影响工厂生产，对周围村镇的污染也可减小；再如印染、造纸、化工等厂的废水排放，会严重污染水体，按照布置原理，应布置在水源下游。从村镇体系的范围来看，甲村的下游，就是乙村的上游，如果乙村的生活用水取自地表水时，就要研究生产基地对乙村的污染程度、影响范围，从而确定生产基地的合理位置，排放方式和排放标准。

（3）有特殊要求的生产基地

有些生产基地本身的特殊要求，如大中型养鸡场，养猪场，养羊场等，要求有高度的防疫条件，必须设立在阳光充足、通风良好，交通方便，又不污染村镇的独立地段；再如有爆炸、火灾危险的工厂也应远离村镇，并有一定的防护间距。

（4）运输量较大的农业生产基地

这类生产基地，为避免交通流量引进村镇内部，造成交通混乱，干扰村民生活，可在远离村镇的田间设置作业站，进行农作物的脱粒、储存。

生产基地的布置，在满足生产要求和布局原理的前提下，应具体分析用地的建设条件，包括用地本身的工程地质条件，道路、运输条件，供水排水条件以及电力供应条件等。在选择和安排生产基地中，应以现有条件为基础，如果用地本身的条件合适，其他如水、电、路的条件一时还难以具备的，可以通过经济技术比较，选择较佳的用地布置方案。

独立布置的各类生产基地，可以单独设置生活设施，也可以考虑充分利用集镇或中心村的福利设施。因此，工厂位置应尽量考虑和附近村镇方便联系，如果职工为周围村民，还要考虑职工上下班的问题。

现有的生产基地，在规划中作为现状统一考虑。对那些适应生产和对环境影响较小的，可以考虑扩建或增建；对那些严重影响环境而又靠近村镇的，应在总体规划中加以统一调整或采取技术措施给予解决。

3.5.3　村镇道路交通工程

道路交通规划应根据村镇之间的联系和村镇各项用地的功能、交通流量，结合自然条件与现状特点，确定道路交通系统，可有利于建筑布置和管线敷设。

① 公路规划应符合国家现行的《公路工程技术标准》（JTG B 01—2003）的有关规定。

② 村镇道路可分为四级，其规划的技术指标应符合表3-4所示的规定。

③ 村镇道路系统的组成，应符合表3-5所示的规定。

④ 集镇道路应根据其道路现状和规划布局的要求，按道路的功能性质进行合理布置，并应符合下列规定：

a. 连接工厂、仓库、车站、码头、货场等的道路，不应穿越集镇的中心地段。

表3-4　村镇道路规划技术指标

规划技术指标	村镇道路级别			
	主干路	干路	支路	巷路
计算行车速 /（km/h）	40	30	20	—
道路红线宽度 / m	24～36	16～24	10～14	—
车行道宽度 / m	14～24	10～14	6～7	3.5
每侧人行道宽度 / m	4～6	3～5	0～3	0
道路间距 / m	≥500	250～500	120～300	60～150

注：表中一、二、三级道路用地按红线宽度计算，四级道路按车行道宽度计算。

b. 位于文化娱乐、商业服务等大型公共建筑前的路段，应设置必要的人流集散场地、绿地和停车场地。

c. 商业、文化、服务设施集中的路段，可布置为商业步行街，禁止机动车穿越；路口处应设置停车场地。

⑤ 汽车专用公路，一般公路中的二、三级公路，不应从村镇内部穿过；对于已在公路两侧形成的村镇，应进行调整。

表3-5　镇区道路系统组成

规划规模分级	道路分级			
	主干路	干路	支路	巷路
特大、大型	●	●	●	●
中型	○	●	●	●
小型	—	○	●	●

注：表中●——应设的级别；○——可设的级别。

3.5.4　村镇给水和排水工程规划

改善农村的饮水条件、排水状况是建设现代化农村的重要任务，在村镇总体规划中应予以考虑。供水规划中应重点选择好水源，根据当地情况确定选择地面水或地下水为水源，或者是二者兼而有之。根据村镇的人口规模和生产状况，估算各村镇的用水量和乡（镇）域总用水量。再根据村镇分布状况和地形等条件，确定是采用集中供水还是分散供水，并确定合理的配水系统及管网布置。排水规划应结合当地地形条件、污水性质、污水量及供水量等来确定排水系统，一般村镇均采用分流制，雨水一般用明沟排水。在工业污水较多的乡（镇）要考虑兴建可行的污水处理设施。

（1）给水工程规划

① 给水工程规划中，集中式给水应包括确定用水量、水质标准、水源及卫生防护、水质净化、给水设施、管网布置；分散式给水应包括确定用水量、水质标准、水源及卫生防护、取水设施。

② 集中式给水的用水量应包括生活、生产、消防、浇洒道路、绿化、管网漏水量和未预见水量，并应符合下列要求：生活用水量的计算，应符合居住建筑的生活用水量，应按现行的有关国家标准进行计算；公共建筑的生活用水量，应符合现行的国家标准《建筑给水排水设计规范》（GB 50015—2003）的有关规定，也可按居住建筑生活用水量的8%～25%进行估算；生产用水量应包括乡镇工业用水量、畜禽饲养用水量和农业机械用水量，可按所在省、自治区，直辖市政府的有关规定进行计算；消防用水量应符合现行的国家标准《农村防火规范》（GB 50039—2010）的有关规定；浇洒道路和绿地的用水量，可根据当地条件确定；管网漏失水量及未预见水量，可按最高日用水量的15%～25%计算。

③ 生活饮用水的水质应符合现行的有关国家标准的规定。

④ 水源的选择应符合下列要求：水量充足，水源卫生条件好、便于卫生防护；原水水质符合要求，优先选用地下水；取水、净水、输配水设施安全经济，具备施工条件；选择地下水作为给水水源时，不得超量开采；选择地表水作为给水水源时，其枯水期的保证率不得低于90%。

⑤ 给水管网系统的布置，干管的方向应与给水的主要流向一致，并应以最短距离向用水大户供水。给水干管最不利点的最小服务水头，单层建筑物可按5～10m计算，建筑物每增加一层应增压3m。分散式给水应符合现行的有关国家标准的规定。

（2）排水工程规划

① 排水工程规划应包括确定排水量、排水体制、排放标准、排水系统布置、污水处理方式。

② 排水量应包括污水量、雨水量，污水量应包括生活污水量和生产污水量，并应按下列要求计算：生活污水量可按生活用水量的75%～90%进行计算；生产污水量及变化系数应按产品种类、生产工艺特点和用水量确定，也可按生产用水量的75%～90%进行计算；雨水量宜按邻近城市的标准计算。

③ 排水体制宜选择分流制，条件不具备的小型村镇可选择合流制，但在污水排入系统前，应采用化粪池、生活污水净化沼气池等方法进行预处理。

④ 污水排放应符合现行的国家标准《污水综合排放标准》（GB 8978—1996，仍在现行）的有关规定；污水用于农田灌溉，应符合现行的国家标准《农田灌溉水质标准》（GB 5084—2005）的有关规定。

⑤ 布置排水管渠时，雨水应充分利用地面径流和沟渠排除；污水应通过管道或暗渠排放，雨水、污水的管、渠均应按重力流设计。

⑥ 分散式与合流制中的生活污水，宜采用净化沼气池、双层沉淀池或化粪池等进行处理；集中式生活污水，宜采用活性污泥法、生物膜法等技术处理。生产污水的处理设施，应与生产设施建设同步进行。污水采用集中处理时，污水处理厂的位置应选在村镇的下游，靠近受纳水体或农田灌溉区。

3.5.5 村镇电力和电讯工程规划

合理规划村镇电力、电讯系统是村镇总体规划的重要内容之一。

（1）村镇电力工程规划

村镇电力工程规划应包括预测村镇所辖地域范围内的供电负荷、确定电源和电压等级，布置供电线路、配置供电设施。其规划要点是：

① 村镇所辖地域范围供电负荷的计算，应包括生活用电、乡镇企业用电和农业用电的负荷。

② 选择电源。根据电力部门的规划，从较大范围内考虑电源的选择和布局，确定自建发电站还是从国家电网或区域电网中引进。供电电源和变电站站址的选择应以县域供电规划为依据，并符合建站的建设条件，线路进出方便和接近负荷中心。

③ 根据各个村镇或生产地段的用电负荷，合理安排配电室及配电线路；变电站出线电压等级应按所在地区规定的电压标准确定。

④ 对高压走廊、电讯线路的走向及其他工程线路的相互距离要符合各项专业工程的有关规定。供电线路的布置，应符合下列规定：宜沿公路、村镇道路布置；宜采用同杆并架的架设方式；线路走廊不应穿过村镇住宅、森林、危险品仓库等地段；应减少交叉、跨越，避免对弱电的干扰；变电站出线宜将工业线路和农业线路分开设置。

⑤ 供电变压器容量的选择，应根据生活用电、乡镇企业用电和农业用电的负荷确定。重要公用设施、医疗单位或用电大户应单独设置变压设备或供电电源。各种线路的布置均应遵循节约用地的原则，对原有设施要充分利用，逐步改造。

（2）村镇电讯工程规划

村镇电讯工程规划包括电信设施的位置、规模、设施水平和管线布置等内容。

① 村镇电讯工程规划应依据县域电信规划制定。

② 电信所的选址，应符合下列规定：宜靠近上一级电信局来线一侧；应设在用户密度中心；应设在环境安全、交通方便，符合建设条件的地段；电话普及率应结合当地经济和社会发展需要，确定百人拥

有的电话机部数。

③ 电信线路布置，应符合下列规定：应避开易受洪水淹没、河岸塌陷、土坡塌方以及有严重污染等地区；应便于架设、巡察和检修；宜设在电力线走向的道路另一侧。

3.5.6 村镇环境保护规划

环境，是人类赖以生存的基本条件，是发展农业、渔业、牧业和工副业生产，繁荣经济的物质源泉。长期以来，由于对环境问题缺乏足够的认识，以致对环境的保护工作得不到应有的重视。我国各地环境的污染，自然环境和生态平衡遭到破坏，已影响到居民的生活，妨碍了生产建设，成为国民经济中的一个突出问题。

（1）环境

环境是指大气、水、土地、矿藏、森林、草原、野生动物、野生植物、水生生物、名胜古迹、风景游览区、温泉、疗养区、自然保护区、生活居住区等。从广义而言，环境是人们周围一切事物、状态、情况三方面的客观存在。也可以说，环境就是由若干自然因素和人工因素有机构成的，并与生存在内的人类互相作用的物质空间。

村镇环境中所谓的"环境"，一般认为包括两个部分：一为自然环境，人类的生存与发展离不开周围的大气、水、土壤、动植物以及各种矿物资源。自然环境就是指围绕着我们周围的各种自然因素的总和，是由大气圈、水圈、岩石圈和生物圈等几个自然圈组成的；二是人为环境（社会环境），即人类社会为了不断提高自己的物质和文化生活而创造的环境，如城镇、房屋、工业、交通、娱乐场所、仓库等，是人类社会的经济活动和文化活动所创造的环境。

（2）环境污染

村镇环境污染是多方面的，内容与形式也较为广泛。受污染领域有大气污染、水体污染和土壤污染三个主要部分；污染物作用的性质可分为物理性的（光、声、热、辐射等）、化学性的（有机物和无机物）、生物性的（霉素、病菌等）三类；污染的主要形式有大气污染、水体污染、固体废弃物污染、土壤污染和噪声污染等。

（3）环境污染的原因

造成村镇环境污染的原因很多，综合起来大体有以下几个方面。

① 缺乏统筹规划。乡（镇）工副业在发展项目的选择上往往带有盲目性和随意性，哪些项目来钱快、利润高或者花费劳动力少，就发展哪些项目。尤其是一些污染严重、在城市中发展比较困难的项目，为扩大生产，增加产品产量，要求乡（镇）为其加工或生产部分零配件等工业项目较为普遍。

② 缺乏整体观念，用地布局不够合理。不少有污染的工副业随意布点，有的占用民房，布置在住宅建筑用地内；也有的布置在村镇主导风向的上风位；有的甚至布置在水源地的附近。

③ 缺乏环境保护知识和治理环境污染的技术力量。一般说来，乡（镇）工副业规模比较小，设备较差，

技术力量薄弱,管理也不完善,所排放的废气、废水、废渣中有害物质含量比较高,毒性比较大,并缺乏环境保护知识。另外,农业生产上使用化肥、农药及某些农畜产品加工废水和生活废水污染水体;还有部分农畜产品在水体中作业加工,往往造成水体变色发臭;也有一些卫生院的含菌废水、废物不经过处理,倾倒或排入河塘水体;再加上人畜粪便管理不严,任意在河塘、水井旁倒洗马桶等,造成水体污染日趋严重。

(4)环境保护的原则要求

① 全面规划、合理布局。对村镇各项建设用地进行统一规划,无论是城市搬迁至乡镇的工业,还是本地的工副业,必须根据本地区的自然条件和具体情况进行合理布点,应尽量缩小或消除其污染影响。特别要注意工副业和禽畜饲养场的污染,切忌布置在城镇水源地附近或居民稠密区内,而要设在城镇主导风向的下风或侧风位和河流的下游处,并与住宅建筑用地保持一定的卫生防护距离;个别工业或饲养场也可离开城镇,安排在原料产地附近或田间。医院位置要设在住宅建筑用地的下风位,远离水源地,以防止病菌污染。

② 对已经造成污染的厂(场),必须尽快采取治理或调整措施;对确实不宜在原地继续生产、污染严重、治理又比较困难的应坚决停产或者转产;对其他有污染的厂(场)要分类排队,按轻重缓急、难易程度、资金的可能,制订分期分批治理的规划方案。

③ 必须认真做好村镇水源、水源地的保护工作。

④ 搞好村镇绿化,充分发挥其对环境的保护作用。

(5)村镇环境保护的一些具体措施

① 村镇中一切具有有害物排出的单位(包括工厂、卫生院、屠宰场、饲养场、兽医站等),必须遵守有关环境保护的法规及"三为"排放标准的规定。

② 在乡村,要积极提倡文明生产,加强对农药、化肥的统一管理,以防事故发生。同时,要遵守农药使用安全规定,加强劳动保护。

③ 改善生活用水条件,凡是有条件的地方,都应积极使用符合水质要求的自来水。

④ 改善居住,搞好绿化,讲究卫生,做到人畜分开。有条件的村镇要积极推广沼气,减少煤、柴灶的烟尘污染。

⑤ 加强粪便的管理,要结合当地生产习惯,进行粪便无害化处理;同时要妥善安排粪肥和垃圾处理场地,将其布置在农田的独立地段上,搞好村镇卫生。

⑥ 村镇内的湖塘沟渠要进行疏通整治,以利排水;对死水坑要填垫平整,防止蚊蝇滋生。

⑦ 积极开展环境保护和"三废"治理科学知识的宣传普及工作,为保护村镇环境做出贡献。

3.5.7 村镇防洪防灾规划

自然界的灾害有许多种类,如火灾、风灾、水灾、地震等。有些灾害往往还会互相影响,互相并存。如台风季节中常伴有暴雨,造成水灾、风灾并存;又如在较大的地震灾害中往往使大片建筑物、构筑物倒塌，常会引起爆炸和火灾。

造成直接危害的灾害称为原发性灾害，例如，人在林区活动因不慎引起的森林大火，会毁灭大片的树木及其范围内的建筑物和构筑物；迅速的洪水能冲毁大片的庄稼和居民点等人工设施等。非直接造成的灾害称为次生灾害，如地震引起的大火、地震引起的山崩或造成的泥石流等。有时次生灾害要比直接灾害所造成的危害更大，如1933年3月3日，日本三陆附近海域发生了地震，地震本身造成的灾害并不大，但是引起的海啸则造成了巨大的损失：高达10～25m的海浪，冲毁房屋7353栋，船舶流失7304艘，有3008人死亡。

3.5.7.1　灾害分类

（1）根据灾害发生的原因，可进行如下分类：

① 自然性灾害。因自然界物质的内部运动而造成的灾害，通常被称为自然性灾害，其具体还可以分为下列四类：

- 由地壳的剧烈运动产生的灾害，如地震、滑坡、火山爆发等。
- 由水体的剧烈运动产生的灾害，如海啸、暴雨、洪水等。
- 由空气的剧烈运动产生的灾害，如台风、龙卷风等。
- 由于地壳、水体和空气的综合运动产生的灾害，如泥石流、雪崩等。

② 条件性灾害。物质必须具备某种条件才能发生质的变化，并且由这种变化而造成的灾害称为条件性灾害。如某些可燃性气体在正常条件下不会燃烧，只有遇到高压高温或明火时才有可能发生爆炸或燃烧。当我们认识了某种灾害产生的条件时，就可以设法消除这些条件的存在，以避免该种灾害的发生。

③ 行为性灾害。凡是由人为造成的灾害，不管是什么原因，统称为行为性灾害。由人造成的灾害，国家有关部门将根据灾害损失的严重程度，追究其法律责任。

（2）在防灾规划中，对自然灾害还有以下几种分类：

受人为影响诱生或加剧的自然灾害，如森林植被大量破坏的地区易发生水灾、沙化，因修建大坝、水库以及地下注水等原因改变了地下压力荷载的分布而诱发地震等。

部分可由人力控制的自然灾害，如江河泛滥、城乡火灾等。通过修建一定的工程措施，可以预防其灾害的发生，或减少灾害的损失程度。

目前尚无法通过人力减弱灾害发生强度的自然灾害，如自然地震、风暴、泥石流等。

3.5.7.2　灾害的影响

对于人类来说，灾害会在各个方面造成严重的后果，具体如下：

① 危及人们的生命和健康，造成避难和移民。

② 破坏生产力，造成地方与国家的就业问题，降低国民收入，影响物价；在一些国家甚至会影响政局的稳定。

③ 将给人们的衣、食、住、行、基础设施、社会服务、急救等方面造成很大困难，对文化教育和社会交往也会造成大的损害。

④ 破坏自然生态系统及其组成部分和环境质量，以及由环境恶化而引起的瘟疫等疾病。

3.5.7.3 防灾规划

村镇防灾规划目前常做的有三种，即防洪规划、防震规划、防火规划，其主要任务包括：

① 防洪规划。根据村镇用地选择的要求，对可能遭受洪水淹没的地段提出技术上可行、经济上合理的工程措施方案，以达到改善村镇用地或确保村镇人民生命、财产安全目的。

对靠近江河、湖泊的村镇，遇到水位上涨、洪水暴发就会对村镇的生产、生活造成很大威胁；靠近山区的村镇，则要考虑山洪、暴雨侵袭。因此，在村镇总体规划中，要处理好村镇总体规划与防洪工程的关系，使二者相互协调。

村镇防洪工程规划的内容主要是确定防洪标准和防洪工程措施。

■ 村镇所辖地域范围的防洪规划，应按现行的国家标准《防洪标准》（GB 50201—1994）的有关规定执行。邻近大型工矿企业、交通运输设施、文物古迹和风景区等防护对象的村镇，当不能分别进行防护时，应按就高不就低的原则，按现行的国家标准《防洪标准》（GB 50201—1994）的有关规定执行。

■ 村镇的防洪规划，应与当地江河流域、农田水利建设、水土保持、绿化造林等的规划相结合，统一整治河道，修建堤坝、汗垸和蓄、滞洪区等防洪工程设施。

■ 位于蓄、滞洪区内的村镇，当根据防洪规划需要修建围村埝（保庄圩）、安全庄台、避水台等就地避洪安全设施时，其位置应避开分洪口、主流顶冲和深水区，其安全超高宜符合表3-6所示的规定。

■ 在蓄、滞洪区的村镇建筑内设置安全层时，应统一进行规划，并应符合现行的国家标准《蓄滞洪区建筑工程技术规范》（GB 50181—1993）的有关规定。

② 防震规划。通过进行防震规划，防止因地震而造成的人员伤亡，使人民的生命财产损失降到最小限度；同时地震发生时使诸如消防、救护等不可缺少的活动得以维持和进行。根据我国的具体情况，以设计烈度7度为设防起点，即小于7度时不设防。抗震设计规范规定的设施重点，放在7度、8度和9度烈度地震范围内，并在规划中设置必要的疏散通道和避难场地。

③ 防火规划。通过进行防火规划，将村镇易燃易爆工厂、仓库、加油站、灌瓶站的设置地点与周围建筑等严格按防火间距布置；结合旧区改造，提高耐火能力，拓宽狭窄消防通道，增加水源，布置消火栓，为灭火创造有利条件；对于建筑和重点文物单位考虑保护措施，设置消防设施。

小结

村镇主要公共建筑的配置规划，主要解决村镇域范围内规模较大、占地较多的主要公共建筑的合理分布问题。

表3-6　就地避洪安全设施的安全超高

安全设施	安置人口 / 人	安全超高 / m
围村垾（保庄圩）	地位重要、防护面大、人口≥10000的密集区	>2.0
	≥1000	2.0～1.5
	1000～<10000	1.5～1.0
	<1000	1.0
	≥1000	1.5～1.0
安全庄台、避水台	<1000	1.0～0.5

注：安全超高是指在蓄、滞洪时的最高洪水以上，考虑水面浪高等因素，避洪安全设施需要增加的富裕高度。

　　生产基地是指独立于村镇建设用地之外的，从事各种生产活动的地段，一般设置在生产基地上的生产建筑包括就地取材的工副业项目；对居住环境有严重污染的项目；生产本身有特殊要求，不宜设在村镇内部的项目；以及在生产中有较大运输量的农业生产基地。

　　道路交通规划应根据村镇之间的联系和村镇各项用地的功能、交通流量，结合自然条件与现状特点，确定道路交通系统，并有利于建筑布置和管线敷设。

思考题

1.村镇主要公共建筑配置和分布考虑的因素有哪些？

2.简述村镇主要生产基地安排应考虑的问题。

3.6　村镇总体规划实例分析

洪蓝镇总体规划（南京规划设计研究院）

（1）镇域规划范围

洪蓝镇行政区划范围，总面积约109km²（含溧水林场）。

（2）规划期限

近期。2008—2015年；远期2011—2020年。

（3）镇村体系等级规模

到2020年，规划镇域总人口5.2万人，形成镇区、中心村和基层村三级镇村体系。

a. 镇区。规划人口31000人，其中包括户籍非农人口25000人，溧水林场寄住人口6000人。

b. 中心村。规划中心村共4个，分别为蒲塘、青圩、陈卞和王子寿，规划共计人口4200人（另有位于蒲塘北侧的中天学院寄住人口3000人，为非农人口）。

c. 基层村。规划基层村共61个，规划共计人口13800人。

d. 规划近期重点。加强规划保留村庄的规划建设，进行村庄建设示范工程，引导农民集中居住。对规划不保留的村庄应限制村庄建设，控制村庄规模，远期逐步向规划保留村庄搬迁，远期整治村庄人均用地按130m²控制（图3-10）。

（4）镇域空间布局结构

规划镇域构建"一心三轴四片"的镇域空间结构。

a. 一心。洪蓝镇区，是镇域的发展核心，带动全镇社会经济的全面发展。

b. 三轴。依托一纵两横的镇域交通轴线，串联镇域内各特色资源片区，形成镇域空间发展的主要骨架。

c. 四片。镇域内四片特色功能片区，分别为天生桥旅游片区、付家边旅游片区、青峰特色农业片区、石臼湖滨湖片区。

（5）城镇性质

以生态休闲旅游为特色的综合性新市镇。

（6）镇区规模

人口规模：规划确定洪蓝镇镇区近期（2015年）人口2.25万，远期（2020年）人口3.1万。

建设用地规模：规划镇区近期建设用地309.41hm²，人均建设用地137.52m²；规划镇区远期用地369.89hm²，人均建设用地119.32m²。

（7）规划范围

镇区规划范围西至规划胭脂河路和规划支路，南至规划南环路，东至宁高高速防护带，北至天生桥风景区和洪蓝行政边界，总面积591.00hm²，其中镇区远期城镇建设用地369.89hm²，远景发展备用地135.56hm²，非城市建设用地85.55hm²。

（8）用地发展方向

胭脂河以东地区工业用地向南拓展，居住和公共服务设施向北拓展；胭脂河以西以改造现状和完善配套为主。

（9）规划结构

规划镇区形成"三心两带，四轴八组团"的总体结构。

a. 三心。分别为镇区综合服务中心和两个绿化景观中心。镇区综合服务中心位于镇中路和中央路交叉口的南侧，绿化景观中心分别为金牛山和溧水林场林地。

b. 两带。分别为胭脂河景观带和宁高交通带。

c. 四轴。分别为镇中路绿化景观轴、南北城镇发展轴、工业路绿化景观轴和金牛山绿化景观轴。

d. 八组团。分别为五个居住组团、一个产业发展组团和两个备用组团（图3-11）。

（10）各类用地规划

① 居住用地。规划居住用地122.47hm²，占规划建设用地的33.11%，人均用地39.51m²。

规划居住用地主要分布镇中路以南部分，北部结合溧水林场发展需求，规划少量的居住用地。规划居住用地按照居住设施的模式组织，远期形成五个居住基层社区，每个基层社区中心配套社区服务、幼儿园、停车场和集中绿地等配套设施。

② 公共设施用地。规划公共设施用地23.29hm²，占规划建设用地的6.30%，人均用地7.51m²。规划公共设施用地规划充分利用现状，规划新增公共设施用地结合规划结构采用集中布局的方式，集中安排在城镇综合服务中心和居住基层社区中心内。城镇综合服务中心是全镇服务中心，除满足本镇服务需求的同时，还配备了旅游接待服务功能。

③ 生产设施用地。规划生产设施用地135.30hm²，占规划建设用地的36.58%，人均43.65m²。新增生产设施用地主要集中在工业路和中央路两侧，镇区现状零散的工业逐步向工业集中。

④ 道路广场用地。规划道路广场用地49.41hm²，占规划建设用地的13.36%，人均15.94m²，其中广场用地2.38hm²。

⑤ 工程设施用地。规划工程设施用地1.41hm²，占规划建设用地的0.38%，人均0.45m²。主要包括公交首末站、加油站和消防站等设施。

⑥ 绿地。规划绿化用地38.01hm²，占规划建设用地的10.28%，人均12.26m²。规划依托金牛山、溧水林场和胭脂河景观带，结合河道的改造和道路建设形成网络状的绿地系统，改善镇区环境，提高居民生活质量（图3-12）。

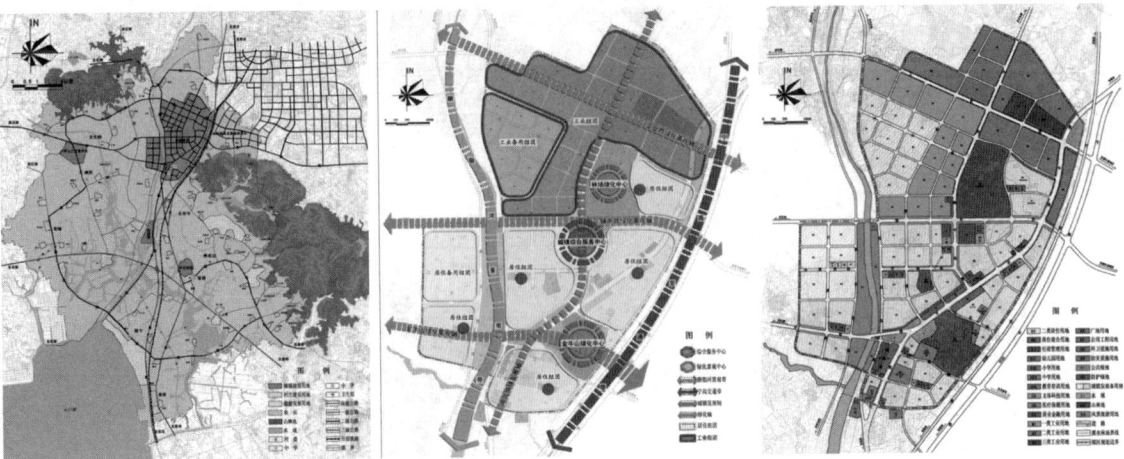

图3-10 总体规划
图3-11 镇区规划结构图
图3-12 镇区土地利用规划图

参考文献

金兆森. 1995. 乡镇规划[M]. 北京：中国农业出版社.

王炜, 等. 2001. 城镇规划中人口规模分析与预测[J]. 河北农业大学学报, 24(3)：83-85.

李作臣. 2001.论城市人口预测和城市资源与环境容量的关系[J]. 广州大学学报（综合版）, 15(5) : 81-83.

胡修坤, 等. 2005. 村镇规划[M]. 北京：中国建筑工业出版社.

贾有源. 1992. 村镇规划[M]. 北京：中国建筑工业出版社.

骆中钊, 等. 2005. 小城镇规划与建设管理[M]. 北京：化学工业出版社.

庄林德, 张京祥. 2002. 中国城市发展与建设史[M]. 南京：东南大学出版社.

朱建达, 苏群. 2008.村镇基础设施规划与建设[M]. 南京：东南大学出版社.

冷御寒. 2005. 小城镇规划建设与管理[M]. 北京：中国建筑工业出版社.

李德华. 2001. 城市规划原理[M]. 北京：中国建筑工业出版社.

第4章　镇区建设规划

4.1 镇区建设规划的工作内容和编制程序

本节要点

本节是镇区建设规划的基础，主要介绍镇区建设规划的任务、内容、依据、期限、方法、步骤、成果。要求学生重点掌握镇区建设规划的内容和方法，掌握镇区建设规划的成果。

4.1.1 镇区建设规划的任务

镇区建设规划的任务是以镇总体规划为依据，根据镇的现有条件和近远期经济社会发展计划，确定镇区的性质和发展方向，预测人口和用地规模、结构，进行用地布局，合理配置各项基础设施和主要公共建筑，安排主要建设项目的时间顺序，并具体落实近期建设项目。

4.1.2 镇区建设规划的工作内容

随着社会经济的发展、城市化进程的加快、镇村产业结构的调整，以及村镇各自的经济、社会特点和发展模式，要求在进行镇区规划建设时应该根据镇的特点，合理地确定人均指标体系，从而保证规划的合理性及可操作性。同时上一级镇域村镇体系规划、镇总体规划也是镇区职能定位的主要依据，它们所反应的内容也应直接体现在镇区建设规划当中。

镇区建设规划的主要内容，有以下几方面：

① 在分析土地资源状况、建设用地现状和经济社会发展需要的基础上，根据《镇规划标准》（GB 50188—2007）确定人均建设用地指标，计算用地总量，再确定各项用地的构成比例和具体数量。

② 进行用地布局，确定居住、公共建筑，生产、公用工程、道路交通系统、仓储、绿地等建筑与设施建设用地的空间布局，做到联系方便、分工明确，划清各项不同使用性质用地的界线。

③ 根据镇总体规划提出的原则要求，对规划范围的供水、排水、供热、供电、电讯、燃气等设施及其工程管线进行具体安排，按照各专业标准规定，确定空中线路、地下管线的走向与布置，并进行综合协调。

④ 确定旧镇区改造和用地调整的原则、方法和步骤。

⑤ 对中心地区和其他重要地段的建筑体量、体形、色彩提出原则性要求。

⑥ 确定道路红线宽度、断面形式和控制点坐标、标高，进行竖向设计，保证地面排水顺利，尽量减少土石方量。

⑦ 综合安排环保和防灾等方面的设施。

⑧ 编制镇区近期建设规划。

⑨ 规划实施对策建议。

⑩ 历史文化名镇及其他有特殊要求的镇,可适当增加相应方面的规划要求内容。

4.1.3 镇区建设规划的依据和规划期限

① 镇区建设规划的依据。镇区建设规划应结合镇域村镇体系规划中预测的镇区产业发展前景及人口劳力流向趋势,依据镇总体规划中确定的镇区人口规模及划定的镇区用地规划发展的控制范围进行制定。

② 镇区建设规划的期限。镇区建设规划的期限一般为10~20年,宜与村镇总体规划一致。镇区近期建设规划的期限一般为3~5年。

4.1.4 镇区建设规划的工作方法和步骤

镇区建设规划的编制方法是以村镇总体规划为依据进一步调查搜集基础资料,在综合分析各类资料的基础上,确定村镇各项不同功能的用地布局及道路系统和各项工程设施;然后在确定的各项用地上进行详细布置,最后绘制镇区建设规划成果并写出说明书。

镇区现状分析图是用图的形式表示规划范围内镇区建设的现状,绘制现状分析图应当以适当比例的地形图为底图。在绘制现状分析图前,应当进行调查研究,取得准确的基础资料。乡(镇)人民政府应当支持规划编制单位进行调查研究,并组织有关部门提供编制村镇规划所需要的基础资料。调查研究的范围应当包括自然条件、经济社会情况、用地和各类设施现状、生态环境以及历史沿革等。镇区现状分析图应当包括下列内容:

① 行政区和建成区界线,各类建设用地的规模与布局。

② 各类建筑的分布和质量分析。

③ 道路走向、宽度,对外交通以及客货站、码头等的位置。

④ 水厂、给排水系统、水源地位置及保护范围。

⑤ 电力、电讯及其他基础设施。

⑥ 主要公共建筑的位置与规模。

⑦ 固体废弃物、污水处理设施的位置、占地范围。

⑧ 其他对建设规划有影响的,需要在图纸上表示的内容。

现状分析图上还应当附有存在的问题。

4.1.5 镇区建设规划的成果

镇区建设规划的成果应当包括图纸与文字资料两部分。

(1)图纸

图纸应当包括以下内容:

① 镇区现状分析图（比例尺1：2000，根据规模大小可在1：5000~1：1000之间选择）。

② 镇区建设规划图（比例尺必须与现状分析图一致）。

③ 镇区工程规划图（比例尺必须与现状分析图一致）。

④ 镇区近期建设规划图（可与建设规划图合并，单独绘制时比例尺采用1：1000~1：200）。

（2）文字资料

文字资料应当包括规划文本、说明书、基础资料三部分。镇区建设规划与村镇总体规划同时报批时，其文字资料可以合并。本节内容主要参考了建设部颁布的《镇规划标准》（GB 50188—2007）。

小结

镇区建设规划主要内容是在分析土地资源状况、建设用地现状和经济社会发展需要的基础上，确定建设用地总量；进行居住建筑、公共建筑、生产、公用工程、道路交通系统、仓储、绿地等建筑等用地的空间布局；对规划范围的供水、排水、供热、供电、电讯、燃气等设施及其工程管线进行具体安排和编制镇区近期建设规划等。

镇区建设规划的编制方法是以村镇总体规划为依据，在调查和综合分析各类资料的基础上，确定镇区各项用地布局及道路系统；对各项用地进行详细布置，绘制镇区建设规划成果并写出说明书。

思考题

1. 镇区建设规划的任务和内容是什么？

2. 镇区建设规划的操作方法怎样？有哪些主要成果？

4.2 镇区用地分类和布局

本节要点

本节是镇区建设规划的核心，主要介绍镇区建设用地的分类、用地标准，居住、公共设施、生产设施、仓储，对外交通、道路广场和绿地等用地指标的确定。要求学生重点掌握镇区建设用地总量和各单项用地数量的确定，这既是本节重点也是本节难点。

4.2.1 镇区用地分类

按照国家标准《镇规划标准》（GB 50188—2007）规范，镇区用地可分为建设用地和非建设用地，共分为9大类、30小类（表4-1）。镇区建设用地按照土地使用的主要性质进行分类，应包括表4-1镇用地分类中的居住用地、公共设施用地、生产设施用地、仓储用地、对外交通用地、道路广场用地、工程设施用地和绿地8大类用地之和。非建设用地是指规划范围内的水域、农林用地、牧草地、未利用地、各类保护区和特殊用地等，不计入镇区建设用地中。

表4-1 镇用地的分类和代号

类别代号		类别名称	范　围
大类	小类		
R		居住用地	各类居住建筑和附属设施及其间距和内部小路、场地、绿化等用地；不包括路面宽度等于和大于6m的道路用地
	R1	一类居住用地	以一至三层为主的居住建筑和附属设施及其间距内的用地，含宅间绿地、宅间路用地；不包括宅基地以外的生产性用地
	R2	二类居住用地	以四层和四层以上为主的居住建筑和附属设施及其间距、宅间路、组群绿化用地
C		公共设施用地	各类公共建筑及其附属设施、内部道路、场地、绿化等用地
	C1	行政管理用地	政府、团体、经济、社会管理机构等用地
	C2	教育机构用地	托儿所、幼儿园、小学、中学及专科院校、成人教育及培训机构等用地
	C3	文体科技用地	文化、体育、图书、科技、展览、娱乐、度假、文物、纪念、宗教等设施用地
	C4	医疗保健用地	医疗、防疫、保健、休疗养等机构用地
	C5	商业金融用地	各类商业服务业的店铺，银行、信用、保险等机构，及其附属设施用地
	C6	集贸市场用地	集市贸易的专用建筑和场地；不包括临时占用街道、广场等设摊用地
M		生产设施用地	独立设置的各种生产建筑及其设施和内部道路、场地、绿化等用地
	M1	一类工业用地	对居住和公共环境基本无干扰、无污染的工业，如缝纫、工艺品制作等工业用地
	M2	二类工业用地	对居住和公共环境有一定干扰和污染的工业，如纺织、食品、机械等工业用地
	M3	三类工业用地	对居住和公共环境有严重干扰、污染和易燃易爆的工业，如采矿、冶金、建材、造纸、制革、化工等工业用地
	M4	农业服务设施用地	各类农产品加工和服务设施用地；不包括农业生产建筑用地

（续）

类别代号		类别名称	范　围
大类	小类		
W		仓储用地	物资的中转仓库、专业收购和储存建筑、堆场及其附属设施、道路、场地、绿化等用地
	W1	普通仓储用地	存放一般物品的仓储用地
	W2	危险品仓储用地	存放易燃、易爆、剧毒等危险品的仓储用地
T		对外交通用地	镇对外交通的各种设施用地
	T1	公路交通用地	规划范围内的路段、公路站场、附属设施等用地
	T2	其他交通用地	规划范围内的铁路、水路及其他对外交通路段、站场和附属设施等用地
S		道路广场用地	规划范围内的道路、广场、停车场等设施用地，不包括各类用地中的单位内部道路和停车场地
	S1	道路用地	规划范围内路面宽度等于和大于6m的各种道路、交叉口等用地
	S2	广场用地	公共活动广场、公共使用的停车场用地，不包括各类用地内部的场地
U		工程设施用地	各类公用工程和环卫设施以及防灾设施用地，包括其建筑物、构筑物及管理、维修设施等用地
	U1	公用工程用地	给水、排水、供电、邮政、通信、燃气、供热、交通管理、加油、维修、殡仪等设施用地
	U2	环卫设施用地	公厕、垃圾站、环卫站、粪便和生活垃圾处理设施等用地
	U3	防灾设施用地	各项防灾设施的用地，包括消防、防洪、防风等
G		绿地	各类公共绿地、防护绿地；不包括各类用地内部的附属绿化用地
	G1	公共绿地	面向公众、有一定游憩设施的绿地，如公园、路旁或临水宽度等于和大于5m的绿地
	G2	防护绿地	用于安全、卫生、防风等的防护绿地

（续）

类别代号		类别名称	范 围
大类	小类		
E		水域和其他用地	规划范围内的水域、农林用地、牧草地、未利用地、各类保护区和特殊用地等
	E1	水域	江河、湖泊、水库、沟渠、池塘、滩涂等水域；不包括公园绿地中的水面
	E2	农林用地	以生产为目的的农林用地，如农田、菜地、园地、林地、苗圃、打谷场以及农业生产建筑等
	E3	牧草和养殖用地	生长各种牧草的土地及各种养殖场用地等
	E4	保护区	水源保护区、文物保护区、风景名胜区、自然保护区等
	E5	墓地	
	E6	未利用地	未使用和尚不能使用的裸岩、陡坡地、沙荒地等
	E7	特殊用地	军事、保安等设施用地；不包括部队家属生活区等用地

4.2.2 镇区建设用地标准

我国幅员辽阔，经济条件和自然地理条件相差较大，各地在规划时，可根据节约用地、有利于村镇发展的原则，从实际需要出发，合理拟定。镇区规划的建设用地标准应包括人均建设用地、建设用地比例和建设用地选择三部分。

4.2.2.1 人均建设用地

人均建设用地指标应为规划范围内的建设用地面积除以常住人口数量的平均数值。人口统计应与用地统计的范围相一致。

人均建设用地指标依据《镇规划标准》（GB 50188—2007）的规定分为四级，如表4-2所示。新建镇区的规划人均建设用地指标应按表4-2中所示第二级确定。当地处现行国家标准《建筑气候区划标准》（GB 50178—1993）的I、Ⅶ建筑气候区时，可按第三级确定。在各建筑气候区内，均不得采用第一、第四级人均建设用地指标。

表4-2 人均建设用地指标分级

级别	一	二	三	四
人均建设用地指标/（m²/人）	>60~≤80	>80~≤100	>100~≤120	>120~≤140

对现有的镇区进行规划时，其规划人均建设用地指标应在现状人均建设用地指标的基础上，按表4-3

规定的幅度进行调整。第四级用地指标可用于Ⅰ、Ⅶ建筑气候区的现有镇区。地多人少的边远地区的镇区规划，可根据所在省、自治区人民政府规定的建设用地指标确定。

表4-3 规划人均建设用地指标

现状人均建设用地指标 /（m²/人）	规划调整幅度 /（m²/人）
≤60	增0~15
>60~≤80	增0~10
>80~≤100	增、减0~10
>100~≤120	减0~10
>120~≤140	减0~15
>140	减至140以内

注：规划调整幅度是指规划人均建设用地指标对现状人均建设用地指标的增减数值。

4.2.2.2 建设用地比例

编制镇区建设规划时，应调整各项建设用地的构成比例，其中的居住、公共设施、道路广场以及绿地中的公共绿地四类用地占建设用地的比例宜符合表4-4的规定。邻近旅游区及现状绿地较多的镇区，其公共绿地所占建设用地的比例可大于所占比例的上限。

表4-4 建设用地比例

类别代号	类别名称	占建设用地比例 / %	
		中心镇镇区	一般镇镇区
R	居住用地	28~38	33~43
C	公共设施用地	12~20	10~18
S	道路广场用地	11~19	10~17
G1	公共绿地	8~12	6~10
四类用地之和		64~84	65~85

4.2.2.3 建设用地选择

镇区建设规划的合理布局是建立在对用地的自然环境条件、建设条件、现状条件综合分析的基础上，根据各类建设用地的具体要求，遵循有关用地选择的原则。

（1）镇区用地的影响因素

镇区建设用地的选择应根据区位和自然条件、占地的数量和质量、现有建筑和工程设施的拆迁和利用、交通运输条件、建设投资\经营费用、环境质量\社会效益以及具有发展余地等因素，经过技术经济比较，择优确定。

（2）镇区用地的综合评价

镇区用地的评价是进行镇区建设规划的一项必要的基础工作。主要内容是：在分析、调查、收集所得各项自然环境条件资料、建设条件和现状条件资料的基础上，按照规划建设的需要，以及发展备用地在工程技术上的可行性和经济性，对用地条件进行综合的分析评价，以确定用地的适宜程度，为镇区用地的选择和组织提供科学的依据。

评定镇区用地，主要是看用地的自然环境质量是否符合规划和建设的要求，根据用地对建设要求的适宜程度来划分等级，但也必须同时考虑一些社会经济因素的影响。在镇区建设中最常遇到的是农田占用问题，农田多半是比较适宜的建设用地，如不进行控制，会使我国人多地少的矛盾更趋突出。因此，除根据自然条件对用地进行分析外，还必须对农业生产用地进行分析，尽可能利用坡地、荒地、劣地进行修建，少占或不占农田。

镇区用地按照综合分析的优劣条件通常分为三类：

第一类，适宜修建的用地。指地形平坦、规整、坡度适宜，地质良好，地基承载力在0.15MPa以上，没有被20~50年一遇洪水淹没的危险的土地。这些地段的地下水位低于一般建筑物基础的砌筑深度，地形坡度小于10%。因自然环境条件比较优越，适于镇区各项设施的建设要求，一般不需要或只需稍加工程措施即可进行修建。这类用地没有沼泽、冲沟、滑坡和岩溶等现象。从农业生产角度看，则主要应为非农业生产用地，如荒地、盐碱地、丘陵地，必要时可占用一些低产农田。

第二类，基本上可以修建的用地。指采取一定的工程措施，改善条件后才能修建的用地，它对镇区设施或工程项目的分布有一定的限制。属于这类用地的有：地质条件较差，布置建筑物时地基需要进行适当处理；或地下水位较高，需要降低地下水位；容易被浅层洪水淹没（深度不超过1.5m）；或地形坡度在10%~25%；修建时需要较大土（石）方工程数量；或地面有积水、沼泽、非活动性冲沟、滑坡和岩溶现象，需采取一定的工程措施加以改善的地段。

第三类，不宜修建的用地。指农业价值很高的丰产农田；或地质条件极差，必须赋予特殊工程措施后才能用于建设的用地，如土质不好，有厚度为2m以上活动性淤泥、流沙，地下水位很高，有较大的冲沟、严重的沼泽和岩溶等地质现象。这类用地经常受洪水淹没且淹没深度大于1.5m，地形坡度在25%~30%之间等。

（3）镇区用地的选择及规定

镇区用地的选择和布局包括原址改建、扩建和新址选建，主要应从以下几个方面综合考虑。

镇区建设用地宜选在水源充足，水质良好，便于排水、通风和地质条件适宜的地段，靠近生产作业区附近。充分利用原有建设用地，对其进行调整挖潜，同土地利用总体规划相协调。需要扩大用地规模时，宜选择荒地、薄地，不占或少占耕地、林地和牧草地。用地选择，要为合理布局创造条件，选择发展用地，应尽可能与现状或规划的对外交通相结合，使镇区有方便的交通联系，同时应尽可能避免铁路与公路对镇区的穿插分割和干扰，使镇区布局保持完整。

具体来说，第一，应避开河洪、海潮、山洪、泥石流、滑坡、风灾、发震断裂等灾害影响以及生态敏感的地段；第二，应避开水源保护区、文物保护区、自然保护区和风景名胜区；第三，应避开有开采价值的地下资源和地下采空区以及文物埋藏区；第四，在不良地质地带严禁布置居住、教育、医疗及其他公众密集活动的建设项目。因特殊需要布置本条严禁建设以外的项目时，应避免改变原有地形、地貌和自然排水体系，并应制订整治方案和防止引发地质灾害的具体措施；第五，建设用地应避免被铁路、重要公路、高压输电线路、输油管线和输气管线等所穿越；第六，位于或邻近各类保护区的镇区，宜通过规划，减少对保护区的干扰。

4.2.3　建设用地布局

镇区用地布局是镇区建设规划总体布局的核心问题。镇区建设各项用地的选择和布局，均应按人口规划，根据规划范围内的自然条件、工程地质条件、空间环境条件、农业用地等综合分析，满足生产、生活的要求，以及节省占地的原则，结合近远期发展计划，因地制宜地具体确定。

镇区建设用地之间，有的相互联系，有的相互依赖，有的则相互干扰与矛盾。因此，必须按照各类用地的功能要求以及相互之间关系加以组织，使之成为一个协调的有机整体。

4.2.3.1　居住用地

（1）概述

镇区居住生活是维持镇区规模和镇区机能运转的基本活动内容。居住生活的内容和方式，受到社会、经济、文化和自然等多方面因素的制约与影响。基于为镇区居民创造良好的居住环境，不断提高生活质量的目标，镇区居住用地规划，要在镇总体规划的发展战略指导下，研究确定居住生活质量及其地域配置的指标，结合城市的资源与环境条件，选择合适的用地，处理好居住用地与镇区其他用地的功能关系，进行合理的组织与布局，并配置完善的市政与公共设施。尤其要加强绿化规划，注重环境保护，使之具有良好的生态效应与环境质量。

（2）居住用地的组成与分类

镇区居住用地指各类居住建筑和附属设施及其间距和内部小路、场地、绿化等用地，不包括路面宽度等于和大于6m的道路用地。镇区居住用地是镇区建设用地的主要部分，按照其具有的住宅质量、用地标准、各项关联设施的设置水平和完善程度，以及所处的环境条件等，我国的《镇规划标准》（GB 50188—2007）将居住用地分成两类（表4-5），以便它们在镇区中能适宜地进行规划布置。

表4-5　我国镇区居住用地分类

类　别	说　明
一类居住用地	以一至三层为主的居住建筑和附属设施及其间距内的用地，含宅间绿地、宅间路用地；不包括宅基地以外的生产性用地
二类居住用地	以四层和四层以上为主的居住建筑和附属设施及其间距、宅间路、组群绿化用地

（3）居住用地的指标

居住用地的指标主要由两方面来表达，一是居住用地占整个镇区建设用地的比重；二是居住用地的分级以及各组成内容的用地分配与标准。

① 影响因素。居住用地指标的拟定主要受到下列因素的影响：

其一，城市规模，在居住用地与镇区建设总用地的比重方面，一般是中心镇镇区因生产设施、交通、公共设施等用地较之一般镇镇区的比重高，相对于居住用地比重会低些。同时也由于中心镇镇区可能建造较多的多层住宅，人均居住用地指标会适当比之一般镇镇区低。

其二，镇区性质，一般老镇区建筑层数较低，相对于居住用地所占比重会高些；新建镇区因产业调整、生活水平进步、城市化影响等综合原因，其他性质用地占地较大时，相对居住用地比重就较低。

其三，自然条件，如在丘陵或水网地区，会因土地可利用率较低，增加居住用地的数量，加大该项用地的比重。此外，纬度高低的不同地区，为保证住宅必要的日照间距，也会影响到居住用地的标准。

其四，镇用地标准，因各个镇社会经济发展水平不同，加上房地产市场的需求状况不一，也会影响到住宅建设标准和居住用地指标。

② 用地指标。

a. 居住用地比重。按照《镇规划标准》（GB 50188—2007）规定，对于中心镇的镇区，居住用地占镇区建设用地的比例为28%~38%；对于一般镇的镇区，居住用地占镇区建设用地的比例为33%~43%，可根据镇的具体情况取值。

b. 居住用地人均指标。由于全国经济发展的不平衡，住宅商品化与私有化的加速发展，都影响到居住用地的指标取值。参照国标规定的标准，各个镇要按照地方的住宅产业发展、土地资源、建设方式等因素，制定适用的地方标准。

（4）居住用地的规划布局

① 布局原则具体如下。

a. 要作为镇土地利用结构的组成部分，协调与整合镇总体的功能、空间与环境关系，在规模、标准、分布与组织结构等方面，确定规划的格局与形态。

b. 要尊重地方文化脉络及居住生活方式，体现生活的秩序与效能，贯彻以人为本的原则。

c. 要重视居住地域同镇绿地开放空间系统的关系，使居民更多的接近自然环境，提高居住地域的生态效益。

d. 要遵循相关的用地与环境等规范与标准，在为居民创造良好的居住环境的前提下，确定建筑的容量、用地指标，并结合地理的、经济的、功能的因素，提高土地的效用，保证环境质量。

e. 居住用地的组织与规模，要综合考虑与镇区公共设施用地布局的关系，尤其是应充分发挥与教育机构用地、医疗保健用地的双赢共建关系，应为土地市场化开发利用提供支持。

② 居住用地的选择。居住用地的选址应有利生产，方便生活，具有适宜的卫生条件和建设条件，并应符合下列规定：

a. 应布置在大气污染源的、常年最小风向频率的下风侧以及水污染源的上游。

b. 应与生产劳动地点联系方便，又不相互干扰。

c. 位于丘陵和山区时，应优先选用向阳坡和通风良好的地段。

居住用地新选址应注意与旧镇区的整体关系。镇区新居住用地应充分依托旧镇区，利用原有设施，尊重镇区原有社会生活结构和空间结构，延续镇的人文历史、风土文化、生活习俗，保护历史文化名镇、历史街区和民居建筑的原生格局。

（3）居住用地的分布

镇区居住用地的分布形态，通常涉及镇区的现状构成基础、自然地理条件、镇的功能结构以及镇的道路与绿地网络等诸多因素，有时还需要考虑镇区再发展的空间延扩趋向，甚至包括镇的整体空间形态架构等。

居住用地的空间分布、构成形态及其组织方式，须充分考虑所在地域的居住生活方式（包括习俗文化），以及对居住生活设施的发展需求。同时按照居住行为的特点，和对公共设施的使用频度，可以分地段、分需求地设置不同居住用地类型。

按照镇土地利用布局的整体要求，综合考虑相邻用地的功能、道路交通等因素进行规划，通常有三种布局形式。

① 集中布置方式。适宜镇区规模不大，有足够的用地，并且用地范围内无自然或人为障碍，可以成片紧凑地组织用地。这种类型可以节约市政基础设施和公共服务设施的投资费用，充分发挥其效能，并可以密切各部分在空间上的联系。

② 相对分散布置方式。适宜在镇区用地受到地形等自然条件限制，或因为镇的产业分布和道路交通设施走向与网络的影响的状况。分散布置的基本原则应使居住用地与到达工作地点、公共设施使用等使用频度较高的用地之间尽量减少镇区内部交通需求量。

③ 轴向布置方式。镇区用地以中心地区为核心，居住用地或将产业用地与相匹配的居住用地沿多条由中心向外围放射的交通干线布置，居住用地依托交通干线，在适宜的出行距离范围内，赋予一定的组合形态，在沿线集结，呈轴线发展态势。

4.2.3.2 公共设施用地

（1）概述

镇区公共设施的内容与规模在一定程度上反映出镇的性质、物质生活与文化生活水平以及镇的发展程度。镇区公共设施的内容设置及其规模大小与镇的职能和规模相关联。有些公共设施（公益性设施）的配置与人口规模密切相关而具有地方性；有些公共设施与镇的职能相关，并不全然涉及镇人口规模的大小，例如，一些旅游型乡镇的交通、商业服务等营利性设施，多为外来游客服务，而具有广泛地方性，另外像学校等公共设施对前面两种情况兼而有之。

镇公共设施系统的整体布置与组合形态，是镇布局结构的重要构成要素和形态表现，展示镇的形象特征，丰富镇的景观空间。

城乡一体化发展，快速城市化与现代化进程，多元文化交流与认同，都会影响生活观念与生活方式，进而反映到公共设施的概念及其配置与布局方式等方面。

（2）公共设施用地的分类

① 按使用性质分类。依照《镇规划标准》（GB 50188—2007）规定，公共设施用地是指各类公共建筑及其附属设施、内部道路、场地、绿化等用地。按其使用性质可细分为行政管理用地、教育机构用地、文体科技用地、医疗保健用地、商业金融用地和集贸市场用地六个小类用地。

a. 行政管理用地。指政府、团体、经济、社会管理机构等用地。

b. 教育机构用地。指托儿所、幼儿园、小学、中学及专科院校、成人教育及培训机构等用地。

c. 文体科技用地。指文化、体育、图书、科技、展览、娱乐、度假、文物、纪念、宗教等设施用地。

d. 医疗保健用地。指医疗、防疫、保健、休疗养等机构用地。

e. 商业金融用地。指各类商业服务业的店铺、银行、信用、保险等机构，及其附属设施用地。

f. 集贸市场用地。指集市贸易的专用建筑和场地，不包括临时占用街道、广场等设摊用地。

② 按公共设施的服务范围分类。镇区是整个镇域范围内的社会、经济、生产、生活、文化等的中心，其公共设施按照服务分级的等级序列，相应的分为镇域级公共设施和镇区级公共设施。各类公共设施不是都有必要分级设置，这要根据公共设施的性质和居民使用情况而定。

（3）公共设施用地的指标

公共设施用地指标的确定是镇区建设规划技术经济工作的重要内容之一。它直接关系到镇区甚至全镇域居民的生活质量，同时对镇的建设经济也有一定影响。特别是一些大型公共设施，指标确定是否适宜有着重要的经济意义。

公共设施用地依据《镇规划标准》（GB 50188—2007），中心镇镇区的公共设施用地往往占镇区总建设用地的12%~20%，一般镇镇区的公共设施用地约占镇区总建设用地的10%~18%。

（4）公共设施用地的布局

镇区公共设施种类较多，分布因各自的功能、性质、服务对象与范围的不同，而各有其要求。公共设施用地的分布不是孤立的，它们与镇区其他功能地域有着配置的相宜关系，需要通过镇区建设规划过程，加以有机组织，形成功能合理、有序高效的布局。

公共设施布局需要考虑以下几个方面：

① 公共设施项目要合理配置。合理配置包括多重含义：一是指整个镇区的各类公共设施，应按照镇区的需要配置齐全，以保证镇区的生活质量及其机能的运转；二是按镇的布局结构进行分级或系统的配置，与镇的功能、人口、用地的分布格局具有对应的整合关系；三是局部地区的设施按服务功能与对象予以成套的设置，如镇区中心、车站等地区；四是某些专业设施的集聚配置，可以发挥联动效应，如专业市场等。

② 公共设施要按照与居民生活的密切程度确定合理的服务半径。依据服务半径确定其服务范围大小及服务人数的多少，并以此推算公共设施的规模及相应的用地规模。服务半径的确定应与现状建设布局及实际需求相应，科学合理，避免随意的或机械地照搬。

③ 公共设施用地布局要结合镇区道路与交通规划考虑。公共设施用地按照它们的使用性质和对交通集聚的要求，结合镇区道路系统规划和交通组织一并安排。商业金融用地可以结合步行道路及生活性主要道路、公交站点布置，形成以步行为主的商业街区。镇区的集贸市场肩负服务周边农村地区的职能，对外交通量较大，宜与镇区交通要道相联结。

④ 根据公共设施用地本身特点及其对环境的要求进行布置。教育和医疗保健机构必须独立选址，其他公共设施宜相对集中布置，形成公共活动中心。学校、幼儿园、托儿所的用地，应设在阳光充足、环境安静、远离污染和不危及学生、儿童安全的地段，距离铁路干线应大于300m，主要入口不应开向公路。医院、卫生院、防疫站的选址，应方便使用和避开人流和车流大的地段，并应满足突发灾害事件的应急要求。

集贸市场用地应综合考虑交通、环境与节约用地等因素进行布置，并应符合下列规定：

a. 集贸市场用地的选址应有利于人流和商品的集散，并不得占用公路、主要干路、车站、码头、桥头等交通量大的地段；不应布置在文体、教育、医疗机构等人员密集场所的出入口附近和妨碍消防车通行的地段；影响镇容环境和易燃易爆的商品市场，应设在集镇的边缘，并应符合卫生、安全防护的要求。

b. 集贸市场用地的面积应按聚集规模确定，并应安排好大集时临时占用的场地，休集时应考虑设施和用地的综合利用。

⑤ 公共设施用地分布考虑镇区空间景观格局的组织要求。利用公共设施的丰富多变，结合地形等其

他条件，创造具有地方风貌的镇区空间景观。

⑥ 公共设施用地布局应考虑合理的建设时序，并留有余地。与不同建设阶段的镇区规模、建设发展及居民的生活条件改善相适宜，既保证不同建设时期的公共设施需求配置，又不致过早或过量的建设，避免浪费。非公益性公共设施用地性质可以考虑一定的兼容性，以适应从以计划经济主导村镇建设模式转型到以市场经济主导的新模式的要求。

⑦ 公共设施用地布局要充分整合利用镇区原有基础。随着镇区各方面的发展，原有的公共设施内容、规模、分布一般会出现不能适应现状生产生活需求的矛盾。通过留、并、迁、转、补等措施对公共设施用地进行整体调整与充实。

4.2.3.3 生产设施用地和仓储用地

（1）概述

生产设施用地是镇区用地的重要组成部分，生产设施用地的布置直接影响到镇区功能结构和镇区形态。在镇区建设规划中，重点安排好生产设施用地，综合考虑生产设施用地和居住、交通运输等各项用地之间的关系，使其各得其所，是十分重要的。

（2）生产设施用地的分类

按照生产设施对居住和公共环境的干扰及环境污染程度，《镇规划标准》（GB 50188—2007）将生产设施用地分为一类工业用地、二类工业用地、三类工业用地和农业服务设施用地四类。

一类工业用地指基本无干扰、无污染的工业，如缝纫、工艺品制作等工业用地，可分散布置；二类工业用地指对居住和公共环境有一定干扰和污染的工业，如纺织、食品、机械等工业用地。这类工业有废水、废气等污染，一般应与镇区保持一定的距离，需要设置较宽的绿化防护带，可布置在镇区边缘的独立地段上；三类工业用地指对居住和公共环境有严重干扰、污染和易燃易爆的工业，如采矿、冶金、建材、造纸、制革、化工等工业用地，一般选择在远离镇区的独立地段上，避免污染水源地，严禁占用当地主导风向的上风口地区；农业服务设施用地是指各类农产品加工和服务设施用地，不包括农业生产建筑用地。

（3）生产设施用地的选址

工业生产用地应根据其生产经营的需要和对生活环境的影响程度进行选址和布置，并应符合下列规定：一类工业用地可布置在居住用地或公共设施用地附近；二、三类工业用地应布置在常年最小风向频率的上风侧及河流的下游，并应符合现行国家标准《村镇规划卫生标准》（GB 18055—2000）的有关规定；新建工业项目应集中建设在规划的工业用地中，对已造成污染的二类、三类工业项目必须迁建或调整转产。

（4）工业生产用地的规划布局

镇区生产设施用地的规划布局应符合下列规定：同类型的工业用地应集中分类布置，协作密切的生产项目应邻近布置，相互干扰的生产项目应予以分隔；应紧凑布置建筑，宜建设多层厂房；应有可靠的能源、供水和排水条件，以及便利的交通和通信设施；公用工程设施和科技信息等项目宜共建共享；应设置防护绿带和绿化厂区；应为后续发展留有余地。

（5）农业生产及其服务设施用地的选址和布置

农业生产及其服务设施用地的选址和布置应符合下列规定：农机站、农产品加工厂等的选址应方便作业、运输和管理；养殖类的生产厂（场）等的选址应满足卫生和防疫要求，布置在镇区和村庄常年盛行风向的侧风位和通风、排水条件良好的地段，并应符合现行国家标准《村镇规划卫生标准》（GB 18055—2000）的有关规定；兽医站应布置在镇区的边缘。

（6）仓库用地的选址和布置

仓库用地的选址和布置应符合下列规定：

① 应按存储物品的性质和主要服务对象进行选址。

② 宜设在镇区边缘交通方便的地段。

③ 性质相同的仓库宜合并布置，共建服务设施。

④ 粮、棉、油类、木材、农药等易燃易爆和危险品仓库严禁布置在镇区人口密集区，与生产建筑、公共建筑、居住建筑的距离应符合环保和安全的要求。

4.2.3.4 对外交通用地

镇区往往是村镇体系发展中的交通运输枢纽，一般以公路为主要交通方式，结合铁路等其他运输方式组织镇区的内外交通运输。

镇区对外交通是为满足镇区与村庄间的车行、人行以及农机通行的需要。镇区对外交通用地是指镇对外交通的各种设施用地，《镇规划标准》（GB 50188—2007）将其分为两个小类用地。一类是公路交通用地，指镇区规划范围内的路段、公路站场、附属设施等用地；另一类是其他交通用地，指镇区规划范围内的铁路、水路及其他对外交通路段、站场和附属设施等用地。

各种对外交通运输方式有其各自特点。公路运输与铁路运输相比，尽管运量有一定限制，但其运输速度比较高，投资较省，容易修建，基本上可以保证不间断运输。公路还能连接镇区周边各处村庄，甚至直接深入生产设施用地。随着广大镇村体系覆盖范围内汽车工业的发展与高速公路的建设，公路交通比重不断增加。公路是镇区对外服务辐射区及更大范围地域连接的纽带，与镇区的关系密切，影响较大。

对镇区布局的影响：对外交通设施的布置很大程度上影响到镇区生产设施、仓储、居住的用地位置。如有大量货运的工业、仓储往往需要接近对外交通运输设施布局，而居住用地为防止干扰则必须与它们保持一定的距离。

对外交通设施用地的布置还会影响到镇区发展用地的选择。如铁路干线经过镇区，其铁路干线走向与镇区用地的发展方向有很大关系。高速公路、区域快速干道等公路有时会作为镇区发展用地的边界，这样可以避免穿越对外交通对镇区生产生活组织带来的不利影响。

对外交通设施还影响镇区道路系统。镇区对外交通的各类车站等是镇区内部交通的衔接点，它必须通过镇区道路与镇区各个组成部分区进行联系。所以，对外交通站场位置或公路改线及建设等变化必然带来镇区道路交通系统的调整。

高速公路和一级公路的用地范围应与镇区建设用地范围之间预留发展所需的距离。规划中的二、三级公路不应穿过镇区和村庄内部，对于现状穿过镇区和村庄的二、三级公路应在规划中进行调整。镇区的对外交通应与区域公路、铁路、水运等对外交通设施相互协调，并应配置相应的站场、码头、停车场等设施，公路、铁路、水运等用地及防护地段应符合国家现行的有关标准的规定。

4.2.3.5 道路广场用地

（1）概述

镇区内部道路交通是将镇的内部各项用地功能分区互相联系起来的系统，也是将镇区和镇区、镇区和村庄构成一个相互联系的整体系统的重要组成内容，是镇区建设规划中的一项重要内容。

（2）道路广场用地占地比例、道路级别及系统组成

依据《镇规划标准》（GB 50188—2007），道路广场用地指镇区规划范围内的道路、广场、停车场等设施用地，不包括各类用地中的单位内部道路和停车场地。道路广场用地分为两个小类用地：道路用地指规划范围内路面宽度等于和大于6m的各种道路、交叉口等用地；广场用地指公共活动广场、公共使用的停车场用地，不包括各类用地内部的场地。

镇区的道路综合考虑行车速度、道路红线宽度、车行道宽度、每侧人行道宽度以及道路间距等因素影响，道路级别分为主干路、干路、支路、巷路四级（表4-6）。

表4-6 镇区道路规划技术指标

规划技术指标	道路级别			
	主干路	干路	支路	巷路
计算行车速度 /（km/h）	40	30	20	—
道路红线宽度 / m	24~36	16~24	10~14	—
车行道宽度 / m	14~24	10~14	6~7	3.5
每侧人行道宽度 / m	4~6	3~5	0~3	0
道路间距 / m	≥500	250~500	120~300	60~150

表4-7 镇区道路系统组成

规划规模分级	道路级别			
	主干路	干路	支路	巷路
特大、大型	●	●	●	●
中 型	O	●	●	●
小 型	—	O	●	●

注：表中●——应设的级别；O——可设的级别。

依据《镇规划标准》（GB 50188—2007）规定，对于中心镇的镇区，道路广场用地占镇区建设用地的比例为11%~19%；对于一般镇的镇区，道路广场用地占镇区建设用地的比例为10%~17%。镇区规模分级和发展需求不同，相应配置的道路级别按表4-7规定执行。

（3）镇区道路交通用地布局的基本要求

① 镇区道路应根据用地地形、道路现状和规划布局的要求，按道路的功能性质进行布置，连接工厂、仓库、车站、码头、货场等以货运为主的道路不应穿越镇的中心地段。

② 镇区道路交通应根据镇区用地功能布局，车流和人流的情况，以及消防要求组织合理的道路系统，区分不同功能的道路性质。力求做到节约用地，安全、畅通，并充分利用原有道路进行改建和扩建。

③ 充分利用地形，减少工程量。自然地形对道路系统有很大影响，道路选线还要注意所经地段的工程地质条件，线路应选在土质稳定、地下水位较深的地段，尽量绕过地质和水文地质不良的地段。

④ 道路系统布局应尊重现状镇区的基本道路交通格局，镇区新发展用地上的路网规划需要注意与已有道路网的衔接和整合。镇区扩延发展后，穿越镇区的过境公路等对外交通应结合近、远期建设需要，合理选择道路改线的空间布局位置。

4.2.3.6 绿地

（1）概述

镇区绿地是构成镇区自然环境基本的物质要素。通过与各项用地的组合与配置，呈现某种分布和构成形态，发挥多方面的功能作用。镇区绿地作为优化镇区生态环境，实施可持续发展的重要战略与行动。

（2）绿地的分类及占地比例

依照《镇规划标准》（GB 50188—2007）规定，绿地是指各类公共绿地、防护绿地，不包括各类用地内部的附属绿化用地。按其使用性质可分为公共绿地和防护绿地两个小类用地。公共绿地指面向公众、有一定游憩设施的绿地，如公园、路旁或临水宽度等于和大于5m的绿地；防护绿地指用于安全、卫生、防风等的防护绿地。

中心镇镇区的绿地占镇区建设用地的比例为8%~12%；一般镇镇区绿地占镇区建设用地的比例为

6%~10%。应根据镇的自然条件和发展特色需求确定。

（3）绿地的布置

绿地结合镇区布局结构和镇区发展需要，呈现多样化布局形态。

点状绿地是指集中成块的绿地如大小不同规模的公园或块状绿地。这类绿地多与居住用地关联在一起布局，创造良好的居住生态环境。带状绿地是镇区沿河道、街道或景观通道等的绿色地带，也包括布置在镇区外围或工业地区侧边及高压线两侧的防护林带。带状绿地一般占地较大，通常可以作为绿地系统的骨架，楔形绿地以自然的绿色空间楔入镇区，通常是因为地形变化而形成，如镇区内部断坎、沟坡等不能进行建设的地形两侧，环状绿地是指在镇区内部或其外边缘布置成环状的绿道或绿带，用于连接沿线的公园等各类绿地，也可以通过宽阔的绿环限制镇区向外进一步蔓延和扩展等。

小结

镇区规划的建设用地标准分人均建设用地、建设用地比例和建设用地选择三部分。

镇区用地布局是镇区建设规划总体布局的核心问题，应按人口的规划、自然条件、工程地质条件、空间环境条件、农业用地等综合分析，满足生产、生活的要求，以及节省占地的原则，结合近远期发展计划，因地制宜地具体确定。

思考题

1. 人均建设用地是怎样分级的？如何确定人均建设用地指标？

2. 如何进行镇区建设用地选择？各类建设用地指标如何确定？

4.3 镇区居住用地的规划布置

本节要点

本节主要介绍居住用地规划的基本要求、住宅建筑群设计基本要求、住宅建筑类型和选型、住宅建筑群体的组合形式等内容。要求学生重点掌握住宅建筑群设计的基本要求和住宅建筑布置的基本形式，能够根据规划区域的特点科学选择住宅形式。

4.3.1 镇区居住用地的分类

镇区居住用地是镇中各类以居住为主要用途的用地，包括各类居住建筑、附属设施、内部小路、场地及绿地等用地；不包括路面宽度等于和大于6m的道路用地。

按照住宅的层数不同,镇区居住用地分一类居住用地和二类居住用地两种类型。一类居住用地是以一至三层为主的居住建筑、附属设施及其间距内的用地,含宅间绿地、宅间路用地,不包括宅基地以外的生产性用地;二类居住用地是以四层和四层以上为主的居住建筑、附属设施及其间距、宅间路、组群绿化用地。

4.3.2 镇区居住用地规划的基本要求

4.3.2.1 镇区居住用地的比例

中心镇镇区居住用地占建设用地的比例为28%~38％,一般镇镇区居住用地占建设用地的比例为33%~43%。

4.3.2.2 镇区居住用地的选址

居住用地的选址应有利生产、方便生活,具有适宜的卫生条件和建设条件,并应符合下列规定:

① 应布置在大气污染源常年最小风向频率的下风侧以及水污染源的上游,保证居住区的土壤、空气和水质不受污染。

② 应尽量避免布置在沼泽地区、不稳定的填土堆石地段、地质构造复杂的地区(如断层、风化岩层、裂缝等)以及其他地震时有崩塌陷落危险的地区。

③ 应与生产劳动地点联系方便,又不相互干扰。

④ 位于丘陵和山区时,应优先选用向阳坡和通风良好的地段。

4.3.2.3 镇区居住用地的规划

伴随着城市化进程的加快,镇区居住用地规划要充分考虑到居民物质生活的变化和精神文化生活水平的提高,用超前的思想意识改善居民的居住条件,美化生活环境,创造出丰富、新颖、舒适、富有特色的居住空间,并以此来引导镇区居民逐渐向现代化生活方式迈进。居住用地的规划应符合下列规定:

① 应按照镇区用地布局的要求,综合考虑相邻用地的功能、道路交通等因素进行规划。

② 对农业户和非农业户,可采用不同的住宅类型,相对集中地进行布置,形成多层次、多结构的居住体系。

③ 保护有历史文化和旅游开发价值的民居,新建居住区应充分考虑地方传统居住文化的延续。

④ 旧镇区改造应在现有的居住用地内挖掘潜力,充分利用空闲地、边角地,并进行合理调整与改造。

4.3.3 住宅建筑群规划设计的基本要求

住宅建筑是居民生活居住的三维空间,住宅建筑群规划设计合理与否将直接影响到居民的工作、生活、休息、游憩等。因此,住宅建筑群的规划布置应满足功能合理、技术经济、安全卫生和环境优美的要求。

4.3.3.1 使用要求

住宅建筑群的规划设计要从居民的基本生活需要来考虑,为居民创造一个方便、舒适的居住环境。

首先确定一定规模的住宅小区，一个镇可以根据规模大小布置一个或几个居住区，每个居民区有300~500户，安排相应公共服务设施，明确其内容、规模及其分布的方式；其次确定一定规模的住宅群，住宅小区由不同数量的住宅群构成，每个组群又有不同数量的组团组成，组团和组群可结合地形、地貌，使住宅建筑有一定的居住风格与特色；再次根据住户家庭人口的不同构成、副业生产和气候特点，确定一定规模的住宅空间，选择合适的住宅类型，组群中的每户居民有自己的院落空间，院落空间是道路空间与居住空间之间一个良好的过渡空间，同时也是镇区居民每家每户的室外空间；合理地组织居民户外活动和休息场地、绿地以及居住区的内外交通等。

有些规模较小的镇，居住建筑可以因地制宜，结合农田、山坡、村地自由布置，使得镇区居住建筑有较强烈的田原风光和山居景观。

4.3.3.2 卫生要求

为居民创造一个卫生、安静的居住环境，既包括住宅的室内卫生要求（要有良好的日照、通风、采光条件），也包括室外和住宅建筑群周围的环境卫生（防止噪声的干扰和空气的污染等）；既要照顾生理学、卫生保健等方面的卫生需要，也应赋予居民精神上的健康和美的感受。

（1）日照

日光对人的生理卫生有很大的影响，因此，在布置住宅建筑中应适当利用日照。

前后两排房屋之间，为保证后排房屋在规定的时日内，得到必要的日照时间而保持的间距称为日照间距。为了确定其合理的间距，须进行日照计算。平地日照间距的计算，一般以冬至日正午正南向太阳能照射到住宅底层窗台的高度为依据。寒冷地区可考虑太阳能照射到住宅的墙脚，以达到室内外有较好的日照条件。图4-1所示各参数含义如下：

h ——冬至日正午太阳高度角；

H ——前排房屋檐口至地坪高度；

H_1 ——前排房屋檐口至后排房屋窗台的高差；

H_2 ——后排房屋窗台高度。

日照间距的计算方法如下：

① 求太阳照到窗台时的日照间距 D

因为 $\quad \tan h = \dfrac{H_1}{D} \quad H_1 = H - H_2$

所以 $\quad D = \dfrac{H - H_2}{\tan h}$

② 求太阳照到墙脚的日照间距 D'

因为 $\quad \tan h = \dfrac{H}{D'}$

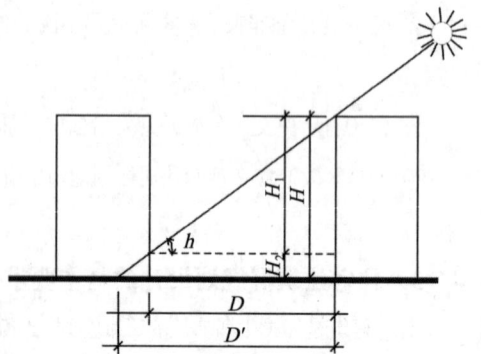

图4-1 日照间距计算示意图

所以　　$D' = \dfrac{H}{\tan h}$

根据我国的实际情况，一般愈往南的地方日照间距愈小，相反，往北则偏大。

（2）朝向

住宅建筑的朝向是指主要居室的朝向，在规划设计中应根据当地自然条件——主要是太阳的辐射强度和风向，来综合分析得出较佳的朝向，以满足居室获得较好的采光和通风。在高纬度寒冷地区，夏季西晒不是主要矛盾，而以冬季获得必要的日照为主要条件，所以住宅居室布置应避免朝北；在中纬度炎热地带，既要争取冬季的日照，又要避免夏季西晒。在Ⅱ、Ⅲ、Ⅳ气候区，住宅朝向应使夏季风向入射角大于15°，在其他气候区，应避免夏季风向入射角为0°。

（3）通风

良好的通风不仅能保持室内空气新鲜，而且对降低室内的温度湿度也极有利，所以建筑布置应保证居室及院落有良好的通风条件，以改善建筑群空间的小气候。特别在我国南方或夏季气候炎热和潮湿的地区，通风要求尤为重要。建筑密度过大，区内的空间面积过小，都会阻碍空气流通。

在夏季炎热的地区，解决居室通风的办法通常是将居室尽量朝向主导风向，若不能垂直主导风向时，应保证风向入射角在30°~60°之间。此外，还应注意建筑的排列、院落的组织以及建筑的体形，使之布置与设计合理，以加强通风效果，如将院落布置敞向主导风向或采用交错的建筑排列，组织得好相当于加大房屋间距，使之通风流畅。但在某些寒冷地区，院落布置则应考虑防风沙，减少积雪或防暴风袭击，而采用较封闭的庭院布置。还可以充分利用绿地种植增强引风和防风的效果。

（4）防止噪声及空气污染

噪声对人的心脏血管系统和神经系统等会产生一定的不良作用，如易使人烦恼疲倦、降低劳动效率，影响睡眠及人体的新陈代谢，干扰和损害听觉（噪声大于150dB时则会破坏听觉器官），规划中必须避免噪声干扰。一般认为居室房屋室外的噪声不超过50dB为宜。避免噪声干扰一般可采用建筑退后道路红线，用绿地隔离等措施，或通过建筑布置来减少干扰，如将本身喧闹或不怕喧闹的建筑沿街布置。

空气污染除来自工副业的污染以外，生活区中的废弃物、炉灶的煤烟、垃圾及车辆交通引起的灰尘均不同程度地污染空气，在规划中应妥善处理、避免污染，必要时在某些地段上可设置一定的隔离绿地。

4.3.3.3　安全要求

住宅建筑的规划布置除了满足正常情况下居住生活要求外，还必须考虑一旦发生火灾、地震、洪水浸患时抢运转移的方便与安全。因此，在规划布置中，必须按照有关规定，对建筑的防火、防震、安全距离、安全疏散等作必要的安排，使之有利于防灾、救灾和减灾。

（1）防火

一旦发生火灾时，为了保证居民的安全、防止火灾的蔓延，建筑物之间要保持一定的防火距离。防火间距的大小与建筑物的耐火等级、消防措施有关。建筑物之间的防火间距，应符合《国家建筑设计防火规范》（GB 50016—2006）。镇区居住建筑以多层为主，目前基本不存在高层建筑的防火问题。

（2）防震

在地震区，为了把灾害控制到最低程度，在进行住宅区规划时，必须考虑以下几点：住宅建筑必须采取合理的间距和建筑密度；房屋的层数应符合民用建筑抗震设计规范要求；房屋平面布局紧凑合理，建筑形体应力求简洁、规则，以满足良好的抗震性；住宅的布置要与道路、公共建筑、绿地、体育活动用地等相结合，合理组织必要的安全隔离空间。

4.3.3.4 经济要求

降低建设造价和节约镇区建设用地，与镇区社区发展的阶段目标相适应，充分考虑分期实施的可能性，这些都是住宅建筑群规划布置的重要原则。在确定镇区住宅建筑的标准、院落的布置等均需要考虑当时、当地的建设投资及居民的生活习俗和经济状况，合理确定居住区内住宅的标准以及公共建筑的数量、标准，同时，必须善于运用各种规划布局手法和技巧，运用一定的指标数据控制，对各种地形、地貌进行合理改造、充分利用，以节约建设工程量。

4.3.3.5 环境要求

一个优美的居住环境的形成，取决于建筑群体的组合，居住建筑群应与镇区周边的建设环境相协调，并与自然环境相和谐。居住环境应作为一个有机整体来进行规划设计，不仅要有浓厚的居住生活气息，而且要反映出欣欣向荣、生机勃勃的时代精神面貌。因此，在规划设计中住宅建筑应结合绿化、建筑小品、道路、路灯、垃圾箱等设施，运用规划、建筑以及造园的手法，组织完整、丰富的建筑空间，为居民创造明朗大方、优美生动的生活环境，显示良好的镇区环境景观面貌。

4.3.4 镇区住宅建筑的选型

住宅类型选择适当与否，直接影响到居民的生活居住、镇区土地的利用率和建设投资的经济性，以及镇区面貌等。具体工作中，应考虑当地自然条件和经济条件、土地紧缺程度以及居民的生产生活习惯；结合镇区近远期人口发展规模、家庭人口构成情况，分析决定住宅建筑需要什么样的套型及其所占住宅建设量的比重；根据不同需求的住户，采用不同的住宅类型；结合地形、地貌进行院落的布置。根据当地土地状况、经济、技术、建筑材料等条件，决定建筑物的层数及不同层数住宅建筑的比重。

4.3.4.1 镇区住宅的类型

镇区住宅总的可分为农宅型和城市型两大类。农宅使用对象为常住镇区但从事农业生产的村民，在功能上具有生活、生产两重性；城市型住宅使用对象为从事非农业生产的居民，在功能上一般只满足居民居住生活之用。

由于传统的小农经济和生产生活方式的影响，农宅既是人们生活起居的地方，又是储藏生产资料、工具、产品和从事家庭工副业生产的场所，农宅的形式、造型具有明显的地方特色和民族风格。农宅主要由住宅（包括堂屋、卧室、厨房）、辅助设施以及院落组成，一般院落中还有厕所、禽畜圈舍、沼气池及果树等。

城市型住宅一般为楼房式，具有平面紧凑、节约用地、高效集约、基础设施投资少等优点。目前，在一些经济发展较快的镇区，楼房住宅的建设有很大的发展。

农宅型和城市型所占比重，一方面与镇区人口构成比重有关，农业人口多的镇区，则农宅比重越大，相反地，非农业人口多的镇区，城市型住宅比重就越大；另一方面与镇区的基础设施有关，基础设施条件不具备楼房支撑标准时，以农宅型住宅为主；基础设施条件具备楼房支撑标准时，城市型住宅势必会越来越多。

4.3.4.2 镇区住宅建筑的层数

镇区住宅层数分为平层、低层和多层三种。

镇区传统住宅基本均为平层住宅，它具有结构简单、施工方便，建造经济，各房间容易联系等优点，比较符合经济发展后滞镇区的社会、经济、技术和生活水平。平层住宅形式的主要缺点是占地面积较大。多层住宅一般为城市型住宅，多为镇区的机关、企业、文教卫生等单位职工的住宅，可沿街或成片布置。

基于镇区村民的生活习惯和生产特点，同时考虑节省宅基用地和建设投资的情况下，采用低层独院楼房的形式当前最为普遍，是一种适宜性转型期的表现。在镇区沿街的私人建房，常采用下店上宅模式和低层混合功能模式。

4.3.4.3 镇区住宅建筑的选型

我国幅员辽阔，全国自然气候条件相差甚大。南方地区气候比较炎热，在选择住宅类型时，首先应考虑居室有良好的朝向、防热和获得较好的自然通风；北方地区气候严寒，主要矛盾是冬季防寒、防风雪、保温和获得充足的日照。另外，必须考虑当地的建筑特色、风俗习惯，以及镇区居民的生产生活特点，合理选择住宅类型，同时使其符合当地的经济发展水平，并注意节约用地和降低建筑造价。

首先，根据镇区住户生产生活方式的不同，了解其对住宅套型的不同需要（表4-8），合理选择住宅的套型，并根据不同的套型组成各种幢型，这是住宅建筑布置的基础。

表4-8 户型及其特定功能空间

序号	住户类型	主要特征	特定功能空间	对套型的要求
1	农业户	种植粮食、蔬菜、果木，饲养家禽家畜等	小农具储藏、粮仓、微型鸡舍、猪圈等	少量家禽饲养要严加管理，确保环境卫生

（续）

序号	住户类型	主要特征	特定功能空间	对套型的要求
2	专（商）业户	餐饮业、服装、商品零售	小型作坊、工作室、商店、业务会客室、小库房等	工作区域与生活区域既能相互联系，又能相对独立
3	综合户	以从事专（商）业为主，兼种自家的口粮田或自留地	兼有一、二类功能空间，但规模稍小，数量较少	在经济发达地区，此类户型所占比重较大
4	职工户	在机关、学校或企事业单位上班，以工资为主要收入	以基本家居功能空间为主，较高经济收入户可增设客厅、娱乐活动室等	重视专用空间的使用与设计

其次，根据不同住户类型，考虑不同家庭结构、经济水平对应设置具有不同种类、不同数量、不同标准的基本功能空间和辅助功能空间的套型系列。同时为达到既满足住户使用要求又节约用地的目的，还应恰当地选择住栋类型，妥善处理住栋的水平或垂直分户关系（表4-9）。

表4-9　不同住户类型、套型系列的住栋类型选择

住户类型	住栋类型	
	垂直分户	水平分户
农业户、综合户	镇区居住密度小、建筑层数低，用地规定许可时，可采用垂直分户	在确保楼层户在地面层有存放农具和粮食专用空间的前提下，可采用水平分户，但层数最多不宜超过四层，必要时，楼层户可采用内楼梯跃层式以增加居住面积
专（商）业户	附加生产功能空间较大，几乎占据整个底层，生活空间安排在二层以上，故宜垂直分户	为保证附加生产功能空间使用上的方便并控制建筑物基底面积，不可能采用水平分户
职工户	基本上与城市多层单元式住宅相同，不可能采用垂直分户	为节约用地，职工户住宅一般军舰楼房，以多层为主，宜采用水平分户

城市型住宅常用的是二室一厅、三室一厅，农宅常用的是一堂二室、一堂三室、一堂四室。所选用的建筑单体在宅基地和套型建筑面积两方面均应与地方建设管理标准相吻合，否则应进行适当的调整。

各种套型所占比例应根据居民家庭结构、人口构成情况合理拟定，并注意综合平衡。城市型住宅套型比的平衡一般有两种方法：一是选用多套型住宅，使套型在一幢住宅中平衡；二是选用多样单一套型住宅，在规划区或建筑群内平衡。

选择的各类套型应注意能连接组合。组合的幢型，在长度、宽度、层数和形式上也应有多种变化；住宅建筑群应避免清一色的套型和一律化的幢型，但也不能弄成品种繁多、杂乱无章。为了节约用地和降低建筑造价，幢型长度应以3~5户或单元组合为宜。独院式、并联式的住宅占地面积较多，不宜成片布置，在需要同时满足多种居住要求以及丰富空间变化时因地制宜地少量安排。

4.3.5 镇区住宅建筑群体的组合

4.3.5.1 住宅建筑布置的影响因素

住宅建筑布置受多方面因素的影响，必须因地制宜，形成各种不同的布置方式。如气候、地形、地质条件、生活习惯以及选用的住宅类型都对布局方式会产生一定影响。例如，在地形平坦条件下布局可以比较严整，在山地丘陵地区则需要结合地形灵活布局（表4-10）；其他如规划区的用地划分形状、周围道路的性质、现状的房屋及当地邻里公共活动习惯等因素，也影响住宅建筑的布置方式。

表4-10 不同地形住宅的规划布局要求

山地丘陵地形	滨水地形	平原地形
1. 选择向阳的南、东南、西南向坡面。 2. 必须避开滑坡、冲沟地带。 3. 地形坡度宜在25%以内。 4. 宜选择通风好的坡面。 5. 建筑群体的组合应适应地形的变化，布置形式灵活多样，宜形成随地形陡缓曲直而变化的自由式和行列式布局。 6. 住宅建筑平面布置上，可采用垂直或平行等高线等方法。竖向处理上可采用如筑台、错层、叠落、分层入口等方法	1. 需要恰当处理河网与道路的关系。道路宜平行或垂直于河流走向。 2. 住宅建筑群体的组合及环境布置应结合水体环境进行规划建设。 3. 保障住宅区的防洪安全；注意解决通航河道的噪声对住宅区的干扰	受限制和影响的条件较少，住宅设计及其群体的布局可结合当地的实际情况，灵活多样

4.3.5.2 住宅建筑布置的基本形式及特点

（1）农宅的拼接

一个宅院为一户，每户宅院在其平面上有四个面（一般为正方形或矩形）与外界相联系。院落的拼接与组合灵活多样，归纳起来有以下几种基本情况：

① 独立式。独立式院落是指独门、独户、独院，不与其他建筑相连。这种形式的特点是：居住环境安静、户外干扰小；建筑四周临空、平面组合灵活，朝向、通风采光好；房屋前后及两侧均朝向院落，可根据生活和家庭副业的不同要求进行布置。独院式住宅的缺点是：占地面积大，建筑墙体多，公用设施投资高。

② 两院落并联式。并联式是指两栋建筑并联在一起，两户共用一面山墙。并联式建筑物三面临空，

平面组合比较灵活，朝向、通风、采光也比较好，用地和造价较独院式经济一些。

③ 多宅院联排式。联排式是指将三户以上的住宅建筑进行拼联。拼联不宜过多，否则建筑物过长，前后交通迂回，干扰较大，通风也受影响，且不利于防火。一般来说，建筑物的长度以不超过50m为宜。

住宅应以双拼式、联排式为主，积极引导公寓式住宅建设。

（2）住宅建筑的布置

① 行列式。住宅建筑按一定的朝向和合理的间距排成行地布置，形式比较整齐，有较强的规律性。这种形式能使绝大多数居室获得良好的日照和通风，同时有利于布置工程设施管线，节省用地，是我国目前许多地区广泛采用的布置形式。但是如果处理不好，会造成单调、呆板的感觉。为此，在规划

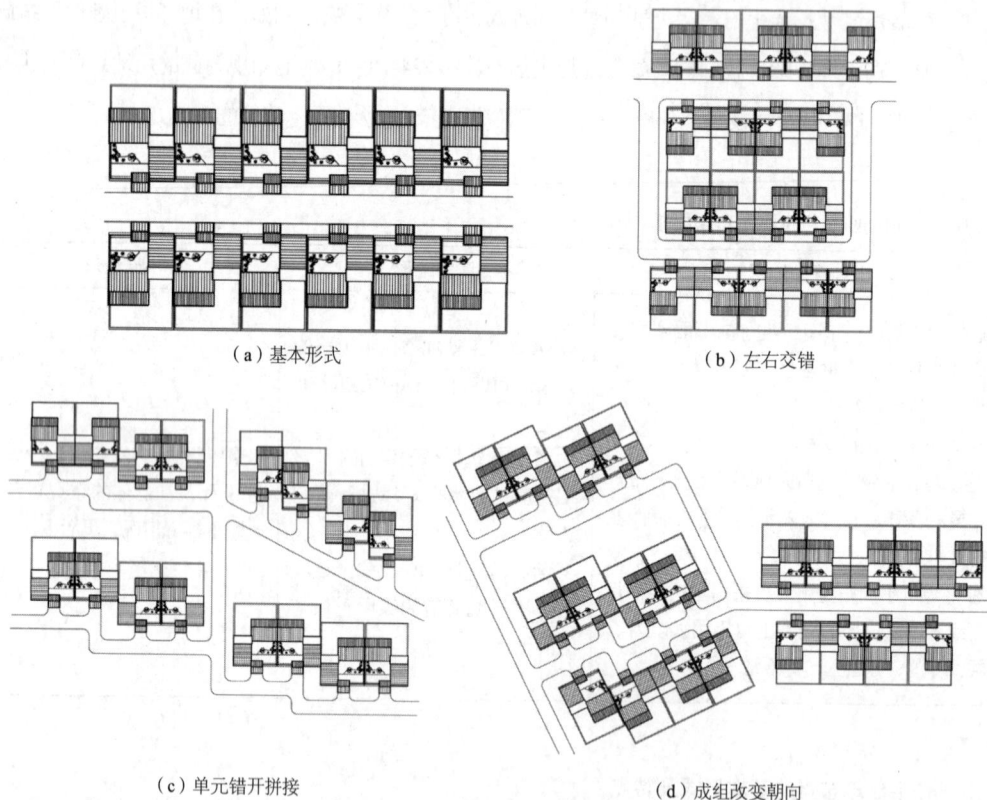

（a）基本形式　　　　　　　　　　（b）左右交错

（c）单元错开拼接　　　　　　　　（d）成组改变朝向

图4-2　行列式布置的基本形式

中常采用山墙错落，单元错接，矮墙分隔以及成组改变朝向等手法来消除呆板、单调的感觉，组织院落空间以丰富景观（图4-2）。

② 周边式。住宅建筑或院落的一部分长边沿街布置，形成近乎封闭的空间。这种布置形式具有一定的空地面积，便于组织公共绿地，组成的院落比较完整、安静。可以使街景有所变化，在寒冷及风沙较严重的地区，周边建筑可起阻挡风沙、减少寒风袭击及院落内积雪的作用；还可提高居住建筑面积的密度，有利于节约用地。但这种形式容易造成一部分东西向的住宅建筑居室朝向不好，布置时需特别注意。

③ 混合式。以上两种形式的混合布置。通常以行列式为主,以少量住宅或公建沿道路或院落周边布置,以形成半开敞式院落。

④ 自由式。从实际出发,结合自然地形或利用道路、江河造成的用地平面形状的变化,照顾日照和通风要求,灵活自由且有规律地成组布置住宅,一般用地较经济,街景有变化,布局较活泼。可以充分结合地形起伏状况和道路弯曲相宜布置,适宜于山地、丘陵地区,随地形街道的变化,房屋可布置为折线形等。

以上四种基本布置形式并不包括住宅建筑布置的所有形式,任何一种形式都是在特定的条件下产生的,在进行规划设计时,应避免从形式出发,必须根据具体情况,因地制宜地创造不同的适宜性布置形式。

4.3.5.3 住宅建筑群体组合方式

镇区住宅建筑的群体组合,首先应根据农宅型和城市型两大类住宅,选择适宜的位置相对集中地进行布置,避免互相穿插,减少相互干扰,节约用地,便于管理。其次,可根据镇区不同功能道路的切割格局及其他各种情况,划分为若干个住宅组团或住宅街坊。

(1)住宅组团

住宅建筑群体的组合,可以由一定数量和规模的一类或几类住宅,结合公共建筑,组合成组或团。组团之间可用绿地、道路、公共建筑或自然地形进行划分(图4-3)。这种组合方式,功能分区明确,组团用地有明确范围,布置比较自由,有利于分期建设,容易使建筑群在短期内建成并达到面貌比较统一的效果。

住宅组团应避免单一、呆板的布局方式,必须结合地形灵活布局,实现空间层次丰富的效果。住宅设计应遵循适用、经济、安全、美观的原则并积极推广节能、绿色环保建筑材料。住宅建筑风格应适合农村特点,体现地方特色。对具有传统建筑风貌和历史文化价值的住宅或祠堂等应进行重点保护和修缮。

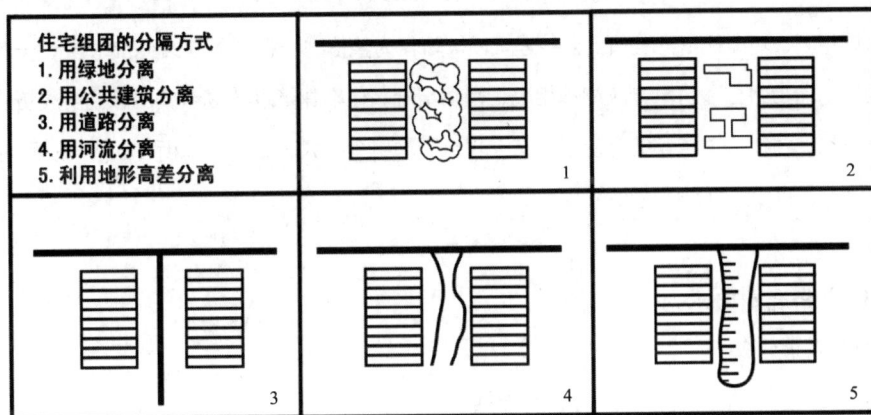

图4-3 住宅组团的分隔方式

(2)住宅街坊

街即住宅建筑结合公共建筑沿街成组成段进行组合的方式(图4-4)。一般用于镇区主要街道的沿街

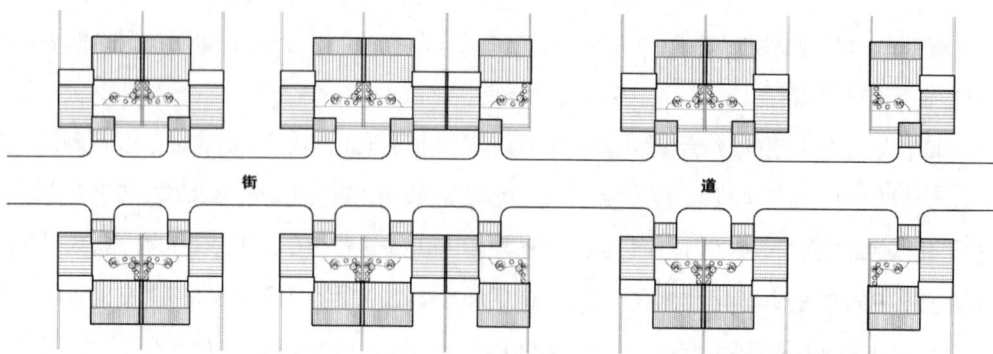

图4-4 街组合方式

图4-5 坊组合方式

住宅空间布局规划；坊即住宅建筑结合公共建筑以街坊作为整体的一种布置方式（图4-5），一般用于规模不太大的街坊。街组合和坊组合应相辅相成、密切结合。住宅建筑群体成组成团和成街成坊的组合方式并不是绝对的，往往可以相互结合使用。在采用组团的组合方式时，要考虑街坊的要求；而在考虑街坊的组合方式时，也要注意组团的要求。

4.3.6 居住道路规划要求

4.3.6.1 道路的功能分级

居住用地内的道路功能一般分为以下几个方面：

① 居民的日常生活交通需要，这也是主要的功能。目前我国发达地区的镇区居住用地内的道路已经不单纯考虑自行车、摩托车等交通工具，而应考虑小汽车发展需要。

② 通行垃圾清运等车辆。

③ 满足铺设各种工程管线的需要。

④ 居住用地内的道路的走向和线型对建筑物的布置影响较大，对居住空间序列的组织、对各种景观的布置也有影响。

除了以上几种一般功能以外，道路的宽度及转折还要考虑到救护车、消防车、搬运家具车通行的特殊要求。

根据以上道路功能要求及居住规模大小，将居住用地内的道路分为三级。

第一级，主要道路，用来解决居住区的对外交通联系，车行道宽度不应小于9m；

第二级，次要道路，用于解决住宅组团的内外联系，车行道宽度一般为4~6m；

第三级，宅间小路，即通向住户各单元入口的小路，其宽度一般为3m。

此外，居住用地内还有专供步行的游乐园等步行道，其宽度、做法根据具体要求确定。

4.3.6.2 道路规划的基本要求

居住区内主要干道的基本布置形式有环通式、尽端式、混合式等，具体应符合以下要求：

① 居住用地内的道路主要是为居住本身服务，道路面的幅度决定于其功能等级。为了保证居民的安全和安静，过境公路不应穿越居住用地。居住小区本身也不宜设过多的道路通向城镇干道，道路入出口间距应不小于150m。

② 路网布置应充分利用地形地貌，结合自然分水线和汇水线，以利雨水排除。在南方多河地区，道路宜与河流平行或垂直布置，以减少桥梁和涵洞的投资。丘陵地区则应注意减少土石工程量。

③ 车行道一般应通至住宅单元的入口处，建筑物外墙面与人行道边缘的距离应不小于1.5m，与车行道边缘的距离不小于3m。

④ 尽端式道路长度不宜超过120m，在尽端处应能便于回车，回车场应不小于12m×12m。

⑤ 单车道每隔150m左右应设置车辆会让处。

⑥ 道路宽度应考虑工程管线的合理敷设。

⑦ 道路线型、断面等应与整个居住区规划结构和建筑群体布置有机结合。

4.3.6.3 道路系统的基本形式

道路系统的形式应根据地形、现状条件、周围交通情况及规划结构等因素综合考虑，而不应着重追求形式和构图。居住区的道路系统形式根据不同的交通组织方式可分为三种组织形式：

① 人车分流的道路系统。将人行道、车行道完全分开设置，交叉口处布置立交。在国外这种形式较多，主要用于居住区和私人小汽车较多的情况。优点是疏散快，比较安全，但投资大。

② 人车混行的道路系统。在我国普遍应用，特点是投资比较小，但疏散效率低。

③ 人车部分分流的道路系统。该形式结合上述两种形式的优点，并结合居住区功能分区内的人流量、车流量的多少作综合考虑，人行道与车行道交叉口不设立交。

4.3.6.4 道路规划的技术指标

镇区居住用地中，道路用地占建设用地的比例一般为5%~15%。道路的造价占居住区配套工程造价的比例较大，因此，规划设计中应在满足正常使用的情况下，控制好道路长宽、道路面积以及居住地块的边界形状（正方形较长方形经济），尽量减少不必要的浪费。另外，居住区面积的大小对单位面积组团内道路长度、面积影响不大，而路网形式的各种布置方式对指标影响较大，如采用尽端式、道路均匀布置，则经济指标明显下降。

小结

居住用地是以居住为主要用途的用地，包括各类居住建筑、附属设施、内部小路、场地及绿地等用地。

住宅建筑群规划设计布置应满足使用要求、卫生要求、安全要求、经济要求和环境要求。

镇区住宅可以划分为农宅型和城市型两类。

思考题

1. 镇区居住用地规划的基本要求是什么？

2. 住宅建筑群规划设计的基本要求有哪些？

3. 镇区住宅建筑的形式有哪些？如何选择具体的形式？

4. 镇区居住道路选择有什么要求？道路选择形式有哪些？

4.4　公共建筑用地规划布置

本节要点

本节主要介绍镇区公共建筑的配置类型、公共建筑用地、各类公共建筑用地指标选取、公共建筑布置的基本要求和规划布置等。要求学生重点掌握行政管理、教育机构、文体科技、医疗保健、商业金融和集贸市场等公共建筑的规划布置。

在村镇建筑中，为村镇的行政管理及村镇居民日常必需的经济、文化生活服务的建筑设施称为公共建筑。随着农业生产的发展和农民生活水平的不断提高，农村迫切要求改善生活条件，增加文化、福利设施。村镇公共建筑又是广大乡村居民日常生活和文化社会活动不可缺少的场所，因而也是村镇的重要组成部分。我国各地村镇在大量建设农村住宅建筑的同时，也逐步配套建设各种公共建筑和公用设施。因此进行规划和设计时，都应根据村镇的地理环境、规模大小、生产特点、服务半径和经济条件统一考虑，并进行合理的分级配置。由于一般村镇的人口和用地规模都比较小，所以常常把村镇的行政管理、商业服务、文化娱乐等内容的建筑设施综合起来，布置在村镇中心范围内一个比较集中的地段，形成村镇的公共建筑中心。在这个地段内，集中体现了镇区的建筑风貌，并形成村镇居民的公共活动中心。

4.4.1　镇区公共建筑项目及配置

根据村镇的规模、性质以及村镇周围的自然、经济环境，在村镇规划中，结合村镇社会、经济、文化的公共需求和经营管理的适宜性要求，进行公共建筑项目的内容、规模配置（表4-11）。

村镇公共建筑的基本项目有以下几类：

① 行政管理。各级党政机关、社会团体、经济管理机构、社会管理机构等。

② 教育机构。托儿所、幼儿园、小学、中学及专科院校、成人教育及培训机构等。

③ 文体科技。文化站、体育场、图书馆、科技站、展览馆、娱乐、度假、文物、纪念、宗教等设施。

④ 医疗保健。计划生育站（组）、卫生监督站、防疫站、医院、卫生院、休疗养院、专科诊所等。

⑤ 商业金融。百货店、食品店、生产资料、建材、日杂店、粮店、药店、书店、旅馆、招待所等。

⑥ 集贸市场。粮油、土特产市场、蔬菜、副食市场、百货市场等。

表4-11　镇区公共设施项目配置表

类别	项目	中心镇	一般镇
行政管理	党政、团体机构	●	●
	法庭	○	—
	各专项管理机构	●	●
	居委会	●	●
教育机构	专科院校	○	—
	职业学校、成人教育及培训机构	○	○
	高级中学	●	○
	初级中学	●	●
	小学	●	●
	幼儿园、托儿所	●	●
文体科技	文化站（室）、青少年及老年之家	●	●
	体育场馆	●	○
	科技站	●	○
	图书馆、展览馆、博物馆	●	○
	影剧院、游乐健身场	●	○
	广播电视台（站）	●	○

（续）

类别	项目	中心镇	一般镇
医疗保健	计划生育站（组）	●	●
	防疫站、卫生监督站	●	●
	医院、卫生院、保健站	●	○
	休疗养院	○	—
	专科诊所	○	○
商业金融	百货店、食品店、超市	●	●
	生产资料、建材、日杂商店	●	●
	粮油店	●	●
	药店	●	●
	燃料店（站）	●	●
	文化用品店	●	●
	书店	●	●
	综合商店	●	●
	宾馆、旅店	●	○
	饭店、饮食店、茶馆	●	●
	理发馆、浴室、照相馆	●	●
	综合服务站	●	●
	银行、信用社、保险机构	●	○
集贸市场	百货市场	●	●
	蔬菜、果品、副食市场	●	●
	粮油、土特产、畜、禽、水产市场	根据镇的特点和发展需要设置	
	燃料、建材家具、生产资料市场		
	其他专业市场		

注：表中●——应设的项目；○——可设的项目。

4.4.2 公共建筑用地的面积标准

4.4.2.1 影响因素

村镇公共建筑配建指标，是村镇社会经济发展水平的一个表现方面，也是村镇经济建设和有关管理的依据。确定公共建筑配建指标是村镇规划的重要内容之一，是进行村镇公共建筑规划布置、公共建筑建设量预测的重要前提，也是公共建筑单体设计和建设管理的主要依据。

影响公共建筑配建指标的主要因素有：

（1）村镇的性质和人口规模

村镇的性质和人口规模是影响村镇公共建筑配建指标的主要因素之一。不同人口规模、不同性质的村镇，对幼儿园、中小学校、医疗、商业服务、文化娱乐等公共建筑需求的侧重点和规模要求会有所差别，具体体现为需要配建的公共建筑项目和数量会有所不同。镇区配建公共设施时，应从大的区域背景考虑整个镇区所需的公共建筑项目，对于公益性的公共建筑项目，例如，中小学校、医院、文娱体育建筑等，应按照城镇人口规模所需要的建设量进行强制性配建；对于营利性的公共建筑，如商业、服务业、旅馆业、金融保险业等，应根据城镇的市场需求选择性地配建。

（2）经济条件和村镇居民生活水平

各地区的社会经济状况和村镇居民的实际生活需要，是影响村镇公共建筑规模的主要因素。镇区公共建筑配建指标应遵循市场经济规律，避免指定的公共建筑指标过高，超越了当地经济发展水平和村镇居民的实际需要，造成建设上的浪费和经营上的不利；同时也不应降低标准，落后于村镇居民的生活水平要求，带来居民生活的不便，没有充分发挥公共建筑的作用。

（3）地区风土文化

我国地域辽阔、民族众多，自然地理条件差异很大，各地的民族风俗、生活习惯等也都有很大差别。因此，各地的公共建筑项目设置及相应的指标、规模等应有所不同，以适应不同地区的需要。

除上述三项以外，尚有许多社会、经济、自然、人文等因素影响到公共建筑指标的确定，要在实际发展需要的基础上，通过充分的调查研究，全面、合理地制定出具体可行的村镇公共建筑标准。

4.4.2.2　村镇公共建筑指标的制定方法

（1）根据人口规模确定公共建筑指标

大部分公共建筑的指标，可以根据人口规模和人口的发展变化情况，通过计算来确定。例如，中小学和托幼的配建指标确定，要通过村镇总人口及人口年龄构成的现状和发展变化资料，按相应年龄组人数和有关的入学率、入园率指标（入学、入园人数占总的相应年龄组人数的百分比）计算出中、小学和托幼的入学、入园人数，再按中、小学、托幼的合理规模和规划要求确定出中学、小学和托幼的具体规模和数量。

（2）根据实际需要确定公共建筑定额指标

通过调查、统计与分析，并在此基础上预测今后的发展情况，从而确定出公共建筑定额指标。有许多与居民日常生活密切相关的服务设施，其设置的项目、规模以及居民的需求等，都是客观的因素，必须通过调查研究，才能得到切合实际的具体情况，从而为制定指标提供正确依据。

（3）根据各类专业服务系统和有关部门的规定来确定指标

有一些公共服务设施，如银行金融、医院、市场等，由于其本身的业务技术性和专业特点需要，都有各自的一套具体的专业指标和标准，来保证自身系统在经营管理和技术运行的经济性和合理性。对于这类公共建筑设施，可以参考其专业部门的指标规范，结合具体情况，综合考虑确定其定额指标。

4.4.2.3　各类公共建筑用地面积标准

由于各地建设标准不一，经济发展水平也不平衡，村镇的公共建筑定额指标也就不可能一致。目前，全国还没有统一的标准。在进行规划设计的时候，应根据本地区的具体情况和发展水平，参考同类地区的指标或建设经验，切合实际地具体拟定。

各类公共建筑用地面积标准可参考表4-12所示进行选用。

表4-12　各类公共建筑用地面积标准

镇等级	规划人口规模/人	各类建筑用地面积标准/（m²/人）					
		行政管理	教育机构	文体科技	医疗保健	商业金融	集贸市场
中心镇	10001以上	0.3~1.5	2.5~10.0	0.8~6.5	0.3~1.3	1.6~4.6	根据赶集人数、经营种类计算用地面积
	3001~10000	0.4~2.0	3.1~12.0	0.9~5.3	0.3~1.6	1.8~5.5	
	3000人以下	0.5~2.2	4.3~14.0	1.0~4.2	0.3~1.9	2.0~6.4	
一般镇	3000人以上	0.2~1.9	3.0~9.0	0.7~4.1	0.3~1.2	0.8~4.4	
	1001~3000	0.3~2.2	3.2~10.0	0.9~3.7	0.3~1.5	0.9~4.6	
	1000人以下	0.4~2.5	3.4~11.0	1.1~3.3	0.3~1.8	1.0~6.4	

4.4.3　公共建筑规划布置的基本要求

（1）整体性、系统性的要求

镇区的公共建筑应满足整体性和系统性的要求。整体性强调公共设施建设应与镇区及相关区域内的环境相互协调，不同类型的公共建筑布置应协调统一；系统性要求各类公共建筑按照辐射区域大小的不同分为若干等级规模，各个等级配备相应规模和内容的公共设施。

（2）充分利用原有设施

公共建筑的布置要充分利用村镇原有基础。老镇区的公共建筑一般布点不均匀，门类余缺不一，用地与建筑缺乏，同时建筑质量也较差。公共建筑规划布置应尊重原有设施，可结合镇区的改建、扩建规划，通过留、并、迁、转、补等措施对原有公共设施功能进行补充和提升，根据需要扩大规模、提升环境质量。

（3）服务半径的要求

各类公共建筑应有合理的服务半径。根据服务半径确定其服务范围大小及服务人数的多少，以此推算出公共建筑的规模。服务半径的确定首先是从居民对设施使用的要求出发，同时也要考虑到公共建筑经营管理的经济性和合理性。不同的服务设施有不同的服务半径。某项公共建筑服务半径的大小，又使其使用频率、服务对象、地形条件、交通便利程度以及人口密度的高低等有所不同，如村镇公共建筑服务镇区一般为800~1000m，服务广大农村则以5~6km为宜。

（4）道路交通布局的要求

公共建筑的分布要结合村镇交通组织来考虑。公共建筑是人、车流集散的地方，要从其使用性质和交通的状况，结合村镇道路系统一并安排。例如，幼儿园，小学校等机构最好是与居住地区的步行道路系统组织在一起，避免交通车辆的干扰。而车站、供销商场等交通量大的设施，则应与村镇主干道相联系。

（5）对用地和环境的要求

根据公共建筑本身的特点及其对环境的要求进行布置。公共建筑本身即作为一个环境所形成的因素，同时它们的分布对周围环境也有所要求。例如，卫生院一般要求有一个清洁安静的环境，露天电影院和球场的布置，就要考虑他们自身发出的声响对周围环境的影响，学校、图书馆等单位不宜与电影院、集贸市场紧邻，以免互相干扰。

（6）景观要求

公共建筑布置要考虑村镇景观组织的要求。公共建筑种类很多，而且建筑的形体和立面也比较丰富多彩。因此可以通过不同的公共建筑和其他建筑的协调处理与布置，利用地形等其他条件，组织街景与景观节点，以创造具有地方风貌的镇区景观。

4.4.4 镇区公共建筑的规划布置

4.4.4.1 行政管理

行政管理类包括乡镇党政机关、管理机构、社会团体、法庭等。历史上乡镇多将官府设置在镇区中轴线上，以显示其权威和主导作用。与传统乡镇行政管理布局不同的是，现代乡镇建设常将行政管理机构布置在较为安静但交通方便的场所，和一般居民生活联系较少，工作联系较多。近年来，随着我国政体制度的不断健全和完善，多在村镇公共中心设立行政服务中心，成为镇区中心的重要组成部分。有的地区也将行政办公建筑布置在新开发区内，以带动新区经济发展、吸引投资。行政、办公建筑因功能相对单一，其规划布置形式主要有：

① 集中式。集中式规划布局形式主要指将行政管理类的建筑集中布置在镇区中心，各类型的办公建筑空间距离较近。这种方式用于规模较大的村镇宜成片布置在镇区中心或新区中心，形成一个规模较大的行政办公中心；若用于规模较小的村镇，可形成一个较小的行政办公片区，或沿街道两侧集中布置；

② 分散式。分散式规划布局形式是指行政管理类建筑分散布置在镇区内。对于较大规模的村镇，可结合镇区功能结构、形态，以及办公建筑的分类，在镇区形成多个行政办公中心；对于规模较小的村镇，各个办公建筑以点的形式分散在镇区各类公共建筑中。

行政管理建筑的布局形式主要有两种：

① 院落围合式。以政府办公楼为中轴线，法院、建设管理部门、土地管理部门、农林管理部门、水电管理部门、工商税务部门、粮管所等单位环抱中心广场布置，从而形成宁静、优美的办公环境。

② 沿街布置。沿街道布置一般可分为沿街道两侧布置和沿街道一侧布置。沿街道两侧布置建筑，行政办公区相对紧凑，行人办事方便，但不宜布置在镇区主干道两侧，以避免行人穿越街道，人车混

行，阻塞交通；沿街道一侧布置，行政办公区拉得较长，延长了行人办事路线，但同时避免了行人穿越街道，有利于组织交通。一般街道另一侧不宜布置商业建筑，以避免人群喧嚣，以便创造宁静的办公环境。

4.4.4.2 教育机构

（1）幼儿园、托儿所的布置

幼儿园、托儿所是与成人活动密切相关的公共建筑，根据幼儿的活动特性和家长接送便捷的要求，一方面幼儿园、托儿所要设置在环境安静、接送方便的地段上；另一方面，要与儿童游戏场地结合起来考虑，并充分注意到道路交通的安全性和对居民的影响。一般规划布局采用以下三种基本形式：

① 集中布置在镇区中心。可结合镇区中心绿地布置，环境条件好、服务半径小、接送方便，该方法适用于镇区规模不大的情况。

② 分散布置在住宅组团内。可靠近中心绿地分散布置在住宅组团内，当有两个以上组团共同使用时，一部分居民使用不太方便，服务半径大。

③ 分散布置在住宅组团之间。这种布置兼顾各组团的使用，常可结合道路系统布置，幼儿接送方便，服务半径较为合理。

（2）中小学的布置

学校应设有单独的专门校园，规划应保证学生特别是小学生能就近上学，小学的规模一般以6~12班为宜，服务半径一般可为0.5~1km。中学的规模以12~18班为宜，服务半径一般可为1~1.5km。学生上学不宜穿越铁路干线和镇区主干道以及镇区中心人多车杂的地段。校址宜布置在镇区次要道路，且环境僻静的地段。此外，学校本身也应注意避免对周围居民的干扰，应与住宅保持一定的距离，以避免影响居民的安宁。同时应远离铁路干线（300m以上），校门应避免开向公路。设置符合国家教育部门要求的运动场地，也可与镇区的体育用地结合进行布置。

中小学在镇区中的规划布置主要有三种方式：

① 布置在镇区拐角。该布置方式服务半径大，并可兼顾相邻地区。但学生行走路线长，对居民干扰大。

② 布置在镇区一侧。该布置方式服务半径小，并可兼顾相邻地区，对居民干扰少。

③ 布置在镇区中心。该布置方式服务半径小，常可结合中心绿地设置，对居民有一定干扰。

中小学校平面组合要求主要有：

① 村镇中小学平面组合，主要是教室、实验室（包括音乐室）、办公用房三部分的合理安排，农村小学不设实验室，但要考虑音乐教室。

② 教室是中小学建筑的主要用房，教室的设置数量根据学制、班级数量和规模确定。办公用房主要是教学办公（教师办公、教务办公等）、行政办公两部分。一般进深和开间较小，可分别设大办公室和

小办公室组合。

③ 中学实验室面积一般比教室大，还常常附设准备室和备用品库房等辅助用房。一般实验室和办公用房可分别布置在教室主体两端或集中在一端。

④ 村镇中小学教室、实验室、办公室的房间可按开敞式外廊、封闭式外廊以及内廊排列。我国北方地区一般采用内廊和封闭式外廊排列，而南方地区一般采用开敞式外廊排列（南面走廊，北面教室）等。

4.4.4.3　文体科技

文体科技类包括文化站（室）、影剧院、体育场、游乐健身场、青少年活动中心、老年活动中心、图书馆、科技中心（站）、纪念馆、展览馆、农科所等。村镇规模的不同，所设置的项目有多有少，应根据《镇规划标准》内的公共设施内容在镇区内设置，其中公益性公共设施应强制建设，可选项目则根据村镇发展需要灵活设置。通常我国村镇的文体科技设施普遍缺乏，然而，在城乡一体化发展进程中，随着城乡差距的不断缩小，村镇社会公共生活将有很大的转变，并体现在村镇建设中，即文化、娱乐、体育、科技的功能地位会越来越重要，特别是一些民风、民俗文化应得到足够的关注和重视。文体科技设施结合村镇的现状可分散布置，也可建成综合性的文体中心，或与商业、服务业等公共配套设施、中心绿地、广场混合布置，形成环境优美、安静且具有一定品质的公共空间环境。

4.4.4.4　医疗保健

医疗保健类包括计划生育站（组）、卫生监督站、防疫站、医院、卫生院、休疗养院、专科诊所等。随着人们生活水平的不断提高，人们对健康保健的需求不断增加，应在镇区设立设备较好、科目齐全的医院。医院规模应按照村镇人口规模配置，按照国家医疗体系中的配置级别要求，在不同区域范围内配置相应的医疗保健设施，满足村镇居民使用。

在镇区应设卫生院和医院，一般卫生院和医院建筑分为门诊部和住院部。门诊部前要求有人流集散、车辆停放的广场；住院部要求环境安静，绿化较好。其建筑布局形式主要有三种：

① 分立式。门诊、病房及辅助医疗等用房分幢布置，优点是隔离条件好，便于分期建造。缺点是占地多，路线长，联系不便，通常适用于一般卫生院。

② 集中式。将医疗用房集中为一幢建筑中，以底层和二层为门诊和辅助医疗，上层为住院病房。优点是联系方便，用地省。缺点是交叉干扰大，上下层房间尺寸较难处理统一。

③ 混合式。介于集中式和分立式之间，一般将门诊设在前部，中部为辅助医疗，后部为病房，常有工字形、王字形、之字形等布局方式。其优点是既便于联系，又适当分隔，并利于分设出入口。缺点是中间连接体朝向差、有阴角，混合式应用较为普遍。

4.4.4.5　商业金融

村镇商业金融服务设施的布置，一般情况下可以有三种方式：

① 沿镇区中心道路的两侧布置。当街道交通量不大时，可将性质接近的行业组织起来，将人流较多

的行业布置在道路的一侧，人流较少的布置在另一侧，以减少行人穿行马路，并缩短群众行走路线。这是过去和现在采用得较多的一种布局方式，优点是既满足了本区居民的需要，又兼顾了过路的人群，同时丰富了街景。

② 沿中心道路的一侧布置。这种布置方式可避免居民穿越马路，也能丰富街景。但应当注意网点沿街长度不宜过长，而且不要将网点与其他建筑相隔，否则居民购物要多走路。

③ 混合布置。在规模较大、设置较齐全的村镇，可以将商业金融设施集中布置，形成一定的商业金融中心，以便达到一定的层次和规模，而将一般日常的商业服务网点分散布置，方便居民日常使用。

混合布置一般又分两种布置方式：

a. 分散布置。一些居民每天必须接触的商业、服务业网点，如副食品店、菜场、早点铺等常常分散设置。它们的位置距居住区很近，服务半径小，居民来往方便，这种布置方式每个点的面积都不大，标准也不高，适用于紧邻商业中心的地区。

b. 集中布置。这种布局是目前较普遍采用的一种方式，优点是商业、金融、服务业网点集中，项目比较齐全，居民采购方便，也便于经营管理。但受服务半径所限，仅适用于规模不大的村镇。

4.4.4.6 集贸市场

集贸市场和人们的生活密切相关，是人们购买生活生产资料的主要场所，如购买鱼肉蔬菜、瓜果梨桃或销售农副产品，互通有无。因而，集贸市场的规划布置应符合人们的购买习惯和销售习惯。从目前情况看，集贸市场已趋近常化、专业化，要求开辟固定场地，建成专用设施。

（1）集贸市场的类型与活动特点

集贸市场根据经营品种不同，可分为粮油、副食、百货、土特产、柴草、家具、农业机具、牲畜八类，副食、百货、土特产等的贸易常常形成中心市场。规模小的村镇一般设综合型市场，各类货品按照类型不同分区布置；规模大的村镇结合其职能性质设置独立的专业化市场，以经营某一类或几类内容为主，如建材市场、家具市场、牲畜市场等。根据交易时间的不同，分为临时市场和固定市场。

临时市场包括早市和夜市。早市（又称露水集），主要经营新鲜蔬菜、肉类、水果、禽蛋等；夜市主要经营饮食、服装、小百货、土特产等。

固定市场一般商品种类齐全、规模大、赶集人多，逢年过节人数有时可达常住人口的几倍。其服务半径有的限于本镇区，有的涉及几个乡（镇），一些历史悠久的集贸市场，其服务范围超出了县境。

村镇集贸市场的特点是有明显的季节性。农闲时，特别是节假日，农副产品上市量大增，赶集次数和人数明显增加，瞬时集散量大，经济发展快的村镇赶集人数可达数千人，中心镇可超过万人。

（2）集贸市场的选址

集贸市场用地的选址应有利于人流和商品集散，并不得占用公路、主要干路、车站、码头、桥头等交通量大的地段；不应布置在文体、教育、医疗机构等人员密集场所的出入口附近和妨碍消防车辆通行的地段；影响镇容环境和易燃易爆的商品市场，应设在镇区的边缘，并应符合卫生、安全防护的要求。

① 新建集贸市场选址应根据其经营类别、市场规模、服务范围的特点，综合考虑自然条件、交通运输、环境质量、建设投资、使用效益、发展前景等因素，进行多方案技术经济比较，择优确定。当现有集贸市场位置合理，交通顺畅，并有一定发展余地时，应合理利用现有场地和设施进行改建和扩建。

② 集贸市场选址应有利市场人流和货流的集散，确保内外交通顺畅安全，并与镇区公共设施联系方便，互不干扰。应根据商品的种类、货源方向和人流集散方向来选场地。一般要靠近对外交通要道，以便于货物运输和人流集散，但交通干线应尽量不穿越镇区内部。

③ 集贸市场用地严禁跨越公路、铁路进行布置，并不得占用公路、车站、桥头、码头等重要交通地段的用地。

④ 小型集市的各类商品交易场地宜集中选址，商品种类较多的大、中型的集市，宜根据交易要求分开选址。

⑤ 为镇区居民日常生活服务的市场应与集中的居住区临近布置，与公共活动中心联系方便。集贸市场一般应靠近公共活动中心，以便于赶集群众就近使用镇区商业、服务业和文化娱乐设施。但不得与学校、托幼设施相邻。运输量大的商品市场应根据货源来向选择场址。

⑥ 便于管理。规模小的集市，应尽量集中布置。规模较大的集市，宜按经营的品种分几处布置，以避免过于拥挤，搬运不便，影响镇容；有碍卫生和易燃易爆的商品市场，应在镇区边缘，宜放在镇区边缘的下风处，位于常年最小风向频率的上风侧及水系的下游；互相干扰的物品，应设置不小于50m宽的防护绿地。

（3）集贸市场的用地面积

集贸市场用地的面积应按平集规模确定，并应安排好大集时临时占用的场地，休集时考虑设施和用地的综合利用。

村镇集贸市场规模变化幅度大，每逢大集人流和摊位比平时集市增加数倍，但一年之中大集次数不多，各地应以平时集市规模为依据，来确定集贸市场用地，并解决大集时的临时场地和非集市时的场地综合利用问题。

集贸市场的服务半径应根据市场类型和辐射区域来确定，以服务镇区为主的市场根据居民使用方便，服务半径一般为500m，并结合居住用地布置。以服务镇区及周边地区的市场，根据市场类型需要，结合交通、人流、货源方向等布置在合理的位置。

场地规模可按平时集市的高峰人数来计算。摊棚设施的规划设计应符合表4-13所示设计指标。

（4）集贸市场的布置形式

集贸市场的位置应根据市场类型和辐射范围进行布置，服务镇区的市场应选择在靠近镇区中心的位置，同时又要邻近居民进出方便、顺路的地方。辐射镇区及周边区域的市场应根据货品类型、镇区交通

表4-13　摊位设施规划设计指标

		粮油、副食	蔬菜、果品、鲜活	百货、服装、土特、日杂	小型建材、家具、生产资料	小型餐饮、服务	废旧物品	牲畜
摊位面宽 /（m/摊）		1.5~2.0	2.0~2.5	2.0~3.0	2.0~4.0	2.5~3.0	2.5~4.0	—
摊位进深 /（m/摊）		1.8~2.5	1.5~2.0	1.5~2.0	2.5~3.0	2.5~3.5	2.0~3.0	—
购物通道宽度 /（m/摊）	单侧摊位	1.8~2.2	1.8~2.2	1.8~2.2	2.5~3.5	1.8~2.2	2.5~3.5	1.8~2.2
	双侧摊位	2.5~3.0	2.5~3.0	2.5~3.0	4.0~4.5	2.5~3.0	4.0~4.5	2.5~3.0
摊位占地指标 /（m²/摊）	单侧摊位	5.5~9.0	6.5~10.5	6.5~12.5	15.5~26.0	11.0~17.0	12.5~26.0	6.5~18.0
	双侧摊位	3.5~5.5	4.0~6.0	4.0~7.5	11.0~21.0	6.5~10.0	11.0~21.0	4.0~10.5
摊位容纳人数 /（人/摊）		4.0~8.0	6.0~12.0	8.0~16.0	4.0~8.0	6.0~12.0	6.0~10.0	3.0~6.0
人均占地指标		0.9~1.2	0.7~0.9	0.5~0.9	1.5~3.0	1.1~1.7	1.3~2.6	1.3~3.0

注：1.本表面积指标主要用于零售摊点；2.市场内共用的通道面积不计算在内；3.摊位容纳人数包括购物、售货和管理等人员。

情况、人流方向等布置在合理的位置。集贸市场可以镇区商业网点为依托，商业网点又通过集贸市场吸引顾客，两者既互相支持，又互相竞争。

集贸市场的布置形式，可归纳为以下几种：

① 路边布置。沿道路两旁摆设摊位，人车混杂，交通易堵塞。需要经常管理，维持交通秩序，划定摊位界线，安排好销售者进入市场的次序，否则交通供货车辆、购物通行人流相互干扰严重，这种形式在镇区中最多。无须专门辟地，也没有棚舍投资，最为经济。但在村镇的过境公路上不得设置，因其严重影响交通。

② 集贸市场街。是路边布置的高一级形式，在镇区中单独辟出街道来，或是新建一条街，为专供农贸用的步行街。设置经常性的摊位，便于整日营业；设置内部通道，考虑供应、购物人流和疏散安全；为了不受风雨的影响，上部加顶盖，做成半透明顶的棚架，可防雨、通风、采光。这也是我国传统的村镇公共中心布置手法之一，常布置在公共中心的某一区域内。其内部交通呈"几纵几横"的网状街巷系统。由于沿街巷两旁布置店面，步行其中，安全方便，街巷曲折多变，街景丰富。若将综合性市场、小型剧场、茶楼及花木商店、手工艺商店等布置其中则更显得丰富多彩，而且有可能成为一个旅游景点。

③ 场院式布置。辟出单独的空地、广场、作为农贸市场。比路边布置易于管理，不影响镇区道路交通，也不影响路边商店的营业，对居民干扰也少。为了使市场街在刮风下雨等自然条件下，内部活动少受或不受影响。可在公共空间上设置阳光板、玻璃等顶棚，形成室内中庭的效果。

在镇区中，这是一块比较稳定的市场。设有固定摊位，地面要考虑便于洗刷，内部畅通。设棚架，挡风雨。场院的布置，有一定的分区，把蔬菜类、果品类、鱼虾水产、肉类、家禽等分类相对集中，便于人们选购，且保证各类商品之间不相互干扰。购物路线的组织明确、清晰。

小结

公共建筑配建指标是村镇规划的重要内容，是进行村镇公共建筑规划布置、公共建筑建设量预测的重要前提，也是公共建筑单体设计和建设管理的主要依据。

公共建筑规划布置必须满足整体性、系统性的要求，服务半径的要求，道路交通布局的要求，用地和环境的要求，景观要求，要充分利用原有设施。

思考题

1. 镇区公共建筑有哪些？各类公共建筑的用地如何确定？
2. 镇区公共建筑规划布置的基本要求是什么？
3. 行政管理机构布置形式有哪些？
4. 中小学布局有哪些形式？
5. 集贸市场选址的基本要求是什么？

4.5 生产设施及仓储用地规划布置

本节要点

本节主要介绍镇区生产设施用地规划的原则、工业区的选址和布局形式，仓储用地规划原则和要求等。要求学生重点掌握工业用地选址和规划布局的形式。

生产设施及仓储用地是村镇镇区用地的重要组成部分，其不仅是决定村镇性质、规模、用地范围及发展方向的重要依据，而且直接影响村镇的结构和形态。工副业生产有一定的人流和交通运输，对村镇的交通流向、流量起决定性影响。某些工副业生产产生的"三废"及噪声，均将影响村镇环境的变化。生产设施及仓储用地安排的正确与否，对建设投资、建设速度，建成后的经营管理以及以后的发展，都起着重要的作用，同时也影响整个村镇的用地布局形态、居民居住的生活环境、村镇的交通组织、基础设施的布局等。

4.5.1 生产设施用地规划

近几年来，随着城镇化进程的加快，村镇招商引资的力度也大大增强，镇区工业用地规模不断扩大，生产设施用地的主体开始以工业用地为主，成为村镇镇区功能分区的重要组成部分。根据村镇的职能性质，一般工业用地宜集中布置形成工业区，产生规模效益并有利于形成产业链，所以本节生产设施用地规划主要阐述村镇工业区规划的内容。

村镇工业区的建设不仅能解决农村剩余劳动力的问题，而且会对当地的经济发展创造长效的动力源泉。村镇工业区是由厂房、配套设施、绿地、建筑小品、道路、市政等实体和空间经过综合规划后形成的。村镇工业区规划的好坏将影响村镇的空间形态和村镇的发展。

生产设施用地包括：一类工业用地、二类工业用地、三类工业用地和农业服务设施用地，具体内容如表4-14所示。

表4-14　生产设施用地

	生产设施用地	独立设置的各种生产建筑及其设施和内部道路、场地、绿化等用地
M1	一类工业用地	对居住和公共环境基本无干扰、无污染的工业，如缝纫、工艺品制作等工业用地
M2	二类工业用地	对居住和公共环境有一定干扰和污染的工业，如纺织、食品、机械等工业用地
M3	三类工业用地	对居住和公共环境有严重干扰、污染和易燃易爆的工业，如采矿、冶金、建材、造纸、制革、化工等工业用地
M4	农业服务设施用地	各类农产品加工和服务设施用地；不包括农业生产建筑用地

4.5.1.1　工业区用地的规划原则

① 坚持工业区建设与村镇规划相结合的原则，科学、合理地建设工业区，以特色工业区建设带动村镇建设，展示村镇形象。生产设施用地应在各个发展阶段保持紧凑集中，不干扰镇区其他功能组团。

② 工业区规划布局必须密切结合现状的自然环境条件，对现有的道路与基础设施尽可能地加以利用，发挥已建设施的使用潜力；完善村镇基础设施；努力提高土地使用价值，合理确定土地开发强度，注意节约用地，不占用基本农田；有效配置区内空间资源，充分优化区内用地结构，综合布置各项建设用地。

③ 结合地域资源优势和地理条件，因地制宜形成产业，依靠特色和优势提高竞争力，突出主导产业，推进工业化进程，优先发展高新技术产业和外向型产业。

④ 生产设施用地布局应与市域城镇体系规划协调一致，与市域工业结构的总体思路一致。根据工业区建设中的实际情况，近期、远期建设相结合，为后续的发展留有一定的余地。

4.5.1.2　工业区用地规划的要求

村镇工业区用地的规划建设，既要考虑生产设施用地的自身要求，又要考虑生产设施用地交通运输条件的要求，更要从严控制建设用地的规模，尽量少占耕地，遏制乱占耕地的现象。各种项目的选址建设必须按照村镇规划并结合基本农田保护区规划实施，节约和珍惜每一寸土地，为子孙后代留足生存发展的空间。

（1）工业区用地的自身要求

① 用地的形状和规模。工业区用地的形状与规模，不仅因生产类别不同而不同，且与机械化、自动化程度、采用的运输方式、工艺流程等有关。当把技术、经济上有直接依赖关系的工业组成联合企业时，如钢铁、石油化工、纺织、木材加工等联合企业，则需要很大用地。由上可见影响工业区用地大小的因素很多，规划中必须根据村镇发展战略对不同类型的工业区用地进行充分的调查分析，为未来的城镇支柱产业留有足够的空间和弹性。但同时也要注意工业发展应节约用地，充分利用和发挥村镇土地市场和规划管理的作用，有效控制村镇工业区用地的浪费现象。

② 地形要求。工业区用地的自然坡度要与生产工艺、运输方式和排水坡度相适应。如对安全距离要求很高的宜布置在山坳或丘陵地带，有铁路运输时则应满足线路铺设要求。

③ 水源要求。安排工业项目时应注意工业与农业用水的协调平衡。由于冷却、工艺、原料、锅炉、冲洗以及空调的需要，如造纸、纺织、化纤等用水量很大的工业用地，应布置在供水量充沛可靠的地方，并注意与水源的高差问题。水源条件对工业区用地的选址往往起决定作用。有些工业对水质有特殊的要求，如食品工业对水的味道和气味、造纸厂对水的透明度和颜色、纺织工业对水温、丝织工业对水的铁质含量等的要求，规划布局时必须予以充分注意。

④ 能源要求。安排工业区必须有可靠的能源供应，否则无法引入相应的工业投资项目。大量用电的炼铝、铁合金、电炉炼钢、有机合成与电解企业用地要尽可能靠近电源布置，争取采用发电厂直接输电，以减少架设高压线、升降电压带来的电能损失。染料厂、胶合板厂、印染厂、人造纤维厂、糖厂、造纸厂以及某些机械厂，在生产过程中，由于加热、干燥、动力等需要大量蒸汽及热水，这类工业用地应尽可能靠近热电站布置。

⑤ 工程地质与水文地质要求。工业区用地不应该选在7度和7度以上的地震区，地基的承载力一般不应小于150kPa，山地村镇的工业区用地应特别注意，不要选址于滑坡、断层、岩溶或泥石流等不良地质地段。工业区用地的地下水位最好低于厂房的基础，并能满足地下工程的要求；地下水的水质应不致对混凝土产生腐蚀作用。工业区用地应避开洪水淹没地段，一般应高出当地最高洪水位0.5m以上。最高洪水频率，大、中型企业为百年一遇，小型企业为50年一遇。厂区不应布置在水库坝址下游，如必须布置在下游时，应考虑安置在水坝发生意外事故时，建筑不致被水冲毁的地段。

⑥ 工业的特殊要求。某些工业对气压、湿度、空气含尘量、防磁、防电磁波等有特殊要求，应在布置时予以满足。某些工业对地基、土壤以及防爆、防火等有特殊要求的，也应在布置时予以满足。如有锻压车间的工业企业，在生产过程中对地面发生很大的静压力和动压力，对地基的要求较高；有的化工厂有很多地下设备，需要有干燥且无渗水的土壤；有易燃、易爆危险性的企业，要求远离居住区、铁路、公路、高压输电线等，且厂区应分散布置，同时还须在其周围设置特种防护地带。

⑦ 其他要求。工业区用地应避开以下地段：军事用地、水力枢纽、大桥等战略目标；有用的矿物蕴藏地区和采空区；文物古迹埋藏地区以及生态保护与风景旅游区；埋有地下设备的地区。

（2）工业区用地的交通运输要求

工业区用地的交通运输条件关系到工业企业的生产运行效益，直接影响到吸引投资的成败。工业建设与工业生产多需要来自各地的设备与物资，生产费用中运输费占有相当比重，如钢铁、水泥等工业生产运输费用可占生产成本的15%~40%。在有便捷运输条件的地段布置工业可有效节省建厂投资，加快工程进度，并保证生产的顺利进行。因此，村镇中的工厂大多沿公路、通航河流等进行布置。

各种运输方式的建设与经营管理费用均不相同，在考虑工业布局时，要根据货运量的大小、货物单件尺寸及其特点、运输距离，经分析比较后确定运输方式，将其布置在有相应运输条件的地段。村镇工业可采用铁路、水路、公路运输。

① 铁路运输。铁路运输的特点是运货量大、效率高、运输费用低，但建设投资高，用地面积大，并要求用地平坦。因此只有需要大量燃料、原料和生产大量产品的冶金、化工、重型机器制造业或大量提供原料、燃料的煤、铁、有色金属开采业，有大量向外运输，或只有一个固定原料基地的工业，才有条件设铁路专用线。一般要求年运输量大于10万t或单件重量在5t以上，有体形很大或有可燃气体、酸等不允许转运的货物才可铺设。内部采用铁路运输的工厂要布置在坡度小于2%的用地上；在山区建厂时坡度较大，可将各厂如钢铁企业的炼铁、炼钢、轧钢等布置在标高不同的台地上，台地高差要符合运输要求，如地形坡度较大，两台地间必须保持较大距离，否则需采用折角运输。采用铁路运输的工业企业用地要布置在方便于接轨的地段。把有关工业组成工业区，统一建设铁路运输设施，可以提高专用线的利用率，节约建设投资。

② 水路运输。水路运输费用最为低廉，在有通航河流的村镇安排工业，特别是木材、造纸原料、砖瓦、矿石、煤炭等大宗货物的运输应尽量采用水运，但应注意在枯水期和冰冻期解决运输的途径。是否需要转运，转运量大小，转运是否方便，对能否采用水运影响很大。只有在转运量不大、转运方便的情况下，水运的优越性才能充分发挥。采用水路运输的工厂要尽量靠近码头。

③ 公路运输。公路运输机动灵活、建设快、基建投资少，是村镇的主要运输方式，为此在规划中工业区与码头、车站、仓库等要有便捷的交通联系。当利用现有公路进行运输时，沿途必须经过的公路构筑物和桥涵要确保最大、最重产品或元件能够通过。

（3）工业区环境要求

工业生产中排出大量废水、废气、废渣并产生强大噪声，使空气、水、土壤受到污染，造成环境质量的恶化。先进的工业国家为改善被污染的环境质量不得不付出巨大的代价，所以在工业建设的同时控制污染是十分必要的。在镇区工业区规划中注意合理布局，也有利于改善环境卫生。各类工业排放的"三废"有害成分和数量不同，对村镇环境影响也不同。废气污染以化工和金属制品工业最为严重；废水污染以化工、纤维与钢铁工业影响最大；废渣则以高炉为最多，每吨产品排出炉渣300~400kg，体积则为铁的3倍。因此环境保护的重点应放在冶金、化工、轻工以及钢铁、炼油、火电、石化、有色金属和造纸工业方面。

① 入区工业项目把关。村镇领导在制定优惠的招商政策和入区工业项目时，一定要严把"环境保护"关。社会要进步，经济要发展，但绝不能以牺牲环境为代价。凡是环境测评不合格或控制处理污染措施、设备不达标的，无论项目大小，一律不得入区建设。

② 营造花园式工业区。因地制宜，在区内加大绿化面积。尽可能增加绿化景点数量和绿化面积，拓宽绿化带，以产生实用而美观的绿化效果。在树种的选择上，尽量一年四季保持多种色彩，以形成立体的绿化效果。

4.5.1.3　村镇工业区规划布局

工业区的规划布局直接影响到村镇功能结构和村镇形态。在镇区建设规划中，应重点安排好工业区用地。综合考虑工业区用地和居住用地、交通运输用地等各项用地之间的关系，使其各得其所。

（1）村镇工业区的选址

工业在村镇中的布置，可以根据生产的卫生类别、货运量及用地规模，分为三种情况：布置在远离镇区的工业、布置在镇区边缘的工业以及布置在镇区内和居住区内的工业。

① 布置在远离镇区和与镇区保持一定距离的工业。由于经济、安全和卫生的要求，有些工业宜布置在远离镇区及村庄的地方，如放射性工业、剧毒性工业以及有爆炸危险的工业。有些工业宜与镇区保持一定的距离，如有严重污染的钢铁企业、石油化工企业和有色金属冶炼厂等。为了保证镇区居民生活环境质量，这些工厂应按当地最小风频风向布置在居住区的下风侧，工业区与居住区之间必须保留足够的防护距离。对村镇污染不大且规模较小的工业，则不宜布置在远离镇区的地段，否则由于居民人数有限，公共设施无法配套，造成生活上的不方便。

② 布置在镇区边缘的工业。对村镇有一定污染、用地大、货运量大、需要采用铁路运输的工厂应布置在镇区边缘，如某些机械厂、纺织厂等。这类工厂有着生产、工艺、原料、运输等各方面的联系，宜集中在几个专门地段形成不同性质的工业区。

按村镇规模的不同，镇区中可设一个或多个工业区，分别布置在合理的位置，与镇区其他功能区既有一定的隔离，又在功能上有机联系。规模较小的村镇常常只有一个工业区，往往使高峰交通流量集中在通往工业区的道路上。

村镇中能够形成两个工业区时，则可将工业区布置在镇区的不同方向，如将工业组成为不同性质工业区，按照其产生污染的情况布置在河流上下游或风向频率最小的上下风向位置。这种布置方式既有利于减少工业对环境的污染，又有利于组织交通，缩短工人上下班的路程，但在布置时应注意不妨碍居住区的再发展。

村镇工业区往往沿放射的对外交通线路布置，使工业区与居住区交错。这种布局要注意，如果工业区按当地最大频率的风向位于居住区的上风向时，工业区与居住区之间要有足够的防护距离，并应注意随镇区发展有开辟环路进行横向联系的可能。

③ 布置在镇区内和居住区内的工业。基本没有污染、用地小、货运量不太大的工业可布置在镇区内和居住区内，一般包括：

a. 小型食品工业。如牛奶加工、面包、糕点、糖果等工厂。

b. 小型服装工业。如缝纫、服装、刺绣、鞋帽、针织等工厂。

c. 小五金、小百货、日用工业品、小型服务修配厂。如小型木器、编织、搪瓷等工厂。

d. 教育、卫生、体育器械工业。如玩具厂、乐器厂、体育器材厂、医疗器械厂等。用地达30hm²左右的中小型厂，如食品厂、粮食加工厂、纱厂、针织厂、木材加工厂、制药厂、机械修理厂、无线电厂等，则应布置在镇区内的单独地段。这种地段形成的街坊应靠近交通性道路，不宜布置在居住区内部。

对居住区毫无干扰的工业为数不多。一般工厂都有一定的交通量和噪声，由于工厂规模较小，因此如果布置得当，可以使居住区基本上不受影响。

（2）村镇工业区布局形式

① 工业区用地与居住用地的位置关系。工业区用地与居住用地的位置，一般有三种布置形式：一是工业区用地与居住用地平行布置，这种布置方式的优点是工业区和居住区相应呈带状发展，互不干扰，工业区用地与居住用地的关系较好；二是工业区用地与居住用地垂直布置，这种布置方式的优点是工人上下班不为工业区内运输线所隔断；热电站、热加工车间及排出有害物质的车间离居住区远一些，不排放有害物质的车间可以离居住区近一些，这样可以减少防护带宽度，节省建设费用。这种布置方式对占地面积较小的工业区较为合适，但占地面积大的工业区采用这种布置方式就会增加工人上下班的距离；三是混合布置方式，这种方式既有平行布置的优点，也有垂直布置的长处，是比较常用的一种方式。

② 工业区在村镇总体规划中的布局方式，具体如下。

a. 工业区包围镇区。工业区分散在镇区的周围，并按工业性质和污染程度，均匀地、合理地布置；镇区内部有若干工业区和分散的工业点。这种布置形式可以避免工业的大量运输对镇区的干扰。但由于工业将镇区包围，使得被包围用地没有向外发展的空间，或村镇发展后又形成新的工业包围区，造成相互干扰的局面。

b. 工业区与其他用地呈交叉布置。工业区布置结合地形，与其他用地呈间隔式交叉布置。这种形式有利于充分利用地形，并根据工业企业不同的污染情况，分别考虑风向和河流上下游的关系，可将对水体污染严重的工业区根据河流流向布置在村镇下游，废气污染严重的企业按当地最大频率的风向布置在村镇下风向，使各工业企业各得其所。但这种布置形式也要注意组织好交通，否则相互穿越，会造成相互干扰。

c. 组团式布置。在村镇总体布局中，根据规划布置意图将村镇组成几个规划分区，每一分区组团中既有工业企业，又有居住区，使生产与生活有机结合。

（3）村镇工业区规划中应注意的相关内容

① 景观设置。在工业区主要出入口处应设置绿化景观，以商业、科技、行政等综合建筑作为进入镇区路段的沿街村镇景观，引导村镇景观的纵深发展，以展示工业区和村镇的新形象。镇区工业用地内的厂房及办公建筑应从建筑形式、色彩等方面体现地域特色。

② 分期建设。工业区的建设应与镇区建设步骤相结合，提供现代化的村镇经营管理机制，保障人流、物流、信息流、资金流的高效运作，同时注意环境保护。在分期建设中，应确保镇区发展的每个阶段中，工业用地规模适中、布局紧凑，与居住用地、道路交通、商业金融等用地保持良好的关系。

4.5.2 仓储用地规划

4.5.2.1 仓库的分类

仓库的分类有多种方法，根据村镇规划的需要，可作如下分类：

按照《镇规划标准》（GB 50188—2007）分为两类：

① 普通仓储用地。存放一般物品的仓储用地。从村镇的卫生安全角度，普通仓储用地可按储存货物的性质和设备特征分为：一般性综合仓库，这类仓库的技术设备比较简单，储存商品的物理、化学性质比较稳定，互不干扰（如对镇区环境没有什么污染的百货、五金、花纱布、医药器材、烟叶、土产等仓库）；无危险、无污染的化工原料仓库；一般性工业成品仓库及一般性（不需冷藏的）食品仓库等；特种仓库，这类仓库对交通、设备、用地有特殊要求，或对村镇卫生、安全有一定影响的，如冷藏、活口、蔬菜、粮、油、燃料、建筑材料。

② 危险品仓储用地。存放易燃、易爆、剧毒等危险品的仓储用地。从使用的角度，可按仓库的职能分为四类：

a. 储备仓库。保管储存国家或地区的储备物资，如粮食、工业品、设备等储备仓库。它们主要不是为本村镇服务，物资的流动性不大，但一般规模较大，对外交通要便利。

b. 转运仓库。专为物资中转作短期存放的仓库，不需做货物的加工包装，但须与对外交通设施密切配合，有时也可作为对外交通用地的组成部分。

c. 供应仓库。主要的存储物资是为本村镇生产、生活服务的生产资料与居民日常生活消费品，这类仓库不仅存储物资，有时还用做货物的加工包装。

d. 收购仓库。这类仓库主要是把收购的零星物资暂时储存，再集中批发转运出去，如农副产品等。

4.5.2.2 仓储用地规划原则与要求

① 满足仓储用地的一般技术要求如下：

a. 地势高亢，地形平坦，有一定坡度，利于排水。

b. 地下水位不能太高，不能将仓库布置在潮湿的洼地上。蔬菜仓库要求地下水位同地面的距离不得小于2.5m；储藏在地下室的食品和材料库，地下水位应离地面4m以上。

c. 土壤承载力高，特别是沿河修建仓库时，应考虑河岸的稳定性和土壤的耐压力。

② 有利于交通运输。仓库用地必须以接近货运需求量大或供应量大的地区为原则，应合理组织货区，提高车辆利用率，减少空车行驶里程，更好地为生产、生活服务。大型仓库必须考虑铁路运输以及水运条件。

③ 有利建设，有利经营使用。不同类型和不同性质的仓库最好分别布置在不同的地段，同类仓库尽可能集中布置。

④ 节约用地，但有一定发展余地。仓库的平面布置必须集中紧凑，提高建筑层数，采用竖向运输与储存的设施，如粮食采用的筒仓以及其他各种多层仓库等。

⑤ 沿河布置仓库时，必须留出岸线，满足居民生活、游憩的需要。与村镇没有直接关系的储备、转运仓库应布置在镇区或居住区以外的河（海）岸边。

⑥ 注意村镇环境保护，防止污染，保证村镇安全，应满足卫生、安全方面的要求，如表4-15所示为仓储用地与居住用地之间的卫生防护绿化带宽度标准，图4-16所示为易燃和可燃液体仓库的隔离地带标准。

表4-15　仓储用地与居住用地之间的卫生防护绿化带宽度标准

仓 库 种 类	绿化带宽度 / m
水泥供应仓库、可用废品仓库、起灰尘的露天堆场	300
非金属建筑材料供应仓库、劈柴仓库、煤炭仓库、未加工的二级无机原料临时储藏仓库500m³以上的藏冰库	100
蔬菜、水果储藏库，600t以上批发冷藏库，建筑与设备供应仓库（无起灰材料的），木材贸易和箱桶装仓库	50

注：各类仓库距疗养院、医院和其他医疗机构的距离，按国家卫生监督机关的要求，可按上列数值增加0.5~1倍。

表4-16　易燃和可燃液体仓库的隔离地带标准　　　　　　　　　　　　　　　　　　　m

隔离地带	仓库容积	
	600m³以上	600m³以下
至厂区边界	200	100
至居住街坊边界	200	100
至铁路港口用地边界	50	40
至码头的边界	125	75
至不燃材料露天堆场的边界	20	20

小结

生产设施用地包括：一类工业用地、二类工业用地、三类工业用地和农业服务设施用地。

村镇工业区用地的规划建设既要考虑生产设施用地的自身要求，又要考虑生产设施用地交通运输条件的要求，要从严控制建设用地的规模，尽量少占耕地。

镇区建设规划应综合考虑工业区用地和居住用地、交通运输用地等各项用地之间的关系。

思考题

1. 镇区工业用地规划的要求是什么?

2. 镇区工业用地选址形式有哪些? 各有什么要求?

3. 仓储用地规划的要求是什么?

参考文献

骆中钊, 等. 2005. 小城镇规划与建设管理[M]. 北京：化学工业出版社.

胡修坤. 2005. 村镇规划[M]. 北京：中国建筑工业出版社.

贾有源. 1992. 村镇规划[M]. 北京：中国建筑工业出版社.

金兆森. 1995. 乡镇规划[M]. 北京：中国农业出版社.

庄林德, 张京祥. 2002. 中国城市发展与建设史[M]. 南京：东南大学出版社.

朱建达. 苏群. 2008. 村镇基础设施规划与建设[M]. 南京：东南大学出版社.

冷御寒. 2005. 小城镇规划建设与管理[M]. 北京：中国建筑工业出版社.

李德华. 2001. 城市规划原理[M]. 北京：中国建筑工业出版社.

第5章 村庄建设规划与旧村庄改造

村庄是我国对农村居民点的统称，是农村村民居住和从事各种生产的聚居点，是社会生产力发展到一定历史阶段的产物。村庄的物质环境包括住宅及其院落、公用设施（学校、商店和管理等建筑）、生产设施和街道等要素，形成以居住生活、农业生产、交通运输等功能为主导的居住生活综合体。

村庄规划是在乡（镇）域居民点规划所确定的村庄建设原则的基础上，为实现经济和社会发展目标而制订的一定时期内的发展计划。村庄规划是对村庄建成区和村庄建设发展需要实行控制的区域进行合理的规划，从而加强村庄的建设管理，科学、有计划地进行建设，以适应农业现代化建设和广大农民生活水平不断提高的需要。

我国现有的广大村庄大多数是在过去的小农经济条件下产生的，落后的生产力和交通条件等基础设施深刻地反映在每一个旧村庄的建设中。这些村庄布点零乱，内部结构不合理，缺少公共服务设施与公用设施，严重地阻碍了农业机械化、现代化生产的发展，影响了农村新生活的建设。因此，迅速地改善旧村庄的生产、生活条件是当前新农村建设的重要任务。

5.1 村庄建设规划的原则、依据、内容、规划期限

本节要点

本节主要介绍村庄建设规划的原则、依据、内容和期限。要求学生重点掌握村庄规划的内容，能够结合我国村庄的特点开展规划工作。

村庄建设规划是在一定时期内村庄建设的蓝图，是社会经济发展计划的重要组成部分。它是在一定的规划年度内，根据合理组织农业生产和不断提高人们的文化、科技、福利和生活水平的需要，在一定的土地及空间范围内，对村庄的建筑、道路、绿化及宅基地有偿使用以及其他各种工程设施进行的合理布置，以达到科学、有计划地进行村庄建设的目的。

村庄建设规划是指在村镇总体规划的指导下，对一个村庄内部的各项建设及其用地进行合理布局和具体安排，所以村庄建设规划也可称为村庄居民点内部规划。村镇总体规划所确定的村镇性质、功能必须通过村庄建设规划来实现，因此，村庄建设规划是村镇总体规划的延续，它们共同完成村镇规划的目标和任务。

5.1.1 制定村庄建设规划的意义

① 制定好建设规划，加快村庄建设，是实现国民经济发展第二步战略目标的重要任务。要达到小康，其中重要的一条是把村庄建设搞好，使农民的居住条件和生活设施得到明显改善，其重要性不仅因为它是精神文明建设的实际步骤，同时也是加强物质文明建设、促进农村经济发展的基础和条件。村

庄水、电、路等设施的建设是农村市场经济发展的环境条件，村庄建设搞不好，特别是基础设施搞不上去，商品生产的发展就失去依托和基本的物质基础。因此，搞好村庄建设，特别是把各项基础设施搞上去，已经成为发展村办企业和开展对外经济联系的决定因素，村庄建设与农村整个经济发展紧密相连是关系到广大农民脱贫致富奔小康的大事。

② 制定好发展规划，加快村庄建设，是加快乡村城市化进程的客观要求。可以预见，随着农村经济的发展和小康目标的实现，富裕起来的农民对物质文化生活水平的需求不断提高，我国乡村城市化进程必将大大加快。

5.1.2 村庄建设规划的原则

村庄建设规划包括农、林、牧、副等行业，涉及衣、食、住、行等方面，具有综合性、地方性、长期性等特点。制定村庄建设规划，必须坚持以下原则：

（1）有利生产，方便生活

村庄的各项建设要布局合理，协调发展生产与生活，统筹兼顾，配套建设。合理安排住宅、公共设施、生产设施和市政基础设施的布局，促进农村各项事业协调发展，并适当留有发展余地。同时，村庄规划要保护和改善生态环境，防止污染和其他公害，加强绿化和环境卫生建设，创造宜人的生存环境。

（2）节约耕地，合理用地

尽量减少占用耕地，充分利用荒地和薄地。土地是我国最宝贵的资源之一，节约用地是我国的国策。村庄建设应紧凑布局，充分利用原有建设用地，力争节约用地，切实保护耕地，新建、扩建工程及住宅应当尽量不占用耕地和林地。

（3）合理利用，逐步改造

对原有的设施，不能采用一概否定、推倒重来的做法，而应采取慎重的态度，通过技术经济评价，可以利用的要充分利用，可以改造的要进行改造，贯彻勤俭建设的方针，同时注意保护有价值的文物古迹。

（4）因地制宜，灵活多样

根据各地自然条件、经济条件、文化教育和风俗习惯合理地制定规划，不搞"一刀切"，同时注意保护地方特色。结合当地社会经济发展的现状和要求，适应自然环境、资源条件和历史情况，统筹兼顾、综合部署村庄的各项建设，充分体现自然地理环境和地方历史文化、民俗风情，因地制宜，灵活布局，突出地方特色。

（5）远近结合，以近为主

村庄建设是长远大计，要远期和近期相结合，注意解决好当前急需解决的问题，处理好近期建设与远景发展、改造与新建的关系，使村庄的建设规模、建设速度和建设标准同经济发展和农民生活水平相适应。村庄规划的起点要高，要有一定的超前意识和战略眼光，要考虑到今后几十年的发展需要；村庄建设要坚持布局合理、配套齐全、居住舒适、交通便利、环境优美的标准，符合现代化村庄建设的各项要求。

（6）标准适当，功能合理

各项设施造型和标准适合当地经济发展水平，不搞超越实际能力的高标准。做到用地布局合理紧凑，各项设施功能明确，节约用地和投资，解决好需要和可能的关系。

（7）发扬民主，集思广益

吸收群众参加规划，广泛听取群众意见，同时使规划意图逐步为群众所掌握，以利于规划的实施。还有一点需要注意——必须严格执行村庄建设规划。

严格遵守村庄建设规划的审批程序。为了保证村庄建设规划的严肃性和权威性，村庄建设规划方案必须经过严格的审批程序。按照《土地管理法》及有关规定，村庄建设规划纲要应当经过乡镇人民政府审议通过；村庄建设规划要报县级人民政府批准，也可由县级人民政府授权乡镇人民政府按程序要求进行审批。县政府要求村庄建设规划必须委托丙级及以上资质的规划设计单位编制。

采取措施，保证规划实施。村庄建设规划一经上级政府批准就具有法律效力，必须严格执行。为此，必须做好以下工作：

① 做好规划的宣传工作。村庄建设关系全体村民的共同利益和长远发展，编制村庄规划是群众的大事，落实村庄规划也是群众的共同事业。因此在制定规划过程中，要向全民进行宣传和介绍，并努力扩大群众参与的程度；审批后的规划也要通过公开展出图表、图纸、绘制透视图、鸟瞰图和模型等形式，直观、生动地向群众宣传和介绍，使村民深入地了解规划，自觉地执行规划，并加强对规划执行情况的监督。

② 主动争取、自觉接受规划编制部门的技术指导。现代村庄建设技术性强，标准要求高，为使村庄切实按规划的技术标准要求进行建设，必须主动争取、自觉接受业务指导。对于已批准的项目，实施时要在业务部门的指导下，搞好定点放线，认真核准位置，做到图纸与实地相符，尤其规划道路两侧的建筑，测量要准确，并做放线记录，以作为必备的依据和地物标志。

③ 建立健全档案，认真加强管理。村庄规划、设计、管理等图纸或文件是在村庄建设中形成的。它不仅是指导村庄建设的依据，而且是建设历史的真实记录，是以后修改规划的基础资料，必须妥善、完整地保存。

凡属村庄建设形成的规划、设计和说明书，以及有关的水文、地质、气象、人口、地形测量、历史沿革等基础资料，均属村庄建设档案管理的范围。

村庄建设档案，可由乡镇人民政府保管，也可由县负责村庄建设的主管部门管理。村级组织要积极协助上级有关部门，及时做好有关资料的收集、整理、归档、保管工作，不得损坏散失。为此，要建立健全管理制度，保证档案的安全完整，根据目前情况，主要应建立村庄建设档案资料的形成、积累、归档制度、密级管理制度、查阅借阅制度等，使村庄规划和管理逐步走向科学化、规范化的轨道。

5.1.3 村庄建设规划的依据

村庄建设规划是以村镇总体规划为依据，以县域规划、农业区划、土地利用总体规划为依据，与基本农田保护、小流域治理、公路建设、环境保护、扶贫开发等规划相衔接，对村庄建设进行合理布局并安排建设项目；是村庄建设的蓝图和指导性文件，应符合国家和省级编制村庄规划的技术规范和标准。

5.1.4 村庄建设规划的内容

村庄建设规划是依据农村社会经济发展目标和环境保护的要求，根据县域规划和乡镇规划等上一层次规划的要求，在充分调查和研究村庄的自然环境、历史变迁过程和经济发展条件等方面的基础上，确定合理的规模，选择建设用地和住宅建设方式，综合安排各项公共服务设施和工程设施。

我国地域辽阔，各地自然条件差异很大，山地与平原、内地与沿海，各具特点，村庄建设极不平衡。所以，村庄建设规划的内容和深度，一定要从实际出发，不能搞"一刀切"，而应当根据具体条件，有的粗、有的细，由粗到细、由浅入深，逐步充实，逐步完善。经济条件好的村庄，可以搞得深一些、细一些，这样不仅能指导村庄建房，而且能指导水、电、路等公用设施的建设；经济条件差的地方，近期内只考虑控制村民建房的问题。

规划内容主要有以下几个方面：

① 在分析土地资源状况、建设用地现状和经济社会发展需要的基础上，根据《镇规划标准》（GB 50188—2007）确定人均建设用地指标，计算用地总量，再确定各项用地的构成比例和具体数量；

② 进行用地布局，确定居住、公共建筑、生产、公用工程、道路交通系统、仓储、绿地等建筑与设施建设用地的空间布局，做到联系方便、分工明确，划清各项不同使用性质用地的界线；

③ 根据村镇总体规划提出的原则要求，对规划范围的供水、排水、供热、供电、通讯、燃气等设施及其工程管线进行具体安排，按照各专业标准规定，确定空中线路、地下管线的走向与布置，并进行综合协调；

④ 确定旧村改造和用地调整的原则、方法和步骤；

⑤ 对主要公共建筑的体量、体型、色彩提出原则性要求，对住宅院落的布置与组合方式进行示范设计；

⑥ 确定道路红线宽度、断面形式和控制点坐标标高，进行竖向设计，保证地面排水顺利，尽量减少土石方量；

⑦ 综合安排环保和防灾等方面的设施。

由于村庄所处的地理环境、人文环境、经济发展水平和现状条件的差异，村庄规划的具体内容应随具体情况而变化。村庄建设应遵循循序渐进的原则，切忌大拆大建，应体现地方特色、尊重民族习惯。妥善处理好发展与环境保护的关系，妥善解决村庄发展的主要矛盾是村庄规划的关键。总之，村庄规划应从实际出发，根据每个村庄的不同特点和需求，确定规划的主要内容和方法。

乡（镇）人民政府和村民委员会应当聘请具有专业资质的规划设计单位或者专业技术人员编制村庄规划，政府有关部门应当无偿提供地质勘测、自然资源状况等有关的基础资料，并做好村庄规划编制的服务工作。

5.1.5 村庄建设规划的期限

村庄总体规划的年限一般为20年，村庄建设规划的年限一般为10年。

村庄建设规划的期限应根据本村建设任务和具体建设项目的落实情况予以确定。恰当的规划期限是使客观需要和实际可能得到统一的必要条件。如果规划期限过长，不能适应当前客观需要，这说明规划内容与当地经济力量有矛盾，需要调整部分建设项目的标准或规模，必须使之与经济的可能性协调起来，做到标准适当，规模合宜；如果规划期限过短、经济建设周期太短，也难以实现规划的目标。

小结

村庄建设规划是指在村镇总体规划的指导下，对一个村庄内部的各项建设及其用地进行合理布局和具体安排，所以村庄建设规划也可称为村庄居民点内部规划。

我国地域辽阔，各地自然条件差异很大，村庄建设规划的内容和深度应根据当地具体条件，由浅入深，逐步充实，逐步完善。

思考题

1. 村庄建设规划与村镇总体规划的区别是什么？
2. 村庄建设规划的原则与内容有哪些？

5.2 村庄建设规划

本节要点

本节主要介绍村庄用地评价，村庄布局的形式。要求学生重点掌握村庄建设用地标准选择，并能够结合实际确定村庄的布局形式。

5.2.1　村庄现状调查与资料分析

5.2.1.1　现状调查的方法

调查研究是村庄规划的必要前期工作。根据实际的工作经验，村庄规划的调查研究工作一般有基础资料收集与整理、现场踏勘和分析研究两个方面。通过全面、认真的调查研究工作，弄清村庄发展的自然条件、社会背景、经济条件、历史文化背景和居民的现实需求，找出村庄规划需要解决的主要问题和矛盾。通过扎实的现场调查研究工作，广泛听取村民和各方面的意见和建议，才能获得第一手资料，才能真正认清对象，从而制订出符合实际的、具有科学性的规划方案。

要做好资料收集工作，首先要目的明确，了解每项资料在规划中的作用与用途；其次，要做好现场调查的准备工作，与村庄和有关部门进行经常地、充分地沟通和协调，然后制订切实可行的工作计划，并明确重点。常用的资料收集方法和调查途径有以下几种：

（1）部门收集

向村庄所在地的上级部门收集有关区域经济发展、交通组织、居民点体系规划等资料；了解当地有关农村的文化、教育、卫生、体育等设施和农村产业发展方面的有关政策措施和发展计划；了解关于基本农田保护、农村建设用地管理和宅基地标准等有关土地方面的政策和规定；了解水利、电力、电信、邮政等市政基础设施管理部门的有关建设计划；了解环境保护方面的有关要求。

（2）现场踏勘

在规划开展之前，要深入到村庄内部，进行详细的踏勘，掌握村庄的建设现状等基本情况，对村庄在建设中的问题和用地的选择进行充分考察，并通过测绘、拍照等方法进行记录，以建立形象的概念。

（3）现场访谈

分别对村干部、典型村民进行访谈，了解现今存在的问题和需求。通过制作调查表格对村庄概况和住户进行抽样调查，掌握第一手资料。

当调查的资料不完整或不满足规划工作需要时，应进行专门的补充调查。

5.2.1.2　资料的分析与评价

村庄现状资料收集后，要进行整理、归纳和分析，以便为规划工作提供依据。现状资料分析的方法很多，在实际工作中，应根据不同的分析对象，采用不同的方法。一般情况下，非量化的资料常采用典型剖析法和类比分析的方法，量化指标常采用回归分析法和层次分析法等方法。根据规划的需要，各种分析方法要灵活运用。在对现状基础资料进行分析评价的基础上，对自然条件、建设条件进行评定，研究确定村庄的发展目标，为村庄建设用地选择、村庄布局和功能分区提供科学的依据。

（1）自然条件的综合分析

自然条件的分析，包括自然环境资料的调查、搜集以及整理分析和研究，是村庄规划的基础性工作之一。影响村庄建设的自然条件是多方面的，如地形、地质、水文、气候、植被等，这些要素以不同的方式、不同的程度和不同的范围对村庄产生影响。

① 地质条件。地质条件分析主要是侧重在工程地质方面，包括地基、滑坡与崩塌、冲沟、地震等。

a. 建筑地基。由于地层的地质构造、土层堆积情况和组成物质的差异，对建筑物的地基承载力也会不同。了解村庄建设范围内不同的地基承载力，对建设用地选择和建筑物的合理分布以及工程建设的经济条件具有重要意义。

b. 滑坡与崩塌。滑坡与崩塌是一种物理地质现象。滑坡是斜坡由于风化作用、地表水和地下水侵蚀以及人为的原因，在重力的作用下，使得斜坡上的土、石向下滑动。这类现象常发生在丘陵和山区。滑坡会对邻近的建筑、道路和其他设施造成损害。为避免滑坡的损害，须对其地形特征、地质构造、水文、气候以及土或岩体的物理力学性质做出综合分析与评定。在建设用地选择时避免不稳定坡面，在规划时，确定滑坡地带和稳定用地边界的距离。

崩塌的成因是当山坡的岩层或土层，由于裂隙发育，且节理面顺向崩塌的方向，从而影响稳定或造成崩落，尤其是因过度的人工开挖，导致坡体失去稳定而崩塌。

c. 冲沟。冲沟在农村地区是常见的自然地形，是由于间断流水在地表冲刷而形成的沟槽。冲沟往往切割用地，不利于土地的利用。选择村庄建设用地时，应分析冲沟的成因和分布、冲沟坡度和发育程度，采取相应的治理措施，如对地表水进行导流或通过绿化、修筑护坡工程等措施，防止沟壁水土流失。

d. 地震。地震是一种自然地质现象。由于目前尚不能对地震做出精确的预报，因此对于地震的预防要充分引起人们的重视。在强震地区的农村建设，一方面要避免将建筑或设施建造在活动的地质断裂带上；另一方面，为减少次生灾害，建筑布局不宜过密，应留有各种疏散避难通道和场地。大型水库、油库和其他有害的重要设施不应建造在村庄的上游。

② 水文条件。我国古代对于村庄和城镇的选址就有"东有流水，西有大道，南有泽畔，北有高山"的考虑。村庄周围的江河湖泊等水体，不但可以作为水源，还可以美化环境、调节小气候。在村庄建设时，一方面要对水体的流量、水位等进行详细的调查分析，掌握水情动态和可能因其诱导而发生的灾害；另一方面要尽可能避免建设活动对原有水系造成破坏。

③ 气候条件。气候条件对村庄建设有着多方面的影响，对于创造宜人的居住生活环境具有重要意义。我国地域广阔，南北从热带到寒带跨越纬度47°，东西也因有从沿海到内陆的变化，造成气候相差悬殊。研究气候对村庄的影响，首先要搜集当地的有关气象资料，以及分析村庄所在地区范围的小气候特征。影响村庄规划建设的气象要素有日照、风向、湿度、温度与降水等几个方面。

④ 地形条件。地形对于村庄的布局、道路走向、建筑物的布置组合都有一定的影响。对于地形复杂地区，也可以通过规划与建设，采取必要的工程措施，对地形进行改造和塑造，以满足村庄建设的需要。

自然条件对村庄建设的影响还需考虑以下情况：

① 由于地域差异，自然条件不同，有的可能是以气候条件为主，有的地质、地形条件较为突出。而且一项环境要素往往给村庄建设产生既有利又不利的影响。因此，在自然环境评定中，要分析起主导作用的环境要素，研究它的作用规律和影响程度，充分利用有利因素，排除和弱化不利因素。

② 有些环境的影响因素需要超越村庄所在的区域，从更大的范围来评价它的利弊。如江河洪水侵害和水域污染等。

③ 各种自然环境要素之间，有的有着相互制约和相互抵消的关系，有的则相互配合加剧了某种作用。因此，对于自然环境条件必须进行综合分析。

（2）建设条件的综合评价

现状建设条件是指村庄现状已建成的人工环境，着重于人为因素所造成的方面，主要包括建设现状条件、工程准备条件和基础设施条件。

① 建设现状条件。建设现状是指村庄现存的各项物质内容的数量和形态。需要分析评价的主要有以下几个方面：

a. 用地布局及各类用地的比例。首先要评价村庄的布局是否合理。其布局的合理性主要体现为居住、公共设施以及交通联系等方面的组合与构成关系，外在表现为形态的优美与和谐。其次要分析村庄现状各类功能用地所占的比例是否符合有关技术规定，人均用地指标是否符合技术规定，并在此基础上绘制现状建设用地平衡表。如存在不合理现象，分析其原因。

b. 建筑质量评价。村庄的建设和发展是一个动态的过程，建筑物也都存在着一个更新改造的过程。从建设年代、建筑结构、现存质量以及适用状况等方面对现有建筑物进行评价和分类，从而确定哪些房屋应该保留，哪些房屋需要改造，哪些房屋应该拆除重建，以适应村庄发展的需要。

c. 街道。街道承担着村庄对内、对外的交通联系功能。应从交通系统、街道宽度、路面质量以及街道景观等方面对街道进行评价，看其是否能满足交通功能、设施敷设要求和景观功能，并提出改造的设想。

d. 公共服务设施。分析村庄现状商业、文化、教育、医疗等公共服务设施的数量、分布和使用情况，评价公共设施的质量、规模和人均利用水平，分析存在的问题，研究改造或新建的方式，为村庄规划中的设施配套奠定基础。

② 工程及基础设施条件。虽然村庄的公用工程设施相对简单，但是，这些设施是跟居民的日常生活密不可分的。公用设施往往需要一次建设长久使用，需要大量的资金投入，因此建设初期就要充分考虑必不可少的外部环境条件。在实际工作中主要考虑供电条件和供水条件。

村庄的发展不能脱离上述的现状条件和建设基础，现状与发展条件的分析与评价对于研究村庄的发展目标、规模和解决村庄建设中存在的矛盾、调整村庄布局具有重要的意义。

5.2.2 村庄性质与规模

5.2.2.1 村庄的性质

村庄的性质是指在一定区域和一定时间内，村庄担负的政治、经济和文化方面的任务和作用，即村庄的特点、作用和发展方向。编制村庄规划时，首先要研究确定村庄的性质，作为村庄规划的依据，村庄规划要为村庄的性质服务。

村庄是以农副业生产为主导的基层居民点，大部分村庄职能较为简单，其性质也不突出，可以在规划中进行简单描述。对于发展条件、资源条件较好的村庄，研究其性质更多是指发现村庄的个性特点，明确发展方向，使村庄类型趋于多样化。例如，以发展养殖业、林果业等为特色的村庄，或利用自然、历史等因素发展旅游业等。

（1）确定村庄性质的依据

村庄性质主要取决于资源条件、区域发展背景、历史演变和村庄物质要素等方面。

① 资源条件。资源条件即自然和人文资源。主要指村庄的自然环境和人文环境特点，包括村庄的自然景观和人文景观，前者是指山岳、河流、森林等自然形成的风景，后者是指由于人类的活动而形成的风俗习惯、历史古迹、宗教活动等。

a. 农业资源。村庄农、林、牧、副、渔各业的生产情况，今后的发展前景及趋势。

b. 矿产资源。可开采的矿产种类、开采条件及利用情况。

② 区域发展背景。区域发展的背景是影响村庄发展的重要因素，国民经济和社会发展计划是确定村庄发展目标的主要依据。区域的产业布局、交通改善、城镇体系的布局与发展趋向，对村庄产业发展方向、村庄规模和布局都有很大的影响。

③ 历史演变。村庄的历史发展过程对村庄规划发展有着重要的作用。应重点分析村庄形成发展的历史背景，历史上村庄职能、规模的变迁过程及原因，研究这些情况，对确定村庄的发展方向，确定村庄性质、规模起着重要作用。

④ 村庄现状特点分析。现状条件是村庄发展的基础，村庄的生产水平和设施、生活设施的配套，绿化、环境特点，市政公用设施等，对村庄的发展都起着重要的基础作用，研究这些方面的条件，有助于明确村庄的发展方向，从而确定村庄的性质。

（2）村庄的职能类型

村庄的职能类型是根据上层次的规划和村庄自身的特点，按照其在某一地区范围内的职能所确定的村庄类型。

① 一般性村庄。大多数村庄属于这种类型。该类村庄主要以农业生产和居住生活为主，公共服务设施较齐全，具有小规模的农副产品加工和手工生产能力。

② 以某种经济职能为主的村庄。指某种农产品生产具有一定优势，如蔬菜、养殖或生态农业等；或

者具有一定规模的生产企业或特色手工业，工业产值较高；或者由于交通条件优越和历史原因，形成了一定规模的集市贸易。

③ 特殊职能的村庄。个别的村庄由于历史人文资源丰厚、自然环境优美，形成了以旅游、观光等为主导的产业，或具备一定的资源特质，并具有较好的开发前景。

（3）村庄性质的确定

在规划中确定村庄性质，要综合分析村庄的主要成因及其特点，综合研究上述影响因素，明确村庄的主要职能，并分析村庄发展的潜力、优势和趋势，为村庄发展指明方向。

村庄性质的确定一般采用"定性分析"和"定量分析"相结合的方法，以定性分析为主，以定量分析为辅。

村庄的性质一般情况下都较为稳定，但也有一些村庄由于内、外部条件的变化而引起性质的变化，如交通条件改善、农业产业结构调整、工业的建设和发展以及旅游业的发展等。

5.2.2.2　村庄规模

（1）村庄人口规模预测

村庄的性质确定以后，就要根据规划期限，对村庄规模进行估算。村庄规模是指人口规模和相应的用地规模。由于村庄用地规模是随着人口规模变化而变化的，所以村庄规模通常情况下是指人口规模。

村庄人口规模是指在一定时期内村庄人口的总和。人口规模不但影响着村庄用地的大小，也是村庄规划的基础指标，是各项配套设施的设置依据。

村庄人口规模的预测可以采用综合分析的方法。该方法把村庄人口的增长划分为自然增长和机械增长两类，在村庄人口变动中，自然增长是指人口出生与死亡的历年变化关系；机械增长主要是人口迁入和迁出引起的人口变化。

出于我国正处在城市化快速发展时期，农村人口将会大量的向城市转移，大多数村庄人口的机械增长会出现负增长，并且人口的变动会随着地区的经济发展速度和水平有所差异。在人口预测时，需要进行类比分析和研究，充分把握城市化过程中人口流动的规律。

（2）村庄用地规模

村庄的用地规模可以按照人口规模和人均用地标准进行计算。由于村庄人均用地受到自然条件、现状建设情况的影响，因而很难有明确的数值。另外，村庄的用地规模还受宅基地的标准、村庄住宅建筑的层数等方面的影响。因此，在确定村庄规划用地规模时，要以集约利用土地为原则，结合实际情况确定。

5.2.3　村庄建设规划布局

5.2.3.1　村庄用地分类

村庄用地是指村庄建设规划区内的所有土地。为了规范全国村镇规划工作，使各地编制村镇规划具有可比性，国家对村镇用地的分类和名称进行了统一。根据规定，村镇用地按土地使用的主要性质划分为7大类，20小类。① 居住建筑用地。包括村民住宅用地、居民住宅用地、其他居住用地。② 服务设施用地。包括公共建筑用地、公用工程设施用地。③ 生产建筑用地。包括一类工业用地、二类工业用地、三类工业用地、农业服务设施用地。④ 仓储用地。包括普通仓储用地、危险品仓储用地。⑤ 道路交通用地。包括道路广场用地、对外交通用地。⑥ 绿化用地。包括公共绿地、防护绿地。⑦ 水域和其他用地。包括规划范围内的水域、农林种植地、牧草地、闲置地和特殊用地。

实际工作中，在进行用地分类时，应根据土地的实际使用情况，按照规定的分类标准进行归类。一般当土地使用性质单一时，可明确归类；而当一块用地或一幢建筑具有多种使用功能时，应按以下规定进行归类：

① 一个单位的用地内，兼有两种以上性质的建筑和用地时要分清主从关系，使用性能归类。例如，中学运动场，晚间、假日为居民使用，归类时应划为中学用地；又如集镇所属体育场兼为中小学使用，归类时则应划为文体科技用地小类。

② 一幢建筑具有多种功能，该建筑用地具有多种使用性质时，应按其主要功能性质归类。

③ 一个单位或一幢建筑具有两种使用性质，且不分主次时，若在平面上可划分地段界线，则应分别归类；若在平面上相互重叠，不能划分界线时，则要按其地面层的主要使用性能归类。

5.2.3.2 村庄规划建设用地标准

村庄规划建设用地标准是指在村庄规划中为确定村庄建设用地面积和质量而制定的控制标准，一般包括人均建设用地指标、建设用地构成比例指标和建设用地选择三部分。人均建设用地指标的选用及建设用地选择包括村镇总体规划中确定村庄用地规模和选择村庄建设用地的重要标准，而建设用地构成比例指标，是村庄建设规划时的重要指标。

《村镇规划标准》（GB 50188—93）是城乡规划标准技术支撑体系的重要组成部分，也是唯一涉及村庄建设用地的指标体系，但2007年颁布实施的《镇规划标准》（GB 50188—2007）已将该标准废止，造成村庄规划无建设用地指标标准的状况。针对我国地大物博，人口众多，各地自然环境和经济环境差异巨大，人均耕地$0.099hm^2$（2006年），不足世界人均耕地$0.25hm^2$的40%的特点，加之我国各省村镇建设用地差异巨大，镇区为$64\sim428hm^2$，村庄为$60\sim462hm^2$（1999年），因此，需制定不同经济区村庄建设用地指标。

（1）人均建设用地指标

人均建设用地指标可根据表5-1所示选择。

表5-1　人均建设用地指标分级

级别	一	二	三	四	五
人均建设用地指标 /（m^2/人）	50~60	60~80	80~100	100~120	120~150

按照国家"三步走"的战略目标，农村人均纯收入6000元以上的消费结构，基本接近世界发达国家和地区人均GDP 3000美元的平均消费结构（2000年），表明农村居民6000元的纯收入水平能够使农民享受全面小康所需要的生活质量，故以6000元纯收入水平向下浮动50%作为经济一般区域。

经济发达区域：主要是东部沿海地区、京津唐地区，行政县、区或旗现状农民人均纯收入大于6000元的区域，第三产业占总产值比例大于30%。

经济欠发达区域：主要指中部和中西部地区，政县、区或旗现状农民人均纯收入一般为3000~6000元，第三产业占总产值比例为20%~30%。

经济一般区域：主要指西部、边远地区，行政县、区或旗现状农民人均纯收入在3000元以下，第三产业占总产值比例小于20%。

人均建设用地指标调整控制可依据规划村庄所处的经济区域，根据现状人均用地水平进行适当调整（表5-2）。

表5-2　人均建设用地指标调整控制

现状人均建设用地水平 / （m²/人）	人均建设用地指标级别	允许调整幅度 / （m²/人）		
		经济发达区域	经济次发达区域	经济一般区域
≤50	一、二	应增5~20	应增5~20	应增5~20
50.1~60	一、二	可增0~20	可增0~20	可增0~20
60.1~80	二、三	可增0~15	可增0~10	可增0~15
80.1~100	二、三、四	可增、减0~15	可增、减0~10	可增、减0~10
100.1~120	三、四	可减0~15	可减0~15	可减0~15
120.1~150	四、五	可减0~20	可减0~20	可减0~15
>150	五	应减至150以内	应减至150以内	应减至150以内

注：允许调整幅度是指规划人均建设用地指标对现状人均建设用地水平的增减数值。

（2）建设用地构成比例

据多年来村庄规划和建设的经验，居住建筑用地、生产建筑或服务设施用地、道路交通及绿化用地中公共绿地四类用地，在村庄建设总用地中所占的比例具有一定的规律性，而其他类的用地比例则由于不同村庄建设条件的差异而有较大的变化。因此，上述四类建设用地的构成比例应符合表5-3规定，而其他类的用地比例可根据各地具体情况加以确定。对于经济发达区域村庄，通勤人口和流动人口较多的中心村镇，其生产建筑用地比例宜选取规定幅度内的较大值；邻近旅游区及现状绿地较多的村庄，其公共绿地所占比例可大于4%。

表5-3　建设用地构成比例　　　　　　　　　　　　　　　　　　　　　　　　%

类别代码	用地类别	经济发达区域		经济次发达区域		经济一般区域	
		中心村	基层村	中心村	基层村	中心村	基层村
R	居住建筑用地	25~35	55~70	55~70	62~85	62~85	75~90
M/C	生产建筑用地¹	15~30	6~12				
	服务设施用地²			6~12	5~10	5~10	3~7
S	道路交通用地	10~18	9~16	9~16	8~15	8~15	5~10
G1	公共绿地	7~15	4~10	2~4	2~4	2~4	2~4
四类用地之和		60~80	70~90	72~92	75~92	75~93	80~95

注：1. 为生产建设用地对应指标；2. 为服务设施用地对应指标。

需要说明的是，基层村的建设用地主要取决于村民宅基地标准，在规划建设中，建议按宅基地标准进行控制即可。

（3）村庄用地选择

① 村庄用地的评定。村庄用地的评定主要是分析要选择的建设用地是否符合规划和建设的需要，可以根据各类建设对用地条件的适应程度进行分类，并考虑建设的经济性。村镇建设用地按照适宜建设的程度通常分为三类。

第一类，适宜建设用地。指地形坡度适宜、用地规整、地质良好的用地，地基承载力在150MPa以上，没有被20~50年一遇的洪水淹没的危险，地形坡度小于10%，地下水水位低于一般建筑基础埋深。自然地形条件比较优越，适于村庄各项建设，一般不需要或只需稍加工程措施即可进行建设。

第二类，需要采取一定的工程措施后，方可进行建设的用地。该类用地地质条件较差，对建设项目具有一定的限制。比如地下水位较高，易被洪水淹没，地形坡度为10%~25%，修建时土石方工程量较大，易形成地面积水并有轻微非活动性冲沟、滑坡和岩溶现象等。

第三类，不适宜建设用地。指基本农田或产量较高的丰产农田；地质条件极差，必须采取复杂的工程措施后才能进行建设的用地；地基承载力小于50MPa，且有厚度2m以上的活动性淤泥、流沙，地下水位较高，有较大的冲沟、严重的沼泽和岩溶等地质现象；经常被洪水淹没且淹没深度大于1.5m；地下有活动性断裂带，地形坡度在25%以上。

用地条件较为复杂的村庄，应专门绘制用地评定图并撰写必要的文字说明。用地评定图可以按照具体情况分别标出各项分析内容，如地下水深线、洪水淹没线、地形坡度分区、地基承载力等。经过综合评价加以分类，以此为依据划定各类用地的范围。

② 村庄用地选择。用地选择是村庄规划的重要工作内容，村庄建设用地选择的基本要求包括以下几个方面：

a. 村庄建设用地的选择应根据地理位置和自然条件、占地的数量和质量、现有建筑和工程设施的拆迁和利用、交通运输条件、建设投资和经营费用、环境质量和社会效益等因素，经过技术经济比较，择优选择。

b. 村庄建设用地宜选在生产作业区附近，并应允许利用原有用地调整挖潜，同基本农田保护规划相协调。当需要扩大用地规模时，宜选择荒地、薄地，不占或少占耕地、林地和人工牧场。

c. 村庄建设用地宜选在水源充足，水质良好、便于排水，通风向阳和地质条件适宜的地段。

d. 村庄建设用地应避开山洪、风口、滑坡、泥石流、洪水淹没、地震断裂带等自然灾害影响的地段；并应避开自然保护区、有开采价值的地下资源和地下采空区。

e. 村庄建设用地宜避免被铁路、重要公路和高压输电线路所穿越。

③ 村庄用地选择比较。村庄用地选择方案受多种因素的制约，其方案不可能是唯一的，各种选择方式都会存在优缺点。用地情况比较复杂的地区，在选择用地时不进行方案比较，就难以确定哪个方案最为合理。方案比较的内容通常由以下几个方面组成：

a. 占地情况。包括占地的数量和质量，如耕地（良田、坡地、薄地）、园地（茶、桑、果）、荒地等各占多少。

b. 搬迁情况。需要搬迁或拆迁的户数、建筑面积、人口数等，所占用地的生产现状及建设后的影响，补偿费用和人口安排情况。

c. 环境条件。日照、通风、排水等条件，比较方案可能会对生态环境的影响程度，应采取措施的难易程度。

d. 工程措施的合理性。进行地形改造的土石方量和难易程度；道路坡度、走向、桥涵数量和造价；是否需要设置防洪设施；对原有设施的利用程度。

e. 预计建设项目的造价比较。

5.2.3.3　村庄布局

（1）村庄布局的基本原则

① 方便村民生活，有利于组织生产。充分利用现状基础，正确处理好改造和利用的关系。

② 远近期结合，重视近期建设。村庄规划布局应避免无序扩张，充分利用空闲地和闲置、空置宅基地。

③ 合理利用自然地形，充分挖掘地方文化内涵，构思新颖，体现地方特色。

④ 统筹安排各项建设用地，构筑布局合理、尺度宜人、环境优美的居住、生活环境。

⑤ 集中紧凑。村庄不应跨越县级以上公路、较大的河流、110kV以上高压输电线路等，并且避免采用"线形"发展的模式。

（2）规划布局的模式

村庄的基本布局模式可分为集中式和适度的分散组团式。集中式布局适用于大多数村庄的规划，分散组团式布局适用于地形较为复杂的山区和水网地区。不同人口规模的村庄宜采用与其规模相适应的布局模式。

① 集中式布局。以现状村庄为基础或重新选址集中建设的布局形式（图5-1），布局特点是组织结构简单，内部用地和设施联系、使用方便，节约土地，便于基础设施建设，节省投资。该布局模式适用于平原地区，特别是人均耕地面积较少的村庄、现状建设比较集中的村庄和中等或中等以下规模村庄。

② 组团式布局。村庄地形较为复杂，或被河流、山地等分割，村庄用地由两片或两片以上、相对独立的建设用地组成，布局形式自由。组团式布局可以充分结合地形，因地制宜，与现状村庄形态有机融合，较好地保持原有社会组织结构，减少拆迁和搬迁村民数量，减少对自然环境的破坏（图5-2）。但是，由于布局较分散，土地利用率较低，公共设施、基础设施配套费用较高，使用不方便。

该布局模式适用于地形相对复杂的山地丘陵、滨水地区和现状建设比较分散或由多个自然村组成的村庄，以及村庄规模较大或多个行政村联成一体的区域。

③ 分散式布局。分散式的布局多在地形比较破碎或南方的水网地区，村庄的布局往往比较分散，由若干规模较小的居住组群组成（图5-3）。该布局方式的特点是村庄结构松散，无明显中心区，建筑易于和现状地形结合，有利于环境景观保护；但是土地利用率低，基础设施配套难度大。

分散式的布局模式适用于地形复杂、适宜建设用地较少的山区、风景名胜区以及历史文化保护区等对村庄的建设有特殊要求的情况。

5.2.3.4 村庄建设的实施

乡（镇）人民政府负责组织村庄总体规划的实施，村民委员会负责组织村庄建设规划的实施。在规划实施中，县级建设行政主管部门应当加强监督检查和技术指导，任何单位和个人必须服从规划要求和用地调整，不得阻挠规划的实施。

人畜用水严重短缺地区、地质灾害易发地区、地下采空地区、水土流失严重的山地丘陵地区等不适宜人居地方的村庄，县级人民政府、乡（镇）人民政府应当选择交通方便、自然环境适宜居住、有利于生产生活的地方，按照规划的要求，有计划地实施搬迁，集中建设新村或者迁入其他村庄。

县级人民政府、乡（镇）人民政府应当引导自然条件良好、人口较多、具有区位优势和发展潜力的村庄，采取扩建、改造等方式吸引周边自然村农户向该地聚居，逐步发展为中心村或者建成小城镇。

5.2.3.5 村庄建设应注意的问题

① 建设布局和土地利用不合理、住宅建筑不规范、基础和公共设施不完善的村庄，应当按照规划逐步进行改建、改造，达到村庄建设规划的要求。

② 城镇周边的村庄应当依托城镇和产业发展进行改建，实现基础设施、公共设施与城镇共享，扩大城镇规模，增强城镇的辐射力和拉动力。

③ 完整体现历史风貌和建筑特色、有一定保护价值的村庄，应当保护原有建筑，新建建筑应当与原有建筑风格相协调。

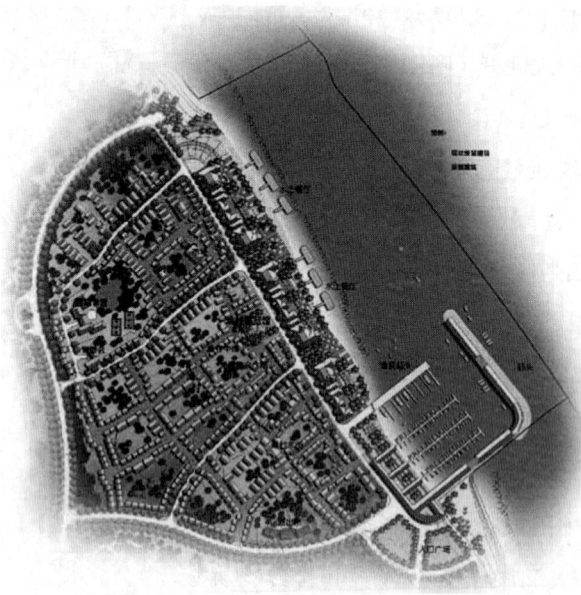

图5-1　集中式布局

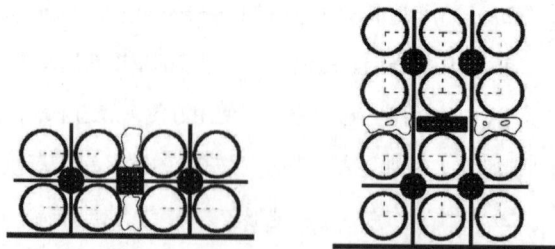

图5-2　组团式布局

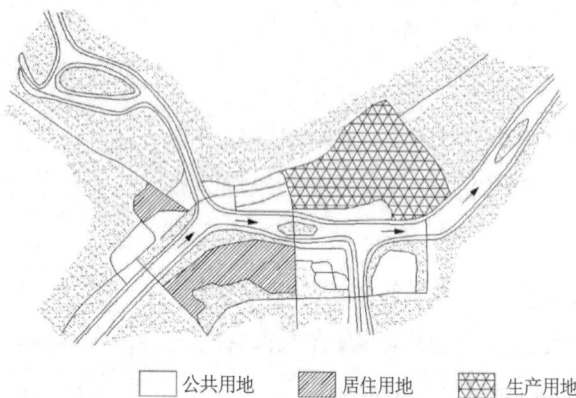

□ 公共用地　　▨ 居住用地　　▩ 生产用地

图5-3　分散式布局

④ 山地、丘陵、沟壑地区的散居农户，可以因地制宜，利用地形地貌，相对集中地建设住宅，不占或者少占农用地。

⑤ 进行村庄建设应当依据村庄建设规划制订实施方案，绘制建设平面图，确定住宅基础标高、道路宽度及建筑红线、绿化带、工程管线、公共设施布局等事项，并根据本村产业发展和村民生产生活的需要，留出必要的产业发展用地、卫生通道等。

⑥ 各级人民政府应当安排各项专用资金，用于农村村庄基础设施、公共设施等各项建设。鼓励单位和个人投资兴建村庄的供水、排水、环境卫生等公共设施，可以合理收取费用。新建、改建村庄需要在

村组或者乡（镇）集体经济组织之间置换土地的，应当经相关集体经济组织成员的村民会议2/3以上成员或者2/3以上的村民代表同意，并依法办理变更登记手续。因置换土地造成被置换人合法权益损失的，应当给予合理补偿。兴建乡（镇）村企业或者兴建村庄基础设施、公共设施，需要使用农民集体所有的土地，须经村民会议或者村民代表会议讨论同意，并报乡（镇）人民政府审核，经县级建设行政主管部门审查同意并出具规划选址意见书后，按有关规定执行。

⑦ 在村庄规划区内建设过程中，需要临时占用非农用地，应当先向村民委员会提出申请，经村民会议或者村民代表会议讨论同意。临时用地使用期不得超过一年，使用期满后，应当及时拆除临时建筑物、构筑物，清理场地，并归还土地。

⑧ 在村庄规划区内进行建设，应当按照《建设工程质量管理条例》和有关技术规范的要求执行，保证施工安全和工程质量。各级建设行政主管部门应当对村庄规划建设管理人员进行业务培训，对农村建筑工匠应当加强管理和业务指导。应当鼓励和推广新型建筑材料和建筑构件的标准化、产业化生产，提高建筑质量，降低建筑成本。

⑨ 在村庄规划区内，建设基础设施、公共设施和工商企业生产经营性设施，应当符合村庄建设规划，并由具有相应资质的单位设计。

小结

资料分析和评价是村庄建设规划的基础，主要内容包括自然条件、建设条件、工程及基础设施等的分和评价。

村庄的基本布局模式可分为集中式和适度的分散组团式。集中式布局适用于大多数村庄的规划，分散组团式布局适用于地形较为复杂的山区和水网地区。

思考题

1. 村庄用地分哪几类？实际工作中对村镇用地进行归类时应注意哪些问题？

2. 如何选择村庄用地？

3. 什么叫村庄用地布局？影响村庄用地布局的因素有哪些？村镇用地布局有哪几种常见形式？

5.3 村民住宅建设

本节要点

本节主要介绍村庄住宅的特点，住宅的组成，住宅的平面布局和院落布置形式，村庄住宅平面组合形式，住宅建筑群的规划等内容。重点要求学生能够结合规划区域的特点，选择住宅的布局形式。

5.3.1 村民住宅的特点及组成

村民住宅是村民进行生活居住活动的最主要的建筑物。住宅规划设计中，要考虑村民的经济条件，更要充分考虑村民物质文化生活水平的提高和变化，采用超前的思想意识和先进合理的规划设计方法，改善村民的生活居住条件，美化生活环境，创造出安全、舒适、富有特色的生活居住空间，以此来引导村民逐渐向现代化生活方式迈进。

5.3.1.1 村民住宅的特点

我国农村住宅在使用功能和建造方法上表现出以下一些普遍特点：

（1）兼有生活和生产两种功能

我国各地农村住宅大多数由住房和院落两部分组成。由于传统小农经济生活方式的影响，农村住宅既是人们生活起居的住所，又是从事家庭副业生产的场所。如住房既是生活起居场所，也可在屋内进行家庭副业生产；院落一般设有禽畜圈舍，或者种植少量果木、蔬菜等经济作物。

随着改革开放的深入，农村产业结构的调整，住宅的生产功能也有了新的变化，出现了大量的"下店上宅"和"前店后宅"的新型农村住宅。总之，它们都体现了农村住宅兼有生活和生产双重功能的特点。这也是农村住宅区别于城市住宅的最大特点。

（2）具有鲜明的地方性

由于受自然条件、民族风俗和传统习惯的影响，我国各地农村住宅在建造形式上具有明显的地方性。我国北方地区气候寒冷干燥，冬季多北风，住宅的建造一般都要考虑防寒保暖及节省燃料问题，一般住房都是坐北朝南，房屋空间较小。而对于我国南方地区而言，气候炎热多雨，空气潮湿，住宅的建设必须考虑通风、散热、防水、防潮问题，房屋空间高大，院落面积较小，一般没有院墙。

（3）住宅的选材因地制宜，就地取材

各地住宅大都因地制宜，就地取材，因材致用，并形成了各自不同的建造方式和构造特点。例如，黄土高原上的传统窑洞住宅，以石材建造的皖南山区农村住宅，以及具有热带特色的竹木结构的云南傣族民居等，都体现了各地的文化地理特征。

5.3.1.2 村民住宅的组成

村民住宅一般由堂屋（也称起居室或客厅）、卧室、厨房、其他房间和院落组成。其中，主要的组成部分是堂屋、卧室和厨房，其他房间和院落应视各地的自然条件和居住风俗习惯而定。

（1）堂屋

堂屋既是接待亲友、节假日团聚的场所，也是平日学习、休息和从事家庭农副业等活动的地方，同时，又是整个住宅的中心，起着前庭入口和交通枢纽的作用。在新建的楼房住宅中，有的除了在楼下设堂屋外，还在楼上单设一间对内的起居室,作为家人日常起居、消遣娱乐的空间。堂屋一般要求宽敞,面积比卧室大一些。

（2）卧室

卧室是休息和睡眠的主要房间。卧室要满足一家人合理分居的需要。因此,卧室一般都分主卧室和辅卧室。主卧室供夫妇居住,辅卧室供儿童或单身老人居住。有的卧室还兼作起居室,或兼作书房,或兼作工作室。卧室的大小要满足布置适当家具的需要,并保证必要的室内活动空间。

（3）厨房

厨房是住房的辅助部分,它不仅要满足家庭饮食需要,还要能够储藏必要的物品。因此,村镇住宅中厨房的面积一般要求较大,并要求具有良好的排烟通风条件。

（4）其他房间

村民住宅的住房除以上三类主要组成部分之外,通常还设有仓房、厕所等。现代农民居住水平越来越高,住宅中也相应地设置餐厅,甚至设置卫生间。

① 仓房。又称下屋。对于自给自足型的农村生活,仓房是必不可少的。它用于储存大量的粮食、饲料、农具等。仓房的设置应注意满足通风、防潮要求,并注意防鼠。

② 厕所。对于缺少供排水设施的农村,其住宅中都采用户外独用的旱厕。一般旱厕都设在角落处,以减少污染。

③ 餐厅。餐厅主要是供家庭进餐之用。一般多与厨房相连,有时可将厨房与餐厅安排布置在一起,组成餐室厨房,灶事和进餐同在一处进行,以减少厨房与餐厅之间的往来。但餐室厨房一般只适宜在使用气体燃料并具有抽油烟设备的情况下采用。

④ 卫生间。由于农村经济的发展,自来水也逐渐进入了农家,为进一步改善厕所卫生条件和方便家庭生活,村镇住宅中就自然地设置了卫生间。

（5）院落

院落是村民住宅的重要组成部分。我国绝大多数地区村镇的住宅都设有院落,既是饲养畜禽、晾晒衣物、堆放杂物的场所,又是发展家庭副业必不可少的条件。有的院落还搭设瓜棚,栽种葡萄、蔬菜,或植树栽花,设置水池花台,既可在夏日遮阳降温,又美化了住宅环境。

5.3.2 村民住宅的平面组合和院落布置

5.3.2.1 村民住宅的基本类型和平面布置

（1）基本类型

我国各地村镇住宅的类型繁多、形式多样。但就住宅的组成来看,按堂屋与卧室的数量划分为下列几种基本类型（图5-4）:

① 一堂一室。一间堂屋,一间卧室,再配以其他房间。一般供独身者居住。

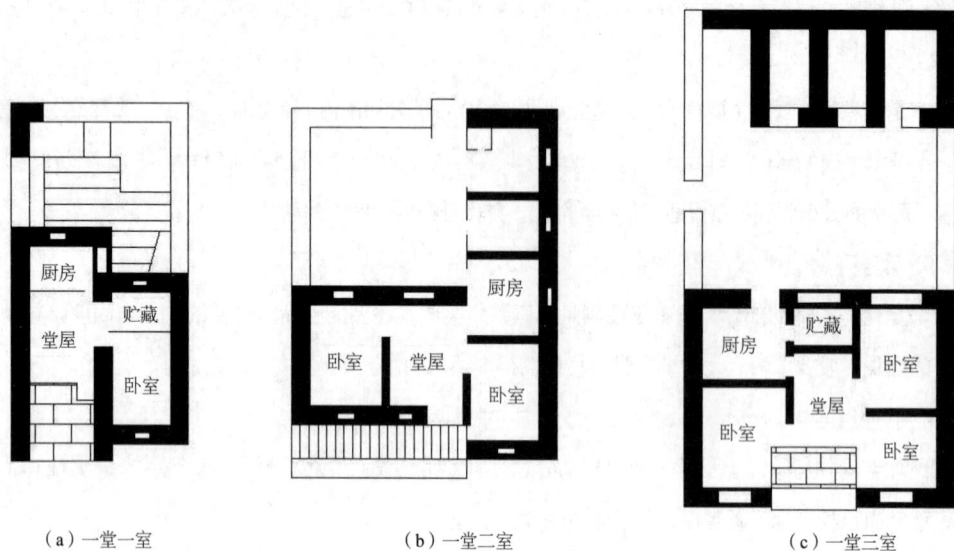

（a）一堂一室　　　　　　　　（b）一堂二室　　　　　　　　（c）一堂三室

图5-4　村镇住宅的基本类型

② 一堂二室。一般可供4口人以下的两代人居住。

③ 一堂三室。一般可供4~6口人家的三代人居住。

从当前农村家庭人口结构组成来看，平均每户4~5口人是基本户型。三代同堂的多口户日趋减少。因此，选择村镇住宅的类型必须要调查分析人口户型的情况及其变化趋势。

（2）村民住宅的平面布置

住宅的平面布置主要是根据住宅的各组成部分的功能要求，考虑各地村镇居民的生活需求和居住生活习惯以及各地的自然地理环境条件等，在规定的适当面积内，将住宅各组成部分加以适当的组合，形成完整的居住空间。

① 建筑层数。村民住宅的建筑层数与村民的经济水平和生活水平有直接的关系。我国传统的村民住宅大多为平房，主要优点是结构简单，施工方便，建造经济，各房间联系方便；平房的最大缺点是占地面积较大。楼房式住宅具有平面紧凑，功能分区明确，各房间相互干扰小、均可获得良好的日照通风条件，以及占地少的优点。但相对来说，楼房结构复杂，施工技术要求高，造价也较高。在村镇居民生活水平日益提高和居住面积要求有所增加的情况下，尤其是在人多地少地区，能节省占地面积的楼房住宅将会成为村镇住宅建设的主流。

② 堂屋、卧室和厨房的平面布置。堂屋、卧室和厨房是村民住宅的主要组成部分，它们在住宅中的布置将直接影响到居民的居住生活。

a. 堂屋的布置。堂屋是家庭生活起居的中心，又是住宅户内交通的枢纽。堂屋应与其他房间有方便的联系，但不宜成为户内交通的过道。布置时要注意开门的位置，尽量不要将太多的房门开向堂屋，最好应在户内组织一个缓冲的交通空间，能直接联系堂屋、厨房、卧室和其他房间。

随着生活水平的提高，堂屋的家庭生产功能逐渐减少，而逐渐形成单一的起居、会客空间。所以，堂屋的布置应该考虑与室外空间的衔接。

b. 卧室的布置。村民住宅中的卧室一般都是围绕着堂屋布置，或布置时要与堂屋有直接的联系。一堂多室的住宅，布置时应尽量避免卧室的相互穿套，同时，卧室的大小要适应不同的使用要求。卧室的朝向选择及通风组织对保证户内的卫生及使用条件影响很大，因此，要尽可能通风向阳。

c. 厨房的布置。厨房的布置既要与餐厅和堂屋有方便的联系，又要避免烟气对其他房屋的影响。一般厨房的布置大致可归纳为三类：

■ 与其他房间组合在一起　其特点是布置在住房之内，使用方便，这种布置的缺点是通风组织不当时，烟气易影响到卧室和其他住房。

■ 与住房毗连　其特点是布置在住房外，与居室毗连，既与居室联系方便，又不受雨雪影响，同时又避免厨房对其他房间的干扰。

■ 独立布置　其特点是布置在住房外与居室脱开，可避免烟气影响居室，缺点是雨雪天使用不便。南方地区有不少农村住宅的厨房布置在厢房中。

5.3.2.2　村民住宅的院落布置

（1）院落的组成

院落是村镇居民日常生活空间的重要组成部分，主要用于家庭副业生产和家务劳动，我国绝大部分村民的住宅都有自己独用的庭院，这也是村民住宅与城市住宅的主要区别。长久以来，我国农村住宅的庭院都比较大，尤其是北方农村，每户都留有较大的自留菜地和宽敞的活动庭院。随着人口的增长，人多地少已成为我国的基本国情，节约用地已是我国的一项基本国策。因此，村镇住宅的庭院就要适应目前的形势，院落的布置应尽量紧凑、实用，减少不必要的占地，挖掘内部空间潜力，有效地安排院内的活动。

根据农民日常生活和家庭副业生产的需要，农村院落一般由以下几部分组成：

① 仓房。仓房俗称"下屋"，一般布置在院落的一侧，也有的与住宅的山墙建在一起形成耳房。在南方，有的地区将仓房与住宅合建在一起，以节约院落空间。

② 厕所。一般为旱厕，为减少污染，多布置在院落的一角。

③ 圈舍。最好与住房保持一定距离，且要有一定的日照。因此，圈舍一般多布置在靠院落的一角，保持较好的朝向。

④ 燃料堆。我国农村大部分地区烧柴草，少数地区烧煤，因此，要设燃料堆。布置时要注意防火，一般应远离住房而布置在庭院边缘。

⑤ 沼气池。将沼气池布置在室外院落中，上面堆垛柴草保温。为便于集运粪便，常将沼气池设在厕

所和猪圈的附近。

（2）院落的布置

村民住宅的院落布置形式多样，院落布置形式和院落面积将会对整个村民的住宅群结构面貌和居住用地规模产生直接影响。规划一般要求住宅院落应尽量缩小沿巷路一侧的边长，且宅院组合尽量采用一条巷路服务两侧住户的组合形式。院落的布置形式归纳起来有以下几种：

① 前后院布置。即在住宅的前后各形成一个院落。在东北地区常见。前院一般阳光充足，干净整洁，多作生活院；后院多作家务院或菜园（图5-5）。这种布置形式的特点是可以减少居民生活和家庭副业生产间的相互干扰；其缺点是院落分散、占地面积较大。

② 单向院布置。即只在住宅的一侧布置院落。一般有两种布置形式，前院式和后院式。前院式是先通过院子而后进入住房，后院式则相反。前院式的特点是便于照看宅门，适宜饲养家畜家禽，缺点是禽舍设在前院不利于环境卫生。后院式的特点是院落比较隐蔽，柴草和粪肥可通过院子后门侧门进出，缺点是堂屋直接临街，因而居室的环境不够安静。一般情况下，我国北方地区多采用前院式，且院落布置在住房的南向；而南方地区多采用后院式，且院落多布置在住房的北面（图5-6、图5-7）。

③ 前侧院式布置。一般是在住房的前面与侧面构成一个既有分割，又相互联通的院落空间。常见的布置方法是将住房前面进深较浅的空间作为生活院，而将住房侧面的面窄而进深较大的空间作为杂务院，院子的人口按其地形情况灵活设置，既可设在生活院，也可设在杂务院。侧院式布置占地也较多（图5-8）。

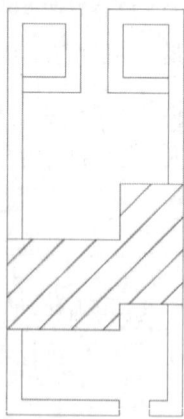 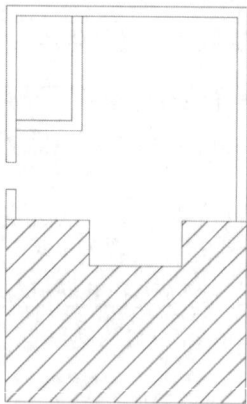 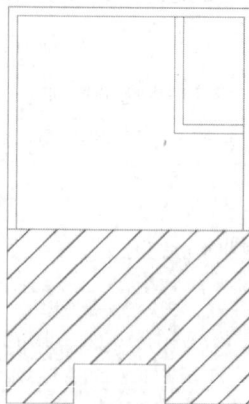 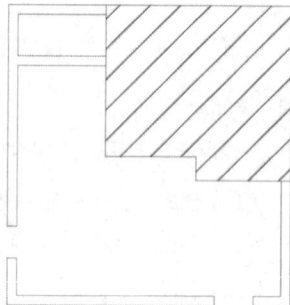

图5-5　前后院式　　　图5-6　前院式　　　图5-7　后院式　　　图5-8　前侧院式

④ 内院式布置。即由住房与辅助用房、围墙、门房所围合而成的院落（图5-9、图5-10）。内院在使用上较隐蔽、安静，有较强的封闭感，夏季受阳光直接照射时间短，比较阴凉。内院一般面积小，比较节约用地；其缺点是墙面较多，造价较高，且在空间上感觉封闭有余而开敞不足。这种住宅以北京的四合院为代表；南方少数地区，也有不设院落的村民住宅，这种住宅用地少，但不便于家务活动及家庭生产。

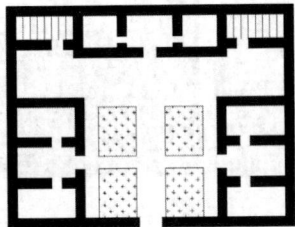

图5-9　华北地区四合院住宅　　　图5-10　山西四合院住宅

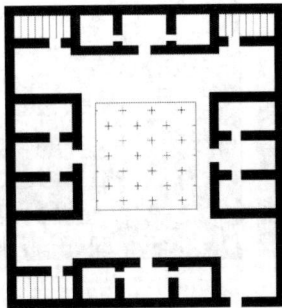

总之，院落布置既关系到居民生活的方便舒适，又关系到有效合理地组织生活空间，节约用地问题。院落布置的方式和内容反映了一定时期内社会经济的发展水平。从社会经济发展的角度看，村镇居民的生活内容和生活方式将会发生深刻的变化，村镇居民将逐渐从满足温饱型的水平提高到追求较高层次的精神文化生活水平上来。届时，村民住宅院落中的内容必将发生转变。例如，院落中圈台、厕所和自留菜地将会消失，仓房和棚厦也将被造型优雅的用于休闲娱乐的亭廊所代替；另一方面，因为人地关系的趋紧，院落将会缩小，住宅将向集中紧凑方向或者是居民楼方向发展，以减少用地。因此，在规划布置时，一定要充分认识这一发展趋势，因地因时地加以布置。

5.3.2.3　村民住宅平面组合形式

住宅的平面组合是以住宅、以户为单位，通过各种拼联、组合，组成一幢住宅整体。住宅的平面组合必须根据户内房间的平面布置情况、院落的组织安排情况以及建筑的尺寸大小而定，其组合形式和组合的长度要注意经济、实用、节约用地、交通联系方便，并充分考虑通风、采光等问题。

村民住宅的平面组合形式有以下三种：

（1）独立式

即每户住宅自成一栋，不与其他建筑相连。实际上，这是没有组合的形式。其优点是住宅建筑平面布局灵活，通风采光条件好，住户之间相互干扰小，院落可在住宅的前后左右灵活布置。其缺点是占地面积大，建筑外墙面多，在北方对保温节能不利；此外，由于每户分散布置，管网等基础设施的投资将增加。从综合效益来考虑，一般都不宜采用这种布置形式（图5-11）。

（2）双联式

两户住宅连在一起，共用一面山墙，即为双联式（图5-12）。其主要特点是用地比独立式节约，建筑上节约一面山墙，每户住宅有三面开敞，可根据需要灵活布置院落。缺点是占地仍然较多，基础设施投资也比较大。随着人多地少的矛盾日益突出，规划中（尤其是新规划的新村和集镇）不宜大量采用。

（3）联排式

将3户以上独立式住宅以山墙横向拼联，中间各户之间共用两面山墙，即为联排式（图5-13）。其特

图5-11 独立式　　　　　　　　　　图5-12 双联式　　　　　　　　　图5-13 联排式

点是两侧尽端住宅可有三面开敞，中间每户住宅可有前后两面开敞，可根据需要布置院落；通风采光较好，使用方便。联排式住宅拼联的户数和长度应根据实际情况来确定。拼联过多过长，住宅两侧的交通联系不方便；拼联过短，达不到节约用地的目的。一般以3~4户拼联为宜。

5.3.3　村民住宅建筑群规划

所谓住宅建筑群是指将每户住宅组合成栋（幢），各栋住宅按不同的排列方式集中布置在某一地段而形成住宅建筑群。组成住宅建筑群的基本单位是按照一定的住宅平面组合而形成的住宅幢型（或称栋型）。住宅建筑群规划受很多因素影响，因此在规划时需要考虑多方面因素。

5.3.3.1　住宅建筑群规划的基本要求

（1）合适的住宅类型

选择住宅类型包括两个方面：一是选择不同的住宅户型，二是合理地进行院落布置。住宅户型的选择要根据村镇居民的家庭人口组成情况和当地的风俗习惯等加以合理拟定，并注意综合平衡。如各种户型的比例确定，不同户型住宅在住宅幢型组合中和住宅群规划中如何合理地搭配等。住宅院落的布置要考虑居民的生活需要、生活习惯以及居住用地的有关标准。

（2）卫生

村镇居民的居住环境要求有良好的日照通风条件和不受噪声、空气、粉尘等污染的侵害。

① 合适的朝向。合理的住宅建筑朝向可以使住宅获得较好的采光和通风条件；住宅建筑朝向是指住宅内主要居室的朝向。不同地区对住宅建筑朝向有不同的要求。在北方寒冷地区，住宅应尽量南向布置，避免北向，以便在冬季能获得必要的日照；南方气候炎热潮湿，夏季日晒更增加炎热，所以住宅布置既要保持冬季必要的日照，又要避免夏季的日晒。具体规划时，各地政府应根据所在地区的自然条件选择适合的朝向。

② 良好的通风。住宅建筑的布置应保证住宅居室有良好的通风条件，以改善住宅室内气候环境和住宅建筑群空间的小气候。我国南方地区，夏季炎热，空气潮湿，对通风要求尤其高，将建筑物尽量垂直于主导风向（尤其是夏季主导风向）布置，能使住宅得到良好的通风效果。此外，合理地组织院落和排

列住宅，也能加强通风效果。如将住宅交叉错开排列布置，迎向主导风向，通风会更顺畅。北方寒冷地区，住宅布置主要考虑防风沙的要求，所以多采用比较封闭的布置方法。

③ 防止噪声及空气污染。噪声和被污染的空气会对人体产生许多不良的影响，所以，在规划布置时，应尽量将住宅布置在远离噪声和空气污染源的地方，或者采取绿化隔离及布置其他建筑物进行隔离等办法，以减少污染。

（3）安全

住宅的规划布置还要保证在发生火灾、洪灾、地震等特殊情况时，居民能得到安全疏散。因此，应该严格按照有关的规范和规定，布置住宅建筑及道路，并采取相应的安全防范措施。

① 防火。为在一旦发生火灾时保证居民的安全并防止火灾蔓延，建筑之间要保持一定的防火间距，应按有关具体规定执行。

② 防震。在地震设防区，为了把震灾和次生灾害降到最低程度，住宅建筑群规划设计必须要满足防震的要求。

（4）节约用地和建筑费用

节约用地和建筑费用是住宅群规划设计的基本要求之一。为满足这种要求，除了按国家有关规划标准进行控制外，还要善于运用各种规划手法，在有限的用地和有限的经济条件下，创造出既能满足居民生活，又能节约用地的经济合理的居住环境。

（5）美观

优美、舒适的居住环境常常来自于住宅建筑群体的合理组合。现代规划设计的一个重要方法就是将居住建筑与其周围空间环境作为一个有机的整体进行综合规划设计。规划设计中，应充分结合道路、绿化、公共服务设施以及建筑小品等，运用多种规划手法，组织优美、丰富的建筑空间和立面景观，创造具有浓厚生活气息的环境，从而展现具有时代特色的村镇面貌。

5.3.3.2　住宅日照间距的确定

合理的住宅建筑间距应满足日照、通风、防火、防震的要求。此外，还应该适应道路、绿化、管线和院落的布置。一般正南或较小角度的偏东、偏西布置住宅，能满足日照要求的间距，基本上也能满足其他要求。带有院落的平房住宅，其间距应根据院落的大小和日照要求的间距综合分析确定。

5.3.3.3　村民住宅建筑群规划布置

（1）住宅建筑群平面组合的基本形式

住宅建筑群平面布置一方面受自然气候、地形、现状等条件的影响，另一方面受住宅本身的布置形式及住宅的组合方式等制约。村民住宅一般都是一二层或三层的联排式建筑，其平面排列布置有下列几种基本形式。

① 行列式布置。住宅按一定朝向和合理间距成排布置的形式即为行列式布置。其特点是能形成规

则、整齐的街道环境，也便于基础设施布置和施工建设，是各地广泛采用的一种方式。但如果处理不好，会造成整片地段建筑布置单调、呆板的感觉。因此，规划布置时常采用山墙错落、单元错开拼接、成组改变朝向等手法，避免其缺点，丰富街道街坊的景观（图4-2）。行列式布置是村落住宅的常见形式。

② 灵活式布置。结合自然地形，或利用道路、江河造成的用地形状的变化，依山顺势较为自由地、灵活地布置住宅，即灵活式布置。灵活式布置绝不是意味着毫无规律地散乱布置，而是按自然地形条件，人为地、有意识地创造某种可利用的条件。灵活式布置是山区农村住宅的常见形式（图5-14）。

③ 混合式布置。部分住宅（单体或幢型）长边沿街布置，大部分住宅成行列式布置的综合布置形式，即混合式布置。这种布置保留了行列式布置的优点，又配合沿街周边布置手法，从而形成了半开敞的公共空间。其主要优点是改善了街道景观和居住环境，缺点是部分住宅朝向不好。这只有在较大的集镇，并且成片开发商品房的情况下才采用（图5-15）。

住宅建筑群平面布置的形式多样，上述三种形式只是其中的典型方式。在规划设计时，应根据具体情况，因地制宜地运用不同的布置方式，灵活地安排布置。

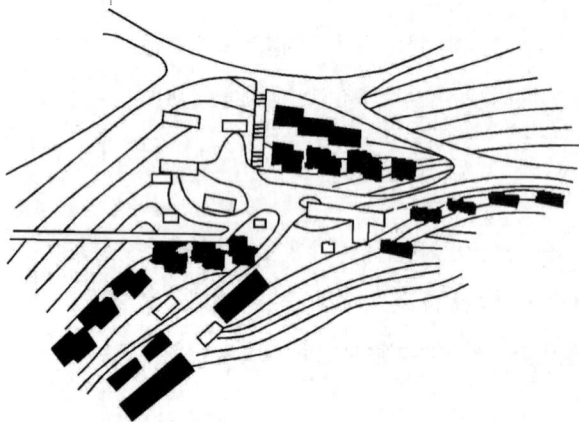

图5-14　灵活式布置　　　　　　　　　　　　图5-15　混合式布置

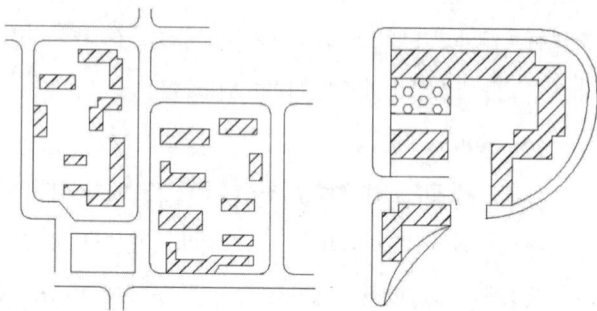

（2）住宅建筑群的群体组合方式

住宅建筑群的群体组合是在住宅群平面布置的基础上，按照平面组合的基本布置形式，结合自然地形、气候、现状等条件，考虑住宅之间的绿化、建筑小品的布置以及适量的公共建筑布置，而将一定数量的住宅集中布置在某一地段形成一定形式的住宅建筑组群。住宅建筑群的群体组合除了要保证各住户有良好的日照、通风条件外，还应满足居民户外活动的需要，并应避免或尽量减少过境人流尤其是车辆对住宅组群的穿越，以保证居住环境的安宁。住宅建筑群的群体组合方式多种多样，常见的组合方式有以下两种：

① 成组成团的组合方式。由一定规模和数量的住宅，或结合少量的公共建筑，组合成住宅组或住宅

团而进行布置，使其成为村镇居住用地的基本组合单元，有规律地反复使用。这种住宅组团可以由若干同一类型或不同类型的住宅组合而成，成组成团的组合方式功能分区明确，组团用地有明确的范围，组团之间可用绿地、道路、公共建筑或自然地形进行分隔（图5-16）。

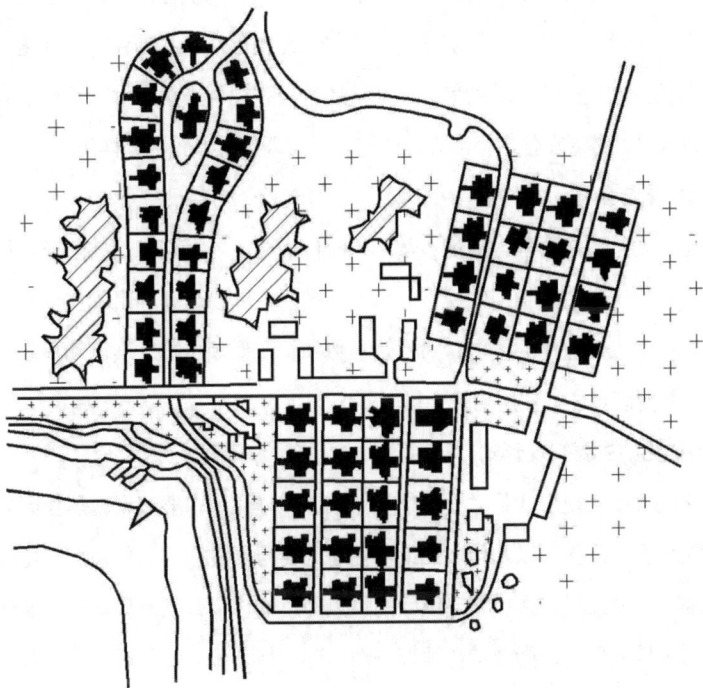

图5-16 天津某村镇住宅建筑群布置方案

② 成街成坊的组合方式。所谓成街组合就是将住宅沿街成组成段地组合，而成坊组合就是以街坊作为整体的一种布置方式。成街组合方式一般用于沿村镇主要道路沿线或用于带形地段的规划，成坊的组合则多用于规模不太大的街坊。成街组合是成坊组合中的组成部分，两者相辅相成，密切配合。在旧村镇改建或某一旧区改建时，不能只考虑沿街的住宅布置还应考虑整个街坊的规划设计（图5-17、图5-18）。

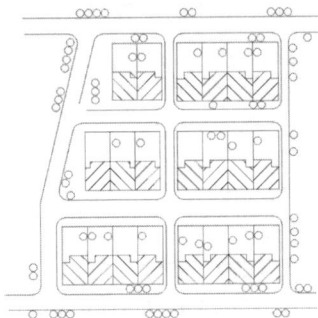

图5-17 成街组合方式图

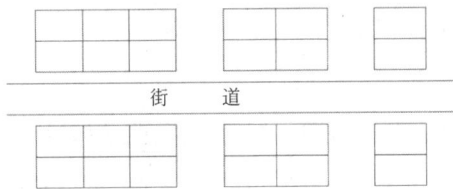

5.18 成坊组合方式

5.3.4　住宅设计的标准化与多样化

我国住宅建筑标准包括面积标准与质量标准。住宅标准是国家用于住宅建设的投资水平和与之相适应的居住水平的具体表现，它应与一定时期的人民生活需要和国民经济的发展水平相适应。我国要在高速发展国民经济的同时，分期分批地解决人民群众的住房问题。加快住房建设的重要措施之一就是实现住宅建筑工业化，而住宅设计标准化是住宅建筑工业化的前提条件。我国住宅标准化目前仍处于初级阶段，即按幢定型，而且住宅类型少，品种单一。环境质量被忽视，千篇一律的建筑形式损害了居住区景观。要改变这种落后状况，必须在住宅标准设计的同时，实现建筑形式的多样化。

5.3.4.1　住宅设计标准化与多样化的关系

住宅设计标准化主要是确定合理的建筑参数和构配件规格（包括现浇工艺的模具规格），统一节点构造，并要求在规定的建筑参数和构配件规格的范围内进行住宅设计。其目的在于统一和协调工业化与多样化矛盾：一方面要适应工业化的要求，对建筑参数和构配件规格加以精简和限制，以利于工业化的生产和施工；另一方面要满足住宅使用功能多样化要求。

5.3.4.2　住宅设计多样化的主要实现形式

住宅设计多样化的主要实现形式是立面、体型、细部多样化。一般来说，居住区住宅体型的形式、长短、高低、立面的色彩、比例，以及门口的细部处理都要与居住区的总体布局相协调，在统一中求变化。而对于沿街干道、广场或居住区、住宅组团的重点部位的住宅，以及风景区内的住宅，则要重点处理。对海滨、丘陵、山地的住宅，则要结合地理条件、环境特点做特殊处理。同时对住宅形式的多样化的正确理解应该从总体上去考察，在一个组团里建筑形式可以是统一的（当然细部处理可以有变化），但必须具有特色，具有自己独特的风格，有明显的识别性。

5.3.4.3　住宅设计标准化与多样化的方法

住宅设计应在标准化的基础上做到多样化，常用的方法有：

① 构配件定型，进行标准化设计。

② 以户定型，灵活拼接。

③ 单元定型，附加联结体，组成多样化。

④ 结合环境、绿化、规划进行设计，因地制宜，灵活变化。

⑤ 采用住宅立面、体型多样化的设计手法等。

小结

村庄住宅是村民居住和生产的主要建筑物，包括堂屋、卧室、厨房、院落等。

村民住宅类型有一堂一室、一堂二室、一堂三室，平面布置主要根据村民的生活需要和生活习惯等确定。

思考题

1. 村庄住宅群平面组合有哪几种形式？村庄住宅群群体组合方式有哪几种？

2. 良好的住宅要满足哪几方面的要求？

5.4 村庄建设规划的成果及编制程序

本节要点

本节主要介绍村庄建设规划的编制程序和主要成果，要求学生结合具体案例，掌握村庄建设规划的内容和方法，能够根据不同区域特点进行村庄建设规划布局。

5.4.1 村庄建设规划的成果

村庄建设规划的成果包括村庄现状分析图、村庄建设规划图和简要说明。

① 村庄现状分析图。应主要标明村庄各类现状建筑物的位置和体量等的分析。比例一般为1∶2000或1∶1000。

② 村庄建设规划图。应主要标明各类建筑物的具体布置和道路网的布置，一般村庄1张规划图即可标明，但对于较大的村庄，也可根据实际要求增加管线规划图。

③ 简要说明。应简要说明村庄的现状情况，规划意图、指导思想、建设项目安排等。

5.4.2 村庄建设规划的编制程序

村庄建设规划内容比较简单，编制方法和步骤也可相应地简化。

① 现状测量和调查搜集资料。

② 编制现状分析图和规划纲要。

③ 进行住宅的选型，计算住宅的需要量。

④ 计算各项公共建筑的建筑面积和用地面积。

⑤ 计算各项用地面积，包括住宅、公共建筑、道路、绿化等。

⑥ 规划布置各项用地，包括布置道路、住宅、公共建筑、绿化等。

⑦ 计算技术经济指标，包括村庄建设用地、总人口、总户数、人均建设用地、住宅层数、住宅用地面积、公共建筑面积和用地面积、建筑密度。

⑧ 做用地平衡表，估算造价。

⑨ 编写规划说明书。

5.4.3 村庄建设规划案例分析

5.4.3.1 上川口村建设规划

（1）村庄概况

上川口村位于杨凌城区东北部3公里处。全村现有农户320户，总人口1304人，分2个村民小组。耕地934亩，人均0.7亩。2005年该村农民人均纯收入3850元。

1hm² = 15亩

（2）村庄发展规模

① 人口规模。上川口村现住320户，总人口1304人，属大型村庄。依据该村的性别比例、年龄构成，并结合产业发展，计划生育政策等因素。人口在规划期内预测人口规模为1500人，总户数按375户规划。

② 用地规模。

a. 用地发展方向。保留整治改造旧村庄用地，新增宅基地在新村址基础上扩建，公共设施用地在两村之间布置。

b. 用地规模。依据人口规模和总户数，按照《陕西省村庄建设规划导则》中的用地规定按100m²控制。上川口村规划以整治改造村容村貌为主，适当扩建，则规划建设用地15hm²，人均100m²。

（3）规划布局

① 居住建筑用地。本着改善农村居住条件的原则，保留整治旧村庄的住宅院落，新增宅基地55户，与已建成的集中布置。宅基地面积为24m×8.5m。新建住宅以一层为主，布局方式采用连排式布局，均为坐北朝南。层高一般控制在3m左右，保持宅基地标高（±0.000）的统一性。建筑密度不超过30%，容积率不高于0.6。

规划居住建筑用地7.65hm²，占总用地的54%。

② 公共建筑用地。在杨武路的南侧两村之间布置活动中心，内部布置各种公共设施用地，包括文化站、医疗室、理发店、商店、综合修理店等。在活动中心南侧新规划铜鼓厂。此外，在小学南侧布置篮球场3处，羽毛球场地3个；东侧布置健身器材及休息座椅等。规划公共建筑总用地1.56hm²，占总用地的11%。

③ 道路广场用地。道路规划在杨武路南侧老村形成一横两纵，新村形成两横四纵的干道网格。规划道路广场用地2.12hm²，占总用地的15%。

④ 公共绿地。在进村路东、西侧各规划公共绿地。西侧主要以休闲游憩为主，东侧主要栽植乔木形成林地，植物配置以乡土树种为主构成良好的绿地景观。规划公共绿地0.71hm²，占总用地5%。

⑤ 其他用地。主要为村庄中的养殖业用地和鼓乐生产用地。用地面积2.12hm²，占总用地的15%。

（4）环境景观规划

近期重点加强村口景观的塑造及村庄主要道路两侧的绿化。村庄内部的公共绿地、健身广场应通过场地铺装、花坛、座椅、雕塑等景观小品营造丰富的广场空间。村庄不适宜建设地段应布置绿化，采用平面绿化与立体绿化相结合的绿化手法，植物选用易生长、抗旱、抗病害、生态效应好的乡土树种，例如柿子树、槐树、冬青等。

村庄的建筑风格应根据地方传统文化、村庄整体风格特色以及村民生活习惯等因素来确定。住宅建筑提倡以坡屋顶为主，各类公共建筑除满足功能要求外，必须体现社会主义新农村风貌。

（5）基础设施规划

① 道路工程规划，具体如下：

a. 现状。村庄现状道路基本规整，均为水泥硬化路面。

b. 规划。依据地形，结合现状，规划村庄道路形成方格网式道路结构，主要包括村庄北侧干道，即杨武路为村庄对外道路，规划红线宽度12m；村庄主要道路，规划红线宽度为12m；宅间道路，规划路面宽5m。村庄主、次道路均应设置路灯，单侧设置（图5-19）。

② 竖向规划。竖向规划以合理利用村庄自然地形地貌，减少土方量为原则。

a. 村庄主要道路就近进行土方平衡，基本保持原始坡向、坡度，以最小的土方工程量为目标，确定各道路交叉点的高程。

b. 旧村庄主要是对现状用地进行整合，需要开辟支路的地段，以保护自然地貌为原则，路面结构以水泥混凝土路面为主。

c. 新村新规划宅基地及道路，规划就近进行取土和弃土，规划宅间道路坡度控制在0.5%~1.7%，路面结构为水泥混。

③ 给水工程规划具体如下：

a. 用水量预测：依据《陕西省农村村庄建设规划导则》，规划人均综合用水指标取150L/（人·日），则村庄总用水量为225m³/日（图5-20）。

b. 水源地选择：现状水源地水量充沛、水质良好，且卫生条件好，便于防护，因此规划期内不再选择新水源地。

c. 输配水系统：改善现状供水设施，使供水能力达到225m³/日，以满足规划期内村民的生产生活用水。新增加的输水管采用单管，沿道路两侧双向敷设，管径75mm。

④ 排水工程规划具体如下：

a. 排水体制。规划上川口村的排水体制采用雨污合流制。雨水应充分利用地面径流入村庄排水沟渠排除，污水排入沟渠前应先采用化粪池、生活污水净化沼气池等方法进行预处理（图5-21）。

b. 排水量计算。污水排放量按用水量的85%计，则村庄总的污水排放量为191.25m³/日。

c. 排水系统布置。村庄各级道路均设雨污水渠（沟），使雨污水排入污水沉淀池，经沉淀后用于农田灌溉或生产用水。新村各家各户应在后院建造沼气池，建设室内水厕。

⑤ 电力工程规划具体如下：

a. 村庄用电负荷预测（表5-4）。依据村庄发展规模，结合当地用电水平，规划采用与用地面积相关的密度指标法进行预测。经计算，规划负荷为1085.22kW，年用电量为39.61万kW·h。

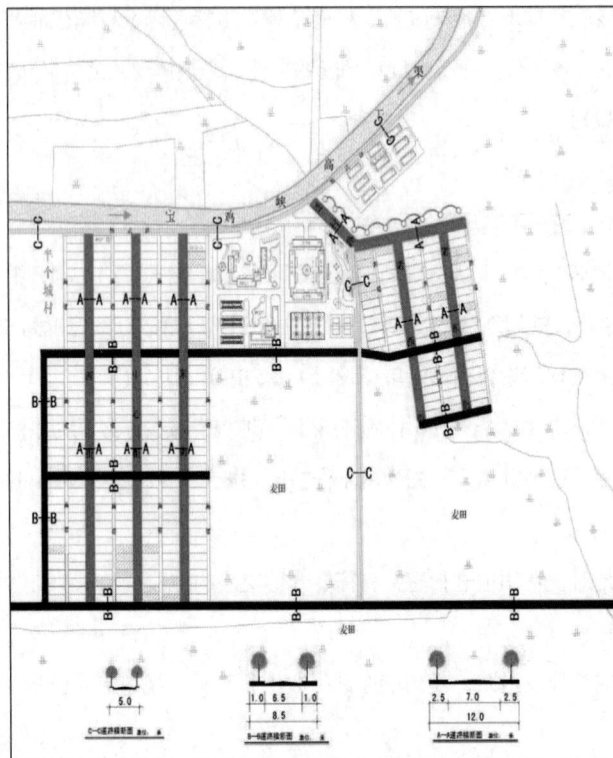

图5-19　上川口村道路规划图

图5-20　上川口村给水工程规划图

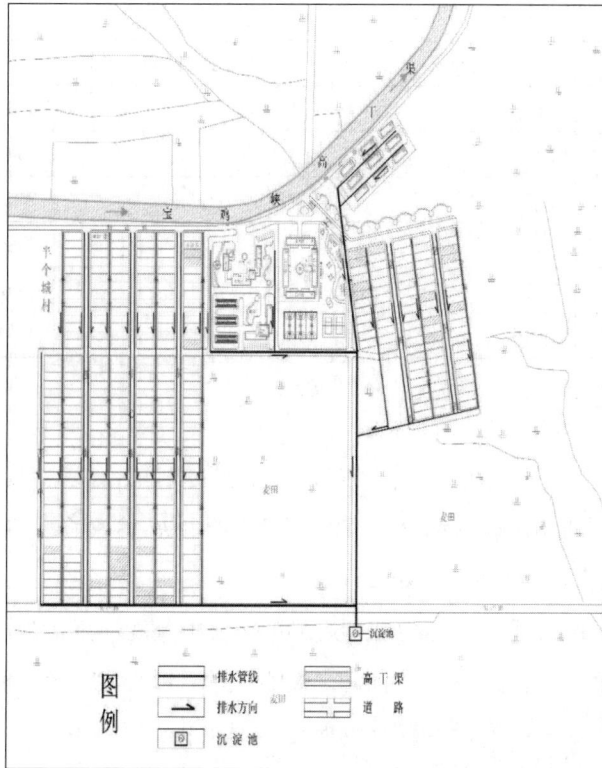

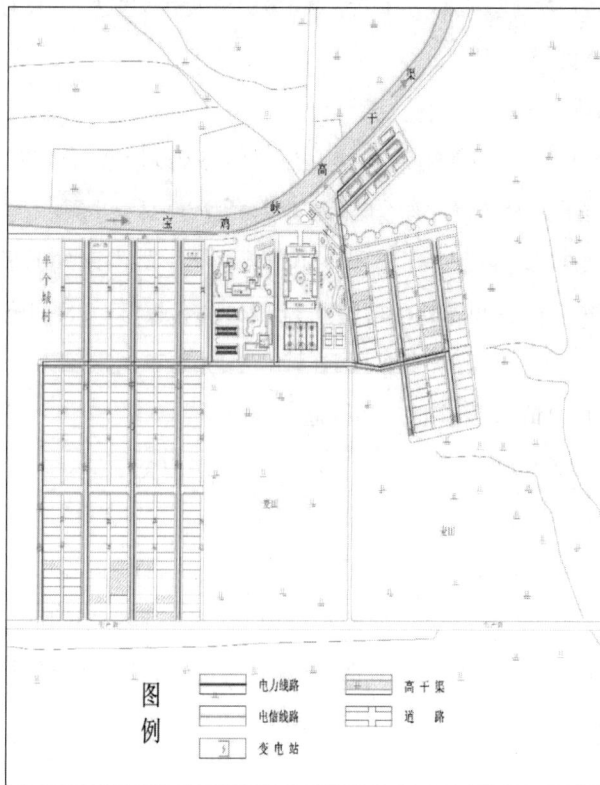

图5-21 上川口村排水工程规划图

图5-22 上川口村电力电讯工程规划图

表5-4　村庄用电预测一览表

用地类型	用地面积 / hm²	负荷密度 / (kW/hm²)	用电量 / kW
居住	7.65	100	765
公共建筑	1.56	150	234
道路广场	2.12	10	21.2
绿地	0.71	2	1.42
公用工程设施用地	2.12	30	63.6
合计	14.16	—	1085.22

b. 规划方案。电源引自杨村乡变电站，小学东侧设一变电箱。村庄新建线路沿道路采用电杆架设，沿每条东西街道的北侧、南北街道的东侧布置。同时，提倡节约用电，高效用电，提高村民的节能意识，积极开发再生能源，如沼气、太阳能等（图5-22）。

⑥ 电信工程规划。到规划期末，电话普及率达到100%。村庄新规划电信线路沿村庄东西道路南侧，南北道路西侧设置，采用电杆架设。此外，电话亭、报刊零售亭，IC电话机应在村庄中心区相应配套。

⑦ 广播电视规划。随着人民生活质量的不断提高，无线电视已不能满足日常生活所需。为增加农民群众获得外部信息的渠道，规划期内应加强宣传，鼓励群众安装有线电视。村庄有线电视线路一般沿主要道路设置，尽量与电信线路同杆架设。

⑧ 环境卫生规划具体如下：

a. 现状。上川口村目前有专人负责村庄的环境卫生，村庄生活垃圾也有固定堆放点。

b. 规划。公厕——村庄按每1000人一座公厕标准设置公厕2座，采用水厕，结合公共设施布置；垃圾收集与转运系统——全面推广袋装化收集，按照80~100m服务半径设置移动式垃圾斗，每日定时定点由专人收集，再通过垃圾清运车运至垃圾转运站，最后运至杨村乡垃圾场，做深埋处理。本次规划1座垃圾转运站，位于村庄南部活动中心北侧；废物箱——在村庄主要道路和次要道路设置废物箱5个，设置标准为主要道路，间距不超过100m；次要道路，间距不超过150m。

5.4.3.2　宁强县长沙坝村建设规划

（1）建设项目背景

宁强县长沙坝村位于陕西省宁强县青木川镇政府以西5km，辖3个村民小组，153户568人。村落原址位于"5·12"特大地震地质灾害范围，震后村落整体损毁严重，需整体异地搬迁重建（图5-23）。村落重建新址位于南坝村堰沟地，由台湾援建轻钢板房农宅140户。新村采用统筹统建方式，村落整体规划，农宅统一建设。

图5-23　建设点区位图

（2）建设规划概述

　　新村靠近交通线景区路临近用地，占地约45亩。基地狭长，紧邻金溪河西岸延展，南北长约720m，东西宽35~86m不等。规划以灾后快速建设、解决民生问题为指导原则，采用标准化宅基地控制，既为轻钢板房农宅援建提供合理建设空间，又为施工现场提供易管理、易建设、易实施的规划方案。农宅每户宅基地5m×24m，其中包括12m进深后院空间。村落规划结合地形条件、农宅房型、生产生活习惯等因素，每5户联排组成一个基本居住单元，每两个基本居住单元之间利用一层砖混小公建连接，依据场地特点灵活组合成组团，达到宅基地控制的标准化与村落布局灵活化的整合关系（图5-24）。规划配置村委会、卫生所及南北两处村民中心共4个村民生活公共建筑，保障正常农业生活需求。

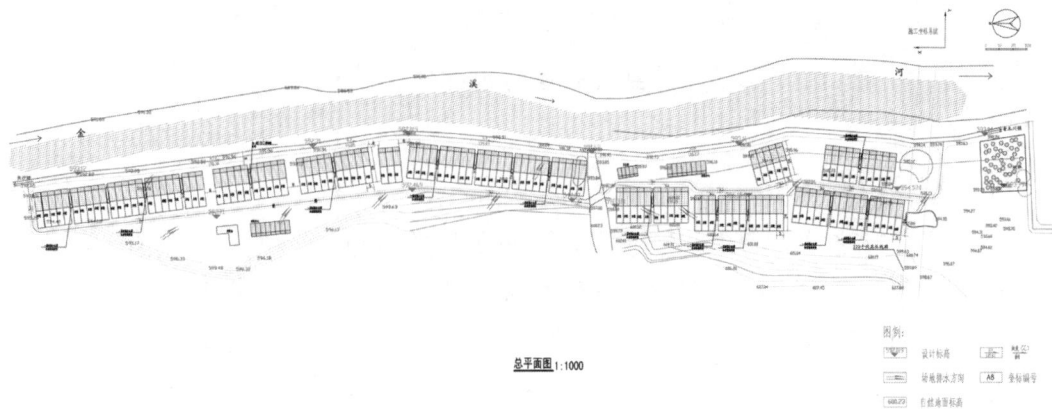

总平面图 1:1000

图5-24　建设点平面总图

（3）项目建筑设计

基于灾后重建与灾后生活统筹发展的原则，农宅均为店屋型房型，以顺应当地旅游业发展的需要。每户农宅面宽5m，屋前前廊作为入口空间，几户并联方便人流来往，一层厅堂可以作为店面使用，二层利用隔断形成阁楼，作为贮藏空间，增加居住空间功能。民宅采用LGS轻钢结构建筑体系，满足抗震设防技术要求（图5-25）。平面设计考虑当地传统民居的布局形式，建筑主体为一明两暗，各家屋前或屋后预留一个院落。

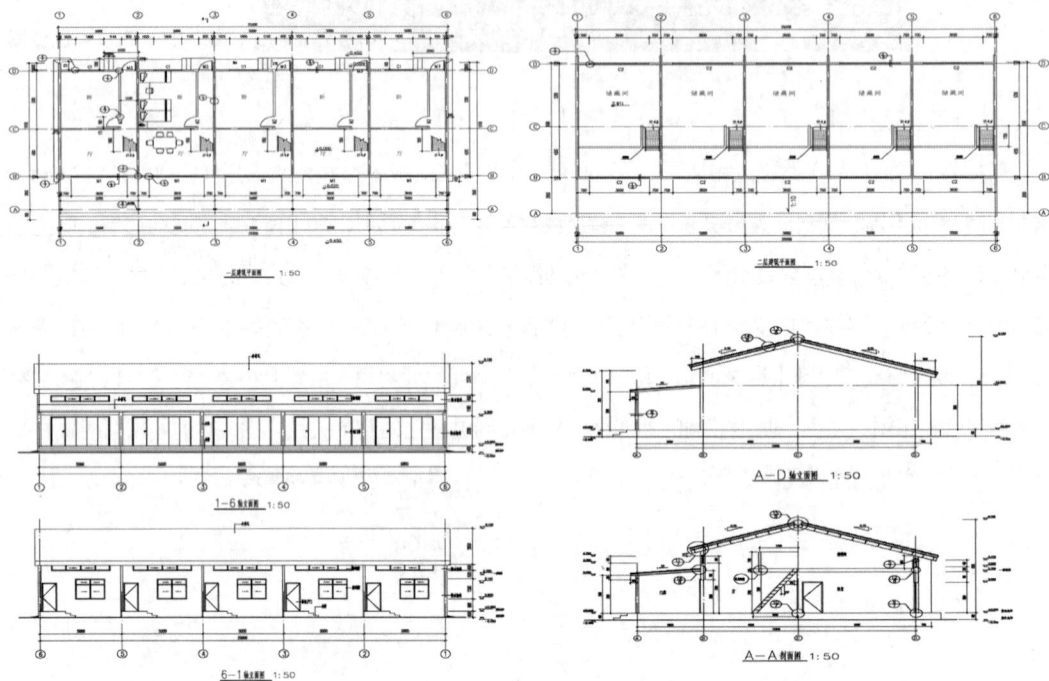

图5-25　住宅户型设计

（4）项目后续发展

长沙坝援建点规划设计方案考虑了村落长远经济发展和生产生活系统，以村落未来产业对接青木川古镇旅游为落脚点，以此引导长沙坝村未来经济产业发展。具体而言，整体分为南北两部分，北部地势较低，通向景区的道路从每户门前经过，可以考虑沿街营建旅游商品服务型街道空间，以单户经营为主要形式。农户可自己经营，也可保有所有权，鼓励流转置换出租；也可以在未来地租高的时候按市场价格卖出或抵押贷款，利用获得的资金到镇上发展。南部地势高出北面约3m，视野相对开阔，偏离景区路，相对安静，适合作农家乐和家庭旅馆，两户、三户或五户为一个服务单元，形成农家乐、家庭旅馆集中片区。2010年9月，农宅已经完成施工验收，村民已入住使用（图5-26）。

图5-26　村庄建成后景观

小结

村庄建设规划的成果包括村庄现状分析图、村庄建设规划图和简要说明。

村庄建设规划编制方法和步骤包括现状测量和调查搜集资料、编制现状分析图和规划纲要、进行住宅的选型、计算住宅的需要量、计算各项公共建筑的建筑面积和用地面积等。

思考题

1. 村庄建设规划的成果主要有哪些?

2. 村庄建设规划的程序和方法如何确定?

5.5　旧村庄改造

本节要点

了解旧村庄改造的原则和程序。

掌握旧村庄改造的内容。

我国现有的广大村庄,大多数是在过去的小农经济条件下产生的,落后的生产力和交通条件等基础设施深刻地反映在每一个旧村庄的建设中。大多数村镇建设都是在原有旧村庄的基础上进行的改建、扩建。布局散乱、零星狭小、街道脏乱、内部结构不合理、缺少公共服务设施与公用设施,严重地阻碍了农业机械化、现代化生产的发展,影响了农村新生活的建设。因此,迅速改善旧村庄的生产、生活条件是当前新农村建设的重要任务。

5.5.1 旧村庄存在的问题

大多数旧村庄是在小农经济基础上自发形成的，未进行过规划，因而存在不少问题，概括起来，旧村庄中存在的带有普遍性的问题有以下几方面：

（1）建筑密度低，土地浪费严重

由于缺乏统一、合理的规划，农村建设比较随意，土地宽打宽用，庭院面积过大，建筑密度低，甚至大量的宅基地空闲，形成"空心村"。居民点内部各项用地也缺乏组织，毫无章法，布局零乱，居住与生产、工业与学校、过境交通与内部交通混乱交织。这些都造成土地利用率低，浪费严重。

（2）基础设施简陋不全

旧村庄的基础设施普遍很差。道路多为自然形成的土路，路网的系统性相当差；供水多为打井汲水，甚至有些村庄仍然取用不经过处理的坑塘水；缺少排水设施，生活污水乱排乱放，任其自然；电力电信设施落后，有的村庄几乎没有道路照明设备。

（3）村庄环境较差

由于缺乏统一规划、统一管理，粪便、垃圾、农作物任意堆积，污水横流，造成环境较差。

5.5.2 旧村庄改造的意义

有些村庄受经济条件的影响和技术条件的限制，未进行过规划，是在小农经济基础上自发形成的，存在不少问题，不能满足农业现代化和生活水平提高的需要，迫切需要改造。对旧村庄进行整治具有以下意义：

① 可充分利用现有建设，节约资金。现有村庄大多是经过多年自然实践形成的，必然具有一些可利用的条件，如避风向阳、适于居住、地势高爽、排水通畅等，这些条件均可充分利用，避免造成不必要的浪费。

② 旧村庄内现有四周绿化可以在统一规划下充分利用，从而使村庄内绿化体系尽快形成，以利在较短时间内美化村容，改变面貌。

③ 由于改造是在原有村庄上进行的，可使原有村庄风貌得到保护，符合群众对往昔的依恋之情。

④ 可以充分发挥旧村庄的废旧宅基地和荒废杂地的使用强度，为村庄建设提供用地，从而避免另占耕地。

5.5.3 旧村庄改造的原则

旧村庄整治是一项十分复杂的工作，既要照顾村庄现状条件，又要考虑远景发展；既要合理利用现有基础，又要改变旧村庄不合理的现象。因此，旧村庄整治的指导思想非常重要，指导思想正确，整治就能够顺利完成，反之则会适得其反、功亏一篑。

（1）规划要远近结合，建设要分期分批

旧村庄整治一方面要立足现状，从目前现实的可能性出发，拟定出近期整治的内容和具体项目；另一方面又要符合村庄建设的长远利益，体现出远期规划的意图。近期整治的项目应避免成为远期建设和发展的障碍。同时，为了达到远期规划的目标，旧村庄整治要有详细的计划，周密的安排，并分期分批、逐步实现保证整个整治过程的连续性和一贯性。

（2）改建规划要因地制宜，量力而行

旧村庄整治应本着因地制宜，量力而行的方针。在决定改建规划的方式、规模、速度时，应充分了解当地的实际情况，如村民的经济实力、经济来源、有无拆旧房盖新房的愿望和能力。在改建过程中应避免几种错误做法：一是大拆大建，不顾村民的经济状况，强人所难，这样对村民的生活非常不利，也是难于实现的；二是不管实际情况如何，地形地貌如何，家庭构成如何，生产方式如何，强调千篇一律、千村一面、百镇同貌，没有地方特色；三是修修补补，没有远见。

（3）贯彻合理利用、逐步改善的原则

旧村庄整治应合理利用原有村庄的基础条件。凡对于既不妨碍生产发展用地，又不妨碍交通、水利、居民生活的建设用地，且建筑质量比较好的，应给予保留，或按规划要求改建、改用，对近几年新建的住宅、公共建筑以及一些公用设施等要尽量利用，并注意与整个布局相协调。此外，如有果园、池塘等有保留和发展价值的地段，应结合自然条件给予保留，这样既有利于生产，又丰富了村庄景观。

5.5.4 旧村庄改造的程序

5.5.4.1 旧村庄现状调查分析

改建旧村庄，必须在全面掌握和了解村庄现状的基础上，找出村庄的现状特点及存在的主要矛盾，根据居民需要和实际情况，提出改、扩建措施。其现状调查内容如下：

（1）土地使用现状调查分析

主要对住宅建筑、公共建筑和生产建筑从分布、面积、数量、使用等方面进行调查，绘出土地利用现状图，分析旧村镇各类土地使用现状及存在的主要问题。

（2）建筑物现状调查分析

① 建筑物质量调查分析。建筑物质量可按其结构、使用年限、破旧程度等划分等级。一般将建筑物质量划分为以下四个等级：

Ⅰ 级建筑——内外结构完好无损，质量较高，多为近几年新建的建筑。

Ⅱ 级建筑——内部结构完好，外部稍有损坏，稍经修整可使用10年以上的建筑。

Ⅲ 级建筑——内外结构均受损，修理后尚可使用5~10年的建筑。

Ⅳ 级建筑——危房。

通过对建筑物质量等级的调查、分析，根据村镇建设与发展的需要，提出改建的原则方法与拆建次序。

② 建筑密度、建筑容积率及人口密度调查。根据旧村镇内部各类建筑物的分布情况，对村镇建筑物进行分区、分段调查，对每一区段分别调查其建筑密度、建筑容积率和人口密度。建筑密度和人口密度大的区段，应提出适当拆迁建筑物的办法，以降低建筑和人口密度；反之，密度小的地段，应提出适当增建建筑物的办法，以提高其密度。

调查地段建筑密度 =（调查地段内各类建筑基底总面积 / 调查地段内的用地总面积）× 100%

调查地段人口密度 =（调查地段内的居住人数 / 调查地段的居住用地面积）（人/hm^2）

③ 人口现状与人均用地面积和人均居住面积调查分析。调查村镇总人口数、总户数、人均各项建设用地面积和居住面积。

④ 交通运输与公用设施调查分析。调查村镇对外交通运输设施，分析对外交通运输能力能否满足村镇今后发展的要求；对村镇内部道路交通系统进行调查并分析其是否能满足村镇生产、生活的需要。在此基础上，分析村镇交通运输方面存在的主要问题，提出解决办法。

⑤ 公用设施调查。主要是对村镇供水、排水、供电等设施现状进行调查，分析存在的问题，提出改造的办法。

5.5.4.2　制定改建规划

根据旧村镇原来的功能分区情况和今后各方面发展的具体要求，制定旧村镇改建规划。包括用地布局的调整方案和建筑物及道路管线工程的改建计划。

对于用地布局的调整，应视具体情况而定。如果旧村镇原来的功能分区正确，生产与生活互不干扰，且今后的发展也有足够的合理用地，此时则不需对旧村镇用地布局进行调整。若旧村镇原来功能分区紊乱，则应结合今后村镇生产生活发展的需要，对村镇用地布局进行调整：重新确定村镇生产建筑用地、居住建筑用地、公共建筑用地的范围界限，改变原来各项建设相互干扰混杂的现象，修改道路系统等；根据需要与可能，把村镇各项不规则用地改变为规则用地，将村镇破碎、零乱的用地调整为紧凑、完整的用地。

建筑物和道路管线工程改建计划应根据近期建设和长远规划，确定需要拆迁建筑物的等级和数量，确定哪些建筑物因位置不当或因规划建设的需要而要拆除，哪些建筑物需要补充新建等，也可将某些建筑物的使用功能作适当调整。给水、排水、供电和通信等管线工程的改建也要分近期和长远规划，有计划地分期分批进行。

改建规划拿出来后，要充分征求各方面的意见，反复论证，以期达到规划改建目标。

5.5.4.3　实施改建规划

根据改建规划，进行施工。施工次序要先地下，后地上；先街道，后建筑；先中心，后外围；先破旧，后立新,有条不紊地进行。在施工过程中,对规划未预计到的问题要及时处理,规划不当的要及时调整。

5.5.5 旧村庄改造的内容

旧村镇改建牵涉很多方面,改建对象不同,改建的深度也有差别。因此,改建内容和方法也很多。

(1)建设"工业小区"

以现有的某一位于适宜地段的生产建筑为基础,将其他零散的生产建筑迁至于此,集中发展,形成新的生产区。或者在村镇一侧新选适宜地段,将原来散乱分布在住宅建筑群中对居住生活产生干扰的生产建筑迁至于此,并合理安排新增生产项目。

(2)建设村镇公共中心

旧村镇一般没有明显的公共中心,村镇改建的重要内容是建立公共中心。按照村镇改建规划,选择有旧公共建筑的某一适中地段,并集中布置新增公共建筑项目,以形成村镇公共中心。

(3)改造道路,完善交通网

旧村镇道路改造,应从全局出发,从形成完善的道路网方面考虑,并充分考虑道路的功能性质要求。因此,必须对现有村镇道路进行认真仔细的分析研究,明确道路的功能,确定适宜的道路宽度和坡度。改造中,要注意拓宽窄路,收缩宽路,延伸原路,开拓新路,封闭无用之路,正确处理过境道路等。对于道路改造引起的建筑物的拆迁问题,应慎重对待,要分清轻重缓急,避免过早拆迁质量较好的建筑物。同时,道路改造要与各类建筑用地内部的组织、设计等密切配合。

(4)改造旧建筑群

改造旧建筑群就是对村镇原有的建筑物确定哪些需要保留,哪些需要拆迁改造,并从建筑物的功能考虑,作出新的调整。改造旧建筑群的主要依据是建筑物的等级质量、分布位置和建筑地段的建筑密度,此外,改造建筑群也要考虑村镇的经济水平和村镇发展的需要。

旧建筑群的改造通常采用以下三种方法:

a. 调整建筑密度。具体方法是"填空补实,酌情拆迁"。"填空补实"就是在原来建筑密度较小的地段上,适当增建新的建筑物,以充分利用土地;而"酌情拆迁"就是对原来建筑密度大的地段上的次要建筑物或有碍交通的建筑物进行适当拆除。

b. 改变功能性质。即针对某些建筑物质量等级尚好,但功能上的位置不合理而采取的改变建筑物的功能作用的办法。建筑物的功能调整涉及建筑物的结构和使用问题,除了考虑改用后能否满足功能要求外,更要注意安全问题。

c. 建造新的建筑物。即在规划地段,新建建筑物和其他原有建筑物组合成规划要求的建筑群。

(5)改善环境

结合用地布局调整和各类建筑物的改建,将村镇内不适于建筑的坡地、零星闲散地和边角地充分利用起来，进行适当的绿化，以改善环境，完善绿化系统，美化村镇面貌。此外，对村镇内的粪便处理、垃圾堆放和厕所的布置进行统一规划。

5.5.6　旧村庄的风貌保护规划

遍布在祖国大地的乡镇和村落，尽管历经沧桑，但依然遗留着丰富的历史遗产，每个乡镇和村落都有着其形成和发展的历史痕迹，通过文物、古迹、古树名木，都可以让人们在直观地认识历史、理解历史的同时，聆听到历史文明的远远回声，激发人们的民族自豪感。

在相当长的一段时间内，由于种种原因，使得很多旧乡镇和古村落已发生了不同的变化，尤其是在经济比较发达的地区，不少已完全是旧貌换新颜，故对于那些少量的遗存就更应该珍惜。旧村镇改造中的风貌保护，是对旧村镇聚落在历史的变迁中，大量历史遗产已遭破坏，未能较为完整地进行古村落保护者，也应对其尚存的局部的历史遗产和历史文化进行挽救性的保护，并做好保护规划。

（1）深入调查研究，做好遗存保护

每个乡镇和村庄无论其历史的久远，都有着自身形成和发展的过程，在这历程中各个时期都有着其历史的遗存。在旧村镇的改造中，必须特别重视对各种遗存进行深入细致的调查分析和研究，凡能保存继续使用的建筑物，必须根据其安全质量和使用特点，认真研究，分别采取修缮、加固和整修等措施，严加保护。对于古树名木严禁砍伐，并采取有效的保护措施，其他反映旧村镇风貌的广场、水流、古街巷也都应严加保护。

（2）加强重点规划，留住历史文化

对于旧村镇的一些有代表性的重要节点、古建筑和以古树名木为主的休闲广场应在保护中进行重点规划设计，使其历史文化风貌得到保留和延伸。

（3）协调新旧建筑，形成地方面貌

在旧村镇的改造中，首先应该努力吸取传统民居的精华，创造适应现代生活需要、具有地方风貌的住宅设计，并以此作为基本风貌，对已建的新建筑进行修缮和改造，使其新旧融为一体，形成各具特色的地方风貌。

（4）优化环境建设，融入自然环境

旧村镇的每一个聚落在历史上都是遵循着我国传统建筑文化的风水学，进行选址和营造，在适应小农经济的条件下，形成依山傍水独具特色的生态环境和田园风光，在旧村镇的改造和风貌保护规划设计过程中，必须弘扬这种融于自然环境的设计观念，使旧村镇与自然环境更好地融为一体。

小结

旧村庄改造的程序包括旧村庄现状调查、编制改造规划和实施改建规划。

旧村庄改建涉及内容很多，应根据改建对象和改建深度要求灵活掌握。

思考题

1. 旧村庄居民点改建规划的原则和方法是什么？

2. 主要改建内容有哪些？

参考文献

崔东旭. 2006. 村庄规划与住宅建设[M]. 济南：山东出版集团 / 山东人民出版社.

张凤荣. 1999. 土地规划与村镇建设[M]. 北京：中央广播电视大学出版社.

裴杭. 1988. 村镇规划[M]. 北京：中国建筑出版社.

骆中刨. 2005. 小城镇规划与建设管理[M]. 北京：化学工业出版社.

张凤荣. 1996. 持续土地利用管理的理论与实践[M]. 北京：北京大学出版社.

张根生. 2004. 农村全面小康社会解读[M]. 深圳：海天出版社.

张俊杰. 2010. 村庄规划建设用地标准的反思与重构[J]. 江西农业大学学报（社会科学版），9(1)：89-93.

第6章 村镇道路与交通运输规划

村镇道路是为满足村镇生产生活及交通需要而不断发展的道路体系，是区域道路系统及农村公路网的重要组成，是新农村建设的村镇重要基础设施。村镇道路包括村镇内部道路和对外连接道路，前者主要服务于村镇内部生产生活的交通需求，后者主要用于村镇对外出行的交通集散。本章主要介绍：村镇道路的交通特点、村镇道路的分级和分类以及村镇道路规划技术标准指标和道路系统组成；村镇道路规划的要求及内容；村镇道路设计等。

6.1　村镇道路交通的特点及交通分类

本节要点

本节将主要介绍村镇道路的交通特点，村镇道路的分级和分类，以及村镇道路规划技术标准指标和道路系统组成。在规划、设计道路时，需要研究新世纪村镇交通的特点，认识和掌握规律，使得村镇道路设计有可靠的科学依据。村镇道路规划应根据村镇之间的联系和各项用地的功能、交通流量以及村镇规划标准中的有关规定来进行。

6.1.1　村镇道路交通的特点

村镇道路上的交通特点主要有下列五个方面：

（1）交通工具类型多、车速差异大

村镇道路上的交通工具主要有客车、吉普车、小汽车、卡车、拖挂车、拖拉机、摩托车等机动车，还有自行车、三轮车、平板车和兽力车等非机动车。这些车辆的长度、宽度、大小有很大差别，特别是在车速方面差别很大。这些车辆都在道路上混杂行驶，相互干扰很大，增加了村镇交通的复杂性，对行车和安全均不利。村镇居民较多，在出行时除了使用摩托车、电动车和自行车之外，还有大部分人选择步行，这就使交通情况更加复杂、混乱。自行车是一种简便、灵活、经济的个体交通工具，既可用于客运又可用于轻载货运，已经是小城镇的主要货运交通工具，也是构成小城镇交通的重要特征之一。

（2）道路基础设施差、技术标准低

大部分村镇往往都是自然形成的，并且许多村镇由于长期缺乏科学合理的总体规划设计，从而造成了其道路性质不明确、道路断面功能不分、技术标准低，往往是因人行道狭窄或人行道挪作他用，甚至人车混行造成的，十分不安全。由于村镇的建设资金有限，在道路建设中过分迁就现状，强调经济性而违背了道路建设的科学性和长远性原则，尤其是在地段复杂的村镇中，道路路面质量、平曲线、纵坡、行车视距、道路三角形等很多方面都不符合国家相关标准的规定。另外，有些村镇甚至还有过境公路穿越中心区，不但使过境车辆通行困难，而且加剧了村镇中心交通混乱的状况。

（3）人流、车流的流量和流向变化大

道路上某一断面在单位时间内通过的车辆或行人的数量称为交通流量。随着乡镇企业的迅速发展，村镇居民和打工人员的汇集变化，使得村镇中行人和车辆的流量在一个季节、一周和一天中也随着变化很大。各类车辆的流向在一天的不同时段也各不相同，在上下班时刻，车流、人流集中，形成流量高峰。为此，常常需要做交通调查，研究其分布和变化规律，掌握每条道路上交通量的变化。首先掌握高峰小时（上下班时间）的交通量、不同车种的通过量以及交通流向在路网系统中的分布；根据调查分析，按天或小时绘制流量曲线，画出路网、路段或某些重要路口的流量分布图，作为规划和调查道路系统、确定车行道、人行道宽度和横断面组成以及交叉口选型的主要依据。

（4）道路交通设施缺乏，管理落后，体制不健全

村镇中的交通管理人员很少，管理体制不健全，观念陈旧。道路照明、交通标志、标线和交通信号装置等交通设施缺乏，致使交通秩序混乱，易引发交通阻塞和交通事故。村镇中缺少专用的停车场、公共设施，缺乏机动车和非机动车停车位，车辆无处停放，加之管理不善，使各种车辆随意停靠，占用了车行道和人行道，造成道路交通阻塞。道路两侧违章搭建的房屋和违章摆设摊点多，占用行车道，"马路市场"十分普遍，使得道路的有效通行宽度减小，造成交通拥挤、不畅、混乱。

（5）交通量增长速度快，交通发展迅速

随着村镇经济的发展，人民生活水平的提高，机动车拥有量越来越多，车流和人流发展迅速，对村镇道路的发展提出了更高的要求。

以上所述，反映当前我国村镇交通的特点，表明当前交通已不能适应村镇经济的发展。产生这些问题的原因，除了村镇原有交通道路基础较差外，还有：

① 对村镇建设中基础设施的地位认识不足，长期以来重生产建设，轻基础设施建设。认为基础设施建设是服务性的，放在从属的地位上。事实证明，村镇基础设施建设是村镇产业建设的基础，是基础产业之一。

② 对村镇规划、村镇道路规划与治理缺乏统一的认识，缺乏有力的综合治理手段。村镇道路交通与村镇对外交通之间很不协调，各自为政。对村镇的车流和人流缺乏动态分析，难以做出符合客观实际需要的道路规划。

③ 治理村镇交通的着眼点放在机动车上，而对村镇大量的自行车、行人和一定数量的兽力车管理不够，忽视车辆的停放问题。

村镇的交通状况比城市要简单得多，不一定需要花费过多的精力去搞交通调查和复杂的数学运算，但交通工程学中的一些基本观点仍然适用。如人车分流；快慢分流；根据交通的流量、流向来确定道路的宽度及走向。因此，在村镇中，同样需要树立明确的交通意识，并在此基础上，注意研究村镇的交通特征。这样就能做出合理的街道网规划，为村镇的总体布局奠定一个好的基础。

6.1.2 村镇道路分级与分类

村镇道路有其自身的独特性，与城市道路有着很大的不同，必须根据村镇自身的特点，因地制宜，从本地实际情况入手，制定出切合实际的村镇道路规划，切不可盲目套用大、中城市的有关定额、技术经济指标。对于沿海较发达地区的村镇，随着经济的发展、人口的增长，特别是中、远期可能升级的村镇，其道路规划更必须远近结合、留有余地，而不宜机械地照搬目前村镇规划标准。

村镇道路规划应根据村镇之间的联系和村镇各项用地的功能、交通流量，结合自然条件与现状特点，确定道路系统，并有利于建筑布置和管线敷设。村镇所辖地域范围内的道路按主要功能和使用特点应划分为村镇外部道路和村镇道路两类。

6.1.2.1 村镇外部道路

村镇外部道路是联系村镇与城市之间、村镇与村镇之间的道路。村镇的对外交通方式一般包括公路、水运、铁路三项，其中最主要的是公路。公路按技术条件、性质和适应的交通量可分为两类五个等级。

（1）汽车专用公路

汽车专用公路分为高速公路、一级公路、二级公路3个等级。

① 高速公路。专供汽车分向、分车道高速行驶并控制全部出入的公路，具有重要的政治、经济意义。一般能适应按各种汽车折合成小客车的年平均日交通量为25000辆以上，设计行车速度为60~120km/h。

四车道高速公路一般应能适应将各种汽车折合成小客车的远景设计年限年平均日交通量25000~55000辆；六车道高速公路一般应能适应将各种汽车折合成小客车的远景设计年限年平均日交通量45000~80000辆；八车道高速公路一般应能适应将各种汽车折合成小客车的远景设计年限年平均日交通量60000~100000辆。

② 一级公路。联系重要政治、经济中心，通往重点工矿区、港口、机场，专供汽车分向、分车道行驶并可根据需要控制出入的公路。一般能适应按各种汽车（包括摩托车）折合成小客车的远景设计年限年平均日交通量为10000~25000辆，设计行车速度为60~100km/h。

四车道一级公路一般应能适应将各种汽车折合成小客车的远景设计年限年平均日交通量15000~20000辆；六车道一级公路一般应能适应将各种汽车折合成小客车的远景设计年限年平均日交通量20000~25000辆。

③ 二级公路。联系政治、经济中心或大工矿区、港口、机场等地的专供汽车行驶的公路。一般能适应按各种汽车（包括摩托车）折合成中型载重汽车的远景设计年限，年平均日交通量为4500~7000辆，设计行车速度为40~80km/h。

（2）一般公路

一般公路即汽车、拖拉机、非机动车等混合行驶的公路，分为二级公路、三级公路、四级公路3个等级。

① 二级公路。联系政治、经济中心或大工矿区、港口、机场等地的城郊公路。一般能适应按各种车辆折合成中型载重汽车的远景设计年限，年平均日交通量为2000~5000辆，设计行车速度为40~80km/h。

② 三级公路。沟通县及县以上城市的一般公路，运输任务较大。一般能适应按各种车辆折合成中型载重汽车的远景设计年限年平均日交通量为2000辆以下，设计行车速度为30~60km/h。

③ 四级公路。沟通县、乡（镇）、村等的支线公路，直接为农业运输服务。一般能适应按各种车辆折合成中型载重汽车的远景设计年限，年平均日交通量为200辆以下，设计行车速度为20~40km/h。

以上五个等级的公路构成全国的公路网，其中二级公路相互交叉，既有汽车专用公路又有一般公路。

公路等级应根据路网规划和远期交通量的发展，从全局出发，结合公路的使用任务、性质等综合决定。设计年限为高速公路、一级公路20年；二级公路为15年；三级公路一般为10年；四级公路一般为10年，也可根据实际情况进行适当的调整。公路的规划应按现行的交通部标准《公路工程技术标准》（JTG B 01—2003）的规定来进行，现给出规范中对一般公路的技术指标及各型汽车的折算标准，如表6-1和表6-2所示。

公路的技术标准是法定的技术准则，是指公路线形和构造物的设计、施工在技术性能、几何尺寸、结构组成方面的具体规定和要求。是根据汽车行驶性能、数量、荷载等方面的设计、施工要求以及使用的经验，并通过调查研究和理论分析制定出来的。

表6-1 一般公路主要技术指标汇总

公路等级		一般公路					
		二		三		四	
地形		平原微丘	山岭重丘	平原微丘	山岭重丘	平原微丘	山岭重丘
设计速度 /（km/h）		80	40	60	30	40	20
行车道宽度 / m		9.0	7.0	7.0	6.0	3.5或6.0	
路基宽度 / m	一般值	12.0	8.5	8.5	7.5	6.5	
	变化值	—	—	—	—	7.0	4.5
极限最小半径 / m		250	60	125	30	60	15
停车视距 / m		110	40	75	30	40	20
最大纵坡 / %		5	7	6	8	6	9
桥涵设计车辆荷载	计算荷载	汽车—20级		汽车—20级		汽车—10级	
	验算荷载	挂车—100		挂车—100		挂车—50	

表6-2　二、三、四级公路车辆的换算系数

车辆	小汽车	拖挂车	大、中型农用拖拉机	小型农用拖拉机	畜力车	人力车	自行车
换算系数	0.8	2.0	3.0	1.7	4.0	2.0	0.3

注：1. 小汽车包括小客车、三轮摩托车、载重2t以下的轻型货车、座位在18座以下的面包车。2. 拖挂车包括全拖挂车及半挂车、载重10t以上的载货车、通道式大客车。

6.1.2.2　村镇内部道路

村镇内部道路是联系村镇中各组成部分的网络，是村镇的"骨架"与"动脉"。村镇道路应按《镇规划标准》（GB 50188—2007）的规定来规划。规模较大的集镇，道路可分为四级，即主要道路、次要道路、一般道路和巷道；规模较小的村镇，道路分为二级就可以了。因此，村镇道路的分级，应根据村镇规模的大小有所区别，且村镇道路的技术指标应符合表6-3所示规定。

表6-3　村镇道路规划技术标准

规划技术标准	村镇道路级别			
	一	二	三	四
设计速度 /（km/h）	40	30	20	—
道路红线宽度 / m	24～36	16～24	10～14	—
车行道宽度 / m	14～24	10～14	6～7	3.5
每侧人行道宽度 / m	4～6	3～5	0～3	0
道路间距 / m	≥500	250～500	120～300	60～150

注：表中一、二、三级道路用地按红线宽度计算，四级道路按车行道宽度计算。连接工厂、仓库、车站、码头、货场等的道路，不应穿越集镇的中心地段。

① 主干路。主干路即村镇道路网的干线，用于村镇内生活区、生产区和公共中心之间的联系承担乡镇内的主要客、货运交通运输任务。主干路沿线两侧不宜修建过多的行人和车辆入口，否则会降低车速。主干道的设计速度一般为35~50km/h；横断面一般为"一块板"式，个别规模较大的村镇主干路也可采用"三块板"式。

② 干路。通常与主要道路相平行或相垂直，与主要道路一起，成为村镇道路的骨架。起联系各部分和集散作用，分担主干路的交通负荷，主要解决各生活、生产地段内的交通。次干道的设计速度一般为25~35km/h；红线宽度可为16~20m；横断面通常采用"一块板"式。

③ 支路。支路是干路与巷路的连接线，为解决局部地区的交通而设置，以服务功能为主。部分主要支路可设公共交通线路或自行车专用道，支路上不宜有过境交通。支路的设计速度为15~20km/h；红线宽度为9~12m。

④ 巷路。住宅建筑之间联系的通道，主要解决人行、运送柴草与粪便等，主要侧重为人们的生活服务。

村镇内部道路在规划设计时，要根据村镇的层次、规模、经济发展、交通运输等方面综合考虑，合理构作，远近结合、留有余地。村镇道路系统的组成可参考表6-4所示的规定。

表6-4　村镇道路系统组成

村镇层次	规划规模分级	道 路 级 别			
		一	二	三	四
镇区	特大、大型	●	●	●	●
	中型	○	●	●	●
	小型	—	●	●	●
村庄	特大、大型	—	○	●	●
	中型	—	—	●	●
	小型	—	—	●	●

注：1. 表中●应设的级别；○可设的级别。2. 当大型中心镇规划人口大于30000人时，其主要道路红线宽度可大于32m。3. 规划规模分级根据《镇规划标准》（GB 50188—2007），按其不同层次及规划常住人口数量，分别划分为特大、大、中、小型四级（表6-5）。

表6-5　规划规模分级

人

规划人口规模分级	镇区	村庄
特大型	> 50000	> 1000
大型	30001~50000	601~1000
中型	10001~30000	201~600
小型	≤ 10000	≤ 200

小结

村镇道路交通特点为：交通工具类型多、人多；道路基础设施差、技术标准低；人流、车流变化大；道路交通设施缺乏，管理水平低。村镇道路交通可作为村镇道路规划、设计的重要依据。在认识到村镇道路交通特点的同时，还需要了解道路的分类和分级。村镇外部道路主要是公路交通，其分为汽车专用公路和一般公路两大类，不同等级道路的作用、设计车速、年平均日交通量各不相同，要按照《公路工程技术标准》的规定进行设计。村镇内部道路联系村镇中各组成部分的网络，是村镇的"骨架"与"动脉"，村镇道路应按《镇规划标准》的规定并结合村镇的实际情况来规划。

思考题

1. 村镇道路的作用是什么?

2. 村镇道路交通的特点是什么? 针对其不足有何改善措施?

3. 村镇道路如何分类? 村镇交通分成几类?

4. 公路的分类及各等级公路能适应的年平均日交通量和设计车速各是如何规定的?

6.2 村镇道路系统规划

本节要点

本节主要介绍村镇道路系统规划的内容、原则、基本要求和规划方法,简要介绍非直线系数和道路网密度的概念,村镇道路系统的四种常见形式,以及各种形式的优缺点和使用条件。通过对本节内容的学习可以了解和掌握有关交通规划的有关内容,对村镇的实际交通规划具有一定的指导意义。

6.2.1 村镇道路系统规划的要求

村镇道路系统规划是对村镇辖区范围内各种不同功能的干道、支路、广场以及附属交通设施所组成的交通运输网的规划。村镇的道路系统既是联系村镇内各个组成部分的交通纽带,也是村镇的骨架,一旦形成就影响全局,难以改变,必须慎重对待。

6.2.1.1 村镇道路系统规划的要求

(1)满足、适应交通运输发展的要求

规划道路交通系统时,应使道路交通主次分明、功能明确,并具有一定的机动性,以组成一个高效、合理的交通运输系统,从而使村镇各功能分区和用地之间有方便、迅速、安全、经济的交通联系,具体要求是:

村镇各主要用地和吸引大量居民的重要地点之间应有短捷的交通路线,使全年最大的平均人流、货流能沿最短的路线通行,以使运输工作量最小,交通运输费用最省。

交通量大的用地之间的连接道路就成为村镇的主干道,其数量一般为1条、2条或是更多;交通量相对较小、不贯通全村镇的道路称为次干道。主、次干道网也就成了村镇规划的平面骨架。

路线短捷的程度,可用非直线系数 λ 来衡量。非直线系数又称曲度系数,是指道路始终点之间的实际交通距离与其空间直线距离之比,即

$$\lambda = \frac{道路始终点之间的实际交通距离}{两点之间的直线距离}$$

(6-1)

交通量大的用地之间的连接道路就成为村镇的主干道，其数量一般为1条、2条或更多。交通量相对较小，不贯通全村镇的道路称为次干道。不同形式的干道网有不同的非直线系数。对于一条干道，衡量其路线是否合理，一般要求其非直线系数为1.1~1.2，最大不超过1.4；次干道的非直线系数也不能超过1.4；对山区、丘陵地区的干道，因地形复杂，可适当放宽要求。

（2）保证村镇有合理的道路网密度和道路间距

所谓道路网密度是指道路总长（不含居住小区、街坊内通向建筑物组群用地内的通道）Σl与村镇用地总面积ΣF的比值，即

$$\delta = \frac{\Sigma l}{\Sigma F} \quad (km/km^2) \tag{6-2}$$

当道路系统为长方形时，l_1、l_2（设其间距为如图6-1）则为

$$\delta = \frac{l_1 + l_2}{l_1 l_2} \quad (km/km^2) \tag{6-3}$$

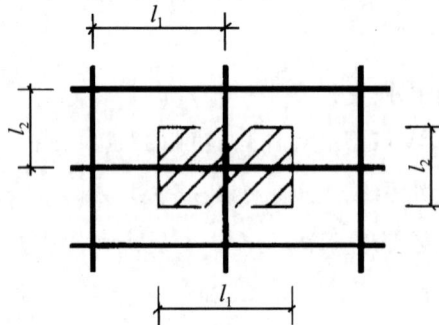

图6-1　道路网密度计算图示

确定村镇道路网密度一般应考虑以下因素：

① 村镇道路网的布置应考虑交通条件，应有便利的交通，且居民步行的距离不宜太远。

② 交叉口间距不宜太短，以避免交叉口密度过大，降低了道路的通行能力和车速。

③ 要适当地划分村镇各区及街坊的面积。

道路网密度越大，交通联系也越方便；但密度过大，势必导致交叉口增多，影响行车速度和通行能力，同时也会造成村镇用地不经济，增加道路建设投资。村镇干道间距一般为300~600m，干道网密度为5~7km/km²。如果道路宽度较窄，则干道网密度宜大些；反之，如果道路较宽，则干道网密度可稍小。

村镇干道上机动车流量不大，车速较低，且居民出行主要依靠自行车和步行。因此，其干道网与道路网（含支路、连通路）的密度可较小城市高，道路网密度可达8~13km/km²，道路间距可为150~250m，其干道密度可为5~6.7km/km²，干道间距可为300~400m。实际规划中应结合现状、地形环境来布置，不

宜机械规定，但是道路与支路（连通路）间距至少也应大于100m，干道间距有时也达400m以上。对山区道路网密度更应因地制定，其间距可考虑150~400m。

（3）为交通组织管理创造良好条件

① 道路系统应尽可能简单、整齐、醒目，以便行人和行驶的车辆辨别方向，易于组织和管理道路交叉口的交通。一个交叉口上交汇的街道不宜超过4条，交叉角不宜小于60°或大于120°。一般情况下，不要规划星形交叉口，当不可避免时，宜分解成几个简单的十字形交叉。同时，不应将吸引大量人流的公共建筑布置在路口，以避免增加不必要的交通负担。

② 在合理的村镇用地功能组织的基础上，形成一个完整的道路系统和合理的交通运输网。村镇道路规划应以合理的村镇用地功能为基础，充分考虑村镇的交通需求，两者相互协调、有机联系，使整个村镇的道路系统建立在科学、合理的基础之上。要统一考虑村镇道路与公路、田间道路的相互衔接，要有利于村镇的发展，方便居民与农机通往田间，使村镇形成一个完整的道路系统和合理的交通运输网络。道路系统规划应紧密结合村镇用地布局，方便村镇各功能区之间的联系，要有助于村镇构成一个有机联系的整体，并为村镇的进一步发展创造有利条件。在交通规划的基础之上，要正确处理公路与村镇道路的衔接。村镇的发展对公路、铁路等对外交通运输方式的依赖性很大，因此，过境公路不宜离村镇太远，否则对村镇的发展十分不利，同时又要防止过境公路交通的影响。

③ 结合地形、地质和水文条件，合理规划道路走向。在满足道路技术条件、结合地形地质和水文条件的基础上，使道路的线形尽可能平直，尽可能减少土石方量，并为行车、建筑群布置、排水、路基稳定创造良好条件，在地形起伏较大的村镇，主干道走向宜与等高线接近于平行布置；双向交通道路可以分别设置在不同的高程上。当主、次干道布置与地形有矛盾时，次干道及其他街道都应服从主干道线形平顺的需要。为避免行人在之字形支路上盘旋行走，常在垂直等高线上修建人行梯道。确定道路标高时，应考虑水文地质对道路的影响，特别是地下水对路基路面的破坏。

在道路网规划布置时，应尽可能绕过不良地形工程地质和不良水文工程地质，并避免穿过地形破碎地段（图6-2、图6-3）。这样虽然增加了弯路和长度，但可以节省大量土石方量和大量建设资金，缩短建设周期，同时也使道路纵坡平缓，有利于交通运输。确定道路标高时，应考虑水文地质对道路的影响，特别是地下水对路基路面的破坏作用。

④ 满足村镇环境的要求。村镇道路走向应有利于村镇的通风。我国北方村镇冬季受西北方向的寒流影响，因此主干道布置应与西北向成直角或一定的偏斜角度，以避免大风雪直接侵袭村镇；南方村镇道路的走向应平行于夏季主导风向，以创造良好的通风条件；海滨、江边、河边的道路应临水敞开，并布置一些垂直于岸线的街道；山地村镇道路的走向最好与山谷风向一致，以保持最好的通风效果。

图6-2 避开破碎地段（1）　　　　　　图6-3 避开破碎地段（2）

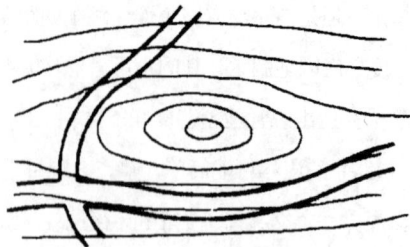

道路走向还应为两侧建筑布置创造良好的日照条件。从交通安全来看，街道最好能避免正东西方向，因为日光耀眼，容易导致交通事故。一般道路南北向比东西向理想，最好由东向北偏转一定角度，以兼顾日照、通风和临街建筑的布置。

交通运输量日益增长，机动车噪声和尾气污染也日趋严重，必须引起足够的重视。一般采取以下措施来消除或减弱交通污染：合理地确定村镇道路网密度，以保持居住建筑与交通干道间有足够的消声距离；交通分流，过境车辆不得从村镇内部通过，控制货车、拖拉机进入村镇中心区、居民区；加强交通管理，采取限速、禁止鸣笛等措施；道路上设置必要的绿化带；沿街建筑布置方式及建筑设计作特殊处理。

⑤ 满足村镇景观和面貌的要求。村镇道路对村镇景观的形成有着很大的影响，反映村镇的面貌，是村镇形象的窗口，因此要尽可能地创造出完好的街道景观。村镇道路的绿化是综合性的，通过对街道造型、道路宽度、道路绿化带的统一安排，形成协调多变的景观环境。街道的造型就是通过线形的柔顺、曲折起伏、两侧建筑物的进退、高低错落、丰富的造型与色彩、多样的绿化以及沿街公用设施与照明的配置等，来协调街道平面和空间的组合，同时还把自然景色、历史古迹阁、现代建筑贯通起来，形成统一的街景，这对体现整洁、舒适、美观、大方、丰富多彩的现代化村镇面貌起着重要的作用。

村镇道路环境的绿化是综合性的，应根据道路的不同性质、功能、作用，采用恰当的空间尺度、比例和手法，通过对道路的线形、沿街建筑物的高低、进退、色彩、环境小品、绿化、照明、材质等方面的统一安排，形成协调而多变的景观环境。

⑥ 有利于地面水的排除。应根据村镇的降水量与路面的具体情况设置必要的排水设施，及时将积水排出路面，保证行车安全。村镇街道中心线的纵坡应尽量与两侧建筑线的纵坡方向取得一致，街道的标高应稍低于两侧街坊地面的标高，以汇集地面水，便于地面水的排除。设置必要的地面排水、地下排水、路基边坡排水等设施，并与沿线桥涵配合，形成良好的排水系统，以保证路基、路面及其边坡的稳定。

在作干道系统竖向规划设计时，干道的纵断面设计要配合排水系统的走向，使之通畅地排放。由于排水管是重力流管，管道要具有排水纵坡，所以街道纵坡设计要与排水设计密切配合。如果纵坡过大，排水管道就需要增加跌水井；而纵坡过小，则排水管在一定路段上又需要设置泵站，这些都会增加道路的工程投资。

⑦ 与铁路、公路、水路等交通设施和桥梁、防洪规划等密切配合。道路系统规划，要避免铁路、公路穿越村镇，对已在公路两侧形成的村镇，一般应尽早将公路移出，沿村镇边缘绕过。以水运为主要交通设施的村镇，码头、渡口、桥梁的布置要与道路系统互相配合，码头、桥梁的位置还应注意避开不良地质。道路与铁路相交时，规划时应避免平交，采用立交，相交角度应大于45°，立交交叉地段的纵坡应尽量平缓。桥梁、防洪堤等构筑物的标高往往成为村镇道路系统标高的控制点。标高一般应高出与村镇规划中确定的设计频率相应的洪水位0.5~0.7m，在水面宽阔地段的滨河道路还要高于风浪经常侵袭到的堤岸高度。

⑧ 满足各种工程管线敷设的要求。村镇各类公用事业和市政工程管线一般都埋在地下，沿村镇道路敷设，因此，道路系统的规划必须满足各种管线敷设的要求。各类管线的用途不同，其技术要求也不同。当几种管线平行敷设时，相互之间要求有一定的水平间距，以便在施工时不致影响相邻管线的安全。因此，在村镇道路规划设计时，必须考虑道路上要埋设管线的类型、数量、方式、技术条件，给予足够的用地，合理安排。

⑨ 满足其他有关要求。村镇道路系统规划除应满足上述基本要求外，还应满足：

a. 村镇道路要方便居民与农机通往田间，要统一考虑与田间道路的相互衔接。

b. 道路系统规划设计应少占田地，少拆房屋，不损坏重要历史文物。应本着从实际出发，贯彻以近期为主、远、近期相结合的方针，有计划、有步骤地分期发展、组合实施。

6.2.1.2 村镇道路系统规划的基本原则

村镇道路系统规划一般应遵循以下原则：

① 与村镇所在地区的交通发展战略和道路（公路）规划相衔接。

② 与村镇及地区的社会经济发展规划相一致。

③ 充分考虑村镇的自然、历史和文化特点，与村镇总体规划相协调与配合。

④ 以村镇交通需求为基础，与村镇的总体规划和其他基础设施建设要求相配合。

⑤ 既满足村镇近期建设的要求，又对村镇的发展具有长远性。

6.2.2 村镇道路系统规划的内容

根据村镇交通状况和增长趋势，通过现状调查，在分析影响村镇道路交通发展的外部环境和内部环境的基础上，结合区域交通发展规划，确定村镇交通发展的目标，进行村镇对外交通设施和村镇内部交通设施规划，科学规划村镇道路系统，合理组织交通设施和安排各类静态交通设施，确定各类道路的走向、等级、功能、线形、路幅、横断面形式及其组成，确定村镇道路交叉口的形式，正确处理公路与村镇道路的衔接等方面的问题。

6.2.3　村镇道路系统规划的方法步骤

村镇道路规划的方法步骤为：现有道路网调查；确定道路走向；确定道路的技术等级；现场选线；道路设计。

（1）现有道路网的调查

现有道路网调查的主要内容包括：现有道路起止、长度、宽度、路基土质、路面类型、道路建筑物、纵坡、年平均昼夜交通量、存在问题等。

（2）确定道路走向

村镇道路走向主要包括村镇与村镇之间的交通运输，村镇与货物集散点（车站、码头）、国家公路子线之间的交通运输，村镇与田地之间的往返运输。因此确定道路走向应以区域经济发展规划，居民点布局，车站、码头、国家公路干线的位置及主要农用地的配置为依据，可利用1∶10000的地形图或土地利用现状图，根据货运方向作运输路线示意图。

（3）确定道路的技术等级

道路的技术等级主要取决于道路的货运量和交通量。反映货运量的指标主要是货运强度，货运强度是指在一定时间内货物运输的净重量。可依照生产发展规划和人口数量概算一年的货运强度。一般应对道路分段计算货运强度，并按约略比例尺绘制各村镇之间货运强度略图。交通量的反映指标是每段道路的昼夜交通量。昼夜交通量是指单位时间内通过某段道路的车辆总数。计算公式为

$$A = 2N / dP + M \qquad (6\text{-}4)$$

式中：A —— 年平均昼夜交通量，辆/昼夜；

$\quad\;\; N$ —— 年平均货运强度，t；

$\quad\;\; d$ —— 汽车一年内的运输天数，天；

$\quad\;\; P$ —— 每辆汽车载重量，t/辆；

$\quad\;\; M$ —— 客运交通量，辆/昼夜。

根据昼夜交通量和道路的任务、性质就可确定道路的技术等级。根据交通部实施的《公路工程技术标准》（JTG B 01—2003），年平均日交通量为2000辆以下的为三级公路；年平均日交通量为200辆以下，沟通县、乡（镇）、村的支线公路为四级公路。

（4）道路选线

道路选线就是确定道路的空间位置，即要确定道路在平面上的走向和立面上的建筑条件。道路选线应根据确定的线路走向和道路技术标准进行。选线时可先在1∶10000地形图上确定线路的大致选向，然后再到实地现场选定。道路选线时应符合以下几方面的要求：

① 因地制宜。平原、微丘陵地区道路选线应力求顺直短捷。平原、微丘陵地区地面坡度一般比

较平缓，高差变化不大，公路线应尽量短直，以节省公路建筑费用和运输费用。山区、重丘陵地区道路选线要充分利用地形，保持公路的稳固性，以符合技术标准的规定，并要为公路建设施工提供方便。在山区、重丘陵地区，可根据自然条件选择沿溪线、山坡线、山脊线或越岭线。沿溪线即公路线沿河谷岸铺设，选线时主要确定好线路位置的高低，走河谷的哪一岸，选择合适的桥、涵等。山坡线即公路线沿山坡、山脚布置。山脊线即公路线布置在位置不高、顶部较平坦、且有一定宽度的山脊、山梁上。越岭线即翻越山岭的线路，主要是选择好适当的越岭口或山冈，必要时可采用回头曲线展线。

② 道路选线要经济合理。道路选线一方面要在不增加工程造价的情况下，尽量提高技术标准，或在不降低技术标准的情况下，尽量降低工程造价；另一方面要综合考虑工程经济效益和运营经济效益，选择既经济又合理的布线方案。

③ 村镇道路选线要与已有交通干线、铁路和公路站场、水运码头等的布局协调统一，以形成较为完善、合理的交通网。

④ 注意少占、不占耕地。村镇道路选线时应尽可能少占、不占耕地，尽量利用劣地、荒地、山坡地。

⑤ 与田、林、沟、渠相结合。村镇道路与田、林、沟、渠关系密切。道路规划时，要把田、林、沟、渠、路统一考虑，选择适宜的布置方式。

⑥ 处理好公路线路与村镇间的关系，这是公路选线的一项重要内容。公路线路与村镇间的关系主要有两类，即公路穿越村镇和公路绕过村镇。对于村镇而言，交通条件是影响其建设、发展甚至兴衰的重要因素。"依路建镇"是村镇建设的普遍现象，这对促进村镇的经济建设和对外交通联系都有很大的作用，但受村镇建设资金及交通量的限制，村镇道路质量一般较低，横穿村镇的公路既不能满足村镇内部交通的要求，又给村镇环境、人畜安全、生产、生活带来不便。因此，新选公路线，一般应避免穿越村镇，尤其是规模较大的主要村镇。改建、扩建公路时，现状公路穿越村镇的，可根据实际情况综合考虑，对交通量不大的过境公路，可适当拓宽路面，改过境公路为城市型道路，做到一路两用，既为村镇街道，又为过境通道；同时搞好村镇用地布局，尽量避免利用过境公路作为村镇生活性主街。当过境公路等级较高，交通量较大时，一般应改线绕村而行。绕行方式有两种，一是沿村镇规划用地界线布置；二是公路离开村镇一段距离布置，公路与村镇之间以辅助道路连接。

6.2.4 村镇道路系统的形式

在规划中，可以将常见的村镇道路系统归纳为方格式、放射式、自由式、混合式四种形式。其中，前三种是基本形式，而混合式是由几种基本形式组合而成。

（1）方格式

方格式道路系统又称棋盘式，是最常见的一种道路系统形式，如图6-4（a）所示。

该道路系统主要优点：

① 街坊布局整齐，用地经济、紧凑，有利于建筑物的布置，方向性好。

② 交通组织便利，不会形成复杂的交叉口，整个系统交通分布均匀，通行能力较大。

③ 交通机动性好，当某条道路受阻时，车辆可通过平行干道绕行，路程和行车时间不会增加。

该道路系统的主要缺点：

① 道路分散，主次功能不分明，交叉口数量较多，影响行车的顺畅。

② 对角线方向交通不便，通达性差，非直线系数大，一般为1.27~1.41。

方格式道路系统一般适用于地势平坦的村镇，规划时不宜机械的划分方格，应结合村镇的地形、现状与功能布局来进行，应注意与河流的相对关系。

（2）放射式

放射式道路系统以村镇中心区、车站、码头作为中心，由中心向周围引出若干条放射性道路，并围绕放射中心在外围地区敷设若干条环形道路以联系各放射性道路，如图6-4（b）所示，放射道路可从中心内环放射，也可从二环或三环放射，还可从环形道路的切线方向放射。

放射环式道路系统的优点：

① 村镇中心区与各功能分区有直接通畅的交通联系，村镇中心突出。

② 路线有曲有直，较易于结合村镇的自然地形和现状。

③ 非直线系数比方格式要小，一般在1.10左右。

该道路系统的缺点：

① 交通灵活性不如方格式好，容易造成中心区交通拥挤，部分功能区要绕道而行。

② 不规则小区和街坊多，不利于建筑物的布置；道路曲折，不利于方向的识别。

放射环式道路系统适用于规模较大的村镇。道路系统布置要顺从自然地形和村镇现状，不要机械地强求几何图形。

（3）自由式

自由式道路系统一般是由于地形起伏较大，为结合地形变化布置而成的曲折不一的道路网，如图6-4（c）所示。

这种道路系统的优点：充分结合自然地形，可减少道路工程土石方量，节约道路的工程造价。

该道路系统的缺点：道路曲折，方向多变，非直线系数较大，不规则街坊多，建筑用地分散，居民出行不便。

自由式道路系统适用于自然条件比较复杂的山区和丘陵地区的村镇。

（4）混合式

混合式道路系统是以上三种形式的组合，如图6-4（d）所示。该道路系统可结合村镇的自然条件和现状，发扬上述三种基本形式的优点，避免其缺点，因地制宜地布置村镇道路网。

以上四种形式的道路系统各有优缺点，在实际规划中，应在实事求是的原则基础之上，根据村镇的自然地理条件、经济发展状况、村镇的规模、未来的发展趋势和民族传统习惯等综合考虑，进行合理地选择和运用。

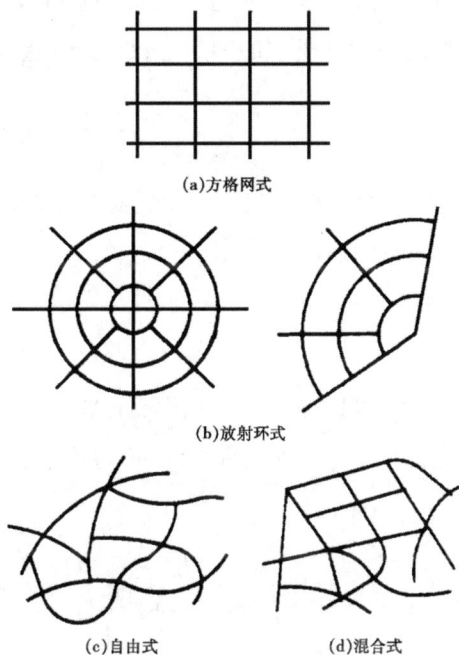

(a)方格网式

(b)放射环式

(c)自由式   (d)混合式

图6-4　道路系统类型

小结

村镇道路系统规划要适应交通发展的需要，满足村镇的地形、景观、环境和敷设各种管线的需要，同时还应遵循道路系统规划的基本原则，按照合适的规划方法、步骤，以形成一个完整的道路系统。道路系统的常见形式有方格式、放射式、自由式、混合式四种。在进行道路系统规划时，要按照规划要求结合村镇自身的道路、交通和自然地理条件选择合适的道路系统形式，以满足村镇的交通需求。

思考题

1. 村镇道路系统规划的要求有哪些？

2. 消除或减弱交通对环境造成污染的措施有哪些？

3. 村镇道路系统规划的方法、步骤是什么？

4. 村镇道路系统的形式、各自的优缺点及适用条件是什么？

6.3 村镇道路的技术设计

本节要点

本节主要介绍：远期交通量预测的三种简单方法，以此作为横断面设计的依据；道路横断面、平面和纵断面设计以及道路的结构设计；道路交叉口的主要形式及简单平面交叉口的设计；道路交通设计实例分析。通过学习掌握村镇道路交通设计的理论和方法，用于完善村镇道路网络，改善农村交通现状。

6.3.1 远期交通预测

对原有村镇道路的规划改造，道路的远期交通量可按现有道路的交通量进行预测；对新建的村镇，道路的远期交通量可参考规模相当的统计村镇进行预测。对村镇，目前一般还没有条件进行复杂的理论推算，下面介绍几种简单的预测方法。

（1）年平均增长量估计

可用村镇道路上机动车历年高峰小时（或平均日）交通量，来预测若干年后高峰小时（或平均日）交通量。该方法考虑了不同交通区不同交通发生量的增长情况，并假定各区之间远景的出行分布模式与现在的一样，即

$$N_\text{远} = N_\text{o} + n \cdot \Delta N \tag{6-5}$$

式中：$N_\text{远}$——远期n年之后高峰小时（平均日）交通量，辆/h或辆/日；

$\quad$ N_o——最后统计年度的高峰小时（平均日）交通量，辆/h或辆/日；

$\quad$ ΔN——年平均增长量，辆/h或辆/日；

$\quad$ n——预测年数（年）。

该方法适用于土地利用因素变化不大的村镇。

（2）逐年递增率估算

如果缺少历年高峰小时（或平均日）交通量的观测资料，则可以采用按逐年递增率来估算远期交通量。逐年递增率可以参考规模相当的同级村镇的观测资料，并考虑随着经济发展及道路网扩充后可能引起该道路上交通量的变化，来选择确定一个合适的逐年递增率。

$$N_\text{远} = N_\text{o}（1 + nK） \tag{6-6}$$

式中：$N_\text{远}$——远期n年高峰小时（平均日）交通量，辆/h或辆/日；

$\quad$ N_o——最后统计年度的高峰小时（平均日）交通量，辆/h或辆/日；

$\quad$ K——逐年递增率，%；

$\quad$ n——预测年数，年。

上面两种方法算出的远期高峰小时交通量，不能直接用于道路的横断面设计。这是因为按高峰小时

交通量设计出的路面宽度，在其他时间内必然会过宽，路面设计的过宽，会造成浪费。一般是将算出结果乘上折减系数作为设计高峰小时交通量。折减系数一般取为0.8~0.93，系数的大小视高峰小时交通量与其他时间交通量的相差幅度而定，相差大的取小值，相差小的取大值。

（3）车辆的增长数估算

村镇一般都有机动车辆增长的历史资料，可以用来估算道路交通量的增长。但车辆的增长与交通量的增长不成正比，因为车辆多了，道路的利用率就低了。因此，估算时可将车辆增长率进行折算，作为交通增长率。

以上三种方法只是把交通量的增长看成单纯的数字比率，而均未很好地考虑村镇的各种现实因素的影响，因而不能全面地反映客观的实际情况。不过在没有详细的村镇各用地出行调查资料和交通运输规划的情况下，这种根据手头掌握的现况观测资料估算出的远期交通量，在一定程度上还是可以应用到当前的规划设计上的。

6.3.2 道路通行能力计算

6.3.2.1 通行能力的定义及种类

道路通行能力又称道路容量，是指道路的某一断面在单位时间内所能通过的最大车辆数。通行能力按其作用性质可分为三种：

① 基本通行能力（C_B）。是指道路组成部分在理想的道路、交通、控制和环境条件下，该组成部分一条车道或一车行道的均匀段上或一横断面上，不论服务水平如何，1h所能通过的标准车辆的最大辆数。

② 可能通行能力（C_P）。是指已知路的已组成部分在实际或预测的道路、交通、控制和环境条件下，该组成部分一条车道或一车行道对上述诸条件有代表性的均匀段上或一横断面上，不论服务水平如何，1h所能通过的车辆（在混合交通公路上为标准汽车）的最大辆数。

③ 设计通行能力（C_D）。指已知路的已组成部分在实际或预测的道路、交通、控制和环境条件下，该组成部分一条车道或一条车行道对上述诸条件有代表性的均匀段上或一横断面上，在所选用的设计服务水平下，1h所能通过的车辆（在混合交通公路上为标准汽车）的最大辆数。

6.3.2.2 理想条件

理想条件原则上是指对条件更进一步提高也不能提高基本通行能力的条件。各理想条件的内容包括：

① 道路条件。指道路的几何特征，包括车道数，车道、路肩和中央带等的宽度，侧向净宽，设计速度及平、纵线性和视距等。

② 交通条件。指交通特性。包括交通流中的交通组成、交通量以及在不同车道中的交通量分布和上、下行方向的交通量分布。

③ 控制条件。是指交通控制设施的形式及特定设计和交通规则。其中交通信号的设置地点、形式和预定时对道路通行能力的影响最大。

④ 环境条件。主要指横向干扰程度及交通秩序等。

此理想条件亦是影响道路通行能力的因素。要说明的是，路面的使用质量尤其是不平整度对通行能力有较大的影响；气候，尤其是雨、雪、雾以及台风等对通行能力有时也有较大的影响，但其变化范围大，亦不易用数字具体表示，故其不包含在主要影响因素中。通行能力的各参数值均是在路面使用质量良好及气候正常情况下得出的。

6.3.2.3 村镇道路通行能力计算

（1）基本通行能力C_B的计算

一条车道基本通行能力计算公式为

$$C_B = \frac{3600}{t_0} = \frac{3600}{l_0 \Big/ \dfrac{V}{3.6}} = \frac{1000V}{l_0} \quad （辆/h） \tag{6-7}$$

式中：$l_0 = l_反 + l_制 + l_安 + l_车 = \dfrac{V}{3.6}t + \dfrac{V^2}{254\varphi} + l_安 + l_车$（m）

C_B——基本通行能力，辆/h；

t_0——车头最小安全时距，s；

l_0——车头最小间隔，m；

V——行车速度，km/h；

$l_反$——司机在反应时间内车辆行驶的距离，m；

$l_制$——车辆的制动距离，m；

$l_安$——车辆间的安全间距，m，根据国内外实际使用的经验和理论分析，$l_安$一般为2m；

$l_制$——车辆平均长度，m，小汽车采用5m，解放牌货车采用8m；

t——司机反应时间，s，一般为1s；

φ——路面与轮胎之间的纵向附着系数，其值与车速的关系如表6-6所示。

表6-6　纵向附着系数与车速V的关系表

$V/$（km/h）	120	100	80	60	50	40	30	20
φ	0.29	0.30	0.31	0.33	0.35	0.38	0.44	0.44

在我国村镇，一条车道的平均通行能力可参考表6-7所示数值论证分析确定。

表6-7　各种车道的通行能力　　　　　　　　　　　　　　　　　　　　　　　　　　　　　　　　辆/h

车辆名称	机动车	自行车	三轮车	大板车	小板车	兽力车
通行能力	300~400	750	300	200	380	150

（2）可能通行能力C_P计算

其计算公式如下

$$C_P = C_B \times r_1 \times r_2 \times r_3 \times r_4 \times r_5 \times r_6 \qquad (6-8)$$

式中：C_P——可能通行能力，辆/h；

　　　C_B——基本通行能力，辆/h；

　　　r_1——车道宽度修正系数，车道宽度对通行能力影响的修正系数值如表6-8所示；

　　　r_2——侧向净空修正系数，侧向净空对通行能力影响的修正系数值如表6-9和表6-10所示；

　　　r_3——纵坡度修正系数或重型车修正系数；r_3修正方法一般采用当量法，根据载货汽车所占百分数按下式进行计算：

$$r_3 = \frac{100}{100 - \rho_T + E_T \rho_T} \qquad (6-9)$$

式中：ρ_T——载货汽车所占百分率；

　　　E_T——载货汽车换算为小汽车的当量值，其值如表6-13所示。

　　　r_4——视距不足修正系数，视距不足的修正只适用于双车道道路，其修正值如表6-11所示；

　　　r_5——沿途条件修正系数，街道沿线条件对通行能力影响的修正系数r_5值如表6-12所示；

　　　r_6——驾驶员总体特征的影响修正系数。

表6-8　车道宽度对通行能力影响的修正系数r_1值表

日本公路技术标准		美国公路通行能力手册规定		
车道宽度 / m	修正系数r_1	车道宽度 / m	双车道 r_1	多车道 r_1
3.50	1.00	3.65	1.00	1.00
3.25	0.94	3.35	0.88	0.97
3.00	0.85	3.00	0.81	0.91
2.75	0.77	2.75	0.76	0.81

表6-9 侧向净空对通行能力影响的修正系数r_2值表

侧向净空 / m		日本公路技术标准						
		1.75	1.50	1.25	1.00	0.75	0.50	0.00
双车道	一侧净空不足	1.00	0.98	0.96	0.93	0.91	0.88	0.85
	两侧净空不足	1.00	0.96	0.92	0.86	0.81	0.75	0.70
多车道	一侧净空不足	1.00	1.00	0.99	0.98	0.97	0.95	0.90
	两侧净空不足	1.00	0.99	0.98	0.97	0.94	0.90	0.81

表6-10 侧向净空对通行能力影响的修正系数r_2值表

侧向净空 / m		美国公路通行能力手册			
		1.82	1.22	0.61	0.00
双车道	一侧净空不足	1.00	0.97	0.93	0.86
	两侧净空不足	1.00	0.94	0.85	0.76
多车道	一侧净空不足	1.00	0.99	0.97	0.90
	两侧净空不足	1.00	0.98	0.94	0.81

表6-11 视距不足对通行能力影响的修正系数r_4值表

视距小于450m的路段占全长的百分比 / %	行车速度 / （km/h）			
	35~64	64~72	72~80	80~88
0	1.00	1.00	1.00	1.00
20	0.88	0.91	0.96	0.93
40	0.85	0.87	0.89	0.83
60	0.80	0.080	0.80	0.70
80	0.76	0.73	0.69	0.50
100	0.69	0.64	0.56	0.27

注：若视距不良路段所占百分比与表中数据不一致时，可采用内插法求得修正系数。

表6-12　街道沿线条件对通行能力影响的修正系数r_5值表

街道化程度	未街道化区段	少许街道化区段	街道化区段
修正系数	1.0~0.9	0.9~0.8	0.8~0.7

表6-13　货车在双车道交通条件下的换算系数r_3表

坡道长度 / m	一辆载货汽车相当于小汽车数 / 平均纵坡				
	3%	4%	5%	6%	7%
160	3.9	4.1	4.2	4.2	4.4
320	4.1	4.3	4.5	4.7	5.1
480	4.3	4.6	4.9	5.3	5.5
960	4.4	4.8	5.2	5.8	6.5
1280	4.6	5.1	5.7	6.4	7.1
1600	4.6	5.3	6.0	6.7	7.4

注：1. 如修正货车因坡度影响的通行能力时，可用表中数值除以2，即换算成以货车为单位；2. 当坡长与表中数据不一致时，可采用内插法求得修正系数。

（3）设计通行能力或实用通行能力C_D计算

设计通行能力或实用通行能力是指要求道路所承担的服务交通量。其计算公式如下

$$C_D = C_P \times \frac{服务交通量}{通行能力} （辆/h） \tag{6-10}$$

式中：C_D——设计通行能力，辆/h；

C_P——可能通行能力，辆/h；

服务交通量和通行能力之比可按日本道路服务水平规定取值（表6-14）。

表6-14　日本道路服务水平规定表

服务水平	服务交通量 / 通行能力	
	乡村地区	城镇地区
1	0.75	0.80
2	0.85	0.90
3	1.00	1.00

6.3.3　道路横断面设计

道路横断面是指垂直于道路中心线方向的剖面。道路横断面一般由车行道、人行道、道路绿化与分隔带等组成。

村镇道路横断面设计的主要任务是根据道路的等级、功能、交通组成及其红线宽度，经济合理地确定道路的组成、各部分的尺寸、相互之间的位置与高差、道路横坡度等。

道路横断面设计的基本要求：

①　保证车辆和行人交通的畅通和安全，对于交通繁重的地段应尽可能地将机动车辆与非机动车辆分流、人车分流，各行其道。

②　满足路面排水及绿化、地面杆线、地下管线等公用设施布置的工程技术要求。

③　横断面的布置要与道路的性质、功能、沿街建筑物的特点、沿线地形相协调。

④　节约村镇用地，减少工程费用。

⑤　减少由于交通运输所产生的噪声、粉尘和废气对环境的污染。

⑥　必须远近结合，以近期为主，又要为未来村镇交通发展留有余地。做到一次性规划设计，如需分期实施，应尽可能使近期工程为远期所利用。

6.3.3.1　道路宽度的确定

道路横断面的规划宽度称为路幅宽度，通常指村镇总体规划中确定的道路红线之间的道路用地总宽度，包括车行道、人行道、绿化与分隔带以及安排各种管（沟）线所需宽度的总和。

（1）车行道的宽度

车行道是道路上供各种车辆行驶的部分的总称，包括机动车道与非机动车道。

①　机动车道。机动车道宽度的大小一般以"车道"或"行车带"为单位。所谓车道，是指车辆单向行驶所需的宽度，其值取决于车辆的车身宽度和车辆在行驶过程中所需的横向安全距离。一条机动车道的宽度一般为3.5~3.75m。

车身宽度一般应采用路上经常通行的车辆中宽度较大者为依据，对个别偶尔通过的大型车辆可不作为计算标准。车辆之间的安全距离取决于车辆在行驶时横向摆动与偏移的宽度，以及与相邻车道或人行道侧石边缘之间的必要的安全间隙，其值与车速、路面类型和质量、驾驶技术、交通规划等有关。在村镇道路上行驶车辆的最小安全距离可为1.0~1.5m，行驶中车辆与边沟（侧石）距离为0.5m。

在实际工作中，机动车道的车道数和宽度应根据机动车交通量的大小及其构成、规划拟定的道路等级、红线宽度、服务水平，并考虑合理的交通组织方案，加以综合分析确定。村镇中机动车主干道一般为双向3~4车道，宽度一般为12~15m，次干道一般为双向2~3车道，宽8~12m。

②　非机动车道。村镇中行驶的非机动车包括自行车、三轮车、兽力车、板车等。非机动车道一般都沿道路两侧对称布置在机动车道和人行道之间，采用交通标志标线或分车带与机动车道分开。根据各种

车辆的横向宽度和平均行驶速度，每条非机动车车道宽度推荐采用如表6-15所示数据。

表6-15 非机动车车道宽度   m

类别	每条非机动车带的宽度	类别	每条非机动车带的宽度
自行车	1.0	三轮车	2.0
兽力车	2.5	板车	1.5~2.0

（2）人行道的宽度

人行道是村镇道路的基本组成部分。其首要功能是满足步行交通的需要，其次是供植树、立杆等，地下的空间还可以用来埋设地下管线。人行道的宽度取决于行人步行道的宽度，以及在人行道上设置灯杆和绿化带，还应考虑在人行道下埋设地下管线等方面的要求。一条步行带的宽度一般平均为0.75m，为保障行道树的良好生长，人行道宽度应不小于0.5m；在火车站、港口码头以及大型商场（商业中心）附近，则采用0.85~1.0m为宜。把步行带宽度加上种植绿化、立杆、布置橱窗阅报栏等用地宽度即得到人行道宽度（单侧）。表6-16所示为村镇道路、人行道宽度的综合建议值。

表6-16 村镇道路、人行道宽度综合建议值   m

道路类别	道路最小宽度	人行道最小宽度
主干道	4.0~4.5	3.0
次干道	3.5~4.0	2.25
车站、码头、公园等路	4.5~5.0	3.0
支路、街坊路	1.5~2.5	1.5

注：现状人口大于2.0万人的村镇，可适当放宽。

（3）道路绿化与分隔带

① 绿化带。绿化带是指在道路用地范围内供绿化的条形地带。道路绿化是整个村镇绿化的重要组成部分，在村镇绿化覆盖率中占有相当的比例。

在街道上种植绿化带，可以为行人遮阳，也可以延长黑色路面的使用寿命，对车辆驶过所引起的粉尘、噪声和震动等能起到降低作用，另外还能调节气候、防风等，提高村镇交通与生活居住环境质量。绿化带分隔街道各组成部分或限制横向交通，能保证行车安全、畅通。在绿地下敷设交通管线，进行管线维修时，可避免开挖路面，减少工程费用和交通运输费用的损失。

道路绿化带可分为行道树绿化带、分车绿化带和路侧绿化带三种：

行道树绿化带布设于人行道和车行道之间，以种植行道树为主。行道树种株距应不小于4m，以保证树木正常生长，树干中心至路缘石外侧距离不小于0.75m。行道树布置在人行道外侧的方形或圆形的穴内，圆形直径不小于1.5m，方形坑的尺寸不小于1.5m×1.5m，以满足树木生长的需要。街内植树分隔带兼作公共车辆停靠站台或供行人过街停留之用，宜有2m的宽度。

分车绿化带是指车行道之间可以绿化的分隔带。分车绿化带靠近机动车道，其绿化要求形式简单，以形成良好的行车视野，减少驾驶员的视觉疲劳。

路侧绿化带是指在道路一侧，布置在人行道边缘至道路红线之间的绿化带。路侧绿化带的设计要兼顾街景和沿街建筑的需要，在整体上保持绿化带的连续、完整、景观的统一。

对道路进行绿化时还应注意下列问题：

a. 行道树应不妨碍沿街建筑物的日照、通风和安全。

b. 绿化应不妨碍行人和行车视线。在弯道上或交叉口处不能布置高度大于0.7m的绿丛，必须使树木在视距三角形范围之外中断，以不影响行车安全。

c. 行道树距侧石线的距离应不小于0.75m，便于公共汽车停靠，并需及时修剪，使其分枝高度不大于4m。

注意行道树与架空杆线之间的干扰，常采用将电线合杆架设以减少杆线数量和增加线高度。

树木与各项公用设施要保证必要的安全间距，宜统一安排，避免相互干扰，行道树绿化带下方不得布置管线。

② 分隔带。分隔带又称分车带，沿道路纵向设计的组织车辆分向、分流的重要交通设施。位于路中线位置的称中央分隔带；位于路中线两侧的称外侧分隔带。分隔带与道路标志标线不同，在横断面中要占有一定宽度，是多功能的交通设施。

分隔带分为活动式和固定式两种。活动式是用混凝土墩、石墩或铁墩做成，墩与墩之间以铁链或钢管相连。一般活动式分隔墩高度为0.7m左右，宽度为0.3~0.5m，其优点是可以根据交通组织变动灵活调整。国内村镇的一块板式干道和繁忙的商业大街，限于路幅宽度不足，则随着交通量剧增，为了保证交通安全和解决机动车、非机动车和行人混行而发生阻滞，大多采用活动式分隔带，借此来分隔机动车道和非机动车道以及人行道。固定式一般是用侧石围护成连续性的绿化带。

分隔带的宽度宜与街道各组成部分的宽度比例相协调，最窄为1.2~1.5m。若兼作公共交通车辆停靠站或停放自行车用的分流分隔带，不宜小于2m。除了为远期拓宽预留用地的分隔带外，一般其宽度不宜大于4.5~6.0m。

我国大多数村镇的街道绿化占街道总宽度的比例还比较低，在某些村镇中，由于旧街过窄，人行道宽度还成问题，因而道路绿化比重更小，行道树生长也不良，亟待改善。结合我国村镇用地实际及加强绿化的可能性，一般近期对新建、改善道路的绿化所占比例宜为15%~25%，远期至少应在20%~30%。

作为分向用的分隔带，除过长路段而在增设人行横道线处中断外，应连绵不断直到交叉口前。分流分隔带仅宜在重要的公共建筑、支路和街坊路出入口，以及人行横道处中断，通常以80~150m为宜，其最短长度不少于一个停车视距。采用较长的分隔带可避免自行车任意穿越进入机动车道，以保证分流行车的安全。

（4）道路边沟宽度

为汇集并排除路面、路基和边坡的水流，在路基两侧设置的水沟称为边沟。为了保证车辆和行人的正常交通，改善村镇卫生条件，以及避免路面的过早破坏，要求迅速将地面雨雪水排除。根据设施构造的特点，道路的雨雪水排除方式有明式、暗式和混合式三种。

明式是采用明沟排水，仅在街坊出入口、人行横道处增设某些必要的带漏孔的盖板明沟或涵管，这种方式多用于一些村庄的道路和乡镇或临街建筑物稀少的道路，明沟断面尺寸原则上应经水力计算确定，常采用梯形或矩形断面，底宽不小于0.3m，深度不宜小于0.5m。暗式是用埋设于道路下的雨水沟管系统排水，而不设边沟。混合式是明沟和暗管相结合的排水方式，在村镇规划中，宜从环境、卫生、经济和方便居民交通等方面综合考虑，因段采取适宜的排水方式。

6.3.3.2　道路横断面形式

根据村镇道路交通组织特点不同，村镇道路横断面可分为一块板、二块板、三块板等不同形式。

一块板（又称单幅路）就是不设分隔带，各种车辆在车道上混合性使得的断面形式，如图6-5（a）所示；二块板（又称双幅路）就是在路中心设置分隔带将车行道一分为二，使对向行驶车流分开的断面形式，如图6-5（b）所示；三块板（又称三幅路）就是设置两道分隔带，将车行道一分为三，分隔机动车和非机动车流，如图6-5（c）所示。

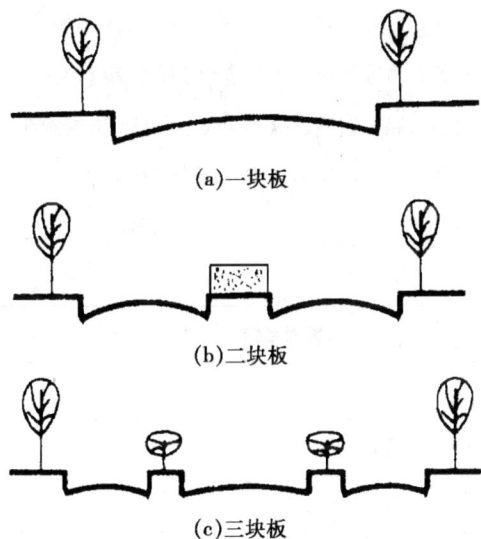

(a)一块板

(b)二块板

(c)三块板

图6-5　道路横断面形式

三种形式的断面各有优缺点。从交通安全上来看：三块板解决了经常产生交通事故的非机动车和机动车相互干扰的矛盾，同时分隔带还起了行人过街的安全岛作用，比一、二块板都好。从行车速度上来看：三块板机动车和非机动车分流，互不干扰，车速较高，一、二块板机非混行，车速较低。从照明上来看：板块划分越多，照明越易解决，二、三块板均能较好地处理照明杆线与绿化种植之间的矛盾，因而有利于夜间行车，减少因照明不良而引起的交通事故。从绿化遮阳上来看：三块板可布置多条绿化带，遮阳面大。从环境质量上来看：三块板的机动车道在中央，距离两侧建筑物较远，并有分隔带和绿化带的隔离，可减小对行人和沿街居民的噪声影响。从村镇用地和建设投资上来看：在相同的通行能力下，一块板占地少，投资省，三块板用地最大，工程费用较高，二块板大体介于一、三块板之间。

道路横断面的选择必须根据具体情况，如村镇规模、地区特点、道路类型、地形特征、交通性质、占地、拆迁和投资等因素，经过综合考虑、反复研究及技术经济比较后才能确定，不能机械地规定。

一块板形式，这是目前普遍采用的一种形式。这种形式适用于路幅宽度较窄（一般在40m以下），交通量不大及非机动车不多等情况。

二块板形式适用于双向交通较均匀的过境道路或村镇交通性道路，可以减少对向行驶的机动车之间互相干扰，特别是经常有夜间行车的道路。二块板形式可保障交通安全，同时车辆行驶时灵活性差，转向需要绕道，以致车道利用率降低，而且多占用地，因此此种形式近年来很少采用，已建的二块板道路有的也在改建。

三块板形式适用于路幅较宽（一般在40m以上），非机动车多，交通量大，车辆速度要求高及考虑分期修建等情况的村镇交通干道。但一般不适用于两个方向交通量过分悬殊，或机动车和非机动车高峰小时不在同一时间现象的道路；也不宜用于用地紧张，非机动车较少的山村道路。

6.3.3.3　道路的横坡度

为了使道路上的雨雪水能迅速、顺畅地排入道路边沟或排水暗管，在道路横向必须设置横坡度。道路横坡度的大小主要取决于路面材料、路面宽度、纵坡度大小和当地气候条件。结合交通部《公路工程技术标准》（JTG B01—2003），我国村镇道路横坡度的数值可参考表6-17所示取用。

表6-17　道路横坡度

车道种类	路面结构	横坡度 / %
车行道	沥青混凝土、水泥混凝土	1.0~2.0
	其他黑色路面、整齐石块	1.5~2.5
	半整齐石块、不整齐石块	2.0~3.0

（续）

车道种类	路面结构	横坡度 / %
车行道	碎石、砾石等粒料路面	2.5~3.5
	粒料加固土、其他当地材料加固土或改善土	3.0~4.0
人行道	砖石铺砌	1.5~2.5
	砾石、碎石	2.0~3.0
	砂石	3.0
	沥青面层	1.5~2.0
自行车道		1.5~2.0
汽车停车场		0.5~1.5
广场行车路面		0.5~1.5

6.3.4　道路线形设计

　　使道路各直线段与曲线段在平面和立面上平顺、柔和地衔接，并在技术标准上满足道路等级的交通要求，称为道路线形设计。道路线形主要包括道路红线范围内，在平面上的投影位置和道路中线或其他特征线在纵向所作的垂直剖面线形，前者称为道路平面，后者称为道路纵断面。

　　村镇道路的平面设计，一般是在村镇道路网规划的基础上进行的。按照主管部门下达的设计任务书中提出的各项要求，依据有关的设计规范或技术标准，结合调查勘测所取得的有关资料和数据，以及横断面的布置情况，以道路中线为准，将道路网规划或选线中大致规定了的路线走向与其他道路的方位关系等，经过综合考虑和必要的调整加以确定。在此基础上，将全部平面线形确定下来，并绘成道路平面设计图。

6.3.4.1　道路的平面设计

　　村镇道路平面线形设计是在道路路网规划的基础上进行，根据道路路网规划已大致确定的道路走向、道路之间的方位关系，以道路中线为准，按照行车技术要求及详细的地形、地物资料、工程地质条件，确定道路红线范围内在平面上的直线、曲线路段与其之间的衔接；具体确定交叉口的形式、桥涵中心线的位置以及绿化分隔带、地上杆线的平面安排等。

　　（1）道路平面设计的主要内容

　　① 图上和实地选线。即确定所设计路线的起点、终点、中间控制点（指受规划或地形、地物现状、交通要求等的限制，必须通过或避开的平面转折点、纵断面转坡点或控制标高点）和横断面布置在图纸和实地上的具体位置。

② 定线应结合自然地形、地物现状、地质水文条件以及临街建筑布局的要求，经济合理地综合考虑。

③ 平曲线设计是在图纸上和实地定线的基础上进行的，包括：选定合适的平曲线半径；根据情况设置超高、加宽和缓和曲线等。

④ 解决直线（曲线）与曲线之间的衔接问题。

⑤ 验算弯曲内侧的安全行车视距。如不能保证，则需决定视线障碍物的清除范围。

⑥ 确定分隔带、人行道绿化带、杆线设施的位置等。

⑦ 对沿线的交叉口和广场、桥涵和排水设施，以及其他各项公用和附属设施进行平面布置，确定其具体位置，采用的形式和尺寸。

⑧ 绘制道路平面设计图。

（2）弯道上平曲线半径的选择

① 道路平曲线的概念。为了使车辆从一条折线段平顺回转，徐徐地进入另一折线段，就需要妥善地选择曲线段来与相邻两转折直线段相衔接，这种曲线就称为平曲线。

当路线的转折角很小（7°以内），同时设计车速也不大（$V < 50$km/h）时，可以将折线直接相连而不设平曲线。但如设计车速较高（$V > 50$km/h），则必须设置较长的平曲线，以保证行车的安全和顺畅；另外，在村镇内部的道路，即使转角较小，也宜设平曲线以使车行道两侧的路缘石平顺美观。

平曲线一般采用圆曲线，但为了进一步提高使用质量，在圆曲线与两端的直线之间，还应设置过渡性的缓和曲线。平曲线能在很大程度上抵消各种因素的影响，更好地保证行车的安全、迅速、经济和舒适，主要取决于圆曲线半径的大小和采用其他措施（如超高、加宽及缓和段等）的情况。

② 平曲线半径的选择。村镇道路一般车速不超过20~40km/h，同时考虑到便于沿街建筑的布置和地上、地下管线的敷设，并有益于街道景观，宜尽可能选用不设超高的平曲线半径。根据村镇道路交通特点、分类，建议的平曲线半径参考值如表6-18所示。按照现行《公路工程技术标准》（JTG B01—2003）的有关规定对于郊区道路、过境公路则可参考表6-19所示。

表6-18 村镇道路平曲线半径参考值

平曲线半径及车速	道路类别		
	主干道	次干道	支路
设计车速 /（km/h）	25~40	25~30	15~20
推荐半径 / m	230~300	110~150	40~70
设超高的最小半径 / m	75~100	35~75	15~20

表6-19 公路圆曲线最小半径

公路等级	高速公路				一		二		三		四	
设计车速 /(km/h)	120	100	80	60	100	60	80	40	60	30	40	20
极限最小半径/m	650	400	250	125	400	125	250	60	125	30	60	15
一般最小半径/m	1000	700	400	200	700	200	400	100	200	65	100	30
不设超高最小半径(m)	5500	4000	2500	1500	4000	1500	2500	600	1500	350	600	150

选用平曲线半径，应结合地形、地物、现状、道路等级综合分析考虑。对各个等级的道路平曲线，原则上应尽量采用较大的半径，以提高道路的使用质量；对于地形、地物复杂的道路，可采用设超高的推荐半径；对次要性道路的局部路段，也可采取降低设计车速，加设交通警告标志等措施来解决最小半径问题；在长直线（特别是下坡）的尽头，不得采用小半径的平曲线。

在具体计算确定平曲线设计半径时，为便于测设，当$R<125m$时，按5m的整倍数取值；当$125m<R<250m$时，按10m的整倍数取值；当$250m<R<1000m$时，按50m的整倍数取值；当$R>1000m$时，则按100m的整倍数取值。此外，当路线转折角在3°~7°时，由于曲线外距很小，也可不设曲线，而仅将转折点附近左右各10m范围的路缘石施工时做成平顺弧线形。

当汽车在平曲线段行驶时，若曲线段过短，会使驾驶员回转方向盘感到急促困难，甚至冲入相邻车道，引起交通事故，加上离心加速度变化率过大也会使车内乘客感到不舒适。因此，通常规定不同计算行车速度下的圆曲线最小长度如表6-20所示。

表6-20 不同设计行车速度下的圆曲线最小长度

设计车速 /（km/h）	60	40	30	20
圆曲线最小长度/m	45	35	25	20
小转角（$\theta<7°$）时最小长度/m	$700/\theta$	$500/\theta$	$350/\theta$	$280/\theta$

注：表中的 θ 为路线转角值（°），当 $\theta<2°$ 时按 $\theta=2°$ 计算。

③ 平曲线与平曲线及直线间的衔接。在受地形、地物限制较多的地区（如山地、丘陵地区），一条路线在较短的距离内，常会发生连续的转折，致使道路线形错综复杂，对行车安全十分不利，因此就需要妥善解决好相邻平曲线与平曲线及直线之间的衔接问题。

在同一条道路上转向相同的两条相邻平曲线（中间可以有直线段），称为同向曲线，如图6-6（a）

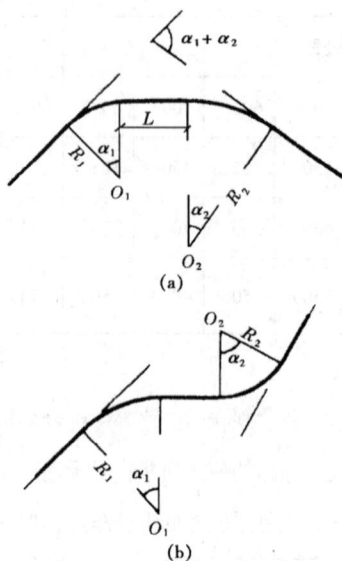

图6-6 同向、反向曲线段的衔接

所示；转向不同的（中间可以有直线段），则称为反向曲线，如图6-6（b）所示；直接相连的两个或两个以上的同向曲线，称为复曲线。

对于同向曲线，有几种不同的情况：不设超高的两曲线，可以直接相连；设有相同超高的两曲线，也可以直接相连，而只在两头的直线段上设置超高缓和段；设有不同超高的两曲线，仍可直接相连，但应从公共切点处向半径较大的曲线内插入超高（加宽）缓和段，其长度为两超高缓和段之差。若仅加宽不同，则向半径较大的曲线内插入一段适当长度的加宽缓和段即可，如两同向曲线受地形、地物等条件限制而不能直接连成复曲线，就应在两曲线间插入足够长的直线段。

对于反向曲线，如半径大而无超高，可以直接相连，故两转点间的距离能布置下两圆曲线的切线即可；若有超高（或缓和曲线），则两曲线之间就需要有一条直线插入段，其最小长度不得小于车速V的2倍，以便能设置缓和曲线或两个超高缓和段的长度。在工程特殊困难地段，可将缓和段的不足部分插入圆曲线内，但仍需保留不小于20m长的直线段。

复曲线一般只在受地形、地物限制才采用，相邻两曲线半径相差不大于2倍（如两个半径都大于不设超高的最小半径，或设计车速不大于30km/h，可不受限制），或插入一个足够长的直线段，即至少能设置得下两个缓和曲线，就是两个同向曲线之间连以短的直线段，其最小长度为6V。

（3）行车视距

为了确保在道路上行车的安全，使驾驶员能随时看到汽车前方一定距离的路面，以便随时发现障碍，或来车时能及时采取措施，避免发生事故，这段必不可少的距离称为行车视距。

行车视距一般分为停车视距、会车视距、错车视距、超车视距等。在我国村镇道路上行车视距主要有停车视距、会车视距两种。

① 停车视距。汽车行驶时，驾驶员自看到障碍物起至，到在障碍物前完全停住所需要的最短安全距离，称为停车视距，包括反应距离、制动距离和安全距离三个部分，如图6-7所示。

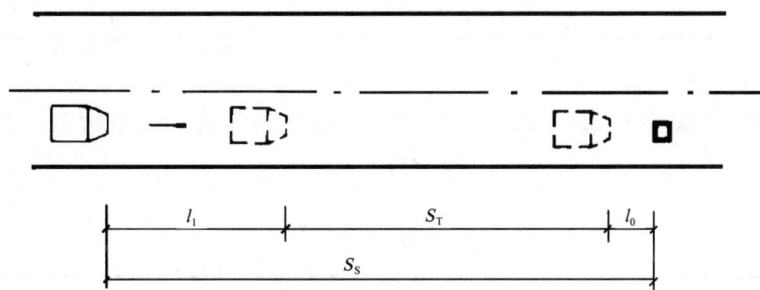

图6-7 停车视距的组成

$$S_S = l_1 + S_T + l_0 \qquad (6\text{-}11)$$

反应距离l_1，即驾驶员从发现障碍物到开始制动的时间内车辆的行驶距离。

$$l_1 = vt = \frac{Vt}{3.6} \ (\text{m}) \qquad (6\text{-}12)$$

式中：v、V——设计行车速度，m/s或km/h；

t——反应判断时间，通常取为1.2s。

制动距离S_T，即车辆由开始制动到车辆停止时间内仍在行驶的距离。

$$S_T = \frac{KV^2}{254(\varphi \pm i)} \ (\text{m}) \qquad (6\text{-}13)$$

式中：K——制动安全系数，通常采用1.2~1.4，村镇道路一般为1.2；

φ——纵向摩擦因数；

i——道路纵坡，上坡为"+"，下坡为"−"。

安全距离l_0，即制动停车后汽车与障碍物之间的最小安全净距。一般取为5~10m，村镇道路一般为5m。

综上所述，村镇道路汽车停车视距为

$$S_S = l_1 + S_T + l_0 \frac{V_t}{3.6} = \frac{KV^2}{254(\varphi \pm i)} + l_0 \ (\text{m}) \qquad (6\text{-}14)$$

村镇道路的停车视距建议值如表6-21所示。

表6-21　村镇道路的停车、会车视距　　　　　　　　　　　　　　　　　　　　　　　　　　m

道路类别	最小安全视距	
	停车视距	会车视距
主干道	40	80
次干道	30	60
支路（街坊路）	20~25	40~50

② 会车视距。两辆对向行驶的汽车能在同一车道上及时刹车所需的最短安全距离。会车视距包括双方车辆的反应距离、制动距离和安全距离3个部分（图6-8）。

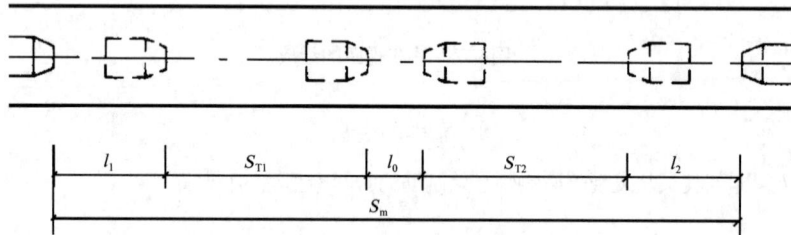

图6-8　会车视距的组成

$$S_s = l_1+S_{T1}+l_0+S_{T2}+l_2 = \frac{(V_1+V_2)t}{3.6} + \frac{KV_1^2}{254(\varphi \pm i)} + \frac{KV_2^2}{254(\varphi \pm i)} + l_0 \ (\text{m}) \quad (6-15)$$

由式6-14与式6-15可知，会车视距几乎等于停车视距的2倍，村镇道路的会车视距建议值见表6-21。

6.3.4.2　道路的纵断面设计

纵断面线形设计是指依据道路性质、任务，交通特点、规划要求和地形、地质、水文等因素，考虑路基稳定、排水工程量的要求，对纵坡的大小、长短竖曲线半径大小以及平面线形的组合关系等进行综合设计，以取得纵坡合理、线形圆顺的理想线形。

在纵断面图上表示原地面各特征点起伏变化的连线，称为地面线（因此线多用黑线画出，因而又称黑线）。地面线上各桩号处的高程，称为地面标高（又称黑色标高）。而表示所设计的道路中心线（一般为路面顶，也有指路肩边缘的）上各特征点的连线，称为设计线（又称红线）。设计线上各桩号处的高程，称设计标高（又称红色标高）。设计线与地面线上各对应点之间的高程差，称为施工高度或填挖高度，即表示该处的填高或挖深的数值。凡设计线高于地面线的需填上，反之则为挖土；若设计线与地面线重合，则表明该处不填不挖。因此，确定路基实际施工高度时，应根据路面设计线扣除路面结构厚度，一般纵断面设计线应力求与地面线平行，以减少土石方工程量。

纵断面设计的一般要求：

① 道路纵断面设计应具有较好的平顺性，即设计线的起伏不宜过于频繁。这就要求做到纵坡平缓、坡段较长而转坡点较少。在较大的转坡角处，应配置较大半径的竖曲线，以保证行车的安全、迅速、经济与舒适。

② 力求路基稳定，工程量小。为此，就应使设计线尽量与地面线相接近，可以减少挖填土方量，使路线与地形相吻合，最少地破坏自然因素的平衡，路基也就比较稳固。

③ 道路纵断面设计的线形与标高还应保证与相交的道路、广场、桥涵和沿路建筑物的出入口有平顺的衔接。

④ 保证道路两侧的街坊和道路上地面水的顺利排出。

⑤ 应注意与平面线形相配合。在做平面线形设计时，要考虑纵断面线形方面的问题，同样在纵断面设计时，也要考虑到如何与平面以及横断面线形互相配合，这点对线形较为复杂的山区村镇道路尤为重要。

纵断面设计的主要内容包括：

确定路线和各种构筑物的适当标高；设计沿线各路段的纵坡度及坡长；选定符合行车技术要求的竖曲线；计算各桩号的施工高度；标注有关街道交叉口、桥涵以及各种构筑物的位置与高程，完成纵断面图的绘制。

村镇道路的纵断面大多为道路中心线，当道路横断面为二块板、三块板而上下道不在同一高程上时，应分别确定各个不同车行道的设计中心线。

（1）纵坡及坡长的确定

① 最大纵坡。最大纵坡是指在纵坡设计时所允许采用的最大坡度值。影响道路设计最大纵坡值确定的因素，除道路性质、行车技术要求、自然地形、排水以及工程地质水文条件等外，还必须考虑村镇道路的交通组成、自然地理环境的特征，以及沿街建筑物与地下管线布设的要求。

a. 考虑非机动车，特别是自行车行驶的要求。村镇道路中有相当数量的自行车，以及一定数量的板车、架子车等与机动车并行。据国内实测资料分析：适于自行车骑行的纵坡宜在2.5%以内，最大不超过3.5%；适于平板三轮车、手推架子车的纵坡宜为2%以内；在山区村镇困难路段，自行车骑行的纵坡也不得超过5%，且其坡长不超过60m。因此，在选择道路纵坡值时，对非机动车流量大的村镇内干道，应着重考虑非机动车安全行驶的要求。一般纵坡宜控制2.5%~3%以内，且坡长在200~300m以内。对下穿铁路的地道桥引道，由于可将机动车、非机动车道分开设置，则可令非机动车纵坡在2.5%以内，机动车道则容许采用3%~4%的纵坡。

b. 考虑自然地理环境的特征。我国幅员广阔，各地自然地理环境差异较大。在气候寒冷、路面易于发生季节性冰冻的北方地区，在气候湿热多雨的南方潮湿地区，由于车辆轮胎与路面间的摩擦因数在不利季节比正常情况小，从而影响车辆牵引力的充分发挥，就需要适当降低设计最大纵坡值。对海拔较高的高原村镇，由于空气稀薄使车辆的有效牵引力得不到充分发挥，加上因气压低，车辆水箱中的水易于沸腾，使机件发生故障而引发交通事故。因此，对高原地区村镇的道路设计最大纵坡容许值也应有所降低。

c. 考虑沿街建筑物与地下管线布设的要求。道路纵坡过大不利于沿街建筑物的布置、出入，并影响街道景观。此外，过大的纵坡往往会加大地下管线，特别是给、排水管的埋深。

一般平原地区的纵坡不大于6%，山区和丘陵地区的纵坡不大于7%，特殊情况下可达8%~9%；另外还要特别考虑我国村镇非机动车的大量使用，故在确定纵坡时不宜过大，一半以不大于3%为宜。

综上所述，对村镇道路的最大设计纵坡度，在有关部门尚未作统一规定前可参考《城市道路工程设计规范》（CJJ 37—2012）的相关数值取用，如表6-22所示。

表6-22　道路最大设计纵坡度参考值

设计速度 / (km/h)		100	80	60	50	40	30	20
最大纵坡度 / %	一般值	3	4	5	5.5	6	7	8
	极限值	4	5	6		7	8	

若村镇位于高原地区，考虑严寒气候、冰雪影响，最大纵坡应根据海拔高度予以折减。海拔高度3000~4000m，折减1%；海拔高度4000~5000m，折减2%；海拔高度5000m以上时，折减3%。最大纵坡折减后，如小于4%，仍用4%。

② 最小纵坡。所谓最小纵坡就是指能满足排水需要的最小纵坡度。为了保证路面雨、雪水的通畅排除，道路纵坡也不宜过小。其值随路面类型、当地降雨强度以及雨水管道的管径大小、路拱拱度等而变化，一般在0.3%~0.5%之间。当确有困难纵坡设置小于0.3%时，应做锯齿形街沟或采用其他措施排水。

③ 坡长限制。道路的纵坡越大，所需坡长越长，故应对坡长进行限制，否则对行车不利，易于引发交通事故。当道路设计纵坡度大于推荐值时，可按表6-23所示的规定限制坡长。当纵坡度大于5%，坡长超过限制值时，需设总坡为3%的缓和段。缓和段的长度应大于或等于坡段最小长度。

表6-23　最大坡长限制

设计速度 / （km/h）	100	80	60			50			40		
纵坡 / %	4	5	6	6.5	7	6	6.5	7	6.5	7	8
最大坡长 / m	700	600	400	350	300	350	300	250	300	250	200

道路的坡长也不宜过短,以免路线起伏频繁,对行车、视距均不利。坡段最小长度可参考表6-24所示。

表6-24 最小坡长限制

设计速度 / (km/h)	100	80	60	50	40	30	20
最小坡长 / m	250	200	150	130	110	85	60

村镇道路上拥有大量的非机动车,一般非机动车的纵坡度应控制在2.5%以下,如遇到特殊地形,其坡长可参照《城市道路工程设计规范》(CJJ 37—2012)加以限制,如表6-25所示。

表6-25 非机动车车道最大坡长 m

纵坡度 / %		3.5	3.0	2.5
最小坡长 / m	自行车	150	200	300
	轮车、板车	—	100	150

（2）竖曲线

① 竖曲线的概念。道路纵断面上两相邻的纵坡线的焦点称为变坡点,为保证行车安全、舒适及视距的要求,在变坡点处用一段曲线来缓和,称为竖曲线。

由于上、下坡的次序不同,转坡点分为凸形与凹形两种基本形式。图6-9中所示ω为转折角,其大小等于两相交段切线的倾斜角之差。这个角通常很小,故可以用两纵坡倾角正切的代数差来表示,即

$$\omega = i_1 - i_2 \qquad (6-16)$$

式中,i_1和i_2分别为两相邻直线段的设计纵坡（以小数计）,升坡时取正号,降坡时取负号。道路的纵坡转折处是否要设置竖曲线,由转坡角的大小与道路等级决定。对村镇道路主干道,当$\omega \geqslant 0.5\%$,次干道$\geqslant 1.0\%$时,应设置凸形竖曲线；主、次干道当$\omega \geqslant 0.5\%$,其他道路当$\omega \geqslant 1.0\%$时,应设置凹形竖曲线。

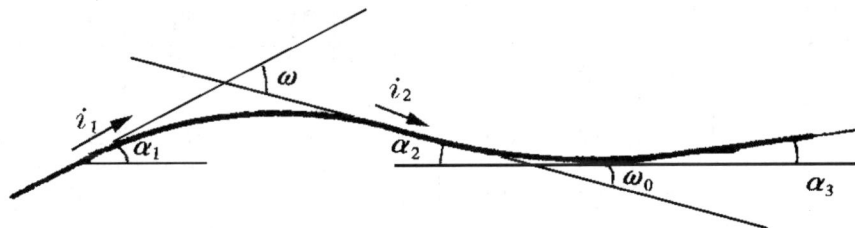

图6-9 纵断面转坡点的竖曲线布置

② 竖曲线半径的计算与确定。竖曲线通常采用圆弧线形，和平曲线一样，本处主要是确定其半径。

凸形竖曲线半径的大小主要取决于保证安全视距的需要，分两种情况考虑：

a. 当竖曲线的长度大于最小安全视距时，有

$$R_凸 = \frac{S_s^2}{2.4} \text{ 或 } R_凸 = \frac{S_m^2}{9.6} \tag{6-17}$$

式中：$R_凸$——凸行竖曲线半径，m；

S_s——停车视距，m；

S_m——会车视距，m。

一般情况下村镇采用停车视距。

b. 当竖曲线长度小于最小安全视距时，有

$$R_凸 = \frac{2}{\omega}(S_s - \frac{12}{\omega}) \text{ 或 } R_凸 = \frac{2}{\omega}(S_m - \frac{4.8}{\omega}) \tag{6-18}$$

凹形竖曲线半径主要取决于减轻离心力冲击的需要，以不致使人感到不舒适，亦使车辆支架弹簧不致超载过多。凹形竖曲线半径的计算公式为

$$R_凸 = \frac{v^2}{13a} \tag{6-19}$$

式中：$R_凸$——凹形竖曲线半径，m；

v——设计行车速度，km/h；

a——离心加速度，m/s²，一般取0.5~0.7m/s²。

我国村镇道路的竖曲线最小半径及最小长度可参考表6-26所示。

表6-26 竖曲线最小半径和最小长度参考值

项目	设计行车速度 / (km/h)	80	60	50	40	30	20
凸行竖曲线 / m	极限最小半径	3000	1200	900	400	250	100
	一般最小半径	4500	1800	1350	600	400	150
凹形竖曲线 / m	极限最小半径	1800	1000	700	450	250	100
	一般最小半径	2700	1500	1050	700	400	150
竖曲线最小长度 / m		70	50	40	35	25	20

6.3.5 道路结构设计

6.3.5.1 路基

路基是道路的重要组成部分，路基质量的好坏，关系到整个道路的质量。路基要具有足够的整体稳定性，要有足够的强度，要具有足够的水、温稳定性以保证车辆的正常行驶。

（1）路基横断面组成

路基横断面的几何尺寸由宽度、高度和边坡坡度所组成。

① 路基宽度。路基宽度是路面及两侧路肩宽度值之和，路面宽度应根据设计通行能力及交通量大小而定，路肩宽度如表6-27所示。路基宽度因技术等级及具体要求而不同，除路面及路肩外，必要时还应包括分隔带、路缘带、变速车道、爬坡车道、慢行道或路用设施（如护栏、照明、绿化等）可能占用的宽度。

② 路基高度。路基高度是路堤的填筑厚度或是路前的开挖深度，是原地面中心桩号标高与路基设计标高的相差数值。村镇道路一般采用路中线标高。

路基高度还应结合道路沿线具体的水文气候条件和排水及防护措施，以保证对路基强度和稳定性的要求。

③ 路基边坡坡度。路基边坡应根据当地自然条件、土石种类及其结构、边坡高度和施工方法等确定。

表6-27　二、三、四级公路的路基宽度

公路等级		二级、三级、四级公路					
设计速度/（km/h）		80	60	40	30	20	
车道数		2	2	2	2	2或1	
路基宽度	一般值	12.00	10.00	8.50	7.50	6.50（双车道）	4.50（双车道）
	最小值	10.00	8.50	—	—	—	

注：1."一般值"为正常情况下的采用值；2."最小值"为条件受限时可采用的值。

（2）路基设计要点

路基设计之前，应做好全面的调查研究，充分收集沿线地质、水文、地形、地貌、气象、地震等设计资料。改建公路设计时，还应收集历年路况资料及当地路基的翻浆、崩塌、水毁和沉降变形等灾害的防治经验。

路基设计应根据当地自然条件和工程地质条件，选择适当的路基断面形式和边坡坡度。还应保证要有足够的压实度，以确保路基和路面具有必要的稳定性。

6.3.5.2　路基排水

（1）地面排水设施

路基地表排水设施包括边沟、截水沟、排水沟、跌水与急流槽、蒸发池、油水分离池、排水泵站等，应结合地形和天然水系进行布设，并做好进出口的位置选择与处理，防止出现堵塞、溢流、渗漏、淤积、冲刷和冻结现象（图6-10）。

（a）截水沟　　　　　　　　　　　　　　　（b）边沟

图6-10　路基排水设施

（2）地下排水设施

路基地下排水设施包括暗沟、渗沟、渗水隧洞、渗井、仰斜式排水孔、检查疏通井等。地下排水设施的类型、位置及尺寸应根据工程地址及水文条件确定并与地表排水设施相协调。

（3）综合排水设施

在实际工程中，由于自然条件、路线布置及其他人为因素的不同，情况比较复杂，对于某些重点路段需要进行路基路面排水的综合设计，以提高排水效果，发挥各类排水设施的优点，降低工程费用。

综合排水设计是将地面排水与地下排水设施协调配合；路面排水设施与路基排水设施以及其与桥涵等泄水构造物合理布置；排水工程与防水加固工程相互配合；路基排水沿线农田水利规划及确定有关其他基本建设项目之间的联系等。

设计综合排水设施主要目的在于确保路基路面的强度和稳定性，提高道路的使用效果。

6.3.5.3　路面

路面是在路基表面上用各种不同材料或混合料分层铺筑而成的一种层状结构物，功能不仅是提供汽车在道路上能全天候地行驶，而且要保证以一定的速度安全、舒适而经济地运行。路面工程是道路建设中一个重要组成部分，路面的好坏直接影响行车速度、运输成本、行车安全和舒适。为了保证道路行车通畅，行车速度提高，安全性和舒适性增强，运输成本和使用年限的延长，对路面的要求有：足够的强度和刚度，足够的稳定性、耐久性，表面平整度，表面抗滑性，尽可能低的扬尘性和足够的不透水性。

用于路面铺设的材料主要有：普通土、盐渍土、石灰与粒料、原石或拳石。

① 普通土。普通土是有粗细不同的土粒组成，颗粒粗的黏性差，颗粒小的黏性好。土壤根据粒径范围的大小可以分为砂土、粉砂土和黏土。沙土粒径范围为2~0.05mm，粉砂土的粒径范围为0.05~0.005mm，黏土的粒径范围为小于0.005mm。天然状态的土壤大都是这三种土壤的混合体。

② 盐渍土。能吸收和保持水分，因而常处于潮湿状态。盐渍土按含盐种类可分为两类：一类含氯盐，适宜于改善沙性土壤的土路面；另一类含盐酸盐，在潮湿时变软，干时会松散，路用质量较差。区别这两类盐土由化验确定。

③ 石灰与粒料。石灰宜采用新鲜生石灰，在使用前需用清水浇毕并过滤，去除杂质后使用，凡是粗颗粒的材料统称粒料。比较普遍的粒料有：砾石、砂、风化碎石、炉渣及碎砖瓦等。

④ 圆石。圆石是指大块的河卵石，采用圆石时应挑选尺寸大致相同的，长扁形状的不宜采用。

⑤ 拳石。拳石是经过加工制成的，石块形状约呈立方体，石块高度以120mm左右为宜，高度相差20~30mm时也可使用。

6.3.5.4 桥梁、涵洞

桥梁和涵洞是道路中跨越河流、渠道、山谷、交叉线路等障碍的专用建筑物，一方面保证车辆和行人正常通行；另一方面还需满足桥涵下水流的宣泄，船只或车马、行人的通行。

（1）桥梁

桥梁一般由上部结构、下部结构和附属结构组成。上部结构是供车辆和人群行走的，同时又通过与下部结构连接处的传力装置把荷载传给桥墩、桥台以及它们的基础。下部结构包括桥墩和桥台，是支撑上部结构并将车辆等荷载和结构重力传给地基的结构物。附属结构包括在路堤与桥台衔接处或桥台两侧设置的锥形护坡和为保护桥台、路堤的填土，在桥台两侧做的防护和倒流结构物。水中桥梁附属结构是保证路堤迎水部分的边坡稳定、抵御水流冲刷等所需要的重要结构物。

（2）涵洞

涵洞是横穿路堤的人工构造物，一般由洞口、洞身、基础和附属工程组成。洞口在洞身两端，起连接洞身于路基边坡、保护洞身、防止边坡下塌、使水流正常的通过涵洞等作用。洞身是涵洞的主要部分，其截面形式有圆形、拱形和箱形等（图6-11）。涵洞除需满足排水外，还承受路基填土及由路基填土传来的车辆活载压力。基础的形式分为整体式和非整体式两种。当涵洞孔径较小、动身较短或地质情况不良时，一般采用整体式基础。如果涵洞孔径较小，洞身较长且地基情况良好，不均匀下沉量较小，并不致危害涵洞安全时，为了节省圬工，可采用非整体式基础。涵洞的附属工程包括锥体护坡、河床铺砌、路基边坡铺砌及人工水道等。

图6-11 箱形涵洞

选择桥、涵位置的一般原则：

① 道路靠近村镇且挡住村镇内沥水排泄之处。

② 洪水淹没区及天然排水洼地，应详细调查排水宽度，并征求当地群众的意见，分散设置若干道桥涵。

③ 积水洼地地区，为平衡路基两侧水位，依据洼地来水量的大小设置若干道桥涵。

④ 道路穿越山岭地段，除了设置排除山沟洪水的桥涵外，还应设置一定数量的路基边沟排水涵洞（其间距一般不大于300m）。

桥涵的形式选择应符合经济、坚固、便于施工的原则。道路通过河渠时应进行经济比较确定修桥或建涵洞。

6.3.6 道路交通标志标线及安全设施设计

村镇道路经历了由通路到路面硬化的过程，"村村通"已基本实现，村镇道路的里程数也有了极大的提高，但是车速相对提高的同时也应当做好交通标志标线及安全设施的设计，这样才能对村镇道路使用者的最基本的出行安全提供必要的保障。

6.3.6.1 道路交通标志标线设计

（1）道路交通标志

交通标志按其功能可分为主标志和辅助标志两大类。主标志分为：① 指示标志，是指示车辆和行人按规定方向、地点行进的标志，通常为圆形、矩形，蓝色底白色图案，如直行、右转、单向行驶等，如图6-12（a）所示，指示标志在道路交通中是最常见的；② 警告标志，是警告驾驶人员注意前方路段存在的危险及应采取的措施，通常为等边三角形（或菱形），黄色底黑边黑图案（或白色底红边黑图案或深蓝色图案），如交叉口、急弯、路面不平等，如图6-12（b）所示；③ 禁令标志，是根据道路和交通量情况为保障交通安全而对车辆行为加以禁止或限制的标志。形状通常为圆形，白色底红边红斜杠黑色图案，例如，禁止停车、速度限制等，如图6-12（c）所示；④ 指路标志是传递道路方向、地点、距离等信息的标志，通常为矩形，一般道路为蓝色底白色字符，高速公路为绿色底白色字符，如图6-12（d）所示。辅助标志为附设与主标志下起辅助说明作用的标志，为长方形，白底黑字黑边框，可分为表示车辆种类、表示时间、表示区域或距离、表示禁令和警告的理由四种。

（a）指示　　　　　（b）警告　　　　　（c）禁令　　　　　（d）指路

图6-12　交通标志示例

交通标志的设置应为道路使用者提供适时、准确、足够的诱导信息，充分发挥公路快速、舒适、安全的效能。交通标志的布设应结合道路线形、交通状况、沿线设施等情况，根据交通标志的不同种类来设置，标志结构形式设计及标志设置位置应与道路线形及周围环境协调一致，满足美观及视觉的要求。

（2）道路交通标线

道路交通标线是交通安全设施的重要组成部分，由标划于路面上的各种线条、箭头、文字、立面标记、突起路标和轮廓线等构成，是引导驾驶员视线、管制驾驶员驾车行为的重要设施。因此，对标线的可见性、耐久性、施工性等有严格的要求。标线的作用是管制和引导交通，可与标志配合使用，也可单独使用。标线应能确保车流分道行驶，导流交通行驶方向，指引车辆在汇合及分流前驶入合适的车道，加强行驶纪律和秩序，减少事故。标线应保证白天和晚上均具有视线诱导功能，并应做到车道分界清晰、线向清楚、轮廓分明。

交通标线有多种不同的划分方式。① 按设置方式可分为：纵向标线，沿道路行车方向设置的标线；横向标线，与道路行车方向成角度设置的标线；其他标线，字符标记或其他形式标线。② 按功能可分为：警告标线，促使车辆驾驶人员及行人了解道路上的特殊情况，提高警觉，准备防范应变措施的标线；指示标线，指示车行道、行车方向、路面边缘、人行道等设施的标线；禁止标线，告示道路交通的遵行、禁止、限制等特殊规定，车辆驾驶人员及行人需严格遵守的标线。③ 按形态可分为：线条，标划于路面、缘石或立面上的实线或虚线；字符标记，标划于路面上的文字、数字及各种图形符号；突起路标，安装于路面上用于标示车道分界、边缘、分合流、弯道、危险路段、路宽变化、路面障碍物位置的反光或不反光体；路边线轮廓标，安装于道路两侧，用于指示道路的方向、车行道边界轮廓的反光柱（或片）。

我国现行的交通标线共有17种，名称和作用分别是：

a. 车行道中心线。颜色为白色或黄色，作用是分隔对向行驶的交通流。

b. 车道分界线。白色虚线，用来分隔同向行驶的交通流。

c. 车行道边缘线。白色，用来表明车行道边线。

d. 停止线。白色，表示车辆等候放行信号，或停车让行的停车位置。

e. 减速让行线。白色，表示车辆必须减速让行。

f. 人行横道线。白色条纹。

g. 导流线。白色，表示车辆需按规定的路线行驶，不得压线、越线。

h. 车行道宽度渐变段标线，与中心线一致。

i. 接近路面障碍物标线。颜色与中心线一致，表示车辆须绕过路面障碍物行驶。

j. 停车标线。白色实线，表示车辆停放位置。

k. 港湾式停靠站标线。白色，表示车辆通向专门的分离引道和停靠位置。

l. 出入口标线（图6-13）。白色，是为驶入或驶出匝道车辆提供安全交汇，减少突出部位碰撞的标线。

图6-13　出入口标线

m. 导向箭头。白色箭头实线，用于引导行车方向。

n. 导向道线。黄色实线，划在路口停车线以外，用于标明导向车道。

o. 导流带。白色流线型条纹带，画在畸形路口或路面，用来分导车流。

p. 路面文字标记。黄色，用于指示或限制车辆行驶标记。

q. 禁停线。黄色网状条纹，一般用于重要单位、部门前，禁止车辆在内停放。中心黄色虚实线画在路面中间，用来分隔不同方向之车道。黄实线的一边禁止超车、跨越或掉头，虚线一边则可跨越。

6.3.6.2　道路交通安全设施设计

道路交通安全设施属于道路的基础设施，对减轻事故的严重度，排除各种纵、横向干扰，提高道路服务水平，提供视线诱导，改善道路景观等起着重要的作用。交通安全设施主要包括：安全护栏及相应的防撞缓冲设施，防眩设施，隔离封闭设施和视线诱导设施等。交通安全设施是道路最基础、最必要的安全防护系统，对于保障行车准确、安全通畅、舒适，对于整个交通工程系统的合理运营起着决定性的作用。

（1）安全护栏

护栏的防撞机理是通过护栏和车辆的弹塑性变形、摩擦、车体变位来吸收车辆碰撞能量，从而达到保护乘客生命安全的目的。护栏与其他安全设施的显著区别是以护栏和车辆的破坏（变形）来防止更严重的伤害和事故发生。

护栏按构造形式可分为：半刚性护栏，是一种连续的梁柱结构，主要设置在需要着重保护乘员安全的路段；刚性护栏，是一种基本不变形的护栏结构，主要设置在需严格阻止车辆越出路外，以免引起二次事故的路段，对保障乘员安全性的要求略低；柔性护栏，是一种具有较大缓冲能力的韧性护栏结构，缆索护栏是其主要代表形式，完全依靠缆索的拉应力来抵抗车辆的碰撞，吸收能量。

护栏按设置位置可分为：路侧护栏，是指设置在公路路肩或边坡上的护栏，用于防止时空车辆越出路外；中央分隔带护栏，是指设置于道路中间带内的护栏，用于防止失控车辆穿越中间带闯入对向车道；桥梁护栏，是指设置在桥梁上的护栏，目的是防止失控车辆越出桥外；过渡段护栏，是指在不同护栏断面结构形式之间平滑连接并进行刚度过渡的结构段；端部护栏，是指在护栏开始端或结束端所设置的专门结构；防撞垫，是通过吸能系统是正面、侧面碰撞的车辆平稳的停住或改变行驶方向，一般设置在互通立交出口三角区、未保护的桥墩、结构支撑柱和护栏端头。

（2）防眩设施

眩光是指在视野范围内，由于亮度的分布或范围不适宜，在空间或在时间上存在极端的亮度对比，致使驾驶员视觉机能或视距降低。防眩设施就是为了防止夜间行车受对向车辆前照灯眩目的人工构造物，有板条式的防眩板、扇面状的防眩大板、防眩网、防眩棚等结构形式。防眩设施可有效地消除对向车前照灯的眩光影响，保护驾驶员的视觉健康，美化道路景观，对改善夜间行车环境，吸引夜间交通量，提高道路通行能力发挥了积极的作用。

道路上使用的防眩设施可分为三种类型：连续封闭型的防眩设施，如足够宽度的中央分隔带（宽度大于9m）上的树墙等；由连续网状结构组成的防眩设施，金属或塑料防眩网为其代表形式；以一定的间距连续设置板状结构而组成的防眩设施，金属或塑料防眩版为其代表形式，防眩扇板、百叶窗式防眩栅、一定间距植树等从遮光原理上均属此种防眩设施。

（3）隔离封闭设施

隔离封闭设施是防止人和动物随意进入或横穿汽车专用公路，防止非法占用公路用地的人工构造物。其一般应用于高速和一级公路上，在此不再赘述。

（4）视线诱导设施

视线诱导设施时为了驾驶员安全驾驶，能够判断设计视距以外的道路方向而设置的安全设施。目前道路上广泛使用的视线诱导设施有轮廓标、路钮、线形诱导标（导向标）等。

轮廓标是设置与行车道边缘的设施，其构造与路边构造物有关。当路边无构造物时轮廓标为柱体，独立设置于路边土路肩中；当路边有护栏、桥梁栏杆、侧墙等构造物时，轮廓标就附着于这些构造物的适当位置上。其标准设置高度为70cm，最小设置高度为60cm，最大设置高度120cm。

路钮是一种粘贴或锚固在路面上，用来警告、诱导或告知驾驶员道路轮廓或道路前进方向的装置，可分为反光路钮和不反光路钮两大类。路钮一般配合路面油漆、热塑标线使用或以模拟路面标线的形式独立使用。路钮在不良气候条件下（如雨天、雾天、路面灰、泥多等）能有效地保证驾驶员的视认性。路钮有两个主要缺点：一是其突出路面对骑自行车和摩托车者构成潜在的危险；二是若路钮与路面固定不牢，在高速行驶的车辆的碾压下可能脱落而影响其他车辆安全行驶。

线形诱导标又称导向标（图6-14），分为指示线形诱导标和警告线形诱导标两类。指示线形诱导标为蓝、白相间，一般设置在小半径或通视较差、对行车安全不利的曲线外侧。警告线形诱导标颜色为红、白相间，一般设置在因道路施工或维修作业而需要临时改变行车方向，提醒驾驶员注意前方作业的路段前方。

图6-14　导向标

村镇道路交通标志标线和安全设施的具体设计的原则、位置、形式、尺寸等要素应依据《公路工程技术标准》（JTG B 01—2003）、《公路交通安全设施设计细则》（JTG/TD 81—2006）、《道路交通标志和标线》（GB 5768—1999）、《路面标线涂料》（JT/T 280—2004）、《公路交通标志板》（JT/T 279—2004）等进行，需要提出的是，目前我国现有村镇道路的标志标线及安全设施的设置不够完善，在全国190多万km公路通车总里程中，三级以下公路和镇外公路占总里程的66%以上，这些路大多缺乏必要的道路交通标志标线和安全防护设施。其中重要的原因在于没有得到足够的重视，在存折道路的建设上我们不能只考虑量也要注重质的提高，不能因为村镇道路的等级低而忽略相应的安全保障的设施，达到真正保障广大农民安全、快速、舒适的交通行为。

6.3.7 道路交叉口设计

交叉口是不同方向的多条道路相交或连接的部位。村镇交叉口有利于村镇道路上车流和人流的组织和交换，但也不可避免地使行车速度、道路通行能力降低，引发交通事故，交叉口成为道路交通的咽喉。因此，必须对交叉口的交通进行科学的组织和管理。其基本原则是：限制、减小或消除冲突点，引导车辆安全顺畅地行驶。村镇道路交叉口可分为平面交叉口和立体交叉口两大类。村镇道路上车速较低，交通量小，因此多采用平面交叉的措施。在设计村镇道路交叉口时，要合理地选择交叉口的形式，再进行交叉口的具体设计。

6.3.7.1 交叉口的形式

道路平面交叉口的类型，主要取决于相交道路的性质、交通组织方式、交通要求，还和交叉口的用地、周围的建筑物性质等有关。常见的有十字形交叉、T形交叉、X形交叉、Y形交叉、错位交叉和环形交叉等形式（图6-15）。

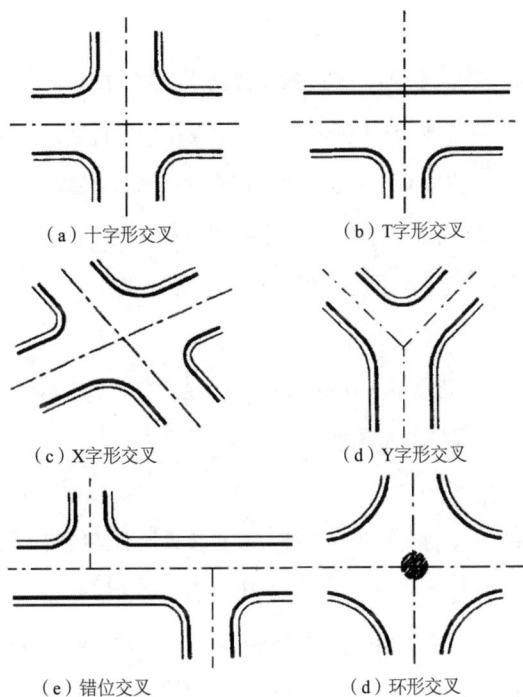

（a）十字形交叉　　　　　　（b）T字形交叉

（c）X字形交叉　　　　　　（d）Y字形交叉

（e）错位交叉　　　　　　（d）环形交叉

图6-15　平面交叉口类型

十字形交叉是常见的交叉口形式，适用于相同或不同等级道路相交，形式简单，交通组织方便，街角建筑容易处理。

T形交叉，交叉口形状如英文字母的T字，适用于主次道路相交，主次道路与支路的交叉，公路与村镇干道的交叉。T形交叉口形式简单，交通组织便利，街角建筑容易处理。

X形交叉，十字交叉口中其交角小于75°或大于105°。这种交叉口转弯交通不便，锐角街角建筑难处理，一般不采用此种形式。

Y形交叉是道路分叉的结果，一条尽端式道路与另两条道路以小于75°大于105°的角度相交，要求主要道路方向车辆畅通。

错位交叉是两个错开的T形交叉口相距很近。多用于主次道路与支路的交叉。

环形交叉是用中心岛组织车辆按逆时针方向绕中心岛单向行驶的一种形式，多用于两条主干道的交叉。这种交叉口可避免交通阻滞，消灭冲突点，保证行车安全。

6.3.7.2　简单平面交叉口设计

平面交叉口设计的主要任务是合理解决各向交通流的相互干扰和冲突，以保证交通安全和顺畅，提高交叉口以至整个路网的通行能力。对村镇简单平面交叉口的设计，主要内容是：交叉口形式的选择，足够的安全行车视距，交叉口转角缘石有适宜的半径。此外，还应考虑交通信号、标志标线的设计，交叉口的排水，交叉口与建筑、管线的关系等。

（1）交叉口形式的选择

平面交叉口类型的选择，应根据主要道路与相交道路的交通功能、设计交通量、计算行车速度、交通组成和交通控制方法，结合当地地形、用地和投资等因素综合分析进行。改善现有平面交叉口时，还应调查现有平面交叉口的状况，收集交通事故和相交道路、路网的交通量增长资料进行分析研究，做出合理的设计。一般情况下，交叉口形式的选择或改建可依据以下两个原则：

① 尽可能地选择正交或是接近90°的十字形交叉或是T形交叉，尽量不采用X形、Y形、距离过近的错位交叉。

② 尽量使相邻交叉口之间的道路直通顺畅，避免主干道错位于次干道相交，主干道与主干道相交不宜采用T形交叉。

（2）交叉口行车视距

平面交叉口必须有足够的安全行车视距，以便驾驶员在进入交叉口前一段距离内，能够识别交叉口的存在，看清相交道路上的车辆运行情况以及交叉口附近的信号、标志等，以便控制车辆避免碰撞。这段必要距离必须大于或等于停车视距。由两相交道路的停车视距作为直角边长，在交叉口所组成的三角形，称为视距三角形（图6-16）。在视距三角形范围内，不得有阻碍驾驶员视线的障碍物存在。

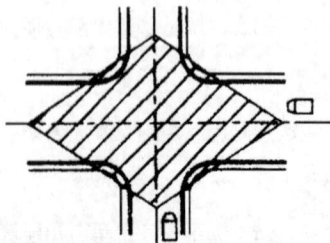

图6-16　平面交叉口视距三角形

① 对于无信号控制和停车标志控制的交叉口，在交通量小的情况下，识别距离可采用各相交道路的停车视距。不同计算行车速度下的平面交叉视距可参照表6-28所示。

表6-28　平面交叉视距与识别距离

计算行车速度 /（km/h）		60	40	30	20
停车视距 / m	一般值	75	40	30	20
	低限值	55	30	25	15
交通信号识别距离 / m		240	140	100	60
停车标志识别距离 / m		105	55	35	20

② 对于有信号控制的交叉口，驾驶员从看清交通信号到制动停车所行驶的距离与驾驶员反应、判断时间，以及制动前的行车速度、路面粗糙度等有关。最小识别距离为

$$S = \frac{Vt}{3.6} + \frac{2.5}{g}\left(\frac{V}{3.6}\right) \qquad\qquad (6-20)$$

式中：S——识别信号最小距离，m；

　　　V——计算行车速度，km/h；

　　　g——重力加速度，$g = 9.8\text{m/s}^2$；

　　　t——反应、判断时间，s，村镇可取 $t = 10\text{s}$。

村镇平面交叉口识别距离可参照表6-20取用。

③ 视距三角形以最不利情况来确定。对十字形交叉口，最危险的冲突点为最靠右的第一条直行车道与相交道路最靠中线的一条车道所构成的三角形（图6-17）。

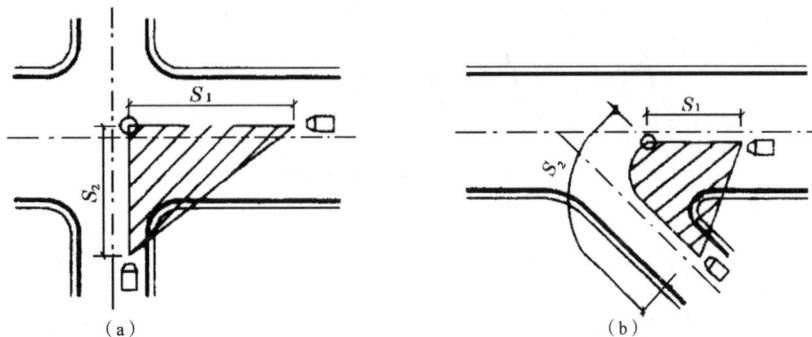

图6-17　视距三角形绘制方法

（3）交叉口转角的缘石半径

为使各种右转弯车辆能以一定的速度顺利地转弯行驶，交叉口转弯处车行道边缘应做成圆曲线或多圆心曲线，以适应车轮运行轨迹。这种车行道边缘通常称为路缘石或缘石，其曲线半径称为路缘石（或缘石）半径，如图6-18所示，不考虑机动车道加宽前的缘石半径时R_1为

$$R_1 = R - \left(\frac{B}{2} + W\right) \tag{6-21}$$

式中的R为

$$R_1 = \frac{V^2}{127\,(\mu \pm i)} \tag{6-22}$$

式中：R——机动车右转，车道中心线的圆曲线半径，m；

V——车辆速度，km/h；

μ——横向力系数，一般取为$\mu=0.15$；

i——路面的横向坡度，向曲线内侧倾斜时取"＋"值，向曲线外侧倾斜时取"－"值，一般取$i=1.5\%$进行计算；

B——机动车单车道宽度，一般取$B=3.5$m；

W——非机动车车道宽度，一般不少于3.0m。

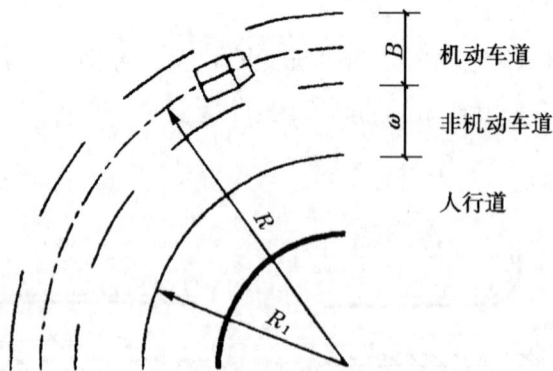

图6-18　缘石半径计算图示

缘石半径过小，会引起右转弯车辆降速过多，或导致右转弯车辆向外侵占直行车道，从而引起交通事故。据统计，街道交叉口车速为路段车速的50%左右，因此对村镇道路交叉口的车速，主干道为20～25km/h；一般道路为15～20km/h。由此计算出交叉口缘石转弯半径，如表6-29所示。

表6-29　道路交叉口缘石转弯半径

右转弯计算行车速度 /（km/h）	25	20	15
缘石转弯半径 / m	20~25	10~15	10~15

此外，缘石半径还应满足村镇道路上一般车辆的最小转弯半径要求。国产主要载重汽车的最小转弯半径为8.0~11.0m；公共汽车为9.5~12.0m；小汽车为5.6~7.5m。

综上所述，村镇道路平面交叉口缘石半径的取值对主干道可为20~25m；对一般道路可为10~15m；居住小区及街坊道路可为6~9m。另外，对非机动车可为5m，不宜小于3m。

6.3.8　道路交通设计实例分析

中国共产党的十六届五中全会做出了加快社会主义新农村建设的重大决定，并提出了"生产发展、生活宽裕、乡风文明、村容整洁、管理民主"的20字方针。在基本实现"村村通"的同时，也加快了村镇道路的硬化和亮化工程，但是村镇道路的发展一定要吸取城市道路发展的经验和教训。以洋河镇为例来进行具体介绍，洋河镇位于宿迁市主城东南，距城区约15km，镇域面积33.2km²，经济总收入11亿元人民币，人口约5.2万人，乡镇从业人员2.6万人。

6.3.8.1　交通现状

（1）交通干扰严重

我国的小城镇对外交通比较发达，因为小城镇大多依托过境公路发展而成，有统计资料表明，我国建制镇90%以上是过境公路穿城的布局，我们研究的洋河镇也存在这种情况，325省道穿越洋河镇镇区，而且在过境道路两侧布置了许多商业用地和工业用地，通向主城的交通占了大部分小城镇的对外出行交通。随着经济的发展和机动化水平的提高，过境交通对城镇生活和经济的干扰越来越严重。

（2）路网结构不合理

小城镇内部的道路系统大多存在道路功能混乱，路网结构单调，一般只有干支两级道路系统，而且过境道路是小城镇的主要干道之一，也是我们研究的城镇通向主城的主要干道，同时道路密度较低，道路宽度相对较窄，断头路、丁字路口较多，等级不高，道路的服务水平较低。325省道红线宽度47m，是洋河镇目前最宽的道路，也是洋河镇通向宿迁主城的主要干道，道路网密度为1.53km/km²，远远低于规范水平。

（3）交通意识差，管理不善

由于缺乏规划和管理，许多建筑紧贴道路，没有车辆和人流的疏散场地，摊贩侵占人行道现象严重，严重阻碍交通，并带来严重交通隐患。居民交通意识薄弱，违反交通规则现象严重。由于小城镇车辆比较少，一般时段交通拥堵现象并不严重，但是遇到节日时，交通拥堵现象十分严重。

6.3.8.2　对策探讨

（1）对外交通规划

洋河镇经济比较发达，过境交通量较大，对城镇的正效应远远低于负效应，近期和远期主要考虑加强与宿迁市的联系，减少过境交通对城镇内部交通和生活的影响。对于穿越镇区的公路，考虑迁出线路，公路离城镇的距离必须结合城镇的远景规划，给城镇发展提供足够的腹地，减少过境交通给城镇内部交通带来的干扰；对于轨道交通，如果属于区域轨道交通，则须考虑车站的设置，如果属于高速铁路和干线铁路，则须考虑线路位置两侧绿化带的预留。在洋河镇总体规划中，建议从镇中间穿越的325省道搬到镇区西北边，另外在洋河镇的西边和北边各修一条二级公路与宿迁市主城联系。

（2）道路交通规划

洋河镇与宿迁市经济联系密切，远期考虑道路网与主城道路网的衔接，建议对该镇采用主干道、次干道、支路和村镇道路四级路网的配置，而非采用一般城镇的干支两级系统，这样有利于与主城的衔接。对于新建道路，采用较高标准（图6-19）。

对于建设方式，考虑到洋河镇财政能力相对有限，城镇道路可以采用分期建设的方式进行。对于交通比较繁忙的干道，可以采用一次建成的方式。对于交通量不大的道路，可以采用控制道路红线，先建设车行道方式，等到交通量达到一定的程度和财政宽裕的时候，再拓宽或者建设非机动车道和人行道。

图6-19　洋河镇交通规划图

（3）交通管理规划

优先发展公共交通，对小汽车、自行车和摩托车采取因势利导、适当引导的方针。加强和完善土地利用规划，近期加强对道路两侧用地的控制和审批，尤其是通向主城的干道的两侧用地，减少不必要的交通发生源和吸引源。

加强交通法规的宣传力度，提高全体交通参与者及交通管理者的现代化交通意识和遵守交通法规的自觉性，大力规范行人、非机动车和机动车的交通管理。加快停车设施的建设，增大执法力度，坚决拆除路边违章建筑，减少干道停车违章现象。根据道路条件、交通量以及交通安全等因素设置交通信号灯，增设、更新标志、标线。

6.3.8.3　结语

本文通过对洋河镇交通进行了研究分析，主要存在下列交通问题：对外交通干扰严重、路网结构不合理、交通意识差、交通管理不善。针对上述问题，我们提出一系列交通措施和对策：对于对外交通，采取外迁严重干扰城镇生活的交通干道，同时加强和主城的联系；对于镇区内部路网，采取理顺城镇内部道路，采用四级路网配置和不同建设的方式；对于交通管理，采用加强交通管理，提高交通管理水平。我们的交通对策和措施对其他的类似的城镇交通规划具有一定的借鉴意义，但是不同的城镇具有自身的特色，具体规划时必须因地制宜，结合当地的实际情况进行。

小结

按年平均增长量、逐年递增率、车辆增长数估算远期交通量，不能全面地反映客观的实际情况，但在缺少详细资料的情况下可以应用到当前设计上，进行道路横断面的设计。村镇道路横断面设计主要内容是根据道路功能和建筑红线的宽度，合理确定道路各组成部分的宽度，选择合适的道路横断面形式，根据《公路工程技术标准》有关规定设置适宜的道路横坡度。村镇道路线形设计包括平面设计和纵断面设计。在进行平面设计时要结合地形、地物、现状、道路等级综合考虑选用平曲线半径、行车视距，并注意平曲线与平曲线及直线间的衔接。纵断面设计时，要按照基本要求完成对道路最大最小纵坡、纵坡长度、竖曲线及其半径的选择。村镇道路平面交叉口类型主要有：十字形、T字形、X形交叉、Y形交叉、错位交叉和环形交叉。其设计的主要任务是合理解决各向交通流的相互干扰和冲突，以保证交通安全和顺畅，提高交叉口以至整个路网的通行能力。

思考题

1. 某村镇道路历年高峰小时交通量如下表所示，预测2015年的高峰小时交通量。

年份	1990	1991	1992	1993	1994	1995	1996	1997	1998
交通量 / (辆/h)	214	236	252	270	287	312	340	364	382
年增长量 / (辆/h)	—	22	16	18	17	25	28	24	18

2. 村镇道路横断面形式及各自适应条件是什么？

3. 绿化带布置时需要注意什么问题？

4. 村镇道路平面设计的主要内容是什么？

5. 村镇道路纵断面设计的一般要求是什么？

6. 村镇道路平面交叉口的类型，及各类型优缺点和适用条件是什么？

参考文献

王力彬. 2008. 农村公路[J]. 交通建设与管理(12)：13-16.

陈锐. 2008. 交通安全设施设置浅析[J]. 建材与装饰(7)：270-272.

王淑玲, 白学平. 2007. 道路交通安全设施的构成[J]. 青海交通科技(2)：1, 13.

留频. 2007. 农村公路交通标志标线设置与管理分析[J]. 公路交通技术(6)：121-124.

覃永晖, 等. 2008. 新农村建设中村庄道路系统规划的双重思考[J]. 交通企业管理(7)：54-55.

何忠喜, 黄富民. 2005. 在大城市周边城镇的交通规划研究[J]. 江苏城市规划(3)：17-19.

金兆森, 等. 2005. 村镇规划[M]. 南京：东南大学出版社.

朱建达, 苏群. 2008. 村镇基础设施规划与建设[M]. 南京：东南大学出版社.

第7章 村镇绿地及环境保护规划

7.1 村镇绿地规划

本节要点

本节主要介绍村镇绿地的作用，绿地分类和绿地定额指标，绿地规划的原则，街道绿化，建设用地绿化，防护绿地规划布局，村镇绿地树种选择、配置方式和类型。要求学生重点掌握绿地的规划布局，并能够结合实际开展绿地规划工作。

村镇绿地规划是村镇规划中的一个重要组成部分，也是大地园林化的一个重要内容。村镇绿化水平的高低是衡量一个村镇环境条件好坏的重要标志，是村镇外在形象的体现，而且可以反映出村镇的文化内涵和地方特色，在某种程度上还反映了一个地区的经济发展水平和文明程度。村镇绿化水平和当地的思想认识、经济水平、地区环境、村镇性质、人口密度等因素密切相关。随着村镇经济的持续稳定发展及人们对绿化认识的深入，现阶段村镇绿化得到了迅速的发展。

7.1.1 村镇绿地

村镇绿地是由各种不同功能用途的绿地所组成，以形成相互联系的村镇绿化系统，并与村镇用地范围内的各组成部分在平面和空间组织上取得协调和统一，以便为居民创造一个卫生、安静、美观、舒适的生活环境。村镇绿化工作，是创建生态、园林村镇，改善村镇人居环境，加强社会主义新农村建设的必要步骤。园林绿化在保护村镇环境、调节村镇气候、提供文化教育和游憩场所、美化村镇景观等方面起了重要作用。

7.1.1.1 村镇绿地的作用

（1）生态功能

绿色植物通过一系列的生态效应来净化空气，改善气候，增强村镇抗灾能力，为村镇的生态环境提供反馈调节作用。绿地系统的存在对于维持生态系统的平衡至关重要。

① 保护环境。绿色植物具有净化空气、水体和土壤，调节气候，降低噪声等功能。对于保护村镇环境，防止污染有着极其重要的作用。

a. 净化空气、水体、土壤。绿地在净化空气方面有着非常显著的功效。植物通过光合作用吸收二氧化碳，放出氧气。实验证明，植物通过光合作用所吸收的二氧化碳要比呼吸作用排出的二氧化碳多20倍，因此，植物可以起到消耗空气中的二氧化碳，增加氧气含量的作用。植物还是"空气过滤器"，很多植物可以不同程度地吸收或减少空气中的有害气体，净化空气。绿色植物，尤其是树木对烟尘具有明显的阻挡、过滤和吸附的作用。另外，许多植物本身能分泌某些杀菌素，可以杀灭和抑制细菌，从而减少空气中细菌的含量，改善环境。

植物净化水体和土壤主要是通过树木的根系吸收水及土壤中溶解的有害物质来完成的。树木可以吸收水中的溶解质，减少水中含菌数量。许多水生植物和沼生植物对净化污水有明显作用。如水葱、田蓟、水生薄荷等都能杀菌。水葱可吸收污水池中的有机化合物。植物的地下根系能吸收、转化、降解和合成土壤中的有害物质，从而净化土壤。有植物根系分布的土壤，能促使土壤中有机物迅速分解，不仅净化了土壤，还增加了土壤的肥力。

b. 改善气候。据有关资料显示，盛夏树林下气温比裸地低3~5℃，绿色植物在夏季能吸收60%~80%日光能，90%辐射能，使气温降低3℃左右；绿地中地面温度比空旷地面低10~17℃，比柏油路低8~20℃，有垂直绿化的墙面温度比没有绿化的墙面温度低5℃左右。植物的蒸腾作用可蒸发水分，吸收大量的热量，从而降低周围的气温，使空气湿度增加。通常大片绿地调节湿度的范围，可以达到绿地周围相当于树高10~20倍的距离，甚至可以扩大到半径500m的临近地区。通过调节空气湿度，绿地可以为人们提供一个舒适的生活环境。村镇周围大面积的农田和宽阔的林带，道路上浓密的行道树和村镇其他公园绿地，还可以对气流进行调控。在夏季绿地可以形成绿色的通风走廊，改善炎热的气候状况；在冬季，绿地则起到防风屏障作用，可降低风速，减少风沙，改善城市冬季寒风凛冽的气候条件。

c. 防风固沙，保持水土。植物的根系及匍匐于地上的草和植物的茎叶具有固定沙土、防止沙尘随风飞扬的作用；同时成排树林形成的防风林带可以降低风速，从而滞留沙尘。在涵养水源方面，树叶防止暴雨直接冲击土壤，草地覆盖地表阻挡了流水冲刷，植物根系能紧固土壤，因而植物能起到防止水土流失，减少山洪暴发的作用。当自然降雨时，将有15%~40%的水量被树林树冠截留或蒸发，有5%~10%的水量被地表蒸发，地表的径流量仅占0%~1%，大多数的水，即占50%~80%的雨水量被林地上一层厚而松的枯枝落叶所吸收，然后逐步渗入到土壤中，变成地下径流，有效地防止了水土流失。

d. 降低噪声。植物特别是林带对降低噪声有一定的作用。由于植物是软性材料，茂密的枝叶有如多孔材料因而具有一定的吸声作用。此外，噪声投射到树叶上，被生长方向各异的叶片反射到各个方向，造成树叶微振，消耗声能，因此也可减弱噪声。

② 减灾防灾。绿地具有避难减灾功能和保护人民生命财产安全的作用。植物的枝叶含有大量的水分，可以阻止火灾蔓延，所以绿地是地震、火灾的避难地。如1976年的唐山大地震，50余hm²的公园绿地疏散灾民一万人以上。绿地还能过滤、吸收和阻隔放射性物质，减低光辐射的传播和冲击杀伤。在战争期间，还能阻挡弹片的飞散，对重要建筑、军事设施、保密装置起隐蔽作用。

（2）经济功能

① 结合生产，创造财富。植树是一项很好的副业生产，是一项有益当前、造福后代的长远事业。根据不同的地点和条件，因地制宜地多种植有特色、有经济价值的树木。如用材林、经济林、果树林等。如村镇边缘的防护林、公园绿化都可以结合生产种植用材林（水杉、柳杉、香樟、泡桐、枫香等）、经济林（油桐、椿树、青桐、乌桕、银杏等）、药用林（楝树、厚朴、杜仲等）、果树林（苹果、橘、桃、李、梨等）。我国已有一些村镇，以种花、销售鲜花为其主要经济收入。图7-1所示为白杨经济林。

图7-1 白杨经济林   **图7-2 惠州永记高科技农业生态园**

② 利于乡村生态旅游发展。由于村镇自身的环境特点，以及广阔的土地、美丽的田野、稀落分散的农舍，村镇绿化沿着乡村园林化方向发展，对农村绿化进行合理规划，突出绿化的环境美、艺术美，与乡村景观结合起来，与发展乡村的旅游业结合起来。城市居民在工作之余，驱车到离城市不远的乡村去体验农村恬静的生活，欣赏村庄的田园之美已成为一种越来越时尚的休闲方式，这为农村经济带来新的活力。村镇绿化与生态旅游相结合，不仅满足了城市居民的需要，而且美化了农村环境，也造福子孙后代。图7-2所示为惠州永记高科技农业生态园。

（3）美化功能

村镇各种绿地增添了美丽的自然景色，创造了舒适宜人的居住环境。同时绿化能在风景透视，空间组织，色彩和体形对比，季相变化等方面与村镇建筑互相衬托，以其特有的色、香、姿、韵和多姿多彩的布置形式，装扮着村镇建筑、道路河流，丰富了村镇的主体轮廓，为村镇添景增色。图7-3所示为某村镇的绿化。

图7-3 村镇绿化

7.1.1.2 村镇绿地分类

目前，村镇绿地系统规划中的绿地分类是参照相应的行政法规，借鉴城市绿地分类的标准，但多从城市的角度出发，忽略了村镇社会经济状况与绿地的特殊性，使得规划与实际脱节，影响到绿地系统规划对村镇建设的实际指导意义。因此根据村镇绿地的自身特点，结合村镇绿地的分类原则，并借鉴村镇绿地的分类依据与现有标准与规范，将村镇绿地分为5中类18小类（表7-1）。

表7-1 村镇绿地分类表

绿地分类			内容与范围
大类	中类	小类	
绿地（富有人工和自然植被的绿地）	生产生活绿地	耕地	村镇主要以生产生活为目的的绿地
		园地	
		林地	
		牧草地	
		圃地	
		水塘绿地	
		居民点绿地	
绿地（富有人工和自然植被的绿地）	附属景观绿地		村镇除绿地以外其他用地类型中的绿地
	公共休闲绿地	街旁游园	村镇向公众开放，有一定休闲设施，以游憩为主要功能的绿地
		风景名胜区	
		观光农业园	
		森林公园	
	农林防护绿地	道路绿地	村镇具有卫生、隔离和安全防护功能的绿地
		水源涵养地绿地	
		农田林网	
	自然生态绿地	森林	村镇范围内自然生长，并具有生态功能的绿地
		草甸	
		湿地	
		自然保护区	

7.1.1.3 村镇绿地定额指标

（1）村镇绿地的总面积

村镇绿地的总面积（m^2）=生产生活绿地+附属景观绿地+公共休闲绿地+农林防护绿地+自然生态绿地。

（2）村镇人均公共绿地面积

村镇人均公共绿地面积（$m^2/$人）=村镇公共绿地面积/村镇人口

基于我国村镇规模一般较小，用地条件差异大的特点，加上地理位置一般接近自然环境，所以在村镇公共绿地指标中，村镇人口规模在5000人以上的村镇，近期为2~4 $m^2/$人，远期为5~8$m^2/$人，5000人以下的村镇，近期按1~2 $m^2/$人，远期按2~6 $m^2/$人计算。从村镇各项用地所占比例来看，村镇公共绿地面积占总用地面积的2%~6%。

（3）村镇绿化覆盖率

村镇绿化覆盖率（%）= 村镇内全部绿化种植垂直投影面积/村镇用地总面积×100%

绿化覆盖率是反映村镇绿化效果的一个指标，是全面衡量绿化效果的标准。而绿化覆盖面积是按乔木、灌木和多年生草本植物的树冠垂直投影进行估算，乔木树冠下的灌木和草本不再重复计算。要提高绿化覆盖率就要把村镇范围内一切可以植树、种草、栽花的地段全都种植起来。林学上的研究表明，一个地区的绿化覆盖率至少达到30%以上，才能起到改良气候的作用，对于抗震防灾要求来说，绿化覆盖率也应在30%以上。因此，村镇范围内除去道路及杂物院地外，其绿化覆盖率近期最低限度应不低于30%。这个指标不包括村镇范围外的防护林、苗圃、果园等。

7.1.2 村镇绿地规划

村镇绿地规划既要重视村镇外部的生态环境和绿色开敞空间的建设，如增加绿色廊道、绿色生态斑块、区域绿地和环城绿带、保护带，和增加自然农林绿地等；也要重视村镇内部的环境质量和绿地建设，如增加镇区公共绿地、建设以公园为主的村镇绿色中心、增建以块状绿地、带状绿地为主的小游园和小绿地、强化道路绿化和滨水绿地的建设等。既要注重村镇和区域绿地生态系统的构建，形成以区域绿地、绿心、绿环、绿色生态斑块、绿色生态廊道等各种多样性要素构成的完善的自然生态系统，也要注重公园、公共绿地、道路绿地、人工绿地系统的构筑。

7.1.2.1 绿地布局的原则

（1）整体着眼，均衡布置

在村镇范围内绿地应均衡分布，做到点（小面积绿地）、线（道路绿化、林荫带、防护林等带状绿地）、面（一定规模的公园、绿地）相结合，各种绿地互相连成网络，形成一个完整的系统，以充分发挥绿地的生态环境功能。

（2）因地制宜，节约用地

村镇绿化应充分结合原有树种和树木，结合原有山地、池塘和湖泊，结合原有地形、地貌，创造出丰富多变的环境景观及良好的生态环境。这样不影响绿化质量，还可节约土地，充分利用自然条件，适当加以改造，构成丰富多彩的绿化空间。如北方村镇以防风固沙、水土保持为主，南方村镇则以遮阳降温为主；山区、水乡应与河湖山川相结合。村镇绿化一定要根据本地区所处的地理位置、气候条件、土壤特性等，合理选择适宜本地区的树木花卉。

（3）注重功能，不拘形式

绿化应和功能布局相协调，服务于功能要求。根据各类绿地的特点及要求，进行合理的分级、分布，以满足村镇居民休息、游览的需要。可以考虑多种布局形式，不拘泥于限定的模式，确定最佳方案。通过绿化，把文化艺术的感染、陶冶、净化等作用有机地融于自然之中，花草之中，潜移默化地改变人们的观念、心态和情绪，以促进精神文明建设。

（4）地方文脉，乡村景观

乡土物种和古树名木代表了自然选择或社会历史选择的结果，在规划时要反映地方植物生长的特性。地方性原则能使物种及其生存环境之间迅速建立食物链、食物网关系，并能有效缓解病虫害。村镇绿化尽量采用适合当地气候的树木，突出绿化树木的造型与色彩。有些草皮和灌木可呈现开放式，这样既节省了绿化管理人员，又增加了村镇绿化的自然野趣。还可以将村镇绿化与乡村景观规划紧密联系起来，通过对乡村资源的合理利用和乡村建设的合理规划，走村镇绿化的景观化道路，将乡村人居环境建设成为人类未来最适宜的居住空间，推动可持续发展和城乡一体化建设。

（5）创造财富，增加收益

村镇绿化还可以结合林业发展，大面积植树造林，这已成为我国可持续发展的一项基本国策。在满足村镇绿地主要功能的同时，因地制宜地种植有经济价值的植物，以便得到一定的经济收益，但不应片面强调"园林生产化"，而不顾主要功能的做法。应把绿化同科研结合起来，同产业结合起来，走出一条符合实际情况的村镇绿化发展道路。

7.1.2.2 街道绿化

街道绿化指的是在村镇街道的两旁及分隔带内种植树木和绿篱、布置花坛、林荫步道、街心花园以及建筑物前的绿化等，包括街道、街头、广场绿化。主要功能是调节气候、防风、遮阳、吸声、除尘、改善村镇面貌，同时也可作为管线杆柱的埋设用地与架空走廊，以及道路拓宽的备用地。

街道绿化必须与街道建筑相协调，沿街各处建筑性质不同，绿化的形式和范围可以相应变化。街道绿化多采用规则式，两侧对称，树木、花坛的布置有一定节奏。自然式可用于车行道以外，步行道一侧较宽敞的面积中，供行人作短暂休息。道路两侧的行道树种植可以采用多行高大的乔木形式，也可以铺草种花为主。前者壮观、遮阴好，后者开、视野广。

在村镇主要出入口处，可布置一定面积的园林绿地，以加强出入口的环境与气氛。村镇主要道路的局部路段设人行道时，行道树多采用树穴方式种植，人行道较宽时也可采用绿带的方式。行道树的位置应不妨碍临街建筑的日照，采光和通风，还要保证行车视线，在曲线段和交叉口处应符合视距要求。行道树的栽植方式应根据街道的不同宽度、方向、性质而定。一般情况下可采取单行乔木或两行乔木等种植方式。人行道绿带所选择的树种要求：树冠冠幅大，枝叶密，耐瘠薄土壤，耐修剪，扎根深，病虫害少，落果少，没有飞絮，发芽早，落叶晚，耐干，耐寒，寿命长，材质好。在宽阔的街道上，一般选用树干挺拔、冠大的树种；而在较窄的街道则可选用冠小的树种；在高压电线下应选用干矮、树枝开展的树种；南方可选用四季常青、花果兼美的树种。为了避免污染，不要选用有落花、落果、飞毛的树种。

在交叉路口或道路转弯的内侧，应考虑安全视距，在视距三角形内布置植物时，其高度不得超过0.7m，宜选矮灌木，丛生花草种植。

村镇街道还可以因地制宜地布置街头绿化和街心花园。对于有条件的村镇，可以在村镇中心地带设置绿化广场和村镇的商业中心相配合，形成全村镇的商业、休息、娱乐活动中心。

街道绿化设计要与道路断面的设计同步进行，注意与街道地上、地下各种建构筑物配合，并考虑地面建筑小品和交通设施，地下的管线埋设宽度和深度等。图7-4所示为某街道绿化。

图7-4　街道绿化

7.1.2.3　建设用地绿化

村镇建设用地包括村镇用地分类中的居住建筑用地、公共建筑用地、生产建筑用地、仓储用地、对外交通用地、道路广场用地、公用工程设施用地和绿化用地8大类。村镇建设用地的绿化就是这几类用地的绿化。

居住建筑用地绿化——这类绿地是村镇绿地系统的重要组成部分，与居民生活密切相关，最大的功能就是生态功能。村镇范围内的居民宅院内可根据自家的爱好及生活需求进行绿化，满足遮阳、纳凉、防晒的要求。可种植树冠大的乔木、搭设棚架等，但不应妨碍住宅的通风和日照；还可通过绿化对院内进行空间分隔，将居住部分与柴、仓、厕、圈用灌木或篱笆相隔。居住建筑用地的绿化可以给住宅建筑增添美丽的自然景色，与建筑物合理搭配，形成优美的环境空间。运用植物的形状和色彩，因地制宜地栽种乔木、灌木、花卉、草地等植物，使住宅四季有序变化着，给人以视觉美感，让人感到身心愉快。图7-5、图7-6所示为某居住建筑用地绿化平面图和实景。

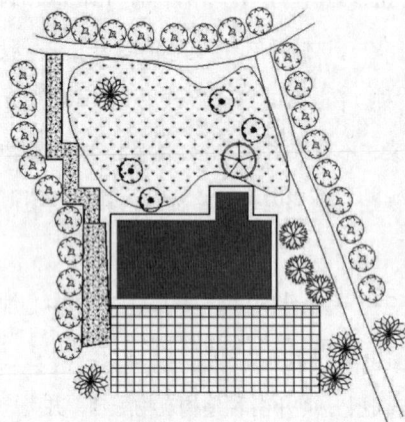

图7-5　居住建筑用地绿化平面图　　　　　　图7-6　居住建筑用地绿化

公共建筑用地绿化——此类用地的绿化对建筑艺术和功能有极高的要求，绿地的布置形式应考虑具体条件和功能要求，采用集中或分散的布置方式，选择不同的植物种类。同时要符合以人为本的原则，除了建筑外部空间的绿化要满足村镇居民日常办公的需求之外，内部空间也应视具体情况可适量栽植一些室内盆景和园林绿化植物。室外绿化固然重要，但室内绿化更是自然宜人，可以美化环境，陶冶情操，消除疲劳，使人更接近自然。

对外交通用地绿化——要在保护环境的基础上，考虑如何最大限度地减少对村镇居民生活的影响以及保证行车安全。尤其是村镇附近有铁路通过的地区，铁路绿化显得更为重要。铁路两侧树木不宜植成密林，不宜太近路轨，乔木应离铁路外轨不少于10m，灌木不得小于6m。其种植形式一般是里灌外乔，以保证司机与旅客拥有开阔的视线。

生产建筑用地和公用工程设施用地的绿化要突出环境保护的作用，绿化中要注意与地上、地下管线配合好，互不影响。如产生噪声的地段周围，宜种植分枝低、叶茂盛的灌木丛与乔木，以减弱噪声；精密车间，在其上风位要种植防风林带，周围以种植防尘力强的树种为主，并铺植草皮，减少裸露土面。

在村镇规划用地范围内，不宜建设的地段、山冈、河滨等，结合防洪和水土保持的要求，进行大面积绿化，并安排一些文化娱乐、体育设施，布置成为公共绿地。村镇公共绿地在总体规划时，应当考虑村镇总体布局，公共绿地应与住宅总体布局、公共活动空间相结合，综合考察、全面安排，使绿地妥善地与小城镇绿化系统衔接，与道路绿化有机结合；其次绿地位置恰当，方便村镇居民的使用；第三，绿地规模合理，规模太小起不到成片绿化的效果，村镇公共绿地的用地面积应根据其功能要求来确定，采用集中式与分散式相结合的方式。

村镇中心广场或公共绿地的绿化要体现村镇的个性和特色，要与道路建筑小品有机结合，公共绿化、庭园绿化能自然过渡，机动车和人行道之间要留有一定宽度的绿化，平面绿化与立体绿化可以同步考虑，北方村镇还要考虑四季有绿色。图7-7所示为某街心花园。

图7-7　公共绿地街心花园

7.1.2.4　防护绿地规划布局

村镇防护绿地一般有防风林带、卫生防护绿地、道路防护绿地。

防风林的主要功能是防止强风及其所夹带的粉尘、沙土对村镇的袭击。就是在村镇区边界以外建立与盛行风向方向相互垂直的防风林带。如果受地形或其他因素的限制，可以在30°偏角内，但不能大于45°。防护林带的建设是改善地区气候条件，促进农业生产迅速发展的一项根本性的措施。

防护林带的结构与防风效果有直接关系，其结构形式决定于功能要求，一般分为透风林、半透风林和不透风林三种。不透风林带是常绿乔木、落叶乔木和灌木相结合组成，防护效果好，能降低风速70%左右，但是气流越过林带会产生涡流，而且会很快恢复原来的风速。半透风林是在林带两侧种植灌木。透风林则是由林叶稀疏的乔灌木组成，或者用乔木不用灌木（图7-8）。

必须根据风力大小来决定林带的结构和设置数目，一般林带的组合有三带制、四带制和五带制，每条林带的宽度不下于10m，离村镇越近，林带的宽度越大，而林带间距越小。林带降低风速的有效距离为林带高度的20倍左右，故林带与林带之间距离在300~600m之间，每隔800~1000m营造一条与主林带相互垂直的副林带，其宽度不小于5m，以便阻挡从侧面吹来的风。选用的树种应该是深根性的或侧根发达，株距以树冠大小而定，初期多采用2~3m，待长成后可以间伐或移植。

防风林的组合，常在外层建立透风林，靠近住宅建筑的内层采用不透风林带，中间部分采用半透风林带。由透风结构到半透风结构，直到不透风结构这一完整的组合，可以起到良好的防风效果，或使风害减到最小限度。

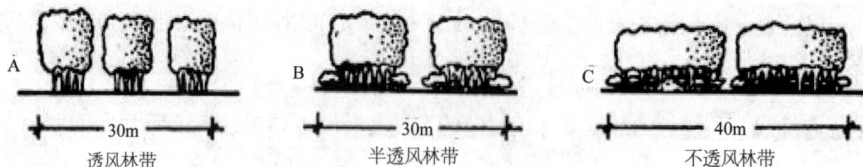

图7-8　防护林的结构

营造卫生防护林带，是净化村镇空气，保护环境卫生必不可少的措施。工业企业是污染村镇空气的主要来源之一，大量煤烟粉尘、金属粉末，还有有毒气体，侵蚀着人们的机体，甚至危及生命。但植物，特别是乔灌木能起到滤尘作用，同时有些毒气在一定浓度内还可以被植物吸收。卫生防护林带的树种应选用对有害物质抗性强，或能吸收有害物质的树种。林带的总宽度可根据工业对空气的污染程度和范围来定，在近污染源处布置透风、半透风型，以利于有害物质被过滤吸收，而后再布置不透风型，阻止向外扩散。在污染区内不宜种植瓜果、蔬菜、粮食和食用油等作物，以免食用后引起慢性中毒，但可种植棉、麻及工业油料作物等。

在村镇绿地规划中对居住区与工业生产区、饲养区、农作物加工区等区域之间，都要按要求设有一定的隔离地带，进行很好的植树绿化使之成为一个良好的自然屏障，以消除或减轻相互之间的干扰。

防噪声林带应布置在声源附近，向声源面布置半透风型，背面布置不透风型，树木选用枝叶茂密，叶面多毛的乔灌木品种。

7.1.2.5　苗圃建设

村镇生产绿地主要是苗圃。苗圃生产是搞好绿化建设的物质基础，是提供绿化树苗的生产基地，植树造林，育苗先行。

村镇苗圃（苗木基地）应靠近城市，以方便运输。以育苗地靠近用苗地最为合理。这样可以降低成本，提高成活率。还应重点考虑生产苗木所供应的范围。在村镇建立园林苗圃，最好相对集中，即形成园林苗木生产基地。这样对于资金利用、技术推广和产品销售十分有利。

苗圃用地应选在背风向阳、地势平坦、土层深厚、排水良好、用水及交通方便的地段。平地建苗圃，坡度以1°~2°为宜，过小不利于灌溉和排水；在山坡上建苗圃，要修成梯田，以防水土流失。北方一般选在东南坡或南坡，南方为避免烈日照射，则选在东南坡、北坡或东北坡。土壤以中性或微碱、微酸性（针叶树pH值为5.0~6.5，阔叶树pH值为6.0~8.0）的砂壤土、壤土或轻壤土为宜，同时远离环境污染、病虫害和恶性杂草。苗圃用地要接近良好的水源，地下水位应为2m左右，并应靠近电源和有方便的交通。

苗圃的规划内容包括：

（1）生产区用地规划

按照充分利用土地、合理安排生产的原则，进行苗圃地的合理区划。通常耕作区是苗圃进行育苗生产的基本单位，一般长100~300m，宽40~100m，长边采用南北向。若遇坡度较大时，耕作区长边应与等高线平行。生产用地不低于苗圃总面积的75%。

（2）育苗区的合理配置

一般将生产育苗用地根据用途，划分为多个功能区。这些区可以是一个或多个耕作区，主要包括：① 播种区——培育播种苗地区，要求地形地势平坦、坡度小于2°、土层深厚、灌排方便和背风向阳等；② 营养苗繁殖区——培育扦插苗、压条苗、分株苗、嫁接苗和组培苗等，要求与播种区相似，但不严格；③ 移植区——培育各种移植苗的地区，是培养较大苗木的区域，但要根据各种苗木生长情况进行移栽，扩大行距，同时也要依据苗木不同习性进行合理安排位置栽植；④ 大苗区——培育植株的体形、苗龄均较大并经过整形的各类大苗耕作区，要求土层较厚、地下水位较低，苗木出圃时运输便利；⑤ 母树区——为苗圃提供优良的种子、插条和接穗等繁殖材料，应设立采种和采条母树区；⑥ 试验区——主要用于引种驯化或新品种栽培等；⑦ 大棚温室区——苗圃生产场所，但同时也是投资较高的育苗设施；⑧棚室苗木展示区。

（3）辅助用地设置

一般辅助用地不大于苗圃总面积的20%~25%，主要包括：① 道路系统——需设一级、二级、三级路和环路。通常设置一条或互相垂直的2条路为一级路，路宽6~8m，其标高应高于耕作区20cm；二级路与一级路相垂直，与各耕作区相接，路宽4m，其标高应高于耕作区10cm；三级路是沟通各耕作区的作业道，路宽为2m；② 灌溉系统——包括地面水和地下水的水源，宜根据苗圃需要选择不同规格的抽水机作为提水设备，引水设施有地面渠道和管道；③ 排水系统——排水沟是排水系统基本组成单位，其宽度、深度和设置应根据苗圃地形、土质、雨量和出水口位置等因素确定；④ 防护林带；⑤ 建筑管理区——主要包括房屋建筑和圃内场院等部分，占地为苗圃总面积的1%~2%。

7.1.2.6 树种规划

树种规划是村镇园林绿地系统规划的一个重要内容，它关系到绿化成效的快慢、绿化质量的高低以及绿化效应的发挥等。我国幅员辽阔，南方和北方、沿海和内陆、高山和平原气候条件各不相同，且各地区土壤情况较为复杂，树木种类繁多，生态特性各异，因此树种选择要从本地区实际情况出发，根据树种特性和不同的生态环境，因地制宜、因景制宜进行树种选择。

树种规划的原则：

① 生态功能与景观效果并重，兼顾经济效益。

② 符合村镇的性质特征，注意特色的表现。

③ 以人为本，尽量满足居民对绿化的需要。

④ 符合自然规律，重视"适地种树"的原则。

（1）树种选择

树种选择是村镇园林绿地规划实施的关键。要选择一批最适应当地自然条件，有利于环境保护并结合生产，并能满足园林绿地中各种不同功能要求的树种。在树种选择上应考虑以下几个方面：确定骨干树种；常绿树与落叶树相结合；速生树与慢长树相结合；骨干树与其他树种相结合。村镇绿化基调树种，是能充分表现当地植被特色、反映当地风格、能作为乡村景观重要标志的应用树种；村镇绿化的骨干树种，是具有优异的特点，在各类绿地中出现频率较高、使用数量大、有发展潜力的树种。在调查研究的基础上，准确、稳妥、合理地选定1~4种基调树种，5~12种骨干树种作为重点树种。树种比例可以控制为：快长树：慢长树=3：2；常绿乔木：落叶乔木=1：2~1：3；常绿灌木：落叶灌木=1：2~1：3；乔灌木：草坪（乔灌木树冠投影面积中草坪除外）=7：3；基调树种占30%以上。

（2）植物的形态和栽植要求

村镇各类绿地的功能不同，因此在选择树种时要充分认识植物的形态。

在植物栽植时要注意土壤性质与树种相适应，栽植位置与树种阴阳性相适应，栽植距离与树种的生长速度和所需的日照度相适应。比如杨树、柳树、梧桐等树冠宽大，枝向四面扩展，叶密、落叶，无臭味，因而遮阴效果很好；芭蕉和珊瑚树水分多，树脂少，重力生强，是防火的好材料；合欢、棕榈、悬铃木等树冠整齐，冬天落叶，耐修剪，抗病虫害力较强，它们是行道树的最佳选择。

（3）树木与建、构筑物及工程管线的关系

树木的栽植，常会遇到与建筑物、构筑物相邻或土地上架空线、地下管线位置发生矛盾的问题，如果不妥善处理，不但树木无法生长，对建、构筑物的使用、安全也产生不良影响。树木根系的伸展力很强，可能破坏路面、管线等工程设施。因此，应根据树种的根系、高度、树冠大小、生长速度等确定适宜的距离（表7-2）。

表7-2　管线与绿化树种间的最小水平净距

管线名称	最小水平净距 / m	
	乔木（至中心）	灌木
给水管、闸井	1.5	不限
污水管、雨水管、探井	1.0	不限
煤气管、探井	1.5	1.5
电力电缆、电信电缆、电信管道	1.5	1.0
热力管	1.5	1.5
地上杆柱（中心）	2.0	不限
消防龙头	2.0	1.2
道路侧石边缘	1.0	0.5

（4）园林植物的配植

按植物生态习性和园林布局要求，合理配置园林中各种植物（乔木、灌木、花卉、草皮和地被植物等），以发挥它们的园林功能和观赏特性，这也是村镇绿化所不能忽视的一点（图7-9）。

① 园林植物配植的原则：

根据绿地的性质，发挥园林植物的综合功能；

符合自然规律，满足生态要求，处理好种间关系；

符合园林设计的审美观点：

——满足园林设计的立意要求，注重意境的创造；

——借鉴当地植被，突出地方风格；

——创造保持各自的园林特色；

——处理好整体与局部、近期与远期的关系；

——注意经济原则。

园林植物配置原则就是要做到：功能上的综合性；生态上的科学性；配置上的艺术性；风格上的地方性；经济上的合理性。

图7-9　植物群落

② 园林植物配置的基本方式和类型：

基本方式：

规则式——有中轴线的前后、左右对称栽植，按一定株行距，体现严肃整齐的效果。

自然式——以自然的方式进行配置，无轴线；自然灵活，参差有序，活泼。

类型：

孤植　孤植树主要表现植物的个体美，因此在栽植位置上应十分突出，要求树种的姿态优美，或具有魅力的花朵或果实。在园林绿地中孤植树通常布置在草坪或林中空地的构图重心上，与周围的景点取得均衡和呼应，四周空旷，要留出一定的视距供人们观赏，一般是4倍的树高，树种大小的选择要根据空间而定。常用的孤植树种有雪松、金钱松、白皮松、玉兰、广玉兰、七叶树、榕树等。

对植　凡乔灌木以相互呼应栽植在构图轴线两侧的称为对植，对植分为对称和不对称两种。对称种植的简单形式是两棵单株乔、灌木分布在构图中轴线两侧，树种统一，与对称轴线的垂直距离相等。一般布置在公园和建筑物进出口两旁。不对称种植也应统一，与中轴线的距离大者要近，小者要远，才能取得一种均衡的协调关系。

行植（列植）　将植物按一定的株行距进行种植。如行道树、林带、河边和绿篱的树木栽植。树种要求单一，突出植物的整齐之美。

丛植（树丛）　通常由3株或3株以上的乔木组成，也可加入一些灌木。丛植主要考虑植物的群体美。不过丛植的树木切忌在同一直线上，最好以不等边三角形的三顶点作为种植点。

群植（树群）　几十棵同种或不同种树木栽植。组成较大面积的树木群体。

片植（林植或纯林、混交林）　单一树种或两个以上树种大量成片栽植（上百棵）。如中国传统园林中喜爱的竹林、梅林、松林，都是面积不大的纯林。

植篱　凡是以园林植物成行列式紧密种植，组成边界的篱笆、树墙常称植篱。它具有组织空间，防止灰尘，吸收噪声，防风遮蔽，充当雕塑，装饰小品的背景，建筑基础栽植，以及作为绿色屏障隐蔽不美观的地段等作用。

草坪　草坪俗称草皮，又称草地或草毡，是一种经过人工栽植的或自然生长的地被植物。草坪除供人们观赏外，主要用于满足人们的休息、运动和文化教育等活动，同时在防沙固土、保护和美化环境等方面有很大的作用。草坪，北方常用胡子草、野牛草，南方常用结缕草、假俭草和狗牙草等。

小结

村镇绿地有生态、经济和美观三方面的效益，具体作用表现为净化空气、水体、土壤，改善村镇小气候，防风固沙，保持水土，减低噪声，减灾防灾，结合生产创造财富，发展乡村生态旅游和美化村镇等。

村镇绿地可分为生产生活绿地、附属景观绿地、公共休闲绿地、农林防护绿地、自然生态绿地五大种类。

村镇绿地定额指标包括村镇绿地的总面积、村镇人均公共绿地面积和村镇的绿化覆盖率三个方面。

村镇绿地布局应遵循整体着眼，均衡布置；因地制宜，节约用地；注重功能，不拘形式；地方原则，乡村景观；创造财富，增加收益的原则。

村镇公共绿地的规模应合理，用地面积应根据其功能要求来确定，采用集中式与分散式相结合的方式。

村镇防护绿地一般包含防风林带、卫生防护绿地、道路防护绿地。防护林带的结构一般分为透风林、半透风林和不透风林三种。

村镇园林绿化的树种选择除确定骨干树种外，还应考虑常绿树与落叶树、速生树与慢长树、骨干树与其他树种相结合，另外还要充分认识植物的形态，以满足各类绿化用地的功能。

树木的栽植要考虑与建筑物、构筑物及工程管线的关系。

园林植物配置原则要做到：功能上的综合性，生态上的科学性，配置上的艺术性，风格上的地方性，经济上的合理性。

思考题

1. 村镇绿地应如何分类？分成几类？

2. 村镇绿地有哪些定额指标？

3. 村镇绿地布局的原则是什么？

4. 简述村镇各类绿化用地的功能及规划设计要点。

5. 树种的选择应考虑哪些方面的问题？

6. 植物配置如何与绿地的类型、功能相结合？

7.2 环境保护规划

本节要点

本节主要介绍村镇环境和村镇环境污染的概念和特点，分析村镇环境污染产生的原因和危害，论述了环境管理，以及环境保护的原则和措施。

人们为了生存必须进行各项生产，人类生产活动离不开资源和环境，而在人类生产的同时，却又对环境产生了许多不良的影响，导致环境破坏。20世纪以来，世界上先后发生众多的环境污染公害事件。我国十分重视环境保护，环境保护是我国的一项基本国策，早在1972年就宣布了"全面规划，合理布局，综合利用，化害为利，依靠群众，大家动手，保护环境，造福人民"的环境保护工作"三十二字方针"，并取得了一定成效。随着科学技术水平的发展和人民生活水平的提高，环境污染也在增加，特别是在发展中国家。我国的城市已经出现了相当严重的环境污染，农村的环境问题也已日趋突出，因此环境保护是村镇规划和建设中一项十分重要的任务。

在我国现行的城市规划体系中，环境保护规划是城市总体规划的一部分。根据2008年1月1日开始实施的《中华人民共和国城乡规划法》第四条规定"制定和实施城乡规划，应当遵循城乡统筹、合理布局、节约土地、集约发展和先规划后建设的原则，改善生态环境，促进资源、能源节约和综合利用，保护耕地等自然资源和历史文化遗产，保持地方特色、民族特色和传统风貌，防止污染和其他公害，并符合区域人口发展、国防建设、防灾减灾和公共卫生、公共安全的需要。在规划区内进行建设活动，应当遵守土地管理、自然资源和环境保护等法律、法规的规定"。并在第十七条中将水源地和水系、基本农田和绿化用地、环境保护等作为城市总体规划、镇总体规划的强制性内容。因此，在村镇建设中，保护和改善生态环境，防治污染和其他公害，加强绿化和村镇容貌、环境卫生建设势在必行。

7.2.1 环境与环境污染

7.2.1.1 环境与村镇环境

"环境"是一个极其广泛的概念，不能孤立存在，总是相对于某一中心（主体）而言的。环境因中心事物的不同而不同，随中心事物的变化而变化。不同的中心相应有不同的环境范畴。围绕中心事物的外部空间、条件和状况，构成中心事物的环境。通常所称的环境就是指人类的环境，是人们周围的一切事物、状态、情况3方面的客观存在。也可以说，环境就是由若干自然因素和人工因素有机构成的，并与生存其内的人类互相作用的物质空间。

《中华人民共和国环境保护法》中指出"本法所称环境，是指影响人类生存和发展的各种天然的和经人工改造的自然因素的总体，包括大气、水、海洋、土地、矿藏、森林、草原、野生生物、自然遗迹、人文遗迹、自然保护区、风景名胜区、城市和乡村等"。

农村是中国重要的社会区域、经济区域，也是各种自然资源、自然生态系统集中的地方。因此，农村生态环境的优劣，直接作用于农业生产和农村经济的持续发展，同时也影响着广大人民群众的居住地——村镇的环境。

村镇环境中所谓的"环境"，一般认为包括两个部分：一为自然环境，它是在人类社会未出现前早就客观存在的。人类的生存与发展离不开周围的大气、水、土壤和动植物以及各种矿物质资源，自然环境就是指围绕着人们周围的各种自然因素的总和，它是由大气圈、水圈、岩石圈和生物圈等几个自然圈所组成；二是人为环境（社会环境），即人类社会为了提高自己的物质和文化生活而创造的环境，如村镇、房屋、工业、交通场所、仓库等，都是人类社会的经济活动和文化活动创造的环境。

7.2.1.2 环境污染与村镇环境污染

环境污染是由于人为的因素，环境的构成或状态发生了变化，与原来的情况相比，扰乱和破坏了生态系统以及人们的正常生活条件；是人类直接或间接地向环境排放超过其自净能力的物质或能量，从而使环境的质量降低，对人类的生存与发展、生态系统和财产造成不利影响的现象。具体来讲，出于人类的生活和生产活动，产生的大量有害物质（主要是指废气、废水、废渣和噪声等）对大气、水质和土壤的污染，超越了它们本身的自净能力，破坏了环境的机能，并达到致害的程度；生物界的生态系统遭到不适当的扰乱和破坏；一切无法再生或取代的资源被滥采滥用；以及由于固体废物、噪声、振动、地面沉降和景观的破坏等造成的对环境的损害等，都称为环境污染。

环境污染，按其污染物的性质可分为生物污染、化学污染、物理污染；按被污染的环境要素分，可分为大气污染、水污染、土壤污染、海洋污染等；按污染产生的来源，可分为工业污染、农业污染、交通运输污染、生活污染等。

对村镇环境来说，主要有工业污染、农业污染、交通运输污染、人类生活污染和畜禽饲养业污染五大类。

（1）工业污染

乡镇工业企业的废水、废气、废渣和噪声，是村镇环境的主要污染因素。工业性污染物质产生的主要途径有：

① 燃料燃烧造成的污染。工业生产过程中所需要的动力、热能主要来自燃料的燃烧。当前，我国的工业燃料以煤为主，煤在燃烧过程中产生烟尘、一氧化碳、二氧化硫、氮氧化物等有害物质。这些污染物质是从各种锅炉、窑炉等燃烧装置中发生的。所以，当大量的炉、窑烟囱集中在居民区时，造成的大气污染便十分严重。

② 工业废水造成的污染。工业生产使用大量的水，并排放相当数量的废水。乡镇企业中，一些工厂自备水井，开采无控制，用水无限制，加之多数工厂废水无出路，只好就近排入坑塘沟渠。这样，含有各种污染物质的废水，对周围的水体、土壤造成不同程度的污染或破坏。

③ 工业生产过程中造成的污染。任何生产过程都不可能将全部原料转化为人们所需要的产品，产品以外的剩余物料或副产物便成为环境污染物。

（2）农业生产的自身污染

随着农业现代化程度不断提高，人类在农业生产过程中，农用化学物质使用量急骤增加，不合理地使用化肥、农药等有害物质，会造成农业环境和生物的污染。污染物主要包括：各种化学农药、化学肥料和垃圾，以及用污水灌溉时产生的有机和无机毒物。

（3）交通运输污染

农村交通运输事业发展较快，大部分乡镇均有公路相通，有些集镇地处交通要道，来往车辆日益增多，汽车、拖拉机、机动船舶越来越多，给农村环境增加了新的污染源。

我国农村目前主要的交通污染源是汽车、拖拉机等机动车辆。汽车、拖拉机的内燃机排出的废气中有80多种物质。交通工具污染的特点是排放的废气距人们的呼吸带（1.5m）很近，能直接被人们吸入，所以危害也最明显。

（4）人类生活污染

人类生活对环境的污染主要来自3个方面：

① 生活用煤（柴）所造成的污染。多数农村靠煤取暖，用柴做饭，这是村镇大气污染的主要来源。

由于数目较多的烟囱集聚于村镇有限地面，而且又是靠近地面集中一个时间排放烟尘，一时难以扩散，直接危害人们的身体健康。

② 生活污水造成的污染。人口集中的村镇，生活用水量大，多数没有下水道，因而流入坑塘。污水中的有机物被好氧型微生物分解，同时消耗水中的氧气（溶解氧），当水中氧气严重缺乏时，厌氧型微生物就会乘机活动，分解水中有机物质，产生大量硫化氢（H_2S），使水体变臭。

③ 生活垃圾造成的污染。生活垃圾成分复杂，许多村镇将未经处理的垃圾当肥料直接施入农田，导致土壤污染，使农产品带有残毒物质。另外，垃圾在堆放过程中，易变质腐烂、恶臭，许多病原微生物还会随水渗入地下，污染地下水源，还会随飘尘飞扬，污染空气，传播疾病。

（5）畜禽饲养业污染

畜禽饲养业的废弃物，以及由此产生和衍生的污染物，已成为农村一种新的污染源。畜禽饲养业的废弃物有废草料、畜禽脱毛、畜禽粪尿和死的畜禽等，其中以畜禽粪尿对环境污染最为严重，能够污染水质，产生恶臭，更是污染土壤，而且家畜粪尿的排泄量很大，污染物质含量很高，因此对环境污染量也大。

7.2.2　污染原因及其危害

近几十年来，为了寻求环境问题的解决途径，人类一直在探索环境污染的产生原因。

7.2.2.1　污染原因

环境的污染和破坏，有的属于自然原因，也有的属于人为原因。自然原因引起的包括火山爆发、地震、台风、暴雨等；人为原因引起的包括不合理地开发资源、大规模的深部采掘、工业排放的废气、废水、废渣和生产过程中产生的严重噪声等。由自然原因引起产生的问题，称为第一环境（原生环境）问题；而由人为原因引起的称为第二环境（次生环境）问题。环境的污染和破坏主要是指由人类的生产活动造成的。也就是说，村镇环境的污染，主要是第二环境问题。

造成村镇环境污染的原因为：

（1）没有统筹规划，村镇工业等恣意发展

很多村镇工副业在发展项目的选择上往往带有盲目性和倾向性。尤其是一些污染严重，在城市中发展比较困难，为扩大生产，增加产品产量，而普遍落户于一些村镇，由此带来的三废污染，对村镇环境破坏极大。

（2）村镇用地布局不合理

村镇工业、企业等的任意发展，根本未考虑村镇用地总体布局，其选址有可能接近水源，靠近住宅建筑等，甚至没有设置相应的卫生防护林带和噪声隔离带等，也是造成村镇环境污染的一个重要原因。

（3）基础设施配置不足

村镇没有配置相应的污水处理站、垃圾回收站等，也缺乏环境保护知识和治理环境污染的技术力量。很多村镇居民缺乏环境保护知识，不知道污染工厂排出的废物的严重危害性；有的就是知道，也因增加了污染物处理设备后，会提高产品成本，降低利润，影响经济收入而不采取任何措施。

（4）环境保护意识欠缺

由于农业上大量使用化肥、农药，经雨水冲刷，容易污染河塘、水井；还有部分农畜产品在水体中作业加工，往往造成水体变色发臭；也有一些卫生院的含菌废水、废物不经过处理，倾倒或排入河塘水体；再加上人畜粪便管理不严，任意在河塘、水井旁冲洗马桶、粪桶等，造成农村水体污染日趋严重。

7.2.2.2　环境污染的危害

环境污染会给生态系统造成直接的破坏和影响，如沙漠化、森林破坏，也会给生态系统和人类社会造成间接的危害，有时这种间接的环境效应的危害比当时造成的直接危害更大，也更难消除。例如，温室效应、酸雨和臭氧层破坏就是由大气污染产生出的环境效应。这种由环境污染产生的环境效应具有滞后性，往往在污染发生时不易被察觉或预料，然而一旦发生就表示环境污染已经发展到相当严重的地步。当然，环境污染最直接、最容易被人所感受的后果会使人类环境的质量下降，影响人类的生活质量、身体健康和生产活动。

环境污染的危害主要有以下几个方面：

① 环境质量降低，人们的生产、生活环境恶化。例如，人们在噪声的干扰下，难以正常生活和休息，感到心躁、烦恼。如在噪声的长期影响下会引起听力衰退、神经衰弱、高血压、胃溃疡等多种疾病。如果长期在超过90dB的噪声环境中劳动，就会患不同程度的噪声性耳聋，严重的会丧失听力。

② 破坏自然资源，影响工农业生产的发展。例如，工业废水流入鱼塘，会使鱼类大量死亡，造成渔业减产乃至绝产；废气可熏死庄稼，影响农作物的产量和质量。大气污染严重地影响着农、林、牧业生产，造成农作物减产，林木枯死，水果变质，蔬菜减产，牲畜死亡。

③ 危害人体健康。例如，大气污染物对人体的危害是多方面的，大气污染严重的，就会导致人和动植物因缺乏阳光而生长发育不良。被污染的空气对人体健康有直接的影响，主要表现是呼吸道疾病与生理机能障碍，以及眼鼻等黏膜组织受到刺激而患病。大量污染物的侵害，可使人体急剧中毒，甚至死亡；长时间的轻度污染，也会使人患慢性疾病，尤其那些能在人体内蓄积的有害物质，可经过几年、十几年或更长时间的潜伏，最终导致严重的，乃至不可治愈的病症，成为潜在性的威胁；近年来发现，许多污染物对人体有致癌、致畸形、致突变的"三致"作用，有些还会成为遗传性的公害病。

④ 造成对房屋和其他建筑物的腐蚀等经济损失。酸雨能使大片森林和农作物毁坏，能使纸品、纺织品、皮革制品等腐蚀破碎，能使金属的防锈涂料变质而降低保护作用，还会腐蚀、污染建筑物。

7.2.3　村镇环境特点和环境管理

7.2.3.1　村镇环境特点

交通方便、环境优美是许多传统古镇、古村的位置首选，古代许多优秀的村镇利用地形营造环境，如云南和顺古镇（图7-10），全镇住宅从东到西、环山而建，渐次递升，绵延两三公里。一座座古刹、祠堂、明清古建疏疏落落围绕着这块小坝子，有"华侨之乡""书香名里"的美名。乡前一马平川，清溪绕村，垂柳拂岸，夏荷映日，金桂飘香，让人流连忘返。

图7-10　云南和顺古镇

狭义的村镇环境是与城市环境相对而言的。村镇环境与城市环境有很大差异，这里人口较为稀疏，就组成生态系统的生产者、消费者和分解者三大类生物部分来说，生产者足够充分，多余的生产量也有足够的分解者进行分解。除太阳能外，它基本上不需要从外界输入物质和能量即可维持自身物质循环的平衡。因此，村镇不会产生城市中那样的交通紊乱、废物堆积、污染严重等问题。但是村镇环境与纯自然环境还有很大不同。以农田环境为主体的狭义村镇环境，因大量农业生产新技术的不断引入，使其与纯自然环境的差异越来越大。比如农药的使用既杀死了害虫，取得了农业丰收，又同时毒死了自然生态系统中许多有益动植物。而害虫更顽强地生存着，以至于农药的用量不得不一再增大，农药的品种不得不一再更新。由此使大量的农药经过土壤和地下水，并通过食物链进入了动物体内，威胁着生态环境和人类的健康等。

虽有明确的行政管理界线范围，但村镇或与乡村紧密相连，或与田园交错，具有林野、乡居兼有的景观特色。由于它所辖的土地、大气、水体等都是就近地域的土地、大气、水体的一部分，因此它是一个不完整的自然生态地域单元，是村镇"大生态系统"中的一个组成部分。因而具有村镇环境与农田环境间杂的特点。

一般说来，村镇较少高楼大厦，公益设施简陋，上下水系统不完善，道路质量低劣，公共建筑量少质差。长期以来，由于工业化程度低、人口密度较小、环境容量较为富余，村镇环境问题主要表现为部分地区的荒漠化、水土流失等生态问题，污染问题并不突出。但近年来，随着我国现代化进程的加快，在城市环境日益改善的同时，村镇的污染问题越来越突出，尤其是在工业化、城镇化程度较高的东部发达地区，以乡镇企业形式为主的第二产业已经取代农业成为村镇的首要产业，人口居住日益集中使得乡镇乃至自然村建设呈现城市化特征。村镇工业发展迅速，但由于工艺落后，设备陈旧，加之管理水平较低，故污染十分严重，从而使环境问题在农村地区也普遍出现。特别是一些大、中城市近处的城镇，不少都是城市污染工业的扩散地，环境污染问题就更为突出。村镇污染不仅影响了我国数亿农村人口的生活和健康，而且通过水、大气和食品等渠道最终影响到城市人口的生活和健康。

7.2.3.2 村镇环境管理

（1）环境管理

狭义的环境管理主要指污染控制；广义的环境管理，把污染防治和自然保护结合起来，包括资源、文物古迹、风景名胜、自然保护区和野生动植物的保护。

环境管理的原则一般有：综合性原则，区域性原则，预测性原则，规划和协调性原则。

（2）村镇环境的改善途径与管理方法

① 加强对村镇工业的环境管理。

a. 调整村镇工业的发展方向。村镇企业应扎根于农业，重点发展和带动农业生产的项目，如农产品加工、储藏、包装、运输、产后服务业等。在经济发达地区，根据实际需要和自身条件，可发展为大工业配套、出口服务和为城乡人民服务的加工业、服务业等。

b. 合理安排村镇工业的布局。村镇工业布局是村镇建设中的一个重要组成部分，是一项综合性很强的工作，必须综合考虑当地的产业结构现状，自然地理状况，环境承载力，文化传统，生活习俗以及发展趋势，制订出最佳方案。

c. 严格控制新的污染源。严格执行国家和政府的相关政策和规范，减少新的污染源的产生。

d. 坚决制止污染转嫁。严禁在生产过程中将排放有毒、有害物质的产品委托或转嫁给没有污染防治能力的村镇、街道企业生产，对于转嫁污染的单位和接受污染转嫁的单位，要追究其责任并严加处理。

e. 提高村镇工业领导人环境管理的水平和能力。为了扭转村镇环境污染和破坏日趋严重的局面，必须在严格执法，完善监督机构的同时，提高村镇工业领导人的环保意识，环境管理水平和能力。

② 防治农药、化肥的污染。防治农药包括正确选用农药品种，合理施用农药；改良农药剂型和喷施技术；实行综合防治措施等。防治化肥污染的主要途径是要做到提高化肥利用率，广种绿肥增加有机肥的数量和质量。

③ 推广生态农业。生态农业含有较完整的生态过程，其经营单元一般较小，劳动力密集程度较大，将各种生产活动有机联结起来，实现经济效益和生态效益高度统一。

④ 制定农村及村镇环境规划。通过村镇环境规划可以协调村镇社会经济发展与生态环境保护的关系；可以防止污染的进一步蔓延、扩散，保护农林牧副渔生态环境和自然生态环境；可以使自然资源得到合理开发和永续利用，实现三效益的协调统一。

7.2.4 村镇环境保护的原则和措施

7.2.4.1 村镇环境保护的原则

（1）全面规划，合理布局

对村镇各项建设用地进行统一规划，村镇内的所有工业、副业，必须根据本地区的自然条件和具体情况进行合理布点，应尽量缩小或消除其污染影响范围。不同的乡镇企业对环境的要求不同，而不同的乡镇企业所产生的污染物也不同，因而对环境的影响也不同。所以乡镇企业的选址、定点及其构成，除考虑资源条件外，还必须全面考虑和正确处理乡镇企业和农业、生产与生活、经济发展与环境保护等多方面的问题。特别要注意污染工副业和禽畜饲养场切忌布置在村镇水源地附近或居民稠密区内。而要设在村镇主导风向的下风或侧风位和河流的下游处，并与住宅建筑用地保持一定的卫生防护距离。个别工副业或饲养场也可离开村镇，安排在原料产地附近或田间。医院位置要设在住宅建筑用地的下风位，远离水源地，以防治病菌污染。

（2）严格控制，限期治理

发展乡镇企业，必须同时控制污染，杜绝环境污染的发展，杜绝城市工业污染向农村扩散。对已经造成污染的厂（场），必须尽快采取治理或调整措施，对确实不宜在原地继续生产，污染严重，治理又比较困难的应坚决下马或者转产；对其他有污染的厂（场）要分类排队，按轻重缓急，难易程度，资金的可能，制订分期分批进行治理的规划方案。

（3）生态农业，有机结合

从环境保护角度来讲发展生态农业，是保护生态环境的积极途径；从农业角度说，是实现现代化农业的必由之路。它是适合村镇发展种植业、养殖业到深加工业的一套合理的生产结构和生态结构。在村镇建设中，应将村镇的规划、建设与发展农业生态有机结合、全盘考虑，统筹安排、一体实施。生态农业充分利用太阳能，提高了生物能的利用率，开发村镇新能源，防止村镇环境污染，使资源永续利用，有利于城乡一体化发展。

（4）植物净化，以"管"促"治"

绿色植物包括树木、花草和农作物等，具有生产氧气、吸滞烟尘、吸收有害气体、杀灭细菌、改善气候等功能，对大气污染的净化和监测有巨大的作用。搞好村镇绿化，充分发挥其对环境的保护作用。同时，要逐步做好村镇环境质量评价和环境规划加强村镇环境管理，尤其要实行环境保护的法制管理，以"管"促"治"。

7.2.4.2 村镇环境保护的措施

（1）主要的污染防治规划

① 大气污染防治规划。防止大气污染主要是要合理布局工业和居住用地，把工业区布置在居住区的下风区，同时与居住区要有一定的安全间隔距离。对于排放废气、粉尘的工业企业要采取措施进行治

理，减少进入大气的有害物质的数量。此外，在工厂区、居住区、安全间隔区都应做好绿化工作，以净化空气。

合理布局和组织工业生产，在工业区内推广清洁生产和物质的多重利用，尽量减少废弃物的产出，对污染重、耗能高的工业项目严禁投资建设，加快企业的污染治理速度，对有废水、废气、废渣排放的企业，实施污染物达标排放制度。

提高城市清洁能源比例，改善能源结构，鼓励开发和使用清洁燃料车辆，逐步提高并严格执行机动车污染物排放标准。按照生态要求进行绿化、美化、硬化，加强建筑施工及道路运输环境管理，有效控制扬尘。

② 水污染防治规划。治理水污染一是要做好工业废水的处理，鼓励企业推行清洁生产技术，对工业废水污染实行源头控制和全过程控制，使之达到排放标准。要求采用先进的生产工艺和技术，做到节能、降耗、减污，降低生产成本，提高经济效益，最大限度地把"三废"消除在生产过程中。因此，要规划布置相应的污水处理厂；二是污水排放不能污染水源，尤其是生活饮用水源，因此，要选择合适的污水排放地和排放渠道。污水排放地一般选择低洼地，以便尽量减少渗漏，污染地下水。

③ 固体废弃物污染防治规划。防治固体废弃物污染，一是要合理布置垃圾、废渣堆放场地，修建村镇公共厕所，加快生活垃圾处理及综合利用、危险废物安全处置等环保基础设施建设；二是要加强固体废弃物的回收和利用。遵循减量化与资源化、无害化、稳定化的原则，进行回收利用与综合利用，环境管理部门负责管理与提供技术上的指导与支持。对固体废物严加管理，防止有毒有害废物和医院废物混入工业废物，防止工业废物混入生活垃圾；三是要对无法再利用的固体，设立垃圾焚烧厂或垃圾填埋场，对废弃物及残渣进行最终处理，同时要防止二次污染。垃圾、废渣的堆放地或填埋场要远离水源和居住区，选择土壤透水性较差的地段，以避免雨水将可溶物淋洗进入地下水。垃圾、废渣的堆放地或填埋场与饮用水源和居住区之间应设隔离带。

④ 噪声污染防治规划。噪声污染严重的企业，要远离学校、居民区、公建设施区等声音敏感区，并要达标排放。因特殊原因距离声音敏感区较近的，妥善布置噪声辐射方向，合理布置建筑结构，加强厂区界的立体绿化，必要时修筑隔声墙，尽可能减小噪声。

⑤ 辐射环境管理措施。成立辐射管理试点站，配置专职管理人员和监测设备，适应辐射环境管理工作的需要。

（2）村镇环境保护的具体措施

① 做好村镇建设规划和环境保护规划。通过落实项目、落实资金，推进环境整治，解决村镇突出的环境问题。村镇中一切具有有害物排放的单位（包括工厂、卫生院、屠宰场、饲养场、兽医站等），必须遵守有关环境保护的法规及"三废"排放标准的规定。

② 推进村镇环境综合整治。改善村镇居住环境，搞好绿化，讲究卫生，做到人畜分居。要按照"三清"（清理垃圾堆、清理粪堆、清理柴草堆）、"四改"（改水、改厕、改灶、改圈）、"五通"（通

路、通车、通电、通自来水、通宽带网）、"六化"（硬化、净化、亮化、绿化、美化、整齐化）的要求，坚持从实际出发，尊重居民意愿，深入开展村镇环境综合整治。要大力推广"组保洁、村收集、镇转运、县处理"的城乡统筹垃圾处理模式，提高村镇生活垃圾收集率、清运率和处理率。村镇建设规划要有环保内容，配套建设生活污水和垃圾污染防治设施。

③ 改善村镇生活用水条件，保护好饮用水源地。凡是有条件的地方，都应积极提倡自来水或井水。要切实把保障饮用水安全作为村镇环境保护工作的首要任务，整治水源地周边的环境，对重点水源地内的排污企业包括规模化养殖场要坚决取缔，确保水源地的环境安全。

④ 严格控制村镇工业污染。要采取措施，加大执法力度，坚决打击违法行为，淘汰污染严重落后的生产能力、工艺、设备，强化村镇工业污染防治，把农村工业发展同小城镇的规划建设结合起来，加快推进农村镇分散企业向工业园区集中，对污染实行集中治理。提高环保门槛，禁止工业和城市污染向村镇转移。

⑤ 推动规模化畜禽养殖污染防治和综合利用。要大力推广生态化养殖方式，加快村镇清洁能源建设，改善村镇能源结构，支持和鼓励沼气、有机肥等项目建设，实现养殖废弃物的减量化、资源化和无害化。规模化养殖场、集中养殖区，必须同步建设污染集中治理和综合利用设施。对分散养殖户，要加强引导，积极探索，有效处理畜禽养殖污染。

⑥ 加强农业污染防治。要指导农民科学施用化肥、农药，积极推广测土配方施肥，鼓励使用生物农药或高效、低毒、低残留农药，推广作物病虫害综合防治和生物防治，鼓励农膜回收再利用，加强秸秆综合利用，发展生物能源。积极推进绿色食品、建设无公害有机食品基地，促进生态农业、有机农业发展。

⑦ 积极开展环境保护和"三废"治理科学知识的宣传普及工作，为保护村镇环境作出贡献。

小结

环境是由若干自然因素和人工因素有机构成的，并与生存其内的人类互相作用的物质空间。村镇环境包括自然环境和人为环境两个部分。

环境污染是人类直接或间接地向环境排放超过其自净能力的物质或能量，从而使环境的质量降低，对人类的生存与发展、生态系统和财产造成不利影响的现象。

造成村镇环境污染的主要原因是：没有统筹规划，村镇工业等恣意发展；村镇用地布局不合理；基础设施配置不足；环境保护意识欠缺等。

村镇环境污染主要是工业污染、农业污染、交通运输污染、人类生活污染和畜禽饲养业污染五大类。

村镇环境保护的原则要求是：全面规划，合理布局；严格控制，限期治理；生态农业，有机结合；植物净化，以"管"促"治"。

思考题

1. 什么是环境？什么是环境污染?

2. 村镇环境污染有哪几类?

3. 造成村镇环境污染的原因是什么?

4. 村镇环境污染有什么危害?

5. 村镇环境的改善途径与管理方法有哪些?

6. 村镇环境保护的原则要求是什么?

7. 村镇环境保护应采取哪些具体措施?

参考文献

裴杭. 1988. 村镇规划[M]. 北京：中国建筑工业出版社.

吉林省基本建设委员会. 1983. 村镇规划与建筑[M]. 长春：吉林人民出版社.

张书义等. 1987. 村镇建设与环境保护[M]. 天津：天津科学技术出版社.

崔英伟. 2008. 村镇规划[M]. 北京：中国建筑工业出版社.

汪晓敏, 汪庆玲. 2007. 现代村镇规划与建筑设计[M]. 南京：东南大学出版社.

金兆森, 张晖. 1999. 村镇规划[M]. 南京：东南大学出版社.

韩伟强. 2006. 村镇环境规划设计[M]. 南京：东南大学出版社.

叶文虎. 2000. 环境管理学[M]. 北京：高等教育出版社.

马乃喜, 惠泱河. 2002. 生态环境保护理论与实践[M]. 西安：陕西人民出版社.

李敏. 1999. 城市绿地系统与人居环境规划[M]. 北京：中国建筑工业出版社.

刘骏, 蒲蔚然. 2004. 城市绿地系统规划与设计[M]. 北京：中国建筑工业出版社.

胡长龙. 2002. 园林规划设计[M]. 北京：中国农业出版社.

朱雯, 等. 2009. 村镇绿地分类初探[J]. 四川农业大学学报, 27（1）：96-99.

城市绿地分类标准[S]. CJJ/T85—2002.

城市用地分类与规划建设用地标准[S]. GB 50317—2011.

镇规划标准[S]. GB 50188—2007.

肇源镇绿地系统规划资料来源：http://www.dqghj.gov.cn/news.php?id=691

中祝村相关规划资料由西北大学城市与环境学院李建伟老师提供.

第8章 给排水工程和防洪工程规划

8.1 村镇给水工程规划

本节要点

主要介绍村镇给水系统的特点、组成，取水工程，输配水工程，净水工程等。重点是要求学生掌握用水量计算和配水管网布置。本节难点是管网水力学计算。

村镇现状是市政基础设施落后、起点较低、工业企业"三废"污染较严重，这些都给给水排水工程规划带来了一定的困难。我国城市化发展要求：严格控制大城市的规模，积极发展中小城市，加快发展村镇，建设新型农村。因此，村镇给水规划要贯彻村镇科学发展，立足于村镇发展的现状，着眼于村镇发展的未来。村镇给水规划的任务是经济合理、安全可靠地提供居民的生活和生产用水，保障人民生命财产安全的消防用水，并满足不同用户对水量、水质、水压的要求。

8.1.1 村镇给水系统概述

8.1.1.1 系统分类、组成和布置

（1）分类

给水系统是由保证村镇、工矿企业等用水的各项构筑物和输配水管网组成的系统。根据系统的性质，可分类如下：

按水源分类，分为地表水（江河、湖泊、蓄水库、海洋等）和地下水（浅层地下水、深层地下水、泉水等）给水系统；

按供水方式，分为自流系统（重力供水）、水泵供水系统（压力供水）和混合供水系统；

按使用目的，分为生活用水、生产给水和消防给水系统；

按服务对象，分为村镇给水和工业给水系统；工业给水中，又分为循环系统和复用系统。

我国村镇数量多，分布广，气候特征、地形地貌有很大差异，水源及水质变化较大，而且生活习惯特别是经济发展水平不同，对村镇给水的要求也不一样，因此，村镇给水系统类型众多。

（2）组成

给水系统由相互联系的一系列构筑物和输配水管网组成。它的任务是从水源取水，按照用户对水质的要求进行处理，然后将水输送到用水区，并向用户配水。给水系统按其工作过程，大致可以分为三个部分：取水工程、净水工程和输配水工程，并用水泵联系，组成一个供水系统（图8-1、图8-2）。

（3）布置

村镇给水系统的布置，根据村镇总体规划布局、水源性质和当地自然条件、用户对水质要求等不同而有不同的形式。常见的几种布置形式如下：

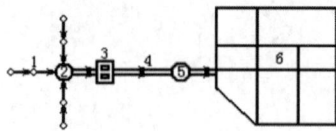

1-管井群　2-水池　3-泵站
4-输水管　5-水塔　6-管网

图8-1　地下水源给水系统示意图

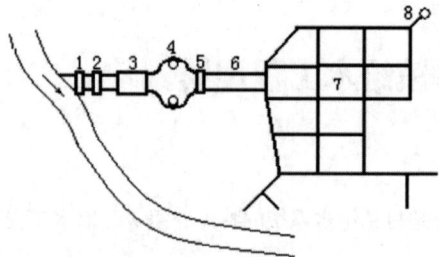

1-取水构筑物　2-一级泵站　3-处理构筑物
4-清水池　5-二级泵站　6-输水管　7-管网　8-水塔

图8-2　地面水源给水系统示意图

① 统一给水系统。村镇生活饮用水、工业用水、消防用水等按照生活饮用水水质标准，用统一的给水管网供给用户的给水系统，称为统一给水系统。

② 分质给水系统。取水构筑物从水源地取水，经过不同的净化过程，用不同的管道分别将不同水质的水送给各个用户，这种给水系统称为分质给水系统。此系统适用于村镇中低质水所占的比重较大时采用。它的处理构筑物容积较小，投资不多，可节约大量药剂费和动力费用，但管道系统较多，管理较复杂。

③ 分区给水系统。将村镇的整个给水系统按其特点分成几个系统，每一个系统中有其泵站、管网和水塔，有时系统和系统之间保持着适当联系，以便保证供水安全和调度的灵活性。这种布置可节约动力费和管网投资。缺点是设施分散、管理不方便。

④ 分压给水系统。它由两个或两个以上的水源向不同高程的地区供水，这种系统适用于水源较多的山区或丘陵地区的村镇和工业区。它能减少动力费用，降低管网压力，减少高压管道和设备用量，供水较安全，并可分期建设。主要缺点是所需管理人员和设备较多。

⑤ 重复使用给水系统。从某些工业企业排出的生产废水可以重复使用，经过处理或不经处理，用作其他工业生产用水，它是节约用水的有效途径之一。

⑥ 循环给水系统。某些废水不排入水体，而是经过冷却降温或其他处理后，又循环用于生产，这种给水系统称为循环给水系统。在循环过程中所损失的水量，须用新鲜水补给，其量约为循环水量的3%~8%。

8.1.1.2　规划设计用水量

（1）对生活用水量的规划

村镇用水人口少，居民住房条件、给水排水卫生设备完善程度、生活水平相应比大中城市低，所以村镇的综合用水定额也应相对降低。但降低多少为宜，目前尚无统一的标准。从目前规划设计实践看，"集中龙头取水"的用水模式在村镇已逐渐被淘汰；"室内有给水龙头，但无卫生设备"这种用水模式在村镇还占有一定比例，主要是在经济欠发达的山区村镇；"室内有给水排水卫生设备，但无淋浴设备"的用水模式在气候热、潮湿的地区村镇并不多见；"室内有给水排水卫生设备和淋浴设备"是村镇居民向往的经济、实用的用水模式。从以上情况分析，村镇经济发展目前虽滞后于大、中城市，但从经济发展的规模和速度来看，有逐年加快的趋势，因此，应以发展的眼光确定村镇居民的生活用水量。

（2）对工业企业生产用水量及职工生活用水量的规划

沿海村镇工业企业以三资企业为主，而山区村镇工业企业以乡镇企业为主。村镇工业企业的特点是规模小，以加工业为主，循环用水率低，设备、工艺相对落后。规划时我们应调查历年的工业用水情况，然后根据工业用水以往的资料按历年工业用水增长率来推算未来用水量，并适当考虑逐年提高工业用水循环用水率。然后，根据各工业生产的规模和产品的最高单位耗水量等，计算最高日工业用水量，企业有自备水源，其中可以利用的则不再计入总的工业用水量中。对于新建工业开发区，规划用水量尝试用工业用地指标估算，对于加工型轻工业以120~150m³/（hm²·d）估算。由于村镇工业企业职工人数少，职工生活用水难以单独计算，规划中把职工生活用水与生产用水合并计算。

（3）对消防用水量的规划

村镇给水工程规划中不可忽略消防用水这一项。消防用水量应按同一时间内的火灾次数和一次灭火用水量确定，其值不应小于城镇室外消防用水量标准。城镇室外消防用水量应包括工厂、仓库和民用建筑室外消火栓用水量。当工厂、仓库和民用建筑室外消火栓用水量大于城镇室外消防用水量时，应取较大值。如小城镇人口≤1.0万时，室外消防用水量为10L/s，而一座500~20000m²多层建筑其室外消火栓用水量为20L/s，会出现室外消防用水量小于民用建筑室外消火栓用水量的情况。当小城镇人口≤2.5万人时，也会出现此情况，在这种情况下应注意采用较大值。

（4）对市政用水量的规划

浇洒道路和绿地等市政用水量在小城镇所占比例较小，村镇规划时可采用综合生活用水量的3%~5%估算，也可合并到未预见水量之中。

（5）对未预见用水量的规划

未预见水量和管网漏失水量可采用最高日用水量的5%~15%计算。

8.1.2　取水工程

8.1.2.1　地下水取水构筑物

（1）地下水分类

按地下水的埋藏条件可将地下水分为三类：即上层滞水、潜水、承压水。若根据含水层的空隙性质又可分为：孔隙水、裂隙水、岩溶水。

（2）地下水取水构筑物分类

由于地下水的类型、埋藏深度、含水层性质各不相同，所以开采收集地下水的方法也就不同，取水构筑物的类型也各异。开采收集地下水的构筑物有管井、大口井、渗渠、辐射井及复合井等，常见的为管井和大口井。大口井广泛应用于浅层地下水，地下水埋深通常小于12m，含水层厚度在5~20m之内。管井用于开采深层地下水，管井深度一般在200m以内，但最大深度也可达1000m以上。渗渠可以取含水层厚度在4~6m、地下水深埋小于2m的浅层地下水或地表渗透水渗渠，在我国西北和东北地区应用较多。辐射井是由集水井和若干水井铺设的辐射形集水管组成。辐射井一般用于取含水层厚度较薄且不能采用大口井的地下水。含水层厚度薄、埋藏深、不能用渗渠开采的，也可采用辐射井取集地下水，故辐射井适应性较强，但施工困难。复合井是大口井与管井的组合，上部为大口井，下部为管井。复合井适用于地下水位较高、厚度较大的含水层。有时在已建的大口井中打入管井成为复合井来增加井的出水量并改善水质。

8.1.2.2 地表水取水构筑物

地表水源一般水量较充沛，分布较为广泛。因此，很多村镇生活用水与企业生产用水常常利用地表水作为给水水源。

由于地表水源的种类、性质和取水条件各不相同，因此地表水取水构筑物有多种形式。按水源分则有河流、湖泊、水库、海水构筑物；按取水构筑物的构造形式分则有固定式（岸边式、河床式、斗槽式）和活动式（浮船式、缆车式）两种。在山区河流上，则有带堤坝的取水构筑物和底栏栅式取水构筑物。

（1）地表取水构筑物位置的选择

能否恰当地选择地表水取水构筑物的位置直接影响取水的水质和水量、取水的安全可靠性、投资、施工、运行管理以及河流的综合利用。因此，正确选择取水构筑物的位置是地表取水构筑物设计中的一个十分重要的问题，所以应深入现场调查研究，掌握第一手材料，若条件复杂时，尚需进行水工模型试验，并优化方案。

选择地表水取水构筑物的位置时，注意以下基本要求：

① 设在水质较好的地点。

② 具有稳定的河床和河岸，有足够的水深。

③ 具有良好的地质、地形及施工条件。

④ 靠近主要用水区。

⑤ 注意河流上的人工构筑物或天然障碍物。

⑥ 避免冰凌的影响。

（2）江河固定式取水构筑物

取水构筑物的类型很多，但可以分为固定式取水构筑物和活动式取水构筑物两类。在选择时，应根据取水量和水质要求，结合地形、地质条件、水文条件、施工条件进行经济比较来确定。

固定式取水构筑物具有取水可靠，维护管理较简单，适应范围广等优点，但投资较大，水下工程量较大，施工期长。固定式取水构筑物设计时应考虑远期发展的需要，土建工程一般按照远期设计，一次建成，水泵机组设备等可分期安装。

江河固定式取水构筑物主要分为岸边式和河床式两种，另外还有斗槽式等（图8-3）。

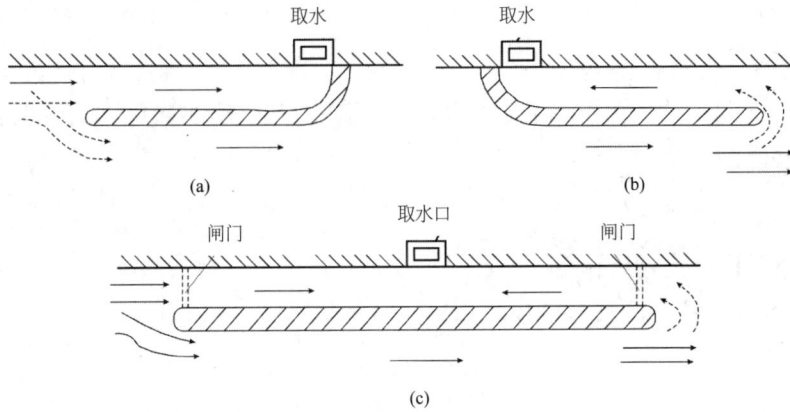

（a）顺流式斗槽　（b）逆流式斗槽　（c）双流式斗槽

图8-3　斗槽式取水构筑物

（3）活动式取水构筑物

在水源水位变化幅度大、供水要求急、取水量不大时常采用活动式取水构筑物，它有两种形式：浮船式和缆车式（图8-4）。

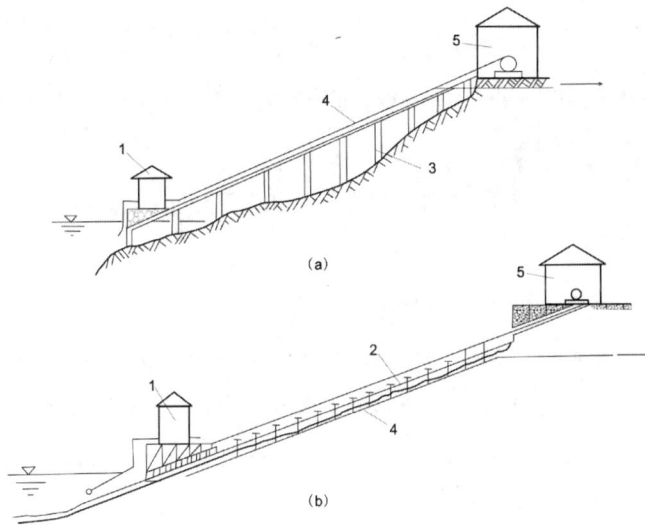

（a）斜桥式　（b）斜坡式

1-泵车　2-坡道　3-斜桥　4-输水斜管　5-卷扬机房

图8-4　缆车式取水构筑物

（4）山区河流取水构筑物

为了解决山区的给水问题，常常从山区河流取水。取水构筑物常采用低坝式或底栏栅式。当河床为透水条件良好的砂砾层，含水层较厚，水量较丰富时，亦可采用大口井或渗渠取地下渗流水。

（5）水库取水构筑物

水库的水质随水深、季节的变化而变化，所以水库取水多采用分层取水方式。水库取水构筑物可与坝、泄水口合建或分建。

8.1.3 输配水工程

给水管网分布在整个给水地区。它的作用是将水从取水水源或水厂送到用水地点，并且保证一定的水压和水量。管网的造价占整个给水工程投资的50%左右，在供水范围大的地方或者以地下水作为水源无需净化处理的情况下，其投资可能更高。因此，经济合理的线路设计，对于工程的建造具有重大的意义。给水管网根据它在整个系统中的作用，可分为输水管网和配水管网两类。输水管渠是指从水源到水厂或者从水厂到相距较远管网的管线或渠道。它的作用很重要，在某些远距离输水工程中，投资是很大的。配水管是指由水厂和水塔、高位水池等调节构筑物直接向用户配水的管道。在村镇供水系统中，管网担负输、配水任务。其基建投资一般要占供水工程总投资的50%~80%，因此在管网规划布置时必须力求经济合理。

8.1.3.1 输水管渠和配水管网布置

（1）输水管渠的布置与定线

从水源到水厂或从水厂到配水管网的管道，因沿线一般不接用户管，主要起转输水量的作用，所以叫做输水管。有时管网接到个别大的用水单位的管道也叫输水管。

① 输水管线路的选择与布置要求。

a. 应能保证供水安全，并尽量做到线路最短，土石方工程量最小，造价低，施工维护方便，少占或不占农田。

b. 有条件时，管线走向最好按现有道路或规划道路敷设。

c. 输水管应尽量避免穿越河谷、重要铁路、沼泽、工程地质不良的地段以及洪水淹没地区。

d. 选择线路时，应充分利用地形，优先考虑重力输水或部分重力输水。输水管线的根数（即单线或双线），应根据给水系统的重要性、输水量大小、分期建设等因素全面考虑确定。允许间断供水或水源不止一个时，一般可设一条输水管；不得间断供水的情况，一般应设两条，或者设一条输水管，同时修建有相当容量的安全贮水池，以备输水管发生故障时供水。

e. 采用两条输水管时，其间需有连通管相互联系。连通管直径可与输水管相同或比输水管小20%~30%。

f. 压力输水管上的最高点，一般应设进气阀，以便及时排除管内空气，或在输水管放空时引入空气。在输水管的低洼处应设置泄水阀及泄水管，泄水管接至河道或低洼处。

g. 输水管上的阀门直径一般与管径相同，当输水管径大于500mm时，阀门直径需经造价和能耗的比较后确定。阀门间距可视地形、穿越障碍物和连通管位置确定，当设置连通管时，阀门间距一般与连通管间距相同；无连通管时，若输水长度小于3km，闸阀间距一般为1.0~1.5km时，间距一般为2.0~2.5km；长度为10~20km时，间距一般为3.0~4.0km。

h. 重力输水管每隔一定距离应设检查井和通气孔。输送水浊度不高时，管径（渠宽）小于700mm时，检查井间距不宜大于200mm；管径700~1400mm时，间距不宜大于400mm；原水含砂太多时，可参照排水灌渠要求设置检查井。地形较陡时，非满流的重力输水管（渠）必要时，还应在适当位置设置跌水井或减压井。

i. 当采用明渠输送原水时，应有可靠的保护水质和防止水量流失的措施。

j. 管道满流输水时，应考虑发生水锤的可能，必要时应采取消除水锤的措施。

② 输水管管径的确定原则。

a. 从水源到水厂的输水管道。当水厂内有调节构筑物时（如水塔、清水池），按最高日平均时供水量加水厂自用水量确定；当无调节构筑物时，则按最高日最高时供水量加自用水量确定。

b. 从水厂到管网的输水管道。当管网内有调节构筑物时，按最高日最高时运转条件下由水厂供给的水量设计；当无调节构筑物时，应按最高日最高时供水量计算。

c. 输水管的管材一般可采用非金属管道（预应力钢筋混凝土管或自应力混凝土管）。在村镇从水源到水厂的输水管，当条件许可时，也可利用灌溉渠道或修建专用渠道，但此时必须注意水量的平衡和渠道的卫生防护。

（2）配水管网的布置与定线

配水管网就是将洁净的自来水分配供应到全区各用户的管道系统。根据管线所起作用的不同，可分为干管和分配管。干管的主要作用是担负沿线供水区域的输水工作；分配管的主要任务是配水给用户和消火栓。在村镇给水中，由于村镇给水系统的工程规模相对较小，干管和分配管两者的界限不甚明显。

① 配水管网的布置和定线要求。

a. 满足用户对水量和水压的要求，考虑维修方便，尽量缩短管线长度，尽量避免管线在重要道路下通过。

b. 设置分段分区检修阀门。一般情况下，干管上的阀门应设在支管的下方，以便阀门关阀时尽量减少对支管的影响。支管与干管相接处，应在支管上设置阀门。

c. 暂时缓建或在规划中拟建的管线，应在干管上预留接口，以便修建时接管。

d. 配水管网形状取决于总平面布置，树状管网投资较省，但供水可靠性较差；环状管网则增加了供水可靠性和投资，所以应根据供水要求的可靠程度和投资来选择管网形式，村镇中心区先布置成环状，再以树状向外延伸，以后根据需要和可能再连接成环状。

e. 当配水管网延伸较长时，为了维持管网末梢的服务水头，可考虑在管网中适当的位置增设加压泵站，进行中途加压，需要时可多次分级加压。加压泵站的设置和服务区域的划分应综合考虑，力求供水可靠、安全、能耗合理经济。

f. 对供水范围较大的配水管网或水厂远离供水区的管网，应对管网中是否设置调节设施进行比较。如昼夜用水量相差很大，高峰用水时间较短，可考虑设置调节水池和泵房，利用夜间蓄水，白天供水，增加高峰供水量，因缩小干管管径所节省的投资，足以补偿调节水池和泵房的建设费用。

g. 地形高差较大时，应考虑分区供水或局部加压，与提高整个管网的水压相比，既可节省能耗，也可避免低处管网承受较高压力。

h. 管网费用（包括管道、阀门、附属设备）约占给水工程总投资的60%~80%，且能耗大，对于运行电费的影响大，应进行多方案比较和计算，使之以最少投资可靠地满足近远期水量、水压和水质的要求。

i. 村镇生活饮用水管网禁止与非生活饮用水管网相通；严禁与各单位自备生活饮用水与供水系统直接连通，如必须作为备用水源而连接时，应采取有效的安全隔断措施。

② 配水管网的布置形式。

村镇供水管网是根据村镇地形、道路及其发展方向、用水量较大的用户的位置、用户所要求的水压、水源位置等因素进行布置。配水管网的布置有两种基本形式：树状管网（图8-5）和环状管网（图8-6），也可两者混合使用。

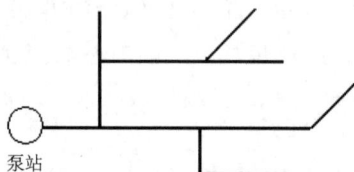

| 图8-5 树状管网 | 图8-6 环状管网 |

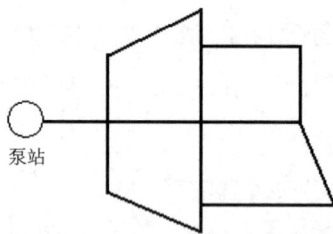

树状管网的末端应装泄水阀门，以便放空管段中的存水，保证水质。环状管网的情况就不同，环状网中，管线连接成环状，这类管线当任一段损坏后进行局部检修时，可关闭局部阀门，使其与其余部分隔断，而水流仍可通过另外管线输向用户，影响范围小，环状管网也可大大减轻因水锤作用产生的危害，但管线长度明显增加时，投资高。环状管网适用于村镇给水管网及可靠性要求高的工矿企业。

给水管网的布置既要求安全供水，又要求节约投资。而安全供水和节约投资之间不免会产生矛盾，为了安全供水采用环状网较好，节约投资量则采用树状管网较好。

8.1.3.2　输配水管网水力计算

随着村镇的发展，给水管网需不断的新建以及改建与扩建。新建给水管网是以前没有管网，改建与扩建给水管网是在原有管网基础上进行的，为节约投资，既要充分发挥原有管网设施的作用，又要根据扩大的供水规模，进行原有管网的改建和新管网的扩建，以求达到整个管网协调的目的。

对于改建和扩建的管网，因现有管线遍布在街道下，不但管线太多，而且不同管径交接，计算时比新设计的管网较为困难。其原因是由于生活和生产用水量不断增长，水管结垢或腐蚀等，使计算结果偏离实际。这时必须对现实情况进行调查研究，调查用水量、节点流量、不同材料管道的阻力系数和实际管径、管网水压分布等。如果计算的管线越多，则调查和计算的工作量越大。为了减少调查及工作量，给水管网的水力计算就显得非常重要。

（1）管网计算的原则

给水管网的水力计算应遵循以下原则：

① 管网应按最高日最高时用水量及实际水压计算。

② 根据具体情况分别用消防、最大转输、最不利管段发生故障等条件进行校核。

（2）管网设计和计算的步骤

① 在平面图上进行干管布置（定线），管网的布置形式可能是环状网或树枝状网，也可能是两者混合形式。

② 按照输水线路最短的原则，定出各管段的水流方向。

③ 定出管段的总计算长度（或供水总面积）及各管段的计算长度（或供水面积）。

④ 用最高日最高时的流量确定供水区内用水大户的集中流量，并假定流量均匀分布，根据已确定的输入管网总流量，求出比流量、各管段沿线流量和节点流量。

⑤ 根据输入管网的总流量，做出整个管网的流量分配，此时应满足节点流量平衡的条件，并且考虑供水的可靠性和技术经济的合理性。

⑥ 按初步分配的流量，根据技术、经济流速，确定每一管段的管径。由于管网需要满足各种情况下的用水要求，确定管径时除满足经济流速条件外，还应用消防和事故工况用水来进行校核，使管网在特殊情况下仍能保持适当的水压和流量。

⑦ 由于流量初步分配不当，使环状管网的闭合环内水头损失不能满足 $\sum h_i = 0$，就产生了闭合差 Δh_i。为消除闭合差，必须进行管网平差计算，将原有的流量分配逐一加以修正。

⑧ 利用平差后各管段的水头损失和各点地形标高，算出水塔高度和水泵扬程，有时在管网平面图上还需绘出等水压线。

（3）树状管网计算

多数小型和工业企业给水方式在建设初期往往采用树状管网，以后随着村镇和用水量的发展，可根据需要逐步连接成为环状网。树状管网的计算比较简单，主要原因是树状管网中每一管段的流量容易确定，只要在每一节点应用节点流量平衡条件 $q_i + q_{ij} = 0$ 即可。无论从二级泵站起顺水流方向推算或从控制点起向二级泵站方向推算，只能得出唯一的管段流量，或者可以说树状网只有唯一的流量分配。

树状管网的水力计算的特点是，从树状管网的节点流量计算出各管段流量，即从距泵站最远的末梢节点（最不利点）起，利用节点连续方程 $\Sigma Q = 0$ 的关系，逐个向二级泵站推过去，即可求出每段管段的计算流量，再根据经济流速选定管径，进而由流量、管径和管长算出管段水头损失，最后由地形高程和最不利点的自由水头，求出各点的水压。具体步骤如下：

① 首先在管网中选定最不利点，定出从最不利点至管网起点的计算干线，然后求出各管段的计算流量。依次逐个管段推算计算流量。

② 根据计算流量选定管径以后，即可进行水头损失计算。计算时，可查《铸铁管水力计算表》，根据管径、流速和水力坡度计算管段的水头损失。进而计算各节点水压，最后得到起点的水压。

③ 干管计算后，得出干线上各节点包括接出支线处节点的水压标高（等于节点处地面标高加服务水头）。因此在计算树状网的支线时，起点的水压标高已知，而支线中点的水压标高等于中点的地面标高与最小服务水头之和。从支线起点和中点的水压标高差除以支线长度，即得支线的水力坡度，再从支线每一管段的流量参照此水力坡度选定相近的标准管径。计算时从干线连接点开始，逐渐向远处的节点计算。

8.1.3.3　分区给水系统

（1）概述

分区给水一般是根据村镇地形特点将整个给水系统分成几区，每区有独立的泵站、管网等，但各区之间又有适当的联系，以保证供水可靠和调度灵活。分区给水的原因，从技术上是使管网的水压不超过水管网可以承受的压力，以免损坏水管和附件，并可减少漏水量；经济上的原因是降低供水能量费用。在给水区很大、地形显著或远距离输水时，都有可能考虑分区给水问题。

图8-7表示给水区地形起伏、高差很大时采用的分区给水系统。其中图8-7（a）是由同一泵站内的高区和低区水泵分别给低区②和高区①供水，这种形式叫做并联分区。图8-7（b）中，高、低两区用水均由低区泵站2供给，但高区用水再由高区泵站4加压，这种形式叫做串联分区。

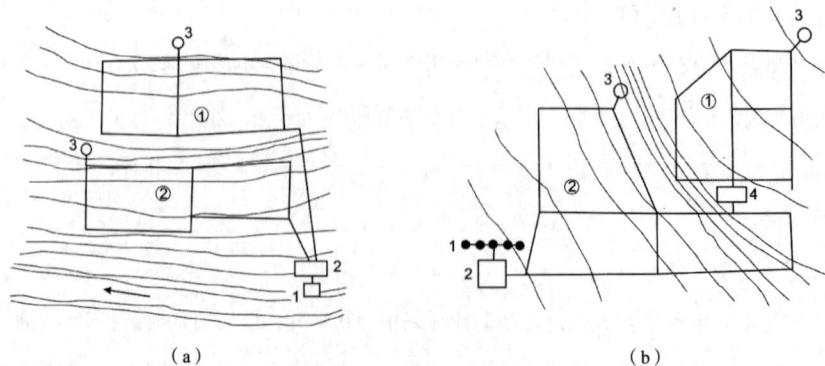

（a）　　　　　　　　　　　　　　（b）

①-高区　②-低区　1-取水构筑物　2-水处理构筑物和二级泵房　3-水塔或水池　4-高区泵站

图8-7　分区给水系统

图8-8表示远距离重力输水管，从水库A输水至水池B。为防止水管承压过高，将输水管适当分段（即分区），在分段处建造水池，以降低管网的水压，保证工作正常。这是一种重力给水分区系统。输水管分段并在适当位置建造水池后，不仅可以降低输水管的工作压力，并且可以降低输水管各点的静水压力，因此是经济合理的，水池应尽量布置在地形较高的地方，以免出现虹吸管段。

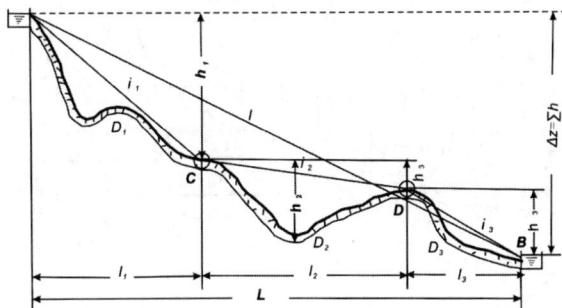

图8-8 重力输水管分区

（2）分区给水系统的设计

前已述及，为使管网水压不超过水管所能承受的压力，以及减少无形的能量浪费，可采用分区给水。但管网分区后，将增加管网系统的造价，因此需进行技术和经济上的比较。例如，所节约的能量费用多用于所增加的造价，则可考虑分区给水。就分区形式来说，并联分区的优点是各区用水由同一泵站供给，供水比较可靠，管理也比较方便，整个给水系统的工作情况较为简单，设计条件易与实际情况一致。串联分区的优点是输水管长度较短，可用扬程较低的水泵和低压管。因此在选择分区形式时，应考虑到并联分区会增加输水管造价，串联分区将会增加泵站的造价和管理费用。

村镇地形对分区形式的影响是：当村镇狭长发展时，采用并联分区较宜，因增加的输水管长度不多，可使高、低两区的泵站可以集中管理，如图8-9（a）所示。与此相反，村镇垂直于等高线方向延伸时，串联分区更为适宜，如图8-9（b）所示。

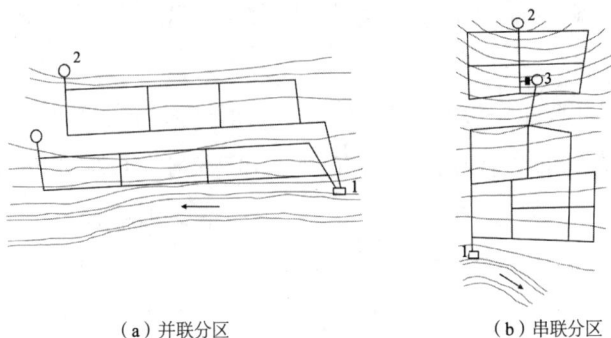

（a）并联分区　　　　　　（b）串联分区

1-水厂　2-水塔或高地水池　3-加压泵站

图8-9 城市延伸方向与分区形式选择

水厂位置往往影响到分区形式，如图8-10（a）中，水厂靠近高区时，宜用并联分区。水厂远离高区时，采用串联分区较好，以免到高区的输水管过长，增加造价，如图8-10（b）所示。

在分区给水系统中，可采用高地水池或水塔作为水量调节设备。容量相同时，高地水池的造价比水塔便宜。但水池标高应保证该区所需的水压。采用水塔或水池须通过方案比较后确定。

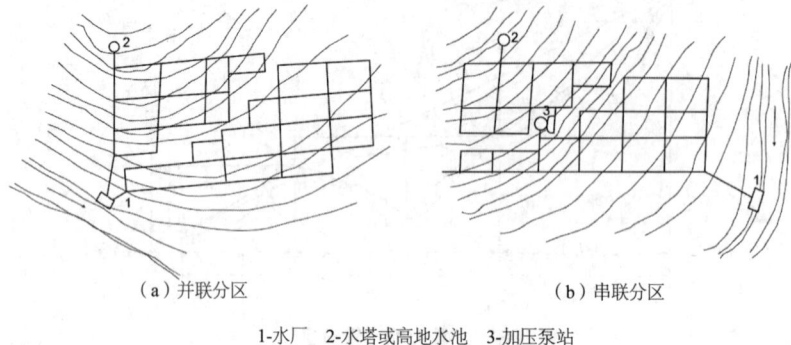

（a）并联分区　　　　　　　　　　　　（b）串联分区

1-水厂　2-水塔或高地水池　3-加压泵站

图8-10　水源位置与分区形式选择

8.1.4　净水工程

净水工程的任务是当原水质不符合用户要求时，对其进行水质处理，包括混合反应、沉淀或澄清、过滤消毒等，即对给水的处理——给水处理工程。给水处理工程是给水工程中一个极其重要的环节，其任务就是通过必要的处理方法去除水中杂质，使之符合生活饮用或工业使用所要求的水质。

8.1.4.1　净水原理及技术

给水处理的目的是去除水中的悬浮物质、胶体物质、细菌及其他有害成分，使净化后的水能符合生活饮用或工业使用所要求的水质。水处理方法应根据水源水质和用水对象对水质的要求确定。

一般来说，当生活饮用水采用地表水时，需要进行混凝、沉淀（或澄清）、过滤、消毒等处理工艺过程。如果采用没有受到污染的地下水源，当水质清澈透明时，只要经过消毒，便可符合生活饮用水质要求，当要求的水质较高时，则需做进一步的专门净化处理，如除铁、除锰、软化、淡化以及其他方面的特殊处理。

混凝、沉淀和过滤的主要目的是去除水中的悬浮物和胶体杂质。由于微小悬浮物沉淀的速度极慢，胶体物质则根本不能沉淀，因此需要在水中进行沉淀前投加凝聚剂，以破坏水中杂质的稳定性，使其迅速凝聚形成大颗粒的矾花，在矾花本身重力作用下沉淀，然后再通过滤池，就可以将水中的绝大部分杂质去除。对于完整而有效的混凝、沉淀和过滤，不仅能有效的降低水的浊度，对去除水中某些有机物、细菌及病毒等也相当有效。但对于某些未被去除的致病微生物，必须用消毒的方法将其杀死。消毒通常在过滤以后进行。主要消毒方法是在水中投加消毒剂以杀死致病微生物。当前常用的消毒剂是氯和漂白粉，也有的采用二氧化氯及次氯酸钠等。臭氧消毒也是一种重要的消毒方法。当溶解于地下水中的铁、锰含量超过生活饮用水卫生标准时，需采用除铁、除锰措施。最广泛的除铁、锰方法是：氧化法和接触氧化法。前者通常设置曝气装置、氧化反应池和砂滤池，后者通常设置曝气装置和接触氧化滤池。通过处理，使溶解性二价铁、锰分别转变成三价铁和四价锰并产生沉淀物而去除。如果水中钙、镁离子含量较高，则需要进行软化处理。而对于高含盐量的水，如海水及"苦咸水"则要进行淡化处理。

鉴于当前水源污染日益严重，特别是有机物污染比较突出，重金属污染也相当严重，因而，人们对饮用水与健康的关系极为重视。在进行给水处理时，要根据当地水源的水质情况，选择合适的净水处理方法，使之既经济适用，又能满足生活饮用水的水质标准。

8.1.4.2 常规地表水净水工艺流程

① 以地表水作为水源时，处理工艺流程中通常包括混合、絮凝、沉淀或澄清、过滤及消毒（图8-11）。

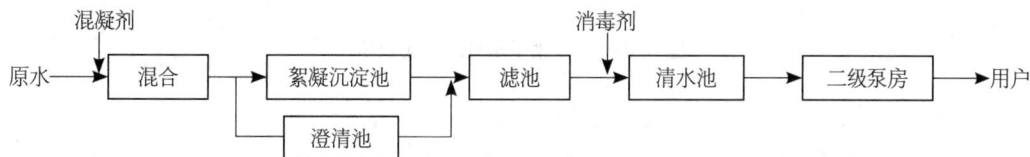

图8-11 典型地表水处理工艺流程

② 原水浊度较低（一般在50度以下）、不受工业废水污染且水质变化不大者，可省略混凝沉淀（或澄清）构筑物，原水采用双层滤料或多层滤料滤池直接过滤，也可在过滤前设一微絮凝池，称微絮凝过滤（图8-12）。

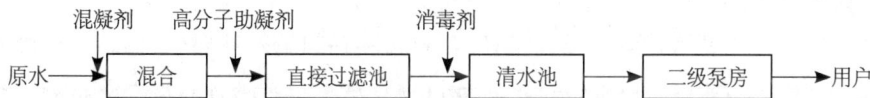

图8-12 以直接过滤为主的水处理工艺流程

③ 若水源受到较严重污染，按目前行之有效的方法，可在砂滤池后再设加臭氧——活性炭处理（图8-13）。

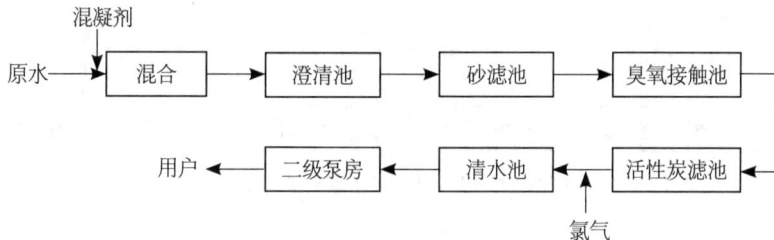

图8-13 污染严重情形下的水处理工艺流程

④ 受污染水源还有其他处理工艺。有的在常规处理工艺前增加生物预处理（包括预氧化、粉末活性炭吸附、生物处理等）；有的在常规处理工艺中投加粉末活性炭等。图8-14为增加生物预处理工艺流程。

混凝剂　　　　　　　　　　消毒剂

原水 → 生物处理 → 混合 → 絮凝沉淀 → 过滤 → 清水池 → 二级泵房 → 用户

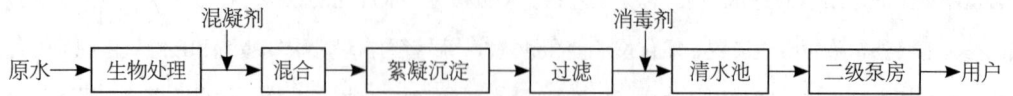

图8-14　增加生物预处理工艺流程

8.1.4.3　常规地下水净水工艺流程

常规的地下水由于水质较好，通常不需要任何处理，仅经消毒即可，工艺简单。

① 浅层地下水，用户居住分散（图8-15）。

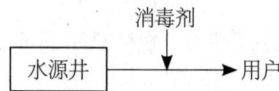

消毒剂

水源井 →　　→ 用户

图8-15　浅层地下水处理工艺流程

② 深层地下水（图8-16）。

水塔

消毒剂

水源井 → 水泵 → 管网 → 用户

图8-16　深层地下水处理工艺流程

8.1.4.4　特种水净水工艺流程

① 地下水除铁。含铁地下水在我国分布甚广。铁在水中存在的形式主要有二价铁和三价铁两种。地下水中主要含二价铁，且主要以离子态存在。我国饮用水卫生标准规定含铁量不超过0.3mg/L。去除地下水中铁质常用曝气氧化法，即将水中二价铁氧化成三价铁。由于三价铁在水中溶解度极小，故能从水中析出，再用固液分离的方法将之去除，从而达到地下水除铁的目的（图8-17）。

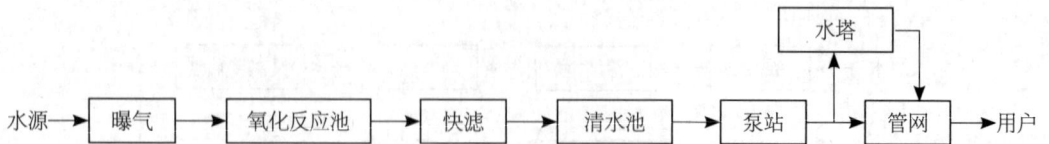

水塔

水源 → 曝气 → 氧化反应池 → 快滤 → 清水池 → 泵站 → 管网 → 用户

图8-17　曝气自然氧化除铁工艺流程

② 地下水除氟。氟以氟化物形式存在于多种矿物中，如氟石、冰晶石等。天然水中都含有少量氟，而地下水中浓度较高。我国生活饮用水卫生标准规定，水中氟浓度应保持在0.5~1.0mg/L（以F计）范围内。当水中含氟量大于1mg/L时需进行除氟处理。常用的除氟方法为吸附法，吸附剂常采用活性氧化铝（图8-18）。

```
                                          ┌─────┐
                                          │ 水塔 │←┐
                                          └─────┘ │
                                             ↑    │
水源→ ┌─────┐  ┌────────┐  ┌─────┐  ┌─────┐  │  ┌─────┐
      │ 泵站 │→│ 吸附滤池 │→│ 清水池 │→│ 水泵 │─┴─│ 管网 │→用户
      └─────┘  └────────┘  └─────┘  └─────┘     └─────┘
```

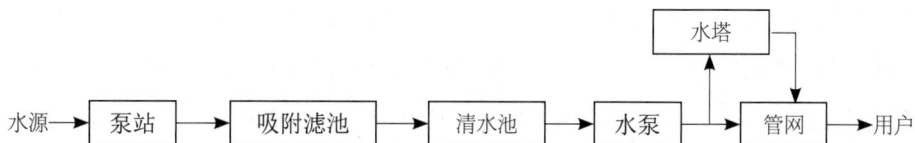

图8-18　吸附除氟工艺流程

8.1.5　村镇给水工程规划任务

8.1.5.1　规划原则

① 根据村镇自然环境和区域水资源状况，最大限度的保护和合理的利用水资源。村镇给水排水规划应以促进村镇可持续发展，以保证村镇用户对水质、水量、水压的要求为目标，确保水资源的良性循环，达到经济效益、社会效益和环境效益的统一。

② 坚持"全面规划，合理布局，综合利用"的方针进行规划。合理选择水源，对村镇水源规划和水资源利用进行统筹安排，协调好各村镇用水间的关系，尽可能地减少村镇间由用水而引发的矛盾。

③ 要树立动态发展的观念。在确定村镇自来水厂等给水设施的规模、数量等时，要充分考虑近、远期的发展，做好分期实施的准备，以便更好的实施规划。

④ 充分掌握和分析当地的现状资料，科学的进行给水设施和给水管网系统布局，确保村镇用户的生产、生活秩序。

⑤ 对给水工程规划进行经济分析，尽可能降低工程的总造价和经常性运行管理费用，节省投资。规划时，应考虑不同方案，进行技术经济的优化分析，使指定的规划更经济、科学、节能。

⑥ 村镇给水工程规划应与其他单项工程规划，如排水工程规划、道路交通规划、防洪工程规划等，相互协调，密切配合。

8.1.5.2　规划步骤

村镇给水工程系统规划工作的具体步骤如下：

① 明确规划设计任务，确定规划编制依据。了解规划项目的性质；规划设计的目的、任务及内容；收集有关部门涉及给水工程的文件、指示以及委托单位提出的正式委托书和双方签订的合同或协议书。

② 搜集必需的基础资料，进行现场勘查。图文资料和现状实况是规划的重要依据，资料应分清主次，化繁就简，获取最必要的资料。为了解实际情况，应进行一定深度的调查研究和现场踏勘，加强现场概念，加强对水环境、水资源、地形、地质等的认识，为管网布局、水的处理及利用等规划方案奠定基础。

③ 在掌握资料与了解现状和规划要求的基础上，预测城镇用水量。这是确定给水工程规模的依据，应经过充分调查研究才能确定。水量预测，应采用多种计算方法，并相互校核，确保数据的科学性。

④ 确定村镇给水系统的规划目标。根据村镇的发展速度及规划期限，提出分期实施规划的步骤和措

施。这是控制引导村镇给水工程有序建设，节省资金，利于村镇发展的重要方法。

⑤ 对村镇给水水源进行规划。充分利用和发挥当地水资源的优势和潜力，合理有节制的取水，防止因过度开发造成的地下水源枯竭或河流下游村镇用水困难。采用区域整体供水，发挥区域内水资源的优势，通过整体优化，发挥村镇给水工程的效益，降低成本。加强对水源的保护，防止水源受到污染。

⑥ 村镇给水管网及输配水设施规划。根据总体规划，拟定不同方案，作技术经济分析比较，选出最佳方案，确定管网的布置情况。

⑦ 编制村镇给水规划文件，绘制给水规划图，完成最终成果。

8.1.5.3　规划对象及内容

① 进行水资源与用水量供需平衡。

② 确定用水定额、用水总量、各单项工程设计水量。

③ 根据当地实际情况制定给水系统的组成。

④ 合理选择水源、确定取水位置及取水方式。

⑤ 选择水厂位置、水质处理方法。

⑥ 布置输水管道及给水管网、估算管径及泵站提升动力。

⑦ 进行给水系统方案比较，选定给水工程规划方案。

村镇给水工程规划必须在充分研究现状资料的基础上，结合村镇的总体规划，对村镇未来用水要求、人口变化等问题作综合考虑，选择合适的水源和相应的供配水方式。这一阶段需与村镇排水工程规划、区域水资源利用规划、工业企业用水规划等有关规划相结合，相互呼应，并为近、远期发展选择合理的用水量指标，采用多种方式预测用水总量。在规划中应结合村镇的具体情况，考虑村镇之间的差异，确定合理、适宜的给水系统方案。

小结

给水系统按其工作过程可以分为取水工程、净水工程和输配水工程三个部分，并用水泵联系，组成一个供水系统。

村镇给水工程用水量包括生活用水量、工业企业生产用水量、消防用水量、未预见用水量等。

配水管网根据管线所起作用的不同，可分为干管和分配管。干管的主要作用是担负沿线供水区域的输水工作；分配管的主要任务是配水给用户和消火栓。

村镇给水工程规划在充分研究现状资料的基础上，结合村镇的总体规划，对村镇未来用水要求、人口变化等问题作综合考虑，选择合适的水源和相应的供配水方式。

思考题

1. 村镇给水系统的特点是什么?

2. 村镇用水量是如何计算?

3. 配水管网线路布置和定线的要求是什么?管网的形式有哪些?

4. 村镇给水工程规划的步骤和内容是什么?

8.2 村镇排水工程规划

本节要点

主要介绍村镇排水工程的特点,排水系统的体制,排水系统的布置形式,污水设计流量计算,管道水力计算,污水处理工程等内容。重点要求学生熟练掌握村镇排水工程规划的内容和方法,掌握排水体制的选择、污水流量计算和排水系统的布置。本节难点是排水系统的水力学计算。

村镇排水工程规划主要是对村镇排水规划范围和排水体制、排水量和规模、排水系统布局、排水泵站、污水处理厂、污水处理与利用等方面做出规划。

村镇排水工程规划应符合国家现行的有关强制性标准的规定,在村镇排水工程规划中应贯彻"全面规划、合理布局、综合利用、保护环境、造福人民"的方针,应执行国家的有关法规和技术经济政策。小城镇排水工程设施用地应按规划期规模控制,节约用地,保护耕地。村镇排水工程规划应与给水工程、环境保护、道路交通、水系、防洪以及其他专业规划相协调。

村镇排水工程规划可划分为三个不同的阶段,即分为村镇排水工程总体规划、村镇排水工程分区规划、村镇排水工程详细规划等三个层次。这三个层次的划分难以区分,其关系是相互联系、承上启下、依次为据、逐渐深化;上一层次规划知道下一层次规划,下一层次规划在落实上一层次规划的基础上,进行深化与量化,并可根据具体情况对上一层次规划作适当修整。

8.2.1 村镇排水系统概述

8.2.1.1 特点和意义

(1)特点

村镇排水工程是随着村镇工农业的发展和人民生活水平的提高而逐步建立起来的,是社会发展的必然趋势,它具有以下几个特点:

① 村镇排水主要是排除生活污水、小部分生产污水及雨水。由于村镇居民居住分散,工业企业规模较小,也较分散,所以村镇排水具有分散性。

② 村镇居民大多从事同一生产活动，生活规律基本相同，用水时间相对一致，其污水排水时间也比较集中。

③ 村镇周围一般有许多池塘和土地，因此可采取氧化塘等处理系统进行污水处理。

④ 村镇排水系统建设要结合当地经济发展条件，注意节约投资。在资金不足的情况下，可采取分期建设，使其逐步趋于完善。

（2）意义

我国地域辽阔，村镇占地面积很大，基础设施薄弱，尤其是村镇排水工程发展缓慢，许多村镇的排水一般是明沟，下雨时易堵塞造成雨水满街乱流；甚至有些地方连明沟也没有，污水四溢，严重影响了环境卫生和人民生活水平的提高。搞好村镇排水工程的规划，对保证工农业生产，改善居民的居住环境，防止水体遭受污染，加速村镇现代化建设具有重大的意义。

8.2.1.2 排水系统体制及其选择

对生活污水、工业废水和雨水所采取的不同排放方式所形成的排水系统，称为排水系统的体制，简称排水体制。一般分为合流制和分流制两种类型。

① 合流制排水系统。是将生活污水、工业废水和雨水混合在同一个管渠中排出的系统。

a. 直排式合流制。是最早出现的合流制排水系统，管渠系统的布置就近排向水体，分若干个排水口，混合污水不经处理和利用直接就近排入水体。这种排水系统管渠造价低，不进入污水处理厂，所以投资少，国内外很多老村镇以往几乎都是采用这种合流制排水系统。但由于污水未经无害化处理就排放，使受纳水体遭受严重污染，目前一般不应采用。

b. 截流式合流制。现在常采用的是截流式合流制排水系统（图8-19）。这种系统是在临河岸边建造一条截流干管，同时在合流干管与截流干管相交前或相交处设置溢流井，并在截流干管下游设置污水处理厂。晴天和初降雨时所有污水都排送至污水处理厂，经处理后排入水体，随着降雨量的增加，雨水径流也增加，当混合污水的流量超过截流干管的输水能力后，就有部分混合污水经溢流井溢出，直接排入水体。截流式合流制排水系统较前一种方式前进了一大步，但仍有部分混合污水未经处理直接排放，成为水体的污染源而使水体遭受污染，这是它的严重缺点。国内外在改造老村镇的合流制排水系统时通常采用这种方式。

② 分流制排水系统。是将生活污水、工业废水和雨水分别在两个或两个以上各自独立的管渠内排出的系统（图8-20）。排出生活污水、村镇污水或工业废水的系统称污水排水系统；排出雨水的系统称雨水排水系统。

a. 完全分流制。分设污水和雨水两个管渠系统，前者汇集生活污水、工业废水，送至处理厂，经处理后排放和利用；后者汇集雨水和部分工业废水（较洁净），就近排入水体。该体制卫生条件较好，但仍有初期雨水污染问题，其投资较大。新建的村镇应优先考虑此形式。工厂的排水系统一般采用完全分

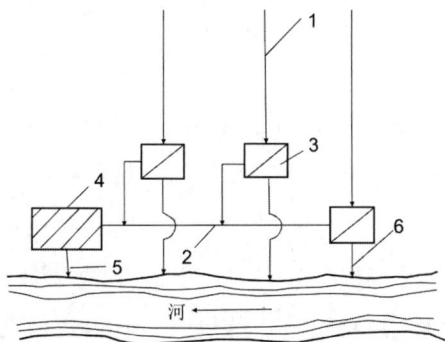

1-污水干管 2-截流主干管 3-溢流井
4-污水处理厂 5-出水口 6-溢流管

图8-19 截流式合流制排水系统

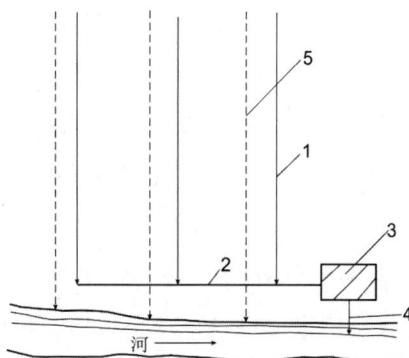

1-干管 2-主干管 3-污水处理厂
4-出水口 5-雨水干管

图8-20 分流制排水系统

流制,并要清浊分流,分质分流。有时,需要几种系统来分别排出不同的工业废水,如图8-21(a)所示。

b. 不完全分流制。只有污水管道系统而没有完整的雨水排水系统。污水通过污水排水系统流至污水处理厂,经过处理利用后,排入水体;雨水通过地面漫流进入不成系统的明沟或小河,然后进入较大的水体。该种体制投资省,主要用于有合适的地形,有比较健全的明渠水系的地方,以便顺利排泄雨水。对于新建村镇,为了节省投资或急于排出污水,先采用明渠排雨水,待有条件后,再改建雨水暗管系统,变成完全分流制系统。对于地势平坦,多雨易造成积水地区,不宜采用不完全分流制,如图8-21(b)所示。

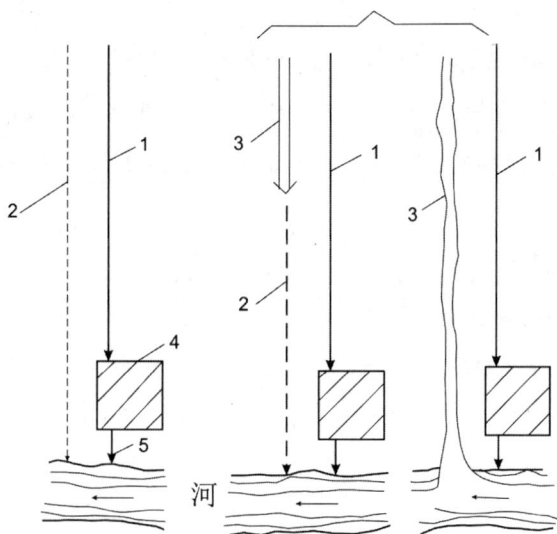

1-污水管道 2-雨水管道 3-原有管道 4-污水厂 5-出水口

图8-21 完全分流制及不完全分流制

c. 半分流制（截流式分流制）。既有污水排水系统，又有雨水排水系统。与完全分流制的不同之处在于它具有把初期雨水引入污水管道的特殊设施，称雨水跳跃井。在小雨时，雨水经初期雨水截流干管与污水一起进入污水处理厂进行处理；大雨时，雨水跳跃截流干管，经雨水流出干管排入水体。该种体制卫生条件好，但投资大，在经济条件好，生活水平高，对环境卫生有特殊要求的地区可采用。

③ 村镇排水体制的选择。合理地选择排水系统的体制，是村镇排水系统规划和设计的重要问题。它不仅影响排水系统的设计、施工、维护管理，同时也影响村镇排水系统工程的总投资以及维护管理费用。通常，排水系统体制的选择应根据当地条件，通过技术经济比较来确定。而环境保护应是选择排水体制时所考虑的主要问题。

合流制排水系统的特点是只建一条管渠，管线单一，既节省排水系统的总投资，又可减少与其他地下管线的交叉，施工较方便。初期雨水随着生活污水流入截流干管，送至污水处理厂，进行处理，避免了初降雨水对水体的严重污染。但是，晴天时管道中只有村镇污水，没有雨水，因而流速较低，易于产生沉淀。此外，由于晴天和雨天时流入污水处理厂的水量、水质变化很大，使得污水处理厂和泵站的运行管理相对复杂，从而造成管理费用的增加。

对于雨水稀少、街道狭窄的村镇，或者地下设施较多、施工不便、管渠设置位置受到限制的村镇，可以考虑采用合流制排水系统。尤其在旧村镇改造中，通常采用截流式合流制排水系统。

分流制排水系统的特点是污水与雨水分流。因村镇污水主要是生活污水和工业废水，流量不大，全部送至污水处理厂进行处理后再排入水体，可保护当地水资源免受污染。而且流入污水处理厂中的水量、水质变化较小，有利于污水处理厂的运行和管理。但初降雨水径流未经处理就直接排入水体，对水体造成一定程度的污染，这是它的缺点。分流制虽然具有这一缺点，但它比较灵活，容易适应社会发展的需要，一般又能符合卫生要求，故目前得到广泛应用。

总之，排水系统体制的选择是一项复杂而重要的工作。应根据当地环境保护的要求、原有排水设施、水量、水质、地形、气候和水体等条件，从全局出发，在满足环境保护的前提下，通过比较基建投资、维护管理等方面，综合考虑后再确定。

8.2.1.3 排水系统的布置形式

排水系统的平面位置与地形、土壤条件、河流情况、道路情况、污水厂处理位置等因素有关。因此，排水系统的布置应保证技术可靠、经济合理、维护管理方便，并符合村镇建设总体规划原则，满足环境保护方面的要求。排水系统一般采用集中布置，管道的坡度应尽量与地面坡度一致，以减少管道埋深，降低造价，力求不设排水泵站。管线应尽可能地以最短距离敷设，并尽量避免穿越山谷、河流、铁路等。

下面介绍以地形为主要因素的几种布置形式。在实际情况下，通常根据当地条件，因地制宜地采用综合布置形式。

（1）正交式布置

① 正交直排式布置。在地势向水体适当倾斜的地区，各排水区域的干管可以以最短距离与水体垂直相交的方向设置，称为直排式，如图8-22（a）所示。这种形式干管长度短，管径小，污水排出速度大而且排出也迅速、造价经济。由于污水未经处理就直接排放，会使水体遭受严重污染，影响环境。这种方式在现代村镇中仅用于排出雨水。

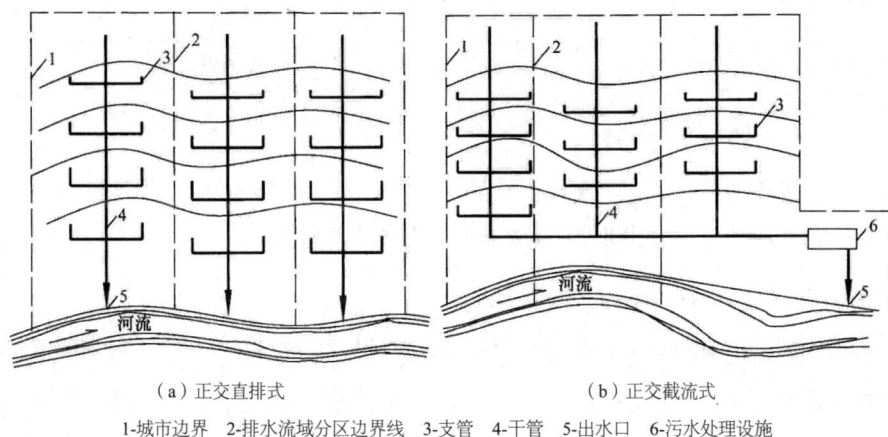

（a）正交直排式　　　　　　　（b）正交截流式

1-城市边界　2-排水流域分区边界线　3-支管　4-干管　5-出水口　6-污水处理设施

图8-22　排水系统正交布置形式

② 正交截流式布置。在正交式布置中，沿河岸侧敷设总干管，将各干管的污水截流收集统一送至污水处理厂，处理后的生活污水及工业废水排入天然水体，这种布置称为截流式，如图8-22（b）所示。该方式可以减轻水体污染，改善和保护环境，适用于分流制污水排水系统，对于合流制污水排放系统需要在截流主干管上增设截流井。

（2）平行式布置

在地势向河流方向有较大倾斜的地区，为了避免因干管坡度及管内流速过大，使干管受到严重冲刷或跌水井过多，可使干管与等高线及河道基本上平行，主干管与等高线及河道成一定角度敷设，称为平行布置，如图8-23（a）所示。

（3）分区式布置

在地势高低相差很大的地区，当污水不能靠重力流流至污水处理厂时，可采用分区布置形式，分别在高、低区敷设独立的管道系统。高区污水以重力流直接流入污水处理厂，低区的污水则利用污水泵抽送至高区干管或污水处理厂。这种方式只能用于阶梯地形或起伏很大的地区，其优点是能充分利用地形排水、节省电力。若将高区污水排至低区，然后再用污水泵一起抽送至污水处理厂则不经济，如图8-23（b）所示。

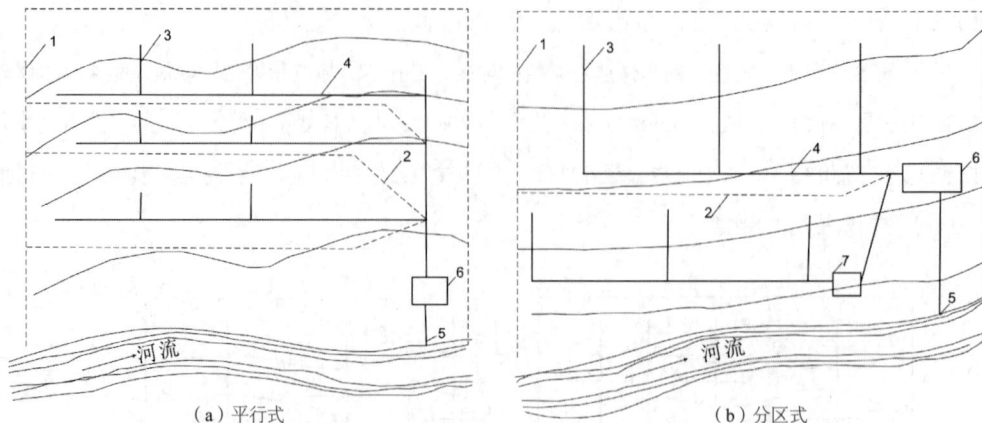

1-城市边界　2-排水流域分区边界线　3-支管　4-干管　5-出水口　6-污水处理设施　7-提升泵站

图8-23　排水系统平行与分区布置形式

（4）分散式布置

当村镇周围有河流，或村镇中央部分地势高，地势向周围倾斜的地区，各排水流域的干管经常采用辐射状分散式布置，各排水流域具有独立的排水系统。这种布置形式具有干管长度短、管径小、管道埋深浅、便于污水灌溉等优点，但污水处理厂和泵站的数量将增多。在地势平坦的村镇，采用辐射状分散式布置比较有利，如图8-24（a）所示。

（5）环绕式布置

由于建造污水处理厂用地不足，以及建造大型污水处理厂的基建投资和运行管理费用也较小型污水处理厂经济等原因，故不希望建造数量多、规模小的污水处理厂，而倾向于建造规模大的污水处理厂，由分散式发展成环绕式，如图8-24（b）所示。

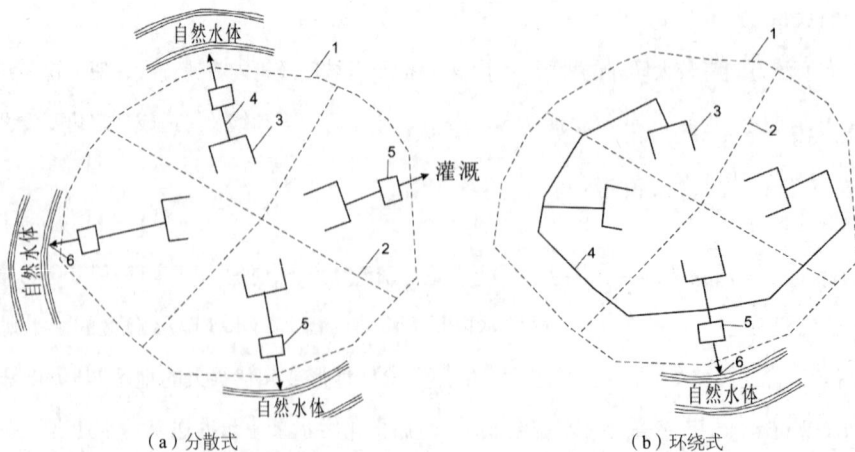

1-城市边界　2-排水流域分区边界线　3-支管　4-干管　5-污水处理设施　6-出水口

图8-24　排水系统分散与环绕布置形式

8.2.2 污水管道系统规划设计

8.2.2.1 资料调查及方案确定

（1）确定设计方案的基本步骤

① 明确设计任务

a. 一般工程包括扩大初步设计和施工图设计两个阶段。

b. 大型工程包括初步设计、技术设计以及施工图设计三个阶段。

② 设计资料调查

包括工程任务、自然因素、工程现状及施工条件的调查。

③ 设计方案确定

④ 方案的技术经济评价

（2）设计阶段和设计任务

a. 初步设计。解决整个工程的原则性问题。例如，排水系统的服务范围、建设分期，排水体制，污水管网布置，泵站、污水处理厂，污水处理与利用，工程概算等。初步设计要进行不同方案的比较，做到技术上先进，经济上合理，选取最优方案。

b. 技术设计。在初步设计的基础上进行。它的任务是初步设计的具体化，对各项技术问题做出具体详细的研究与决定。其中包括工艺设计、结构设计、机电设计、建筑总预算和经常管理费用的估算等。

c. 施工图设计。以技术设计的图纸和说明书为依据，编制施工图，使技术设计进一步细化，以便进行备料施工。

两个阶段的扩大初步设计是三个阶段的初步设计和技术设计这两部分的综合。有些小工程或技术较简单的工程，可用一个阶段设计，直接编制施工图设计。所以设计阶段的划分，应根据工程的不同性质，区别对待，以求实效。

（3）设计资料的调查

① 有关工程任务的资料。总体发展规划和专业规划、设计人口、建筑分区，污水水质和水量、排水体制、水体的综合利用、城乡土地利用情况，现有管线走向、主要的排水出口点、可能的管线交叉、工程投资等。

② 自然因素资料。

a. 地形图。包括各种比例的地形图、水系流域图、河道断面图及地貌与植被分布等。

b. 气象资料。包括气温（平均、极端）、湿度、日照、风向和降水量等。

c. 水文资料。包括受纳水体的流速、流量、水位和洪水记录等。

d. 水质资料。包括河流的含砂量。水的物理、化学和生物学资料。

e. 地质资料。包括土壤性质、承压力、地下水位、水质和地震裂度等。

③ 有关工程现状的资料。包括道路的现状和规划，地面建筑、地下建筑的位置和高程，给水、排水、电力、电信、燃气等地下管线的位置等情况。

④ 有关工料的资料。包括本地区的建筑材料、管道制品、机械设备、电力供应和电费、施工力量及设备情况等。

（4）设计方案的确定

在掌握完整可靠的设计资料的基础上，科学分析，多方论证，根据工程特点和要求，对关键问题提出不同的解决办法，形成不同方案。

一般要求拿出两个以上的方案，供比较选择，并提出技术可行、经济合理的推荐方案，供工程领导部门参考审批之用，批准后即为本工程初步设计或者扩大初步设计的依据。

（5）设计方案的比较与评价

① 建立方案的技术经济数学模型。

② 模型求解。

③ 方案的技术经济比较。

④ 综合评价与决策。

8.2.2.2　污水设计流量

村镇污水管道系统规划设计的首要任务在于正确地确定污水设计流量。污水设计流量是污水系统各项设备和构筑物应保证通过的污水量，是合理选择污水管道的管径、坡度和埋深的依据。村镇污水量通常包括生活污水量和工业废水量，且以最大日最大时流量作为污水管道系统的设计流量。

（1）居住区生活污水设计流量

居住区生活污水设计流量的计算公式如下：

$$Q1 = \frac{qNK_z}{24 \times 3600} \tag{8-1}$$

式中：$Q1$——居住区生活污水设计流量，L/s；

　　q ——居住区生活污水量标准，L/（人·d）；

　　N ——规划设计人口数；

　　K_z ——污水总变化系数。

① 居住区生活污水量标准是指在居住区污水排水系统设计中所用的每人每天所排出的平均污水量。生活污水量标准与给水量标准、室内卫生设备情况、气候、居住条件、生活水平及其他地方条件等许多因素有关。在确定污水量标准时，应根据实际情况进行分析。在没有实际的污水量资料时，但有相似的村镇实际统计的生活用水量时，也可以按实际生活用水量计算。

② 设计人口数是指污水排水系统设计期限终期的人口数，是计算污水设计流量的基本数据。设计时

应按近期和远期的发展规模，分别估算近期和远期人口。居住区的设计人口数也可以用人口密度与排出污水的面积的乘积表示。人口密度是指住在单位面积上的居民数，单位以人/10^4m^2表示。

③ 总变化系数。由于居住区生活污水量标准是平均值，因此根据生活污水量标准和设计人口数计算所得的是污水平均流量。而实际上流入污水管道的污水量时刻都在变化。因此，在设计时通常假定一小时过程中流入管道的污水是均匀的，而污水量的变化用变化系数来表示。变化系数分为日变化系数、时变化系数和总变化系数。

日变化系数为一年中最大日污水量与平均日污水量的比值，用K_d表示。时变化系数为最大日中最大时污水量与该日平均时污水量的比值，用K_h表示。总变化系数为最大日最大时的污水量与平均日平均时污水量的比值，用K_z表示。不难看出，三者关系如下：

$$K_z = K_d \times K_h \tag{8-2}$$

通常，污水管道的设计断面是根据最大日最大时污水流量确定的，因此需要求出总变化系数。污水量愈大，其变化幅度愈小，变化系数也愈小；反之，变化系数愈大。生活污水量的总变化系数一般推荐采用表8-1中数据。

表8-1　生活污水总变化系数

污水平均日流量（L/s）	≥5	15	40	70	100	200	500	≥1000
总变化系数K_z	2.3	2.0	1.8	1.7	1.6	1.5	1.4	1.3

（2）工业企业生活污水设计流量

工业企业生活污水主要来自生产区的食堂、浴室和厕所等，其设计流量可按下式计算：

$$Q_2 = \frac{A_1B_1K_1 + A_2B_2K_2}{3600T} = \frac{C_1D_1 + C_2D_2}{3600} \tag{8-3}$$

式中：Q_2——工业企业生活污水设计流量，L/s；

A_1——一般车间最大班职工人数，人；

A_2——热车间最大班职工人数，人；

B_1——一般车间职工生活污水量标准，以25 L/（人·班）计；

B_2——热车间职工生活污水量标准，以35 L/（人·班）计；

C_1——一般车间最大班使用淋浴的职工人数，人；

C_2——热车间最大班使用淋浴的职工人数，人；

D_2——一般车间的淋浴污水量标准，以40 L/（人·班）计；

D_2——高温、污染严重车间的淋浴污水量标准，以60 L/（人·班）计；

K_2——一般车间总变化系数；

K_2——热车间总变化系数；

T_2——每班工作时数，h。

（3）工业废水设计流量

工业废水设计流量可按下式计算：

$$Q_3 = \frac{m \cdot M \cdot K_z}{3600T} \tag{8-4}$$

式中：Q_3——工业废水设计流量，L/s；

M——生产单位产品的废水量标准，L/单位产品；

M——产品的平均日产量；

T——每日生产时数，h；

K_z——总变化系数。

工业废水量标准是指生产单位产品所排出的平均废水量。现有工业企业的废水量标准可根据实测现有车间的废水量求得。当工业废水量标准资料不易取得时，可根据工业用水量标准（生产每单位产品的平均用水量）估计废水量。

一般情况下，工业废水量的日变化量较小，因而其日变化系数为1。时变化系数可实测得到。表8-2列出了部分工业企业生产废水量的时变化系数K_h，可供缺乏实际调查资料时参考。

表8-2 部分工业生产废水的时变化系数

工业种类	冶金	化工	纺织	食品	皮革	造纸
时变化系数K_h	1.0~1.1	1.3~1.5	1.5~2.0	1.5~2.0	1.5~2.0	1.3~1.8

（4）污水设计总流量

村镇污水设计总流量一般是上述三项设计流量之和，即：

$$Q = Q_1 + Q_2 + Q_3 \tag{8-5}$$

式中：Q——排水区域污水设计总流量，L/s。

8.2.2.3 管道水力计算

在完成了污水管道的平面布置以后，便可以进行污水管道的水力计算。污水管道水力计算的目的就是为了经济合理地选择断面尺寸、坡度和埋深。

（1）水力计算的基本公式

污水管道中的污水一般靠重力流动，管道内部不承受压力，污水在管道中靠管道两端的水面高差从高处流向低处。污水管道内的污水流动状况时刻都在发生变化，属非均匀流。但在一个较短的管道内，如流量没有很大的变化又无沉淀物，管道坡度也不大，可以认为管内污水的流动状态为均匀流。由于均匀流计算简单，所以为了简化计算工作，目前仍采用均匀流公式进行污水管道的水力计算。常用的均匀流基本公式有

流量公式

$$Q = Av \tag{8-6}$$

流速公式

$$v = C\sqrt{Ri} \tag{8-7}$$

式中：Q——管道内流量，m^3/s；

A——管道过水断面面积，m^2；

v——管内流速，m/s；

R——管道水力半径，m；

C——谢才系数；

i——水力坡度。

C一般按曼宁公式计算，即

$$C = \frac{1}{n}R^{\frac{1}{6}} \tag{8-8}$$

将公式（8-19）代入式（8-17）和（8-18），得

$$Q = \frac{1}{n} \cdot A \cdot R^{\frac{2}{3}} \cdot i^{\frac{1}{2}} \tag{8-9}$$

$$v = \frac{1}{n} \cdot R^{\frac{2}{3}} \cdot i^{\frac{1}{2}} \tag{8-10}$$

式中n为管壁粗糙系数。该值根据管渠材料而定（表8-3）。混凝土和钢筋混凝土污水管道的管壁粗糙系数一般采用0.014。

表8-3　排水管渠粗糙系数表

管渠种类	n值	管渠种类	n值
陶土管	0.013	浆砌砖渠道	0.015
混凝土和钢筋混凝土管	0.013~0.014	浆砌块石渠道	0.017

（续）

管渠种类	n值	管渠种类	n值
铸铁管	0.013	干砌切石渠道	0.020~0.025
钢管	0.012	土明渠	0.025~0.030
石棉水泥管	0.012	木槽	0.012~0.014
水泥砂浆抹面渠道	0.013~0.014		

（2）污水管道水力计算的设计规定

为了保证污水管道正常排水，在实践基础上，现行《室外排水设计规范》（GB 50014—2006）对充满度、流速、坡度和管径等数据做出规定，供设计中采用。

① 设计充满度。在一个设计管段中，污水在管道中的水深h和管道直径D的比值称为设计充满度。当$h/D=1$时称为满流；$h/D<1$时称为非满流。

污水管道应按非满流设计，原因如下：

a. 污水流量是随时变化的，而且雨水或地下水可能通过检查井盖或管道接口渗入污水管道。因此，有必要保留一部分管道内的空间，为未预见水量的增长留有余地，避免污水溢出而妨碍环境卫生。

b. 污水管道内沉积的污泥可能分解出一些有害气体，需留出适当的空间，以利于管道内的通风，排出有害气体。

c. 便于管道的疏通和维护管理。

设计规范规定污水管道的最大设计充满度（表8-4）。

表8-4　最大设计充满度

管径D或渠道高度H / mm	最大设计充满度h/D 或 h/H
200~300	0.55
350~450	0.65
500~900	0.70
≥1000	0.75

在计算污水管道充满度时，设计流量不包括淋浴或短时间内突然增加的污水量，但当管径小于或等于300mm时，应按短时间内的满流复核，保证污水不能从管道中溢流到地面。

② 设计流速。与设计流量、设计充满度相对的水流平均速度称为设计流速。为了防止管道中产生淤积或冲刷，设计流速应限制在最大和最小设计流速范围内。

保证管道内不产生淤积的流速称为最小设计流速。这一最低限值与污水中所含悬浮物的成分和粒度有关；与管道的水力半径、管壁的粗糙系数有关。我国根据试验结果和运行经验确定，污水管道的最小设计流速为0.6m/s。明渠的最小设计流速为0.4m/s。含有金属、矿物固体或重油杂质的生产污水管道，其最小设计流速宜适当加大。

保证管道不被冲刷损坏的流速称为最大设计流速。该值与管道材料有关。《室外排水设计规范》（GB 50014—2006）规定：金属管道的最大设计流速为10m/s；非金属管道为5m/s。

③ 最小设计坡度。在污水管网设计时，通常使管道敷设坡度与设计区域的地面坡度基本一致，在地势平坦或管道走向与地面坡度相反时，尽可能减小管道敷设坡度和埋深，这对于降低管道造价显得尤为重要。但由该管道敷设坡度形成的流速应大于或等于最小设计流速，以防止管道内产生沉淀。因此，将相应于最小设计流速的管道坡度称为最小设计坡度。《室外排水设计规范》（GB 50014—2006）中规定的最小坡度见表8-5。

④ 最小设计管径。一般情况下，在污水管道系统上游部分，污水设计流量很小，若按此流量进行水力计算，则管径必然很小。而管径太小则极易堵塞，造成养护管理困难。此外，采用较大的管径，可选用较小的坡度，使管道埋深减小。因此，为了养护管理方便，常规定一个允许的最小管径。按实际污水设计流量进行水力计算所求得的管径，若小于最小管径，则采用规定的最小管径，而不采用计算得到的管径。《室外排水设计规范》（GB 50014—2006）中规定的最小管径见表8-5。

表8-5 最小管径与相应最小设计坡度

管道类别	最小管径 / mm	相应最小设计坡度
污水管	300	塑料管0.002，其他管0.003
雨水管和合流管	300	塑料管0.002，其他管0.003
雨水口连接管	200	0.01
压力输泥管	150	—
重力输泥管	200	0.01

⑤ 管道埋深。污水管道的埋设深度是指管道的内壁底部到地面的垂直距离，简称管道埋深。管道的顶部到地面的垂直距离称为覆土厚度（图8-25）。管道埋深是影响管道造价的重要因素，是污水管道的重要设计参数。为了降低造价，管道的埋深愈小愈好。但为了满足技术上的要求，覆土厚度应有一个最小的限值，这个最小限值称为最小覆土厚度。

污水管道的最小覆土厚度，应满足下面三个因素的要求：

a. 必须防止管道内污水冰冻和因土壤冰冻膨胀而损坏管道。《室外排水设计规范》（GB 50014—2006）规定：无保温措施的生活污水管道或水温与生活污水接近的工业废水管道，管底可埋设在冰冻线以上0.15m。有保温措施或水温较高的管道，管底在冰冻线以上的距离可以加大，其数值应根据该地区或相似地区的经验确定。

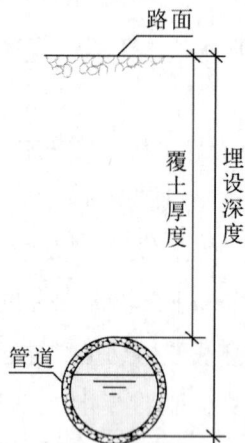

图8-25 管道埋深示意图

b. 必须防止管壁因地面载荷而受到破坏。

车行道下污水管道的最小覆土厚度不宜小于0.7m。非车行道下的污水管道若能满足管道衔接的要求，而且行道内无车辆对管道的载荷产生影响，其最小覆土厚度可适当减小。

c. 必须满足街区污水连接管的要求。为了使住宅和公共建筑内产生的污水畅通的排入污水管网，就必须保证污水干管起点的埋深大于或等于街区内污水支管终点的埋深，而污水支管起点的埋深又必须大于或等于建筑物污水出户连接管的埋深。污水出户连接管的埋深一般采用0.5~0.7m，所以污水支管起点最小埋深也应有0.6~0.7m。

除考虑管道的最小埋深外，还应考虑最大埋深问题。因为埋深愈大，则造价愈高，施工期愈长。最大埋深的确定应根据技术经济指标及施工方法而定，一般在干燥的土壤中，最大埋深不超过7~8m；在多水、流沙、石灰岩地层中，一般不超过5m。

8.2.2.4 污水管道设计

（1）污水管道的定线

在村镇总体规划图上确定污水管道的位置和走向，称为污水管道系统的定线。定线的正确与否直接影响污水管道系统的合理性、经济性，因此是污水管道系统设计的重要环节。管道定线一般按主干管、干管、支管顺序依次进行。定线应遵循的主要原则是：应尽可能地在管道较短和埋深较小的情况下，让最大区域的污水能自流排出。定线时通常考虑的几个因素是：地形和竖向规划；排水体制；污水处理厂和出水口位置；水文地质条件；道路宽度；地下管线及构筑物的位置；工业企业和产生较大污水的建筑物分布情况等。

污水管道的定线，应考虑到工业企业和居住区近期及远期规划及分期建设的安排，充分利用重力流，使管道的定线工作既满足村镇的建设及发展要求，又要经济合理、安全适用。

（2）控制点的确定

在村镇排水区域内，对管道系统的埋深起控制作用的地点称为控制点。各条管段的起点大都是这条管段的控制点。这些控制点中离污水处理厂或出水口最远的一点，通常是整个系统的控制点。较深的工厂排出口或某些低洼地区的管道起点，也可能成为整个管道系统的控制点。这些控制点的管道埋深会影响整个污水管道系统的埋深，因此应尽可能浅埋，其措施可以采用增加管道的强度，加强管道的保温设施，通过填土提高地面高程或设置提升泵站等，以减小控制点管道的埋深，从而减小整个管道系统的埋深，降低工程造价。

（3）设计管段及设计流量的确定

在进行污水管道水力计算之前，首先要确定设计管段的起讫点，然后计算设计管段的设计流量，并确定设计管段的直径、坡度和管底标高。

① 设计管段的划分

通常，具有相同的流量、管径和坡度的管段称为设计管段。在直线管段上，为了疏通管道方便，需要在一定距离处设置检查井，但在划分设计管段时，不需要把每个检查井都作为设计管段的起讫点。采用同样管径和坡度的连续管段，就可以划作一个设计管段。此外，根据管道平面布置图，凡有集中流量进入，有旁侧管道接入的检查井均可作为设计管段的起讫点。设计管段的起讫点应编上号码，然后计算每一设计管段的设计流量。

② 设计管段的设计流量计算

每一设计管段的污水设计流量可能包括下列几种流量（图8-26）。

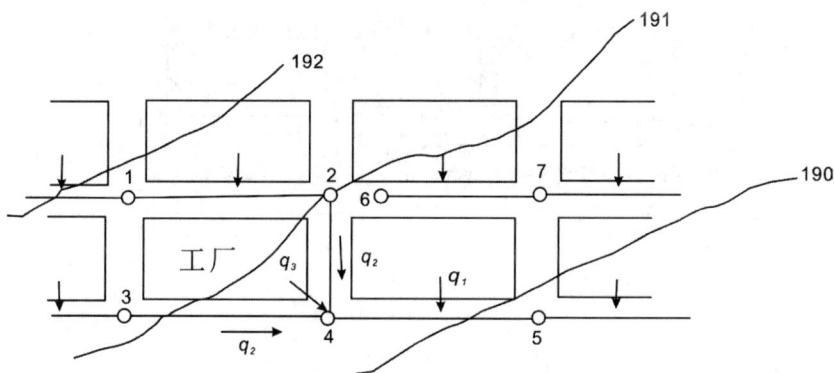

图8-26　设计管段的设计流量

本段流量q_1——是从管段沿线街坊流来的污水量；

转输流量q_2——是从上游管段和旁侧管段流来的污水量；

集中流量q_3——是从工业企业或其他产生大量污水的建筑物流来的污水量。

对于某一设计管段而言，本段流量沿线是变化的，即从管段起点的零增加到终点的全部流量，从上游管段和旁侧管段流来的转输流量以及集中流量对这一管段是不变的。但为了计算方便，通常假定本段流量集中在起点进入设计管段，它接受本管段服务地区的全部污水。

本段流量的计算公式如下：

$$q_1 = q_0 \cdot F \cdot K_z \qquad (8\text{-}11)$$

式中：q_1——设计管段的本段流量，L/s；

　　F——设计管段服务的街坊面积，$10^4 m^2$；

　　K_z——生活污水量总变化系数；

　　q_0——比流量，L/（s·$10^4 m^2$），即单位面积的本段平均流量，可按下式计算：

$$q_0 = \frac{n \cdot p}{24 \times 3600} \qquad (8\text{-}12)$$

式中：n——污水量标准，L/（人·d）；

　　p——人口密度，人/$10^4 m^2$。

从上游转输来的平均流量即是上游及旁侧各管段沿线平均流量之和。

（4）污水管段的衔接

污水管道在管径、坡度、高程、方向发生变化以及支管接入的地方都需要设置检查井。污水管道上、下游之间的衔接、维护、检修一般在检查井内进行。管道在衔接时应遵循两个原则：

① 尽量提高下游管段的高程，以减小管道埋深，降低造价；

② 避免上游管道中形成回水而造成淤积。

管道的衔接方法，通常有水面平接和管顶平接两种（图8-27）。

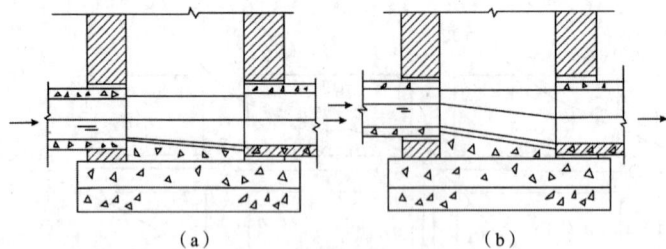

（a）水面平接　（b）管顶平接

图8-27　污水管道的衔接

水面平接是指在水力计算中，使上游管段终端和下游管段起端在指定的设计充满度下的水面相平，即上游管段终端与下游管段起端的水面标高相同。由于上游管段中的水面变化较大，水面平接时在上游管段内的实际水面标高有可能低于下游管段的实际水面标高，因此，在上游管段中易形成回水。

管顶平接是指在水力计算中，使上游管段终端和下游管段起端的管顶标高相同。采用管顶平接时，在上述情况下就不会在上游管段产生回水，但下游管段的埋深将增加。因此，在平坦地区或设置较深的管道，不宜采用这种方法。管顶平接通常用于不同管径的污水管道的衔接。

无论采用哪种衔接方法，下游管段起端的水面和管底标高都不得高于上游管段终端的水面和管底标高。

8.2.3　雨水管道系统规划设计

雨水降落在地面上，一部分沿地面流入雨水沟道和水体，这部分雨水称为地面径流或径流量。全年雨水的大部分常在极短时间内降下，这种短时间内强度猛烈的暴雨，形成大量的地面径流，若不及时排泄，将造成巨大的危害。

为防止暴雨径流的危害，保证城镇居住区与工业企业不被洪水淹没，保障生产、生活和人民生命财产安全，需要修建雨水排出系统，以便及时将暴雨径流排入水体。

雨水排出系统包括：雨水管渠、雨水口、检查井、连接管、排洪沟和出水口等主要部分。

根据管渠构造的特点，雨水管渠可分为暗管（渠）或明沟。明沟占地大，影响行人交通及带来生产、生活上的不便。如管理不善，还易淤塞，导致积水发臭，孳生蚊蝇。但明沟构造简单、投资小、建设快。因此，在建筑物稀疏的城镇郊区、交通量不大的地区或在地区建设初期，可采用明沟排水，这对于节约国家投资有很大意义。在小城镇内建筑密集、交通频繁或生产重要地区，宜采用暗管（渠）排水。采用暗管（渠）排水投资较大，但可避免明渠的缺点。

8.2.3.1　雨量分析公式

雨量分析主要考虑以下几个要素：

降雨量、降雨历时、暴雨强度、降雨面积和汇水面积以及降雨的频率和重现期。

① 降雨量。指单位地面面积上在一定时间内降雨的雨水体积，用（L/hm^2）表示。由于体积除以面积等于长度，所以降雨量又可称为降雨深度，用 H 表示，单位为 mm。常用的降雨量统计数据有：

■ 年平均降雨量　指多年观测所得的各年降雨量的平均值。

■ 月平均降雨量　指多年观测所得的各月降雨量的平均值。

■ 年最大日降雨量　指多年观测所得的一年中降雨量最大日的绝对量。

② 降雨历时。指连续降雨的时段，可以指一场全部降雨的时间，也可以指其中个别的连续时段。用 t 表示，单位为 min 或者 h。该数据从雨量记录纸上读得。

一般推求暴雨强度公式时，降雨历时常采用 5, 10, 15, 20, 30, 45, 60, 90, 120min 9 个历时数值。

③ 暴雨强度。指某一连续降雨时段内单位时间内的平均降雨量，用 i 表示。

$$i = \frac{h}{t} \tag{8-13}$$

式中：i——暴雨强度，mm/min；

t——降雨历时，即连续降雨的时段，min；

h——相应于降雨历时的降雨量，mm。

工程上，降雨强度也可以用单位时间内单位面积上的降雨体积$q_0[\text{L/s} \cdot 10^{-4}\text{m}^2]$表示。

$$q_0 = \frac{1 \times 1000 \times 10000}{1000 \times 6} i = 166.7i \qquad (8\text{-}14)$$

④ 降雨面积和汇水面积。指一次降雨过程所覆盖的地域面积，而汇水面积是指雨水管渠汇集雨水的面积。用F表示，单位为公顷或者平方公里（hm^2 或 km^2）。

任意一场降雨在降雨面积上的暴雨强度是不相等的，亦即降雨是非均匀分布的。但是，村镇的雨水管渠或排洪沟汇水面积较小（一般小于100km^2），最远点的集水时间一般不超过 60~120min。因此可以假定降雨在整个小汇水面积内分布是均匀的，即在汇水面积内各点i相等。

⑤ 暴雨强度的频率和重现期。降雨过程的发生是偶然的概率事件，需要通过概率论和数理统计学的理论和手段来研究，找出降雨事件的变化规律。

暴雨强度的频率：某特定值暴雨强度的频率是指等于或者大于该值的暴雨强度出现的次数 m 与观测资料总项数 n 的比值的百分数，即

$$P_n = m/n \times 100\% \qquad (8\text{-}15)$$

$$n = N \times M \qquad (8\text{-}16)$$

式中：N——降雨观测资料的年数；

M——每年选入的平均雨样数。

当每年只取一个代表性数据组成统计序列时，n为资料年数，求出的频率称为年频率；而当每年取多个数据组成统计序列时，n为数据总个数，求出的频率称为次频率。年频率和次频率统称为经验频率，并统一以P_n表示。修正后暴雨强度公式表示为：

$$P_n = m/(N+1) \times 100\% \qquad (8\text{-}17)$$

⑥ 暴雨强度的重现期。某特定值暴雨强度的重现期是指等于或者大于该值的暴雨强度可能出现一次的平均间隔时间，重现期一般用 P 表示，单位用（a）表示。

重现期与经验频率之间的关系可直接按定义由下式表示

$$P = \frac{1}{P_n} \qquad (8\text{-}18)$$

确定设计重现期的因素主要有排水区域的重要性、功能（如广场、干道、工厂或居住区）、淹没后果的严重性、地形特点和汇水面积的大小等。一般情况下，低洼地段采用的设计重现期大于高地；干管采用的设计重现期大于支管；工业区采用的设计重现期大于居住区。重现期的最小值不宜低于0.33年；重要干道或短期积水即能引起较严重损失的地区，选用的重现期可达10~20年。

8.2.3.2 暴雨强度公式

暴雨强度公式的推求：是在各地雨量记录分析整理的基础上，按照一定方法推求出来的。暴雨强度公式是暴雨强度、降雨历时和重现期三者之间的数学表达式，是雨水管渠设计的依据。

我国常用的暴雨强度公式的基本形式为：

$$q = \frac{167A_1(1+C \lg P)}{(t+b)^n} \qquad (8-19)$$

式中：q——暴雨强度[L/s·10^{-4}m^2]；

P——重现期（a）；

t——降雨历时（min）；

A_1、C、b、n——地方参数，根据统计方法进行计算确定。

《给水排水设计手册》第5册收录了若干城市的暴雨强度公式，设计时可直接选用。对于无暴雨强度公式又无资料可以用来推算的村镇，可借用附近气象条件相似城市的暴雨强度公式。

如果当地有多年（至少10年）的雨量记录，也可以推算出暴雨强度的公式，具体方法如下：

① 计算降雨历时采用5、10、15、20、30、45、60、90、120min，计算降雨重现期，一般按0.25、0.33、0.5、1、2、3、5、10a。当有需要或资料条件较好时（资料年数不小于20a、子样点的排列比较规律），也可采用高于10a的重现期。

② 取样方法宜采用多年个样法，每年每个历时选择6~8个最大值，然后不论年次，将每个历时子样按大小次序排列，再从中选择资料年数的3~4倍的最大值作为统计的基础资料。

③ 选取的各历时降雨资料，一般应用频率曲线加以调整。当精度要求不太高时，可采用经验频率曲线；当精度要求较高时，可采用皮尔逊Ⅲ型分布曲线或指数分布曲线等理论频率曲线。根据确定的频率曲线，得出重现期、降雨强度和降雨历时三者的关系，即P、i、t关系值。

④ 根据P、i、t关系值求得b、m、A_1、C各个参数，可用解析法、图解法或图解与计算结合法等方法进行。将求得的各参数代入，即得当地的暴雨强度公式。

⑤ 计算抽样误差和暴雨公式均方差。一般按绝对均方差计算，也可辅以相对均方差计算。计算重现期在0.25~1.0a时，在一般强度的地方，平均绝对方差不宜大于0.05mm/min。在较大强度的地方，平均相对方差不宜大于5%。

8.2.4 污水处理工程

8.2.4.1 污水的性质与特征

（1）污水的性质

村镇污水主要由生活污水和生产废水组成。生活污水成分比较固定，主要含碳水化合物、蛋白质、脂肪、氨基酸等有机物，比较适合细菌的生长，成为细菌、病毒生存繁殖的场所；但生活污水一般没有毒性，且具有一定的肥效，可用来灌溉农田。生产废水的成分则多种多样，其废水应根据实际情况采用不同的处理方法。

（2）污水的特征

村镇排水系统都或多或少地接纳由工业企业排放的工业废水。工业废水的水量、水质，对村镇污水的水量与水质的影响较大，由于接纳的工业废水的水量不同，工业废水的水质也千变万化，所以各地的村镇污水水量和水质也各不相同。

村镇污水的设计水质，可根据现行排水设计规范有关规定计算。生活污水中的BOD_5及SS值，可根据实际情况分析，分别在20~35/（人·d）和35~50g/（人·d）的范围内采用。工业污水的设计水质，可参照已有同类型工业的相关数据采用，其BOD_5及SS可折合人口当量计算。

已知每人每日的某项污染克数a，每人每日排水升数Q_s，该项污染物的浓度C_s，可按下式计算：

$$C_s = 1000a / Q_s \qquad\qquad (8-20)$$

8.2.4 2 污水处理基本方法与系统

污水处理就是采用各种方法将污水中所含有的污染物分离出来，或将污水中的有害物质转化成无害物质，从而使污水得到净化。污水处理按作用可分为物理法、生物法和化学法三种。

物理法是通过物理作用，分离去除污水中呈悬浮状态的物质，在处理过程中不改变其化学性质。物理处理法包括重力分离法、离心分离法、筛选法等。

生物法是利用微生物新陈代谢功能，使污水中呈溶解和胶体状态的有机污染物被降解并转化为无害物质，使污水得到净化。生物法包括活性污泥法和生物膜法。

化学法是利用化学反应来分离、回收污水中的污染物，使其转化成无害物质。化学法包括混凝法、中和法、氧化还原法、离子交换法等，多用于处理工业废水。

村镇生活污水与生产污水中的污染物是多种多样的，往往需要采用几种方法的组合，才能处理不同性质的污染物，达到净化的目的与排放标准。

现代污水处理技术，按处理程度划分，可分为一级、二级和三级处理。

一级处理，主要是去除污水中呈悬浮状态的固体污染物质，物理处理法大部分只能完成一级处理的要求。经过一级处理后的污水，BOD一般可去除30%左右，达不到排放标准。一级处理属于二级处理的预处理。

二级处理，主要是去除污水中呈胶体和溶解状态的有机污染物质（即BOD、COD物质），去除率可达90%以上，使有机污染物达到排放标准。

三级处理，是在一级、二级处理后，进一步处理难降解的有机物、磷和氮等能够导致水体富营养化的可溶性无机物等。主要方法有生物脱氮除磷法、混凝沉淀法、砂滤法、活性炭吸附法、离子交换法和电渗析法等。

对于某种污水，采用哪几种处理方法组成系统，要根据污水的水质、水量，回收其中有用物质的可能性、经济性，受纳水体的具体条件，并结合调查研究与经济技术比较后决定，必要时还需进行试验。

村镇污水处理的典型流程见图8-28。

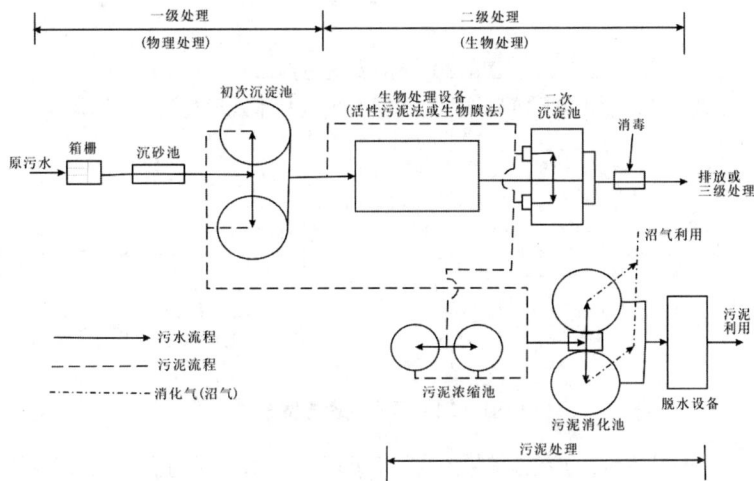

图8-28 村镇污水处理的典型流程图

生产污水的处理流程，随工业性质、原料、成品以及生产工艺的不同而不同，具体处理方法与流程应根据水质与水量及处理的对象，经调查研究或试验后决定。

8.2.4.3 常规污水处理技术原理与工艺

（1）一级处理流程

污水处理采用物理处理法中的筛滤、沉淀为基本方法，污泥处理采用厌氧消化法。一级处理流程的各种方案造价低，运行管理费用低，但对水体存在一定程度污染，应慎重选用。一级处理方案主要有如下几种。

① 方案一。如图8-29所示，采用沉淀池为基本处理构筑物，处理后的污水用于灌溉农田。沉淀池排出的污泥先贮存于污泥池，定期运走，进行堆肥发酵后用作农肥。在非灌溉季节污水可经过消毒后排入水体。

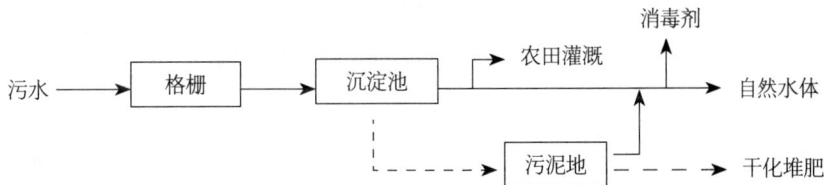

图8-29 污水处理方案一

② 方案二。如图8-30所示,利用天然洼地或池塘作为生物塘,在生物塘中养鱼、繁殖藻类或其他水生物。

图8-30 污水处理方案二

③ 方案三。如图8-31所示,采用沉砂池、双层沉淀池为基本处理构筑物。适用于污水量少的村镇。

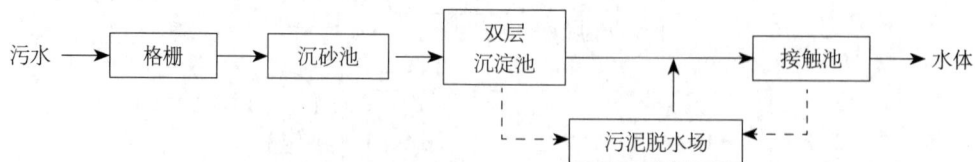

图8-31 污水处理方案三

④ 方案四。如图8-32所示,沉淀池消化池为基本处理构筑物,所产生的沼气可以利用。

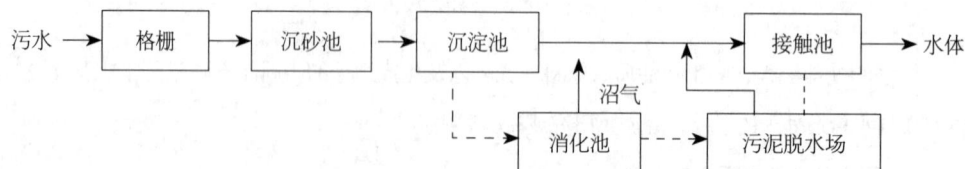

图8-32 污水处理方案四

(2)二级处理流程

由于一级处理出水达不到排放标准的要求,目前,我国村镇污水处理厂大多采用二级处理法。二级生物处理流程处理程度较高,处理后出水一般能达到排放标准的要求。但占地面积较大,造价较高。

① 方案五。如图8-33所示,以生物滤池为生物处理构筑物,污水经过预处理(沉砂、沉淀)后进入生物滤池处理,污泥进入硝化滤池处理,一般适用于水量不大的村镇。

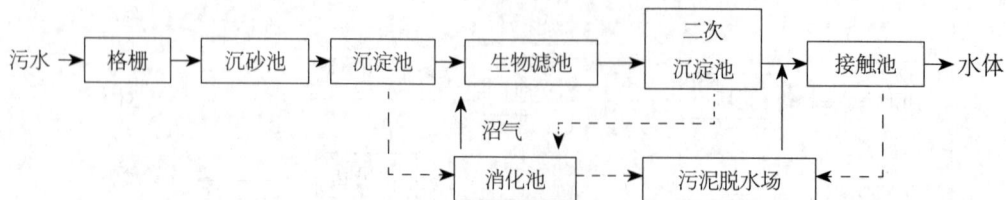

图8-33 污水处理方案五

② 方案六。如图8-34所示，这种方案主要是以活性污泥法为基础，目前已经有多种改良型工艺，主要生物处理构筑物为曝气池，污泥处理同方案五。其特点是占地面积较生物滤池小，处理效率较高，适应性广，大、中、小水量均可采用。

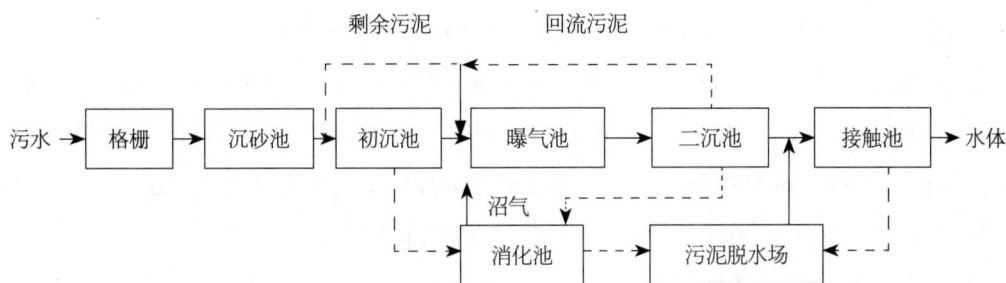

图8-34　污水处理方案六

8.2.4.4　村镇污水的自然处理

（1）概述

自然处理系统分为稳定塘系统和土地处理系统。稳定塘系统通过水——水生生物系统（菌藻共生系统和水生生物系统）对污水进行自然处理。土地处理系统利用土壤——微生物——植物系统的陆地生态系统的自我调控机制和对污染物的综合净化功能，对污水进行净化。

污水自然处理系统的净化作用主要是利用土壤浅层表土中的物理作用、化学作用和微生物的生化作用。与常规处理技术相比，前者具有工艺简便、操作管理方便、建设投资和运转成本低的特点。建设投资仅为常规处理技术的1/2~1/3，运转费用仅为常规处理技术的1/2~1/10，可大幅度降低污水处理成本。而且净化效果良好，净化水质可达二级以上处理水平。

（2）稳定塘

① 好氧塘。是一种主要靠塘内藻类的光合作用供氧的氧化塘。它的水深较浅，一般在0.3~0.5m，阳光能直接射透到池底，藻类生长旺盛，加上塘面风力搅动进行大气复氧，全部塘水都是好氧状态。好氧塘可分为高速率好氧塘，低速率好氧塘，深度处理塘。

② 兼性塘。水深一般在1.2~2.5m，塘内好氧和厌氧生化反应兼有。

上部水层中，白天藻类光合作用旺盛，塘水维持好氧状态，其净化机理和各项运行指标与好氧塘相同；在夜晚，藻类光合作用停止，大气复氧低于塘内耗氧，溶解氧急剧下降至接近于零。

塘底，由可沉团体和藻、菌类残体形成了污泥层，由于缺氧而进行厌氧发酵，称为厌氧层。在好氧层和厌氧层之间，存在着一个兼性层。

兼性塘是氧化塘中最常用的类型，常用于处理村镇一级沉淀或二级处理出水。在工业废水处理中，常在曝气塘或厌氧塘之后作为二级处理塘使用，有的也作为难生化降解有机废水的贮存池和间歇排放塘

（污水库）使用。由于它在夏季的有机负荷要比冬季所允许的负荷高得多，因而特别适用于处理夏季用于生产的季节性食品工业废水。

③ 曝气塘。为了强化塘面大气复氧作用，可在氧化塘上设置机械曝气或水力曝气器，使塘水得到不同程度的混合而保持好氧或兼性状态。曝气塘有机负荷和去除率都比较高，占地面积小，但运行费用高，且出水悬浮物浓度较高，使用时可在后面连接兼性塘来改善最终出水水质。

④ 厌氧塘。水深一般在2.5m以上，最深可达4~5m。当塘中耗氧超过藻类和大气复氧时，就使全塘处于厌氧分解状态。因而，厌氧塘是一类高有机负荷的以厌氧分解为主的生物塘。其表面积较小而深度较大，水在塘中停留20~50d。它能以高有机负荷处理高浓度废水，污泥量少，但净化速率慢、停留时间长，并产生臭气，出水不能达到排放要求，因而多作为好氧塘的预处理塘使用。

⑤ 控制出水塘。设于北方寒冷地区的稳定塘，在冬季低温季节，生物降解功能极其低下，处理水水质难于达到排放要求，将污水加以贮存，待天气转暖，降解功能恢复正常，处理水水质达到排放要求，稳定塘开始正常运行。

（3）污水的土地处理

① 污水灌溉系统。污水灌溉存在以下问题：

a. 不能解决污水的终年问题（为雨季及冬季），往往不能进行终年泼水灌溉。非灌溉期间污水若不经贮存排入地表水体，会造成地表水污染。

b. 污水灌溉农田后出水不加收集，不能有效控制排放与利用。

c. 如污水达不到农田灌溉标准，则会影响作物的生长、产量和品质，特别是污水中的重金属和化学有机合成物会在作物的某些部位富集，对人体健康造成危害。

d. 重金属在土壤中积累会影响土壤的特性和使用。

② 土地渗滤系统。

a. 慢速渗滤系统。用于渗透水性能良好的土壤（如砂质土壤），它适用于蒸发量小，气候湿润的地区；慢速渗滤系统用表面布水或喷灌布水，对污水的BOD_5、COD、N的去除率分别为95%，90%，80%~90%。

b. 快速渗滤系统。污水周期地向渗滤田灌水和休灌，表层土壤交替地处于厌氧—好氧状态，有机物被土层中的微生物所分解，同时也对N、P进行了去除。各种指标的去除率为：95%，91%，85%，80%，65%，99.9%。

c. 湿地处理系统。将污水投配到沼泽地上，污水沿一定方向流动，在耐水植物的土壤联合作用下而得到净化的一种土地处理工艺。

自由水面人工湿地：用人工筑成水沟槽状渠体，地面铺设隔水层以防渗漏，再充填一定深度的土壤层，土壤层种植芦苇一类的维管束植物，污水由湿地的一端通过布水装置进入，并以较浅的水层在地表上以推流方式向前流动，从另一端溢入集水沟，在流动过程中保持着自由水面。有机负荷率介于 18~110kgBOD$_5$/（hm^2·d），幅度较大。

人工潜流湿地处理系统：是人工筑成的床槽，床内充填介质支持芦苇类的挺水植物生长，床底设黏土隔水层，并具有一定的坡度。污水从沿床宽度设置的布水装置进入，水平流动通过介质，与布满生物膜的介质表面和有充分的溶解氧的植物根区接触，在这一过程中得到净化。

8.2.4.5 污泥处理

污泥是污水处理过程中的必然产物。污泥中含有大量的细菌、病原微生物、寄生虫卵以及重金属等有毒物质以及氮、磷、钾等有机物质。污泥很不稳定，因此，必须对有毒物质进行处理，以免造成新的污染，对有用物质要加以回收，以达到变害为利，变废为宝，综合利用，保护环境的目的。

（1）污泥的性质

污泥含水率很高，约为96%~99.8%，比重接近于1。污泥按含有的主要成分不同，可分为污泥和沉渣两类。以有机物为主要成分的称为污泥；以无机物为主要成分的称为沉渣。沉渣的颗粒较粗，比重较大，含水率较低且易于脱水。

污泥的性质指标有如下几种：

① 污泥中有机物和无机物的含量。污泥中有机物的含量多少，反映了污泥的含热量、生化需氧量及可消化程度等。

② 污泥的含水量。污泥的体积与含水率的关系可用下式表示：

$$\frac{V_1}{V_2} = \frac{100-P_1}{100-P_2} \tag{8-21}$$

式中：P_1，P_2——污泥含水率，%；

V_1 ——含水率为P_1时的污泥体积，m^3；

V_2 ——含水率为P_2时的污泥体积，m^3。

③ 污泥的肥分。污泥中含氮、磷、钾及其他微量元素，可做肥料利用。

④ 污泥的燃烧价值。污泥中可燃烧的部分可为污泥焚烧做燃料。

⑤ 有毒成分。对污泥中的有毒成分进行分析，测定含量，以便采用相应的处理方法。

（2）污泥的浓缩和脱水

污泥中含有大量的水分，体积很大，因此，需要对污泥进行处置。根据要求污泥含水率降低程度的不同，降低含水率的方法有浓缩、脱水和焚烧三种。

① 污泥浓缩。是初步降低污泥的含水率，去除污泥颗粒间的水分，但不能改变污泥的流态。根据作用不同，浓缩分为重力浓缩、气浮浓缩和离心浓缩。其中以重力浓缩应用最广，相应的处理构筑物为重力浓缩池。

② 污泥脱水。浓缩后的污泥仍呈流态。为了把流态变为固态，还要进行进一步的脱水处理。脱水后

的污泥已具有固体的性质和形状。污泥脱水的主要方法有自然脱水和机械脱水两种。

③ 污泥焚烧。是污泥最终处置的一种方法，采用焚烧炉进行焚烧。污泥焚烧后，有机物完全被破坏，不能再做肥料。

（3）污泥消化与利用

污泥消化是污泥处理的有效方法之一，其处理构筑物为污泥消化池。污泥消化只能消化以有机物为主的污泥，其基本原理是利用厌氧细菌在无氧条件下降解有机污染物，从而达到净水的目的。经过消化后的污泥改变了其原来的物理性质和化学成分，导致病菌和寄生虫卵大大减少，从而提高了污泥的稳定性，并增加肥效，污泥中的有机物分解所产生的甲烷可当做沼气利用。

在村镇，可充分利用人民生活和生产中产生的有机废弃物，例如，村镇造纸、制革、制糖、酿酒等的有机废液和废渣；居民的生活污水及污泥；农场或牧场中的牲畜粪便以及垃圾等废弃物可产生沼气，这不仅能变废为宝，还可作为能源利用，这在许多村镇已得到了广泛应用。

8.2.5　村镇排水工程规划任务

8.2.5.1　规划原则

① 村镇排水工程规划应以促进村镇可持续发展，保证社会经济发展所需的水质、水量和改善水环境为目标，确保村镇水的良性循环，达到经济效益、社会效益和环境效益的统一。

② 村镇排水工程规划应以区域规划和村镇总体规划为依据，从全局出发，统筹安排，满足村镇总体布局的要求，使村镇排水工程成为村镇有机整体的重要组成部分。村镇总体规划中也应考虑村镇排水工程规划的要求，为村镇排水的建设创造良好的条件。

③ 坚持"全面规划，合理布局，综合利用，化害为利"及"开源节流并重"的方针进行规划。从全流域或区域的角度对村镇功能布局进行统筹安排，协调各方面用水之间的关系，尽可能地减少污染源，保护水资源。根据当地情况，综合利用污水、雨水和海水，使之资源化，变废为宝，化害为利。

④ 排水工程规划年限通常与村镇总体规划所确定的年限相一致，近期规划为5~10年，远期为20年左右。规划时考虑近远期结合，做好分期实施的可能。一般以近期为主，充分考虑远期的可能，甚至更长，特别是水资源的合理利用、水源地的选择、废水的利用等要有长远之计；而管道敷设、污水处理厂建设可依据发展情况，资金安排，逐步建设，解决眼前最紧迫的问题。

⑤ 要树立动态发展的观念，既要强调规划的引导和控制机制，又要灵活适应市场机制，适时地进行调整、补充和修正，适应村镇社会经济发展的实际需要，以便更好地深化规划，实施规划。

⑥ 要充分考虑现状，尽量利用和发挥原有排水设施的作用，使新规划的排水系统与原有排水系统合理地有机结合。

⑦ 充分掌握和分析当地的现状资料，根据当地地形、水文气象、水源和水环境情况、村镇性质和规

模、社会经济发展情况、建筑状况等，尽量利用系统工程的原理进行排水系统的优化分析，确定合理、有效、经济的排水系统，确保村镇正常的生产、生活秩序。

⑧ 对排水工程规划进行经济分析，尽可能降低工程的总造价和经常性运行管理费用，节省投资规划时间，应考虑不同的方案，进行技术经济的优化分析，使制定的规划更经济、科学、节能。

⑨ 村镇排水工程规划应与其他单项工程规划，例如，村镇道路交通规划、环境保护规划、竖向规划、防灾工程规划等，相互协调，密切配合。处理好与其他地下管线的矛盾，利于工程管线综合。还要与水利、航运、农业、环保、消防等的部门发展规划相配合，减少矛盾，避免冲突。

⑩ 排水工程规划应充分考虑未来发展的新技术、新工艺、新材料对水处理和排水管网的影响，有利于科技进步，以节省资金，提高效率。

8.2.5.2 规划步骤

① 明确村镇排水工程规划设计任务，确定规划编制依据。了解规划项目的性质；规划设计的目的、任务与内容；上级或主管部门有关的方针政策性文件；有关部门涉及村镇排水工程的文件、指示；委托单位提出正式委托书和双方签订的合同（或协议书）。

② 搜集必需的基础资料，进行现场勘察。图文资料和现状实况是规划的重要依据，资料难以一时收集齐全，可以分清主次，逐渐补充。在充分掌握详尽资料的基础上，应化繁就简，获取最必要的资料。为了解实际具体情况，应进行一定深度的调查研究和现场踏勘，增加现场概念，加强对水环境、水资料、地形、地质等的认识，为厂站选址、管网布局、水的处理与利用等的规划方案奠定基础。

③ 在掌握资料与了解现状和规划要求的基础上，合理确定村镇排水量。这是确定排水工程规模的依据，应经过充分调查研究才能确定。水量预测，应采用多种方法计算，并相互校核，确保数据的科学性。

④ 制定村镇排水工程规划方案。对排水体制、排水分区、排水管网、污水利用处理、厂址选择、排放出路等进行规划设计，拟订不同方案，利用系统方法进行优化分析，作技术经济分析比较，最终确定最佳方案。

⑤ 根据村镇排水工程规划期限，提出分期实施规划的步骤和措施。这是控制引导村镇排水工程有序建设，节省资金，利用村镇动态开发，增强可操作性的重要方法。

⑥ 编制村镇排水工程规划文件，绘制排水规划图，完成最终成果。

8.2.5.3 规划对象及内容

村镇排水工程规划的对象是村镇生活污水、工业污水、雨水。

村镇排水工程总体规划的主要内容有：

① 规划范围及重点、规划年限、规划目标，并且应与村镇总体规划一致。

② 规划依据，所引用资料，规划服务对象，所遵循的技术路线。确定不同地区的雨水、污水排放标准。

③ 排水量和规模。主要解决三个水量的预测问题：村镇污水量、村镇雨水量、村镇合流水量，规模指工程规模。

④ 排水范围和排水体制。排水范围是指实施排水工程的区域。雨水汇水面积因受地形、分水线以及流域水系出流方向的影响，确定时需与村镇防洪、水系规划相协调，有可能超出村镇规划范围。村镇周边如果有村镇污水处理系统能接纳城镇生活污水的，应优先考虑将污水送到村镇污水处理厂进行处理，但如果条件不允许，亦可自建污水处理厂进行处理，但应先进行方案比较确定。若排水范围超出村镇规划范围，应先进行协调再规划，或者由上级统一规划。确定村镇排水体系，明确村镇废水受纳水体、排水分区与系统布局、排水系统的安全性等问题。

⑤ 进行村镇排水系统布局，确定排水干管或渠的走向、位置和出水口位置，确定排水管线性质并进行规划设计。

⑥ 排水泵站。确定规模和选择布置位置，确定控地面积。

⑦ 污水处理和利用。污水处理规模、工艺和出水指标，尾水排放口设置，中水回用方案。

村镇排水工程总体规划比较重要的是确定一些原则性的问题，为保证村镇良好的水环境建立框架。要求考察村镇、流域甚至区域的水环境情况，对排水体制、污水处理利用方式、污水处理厂的布置、村镇排污条件对村镇功能布局的影响、雨水污水排放标准和治理目标、雨水排放方式、主干管渠的分布等进行分析、确定，从而为下一层次的规划提供有力的依据。这一层次要把握排水的统一性，从更广阔的区域、更长远的时间进行规划，结合村镇水资源规划、水污染控制规划、村镇节水规划、防洪排涝规划、村镇给水工程规划等进行工作，同时应注意不同方案的经济技术比较。

小结

排水系统的体制是指对生活污水、工业废水和雨水所采取的不同排放方式。一般分为合流制和分流制两种类型。

排水系统一般采用集中布置，管道的坡度尽量与地面坡度一致，以减少管道埋深，降低造价，力求不设排水泵站。

村镇污水管道系统规划设计的首要任务是正确地确定污水设计流量。污水设计流量是污水系统各项设备和构筑物应保证通过的污水量，是合理选择污水管道的管径、坡度和埋深的依据。

思考题

1.什么是排水体制？排水体制人分为几类？如何选择排水体制？

2.排水系统的布置形式有哪些？有何优缺点？

3.污水管道系统规划设计的主要步骤有哪些?

4.在污水管道水力学计算方面,有哪些设计规定?

5.雨水灌渠设计流量计算方法?

6.村镇污水常用处理方法有哪些?

7.村镇排水工程规划的内容有哪些?

8.3 防洪工程规划

本节要点

主要介绍防洪工程规划的任务,防洪工程的措施和设计。重点要求学生掌握防洪工程的措施和防洪工程的设计标准。

由于人类活动的扩展,自然植被日益遭到破坏。人体本身需要水生存,使得人们必须生活在水域内,而这些地方往往多是平原、山坡、山谷、江河湖海边,降雨稍大或者海潮过大就容易造成洪水、海潮灾害,暴雨就显得更加无情,它往往会给村镇带来巨大的洪水灾害。我国许多村镇濒临江河,常常受到洪水的威胁,因此,在村镇规划建设中,我们必须清醒的认识到防洪的重要性,做好防洪工程规划,采取防洪措施,保证村镇人民的生命财产安全。

8.3.1 防洪工程措施

防洪工程措施是按照人们的要求用工程手段去改变洪水的天然特性,以防治或减少洪水所造成的危害,又称为改造洪水的措施。

8.3.1.1 修筑防洪堤岸

(1)防洪堤的布置

如图8-35、图8-36所示,防洪堤应在常年洪水位以下的村镇用地范围之外布置,堤线必须顺畅,不能拐直弯。同时也要考虑最高洪水位和最低枯水位、村镇泄洪口标高、地下水位标高等因素。当居民点的内支流与防洪堤之间出现矛盾时,应参考以下方案妥善解决排除。

① 沿干流及村镇内支流的两侧筑堤,而将部分地面水采用水泵排除。此方案排泄支流洪水方便,但增加了防洪堤的长度和道路桥梁、泵站的投资;

② 只沿干流筑堤,支流和地面水则在支流和干流交接处设置暂时蓄洪区,洪水到来时,闸门关闭,待河流退洪后,再开闸放出蓄洪区的洪水,或者设置泵房排除蓄洪水。此方案适用于流量小、洪峰持续时间较短的支流,且堤内有适当的洼地、水塘可作蓄洪区的景观;

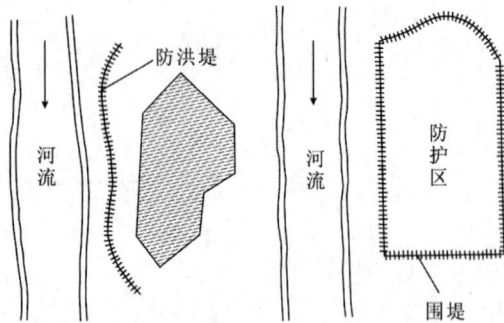

图8-35　沿防护区河段修筑防洪堤　　　　　图8-36　沿防护区修筑围堤

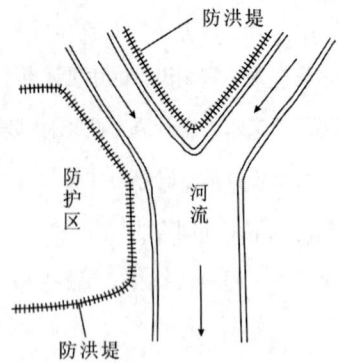

③ 沿干流筑堤，把支流下游部分的水用管道排出，无需抽水设备，这种方案一般在城市用地具有适宜坡度时采用。

④ 在支流建调节水库，村镇上游修截洪沟，把所蓄的水引向村镇外，以减少堤内汇水面积的水量。

（2）防洪堤的技术要求

① 防洪堤的轴线应与洪水流向大致相同，并与常水位的水边线有一定的距离；

② 防洪堤的起点应设于水流平顺的地段，以避免产生严重冲刷；对设于河滩的防洪堤，若对过水断面有严重挤压时，则首段还应布置成八字形，以使水流平顺，避免发生严重冲刷现象；

③ 防洪堤顶可以与村镇道路相结合，但功能上必须以堤为主；

④ 防洪堤的顶部标高，可采用同一标高或与最高洪水的水面比较一致的坡度。堤顶标高可用下式计算：

$$H = h_h + h_b + \Delta h \tag{8-22}$$

式中：H——堤顶标高，m；

$\quad\quad h_h$——最高洪水位，m；

$\quad\quad \Delta h$——安全超高，m，一般取0.3~0.5；

$\quad\quad h_b$——风浪爬高，m；h_b可用下式计算：

$$h_b = 3.2 h_L k \tan \alpha \tag{8-23}$$

式中：α——护堤迎水面坡角；

$\quad\quad K$——与护面糙度及渗透性有关的系数。混凝土护坡，$K=1.0$；土坡或草皮护坡，$K=0.9$；块石护坡，$K=0.8$；

$\quad\quad h_L$——浪高，m，可用下式计算：

$$h_L = 0.0208 V_{\max}^{5/4} L^{1/3} \tag{8-24}$$

式中：$V_{\max}$——当地最大风速（m/s）

$\quad\quad L$——最大水面宽（m）。

⑤ 堤岸迎水面应用块石或混凝土砌护，背坡可栽种草皮保护。为防止超过设防标准的洪水，堤顶可加修0.8~1.2m高的防浪墙。

8.3.1.2 整修河道

整治河道，提高局部河段的泄洪能力，使上下河段泄洪顺畅，可以避免因下游河段泄洪不畅，致使上游河段产生壅水，而对上游河段造成洪水威胁。河道整治包括如下内容。

（1）河道清障

清理河道中的阻水障碍物称为河道清障，河道清障的内容包括：清理河道中的淤积物和冲积物、树木和杂草、碴土、废弃物、垃圾等；清理在泄洪河滩上的建筑物、围堤、围墙等障碍物；清理在河道上修建的阻水桥梁和道路。

（2）扩宽和疏浚河道

扩宽河道和疏浚河道可以加大河道的过水能力，使河道上下水流顺畅，因而可避免因水流不畅而产生壅水。河道扩宽和疏浚的内容包括：加宽局部较窄处的河床，使上下游河段泄洪顺畅；清除伸向河中的局部岸角（图8-37）；清除河道两岸坡上局部突起的坡角（图8-38）所示；清除河道中的浅滩；疏浚河道中淤积的泥沙，加深和扩宽河槽等。

（3）裁弯取直

弯曲河道凸岸往往淤积，凹岸常常受冲刷，河槽极不稳定。同时由于河道弯曲，泄洪不畅，上游河道将会产生壅水，对防洪造成威胁。为了使河道水流顺畅，提高其泄洪能力，应对弯曲河道进行裁弯取直（图8-39）。

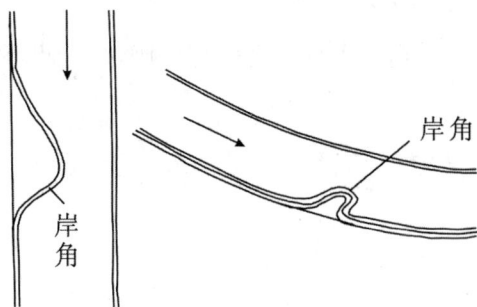

图8-37 清除坡角

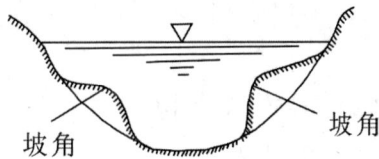

图8-38 清除岸角

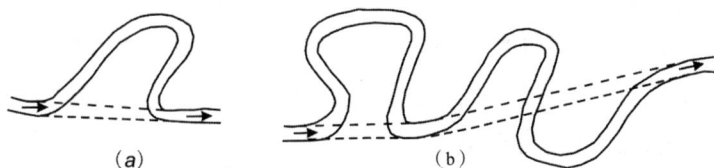

（a）　　　　　（b）

图8-39 裁弯取直

（4）稳定河床

游荡性河道往往冲淤严重，河宽水浅，主流极不稳定，河床变化迅速，汛期河岸极易冲决。这类河道的治理措施就是稳定河床，具体措施包括：在河滩上植树，加固滩地；对河岸进行加固，防止洪水时受到冲刷；在河滩上修建防护堤，防止汛期时洪水漫溢；在河道中受冲刷的一岸修建丁坝、顺坝、格坝等工程来稳定河床。

8.3.1.3　整治湖塘洼地

利用村镇低洼池、河沟修建村镇湖塘或将现有的村镇湖塘进行扩建整治，使其发挥调蓄洪水的功能是许多村镇在规划中常用的方法。整治后的村镇湖塘还可以发挥多项功能，一是可以调节气候，改善村镇卫生，美化村镇；二是可以集蓄雨水，在旱季时用来灌溉园林农田；三是可以利用村镇增加副业生产，养鱼、种茭白和莲菜等经济作物；四是利用其修建休闲福利设施，增加村镇文化、休息的活动场所。

① 在小河、小溪或冲沟上筑坝，形成坝式池塘；

② 在河滩开阔地段筑围堤或者挖深，营造一个较大的水面，形成围堤式池塘；

③ 整治原有池塘，开挖出水口，变死水为活水。

由于水源和地质条件的限制，往往不是所有的洼地都能建成湖塘，为了保证湖塘有足够的水源，需要做仔细的经济技术比较。

8.3.1.4　修建排水沟渠

如果涝渍区附近有排水出路，如附近有河道、湖泊、天然洼地、坑塘等容泄区，则可修建排水沟、排水渠进行排水，排除渍水并降低地下水位，这是防治涝渍和浸没的重要措施。

① 地面排水沟渠。排水沟渠敷设在地面，用以排除地表水。根据排水沟渠结构的不同，这种排水沟渠又可分为：排水明沟（渠）和盖板明沟（渠）；

② 地下排水沟渠。排水沟渠设在地面以下，做成暗沟（渠）的形式。

8.3.2　防洪沟设计计算

8.3.2.1　设计防洪标准

（1）设计洪水

设计洪水是指工程规划、设计和施工所依据的一定标准的洪水。设计洪水是为防洪等工程设计而拟定的符合防洪设计标准的当地可能出现的洪水，即防洪规划和防洪工程预计设防的最大洪水。设计洪水的内容包括不同时段的设计洪峰流量、设计洪水过程线、设计洪水的地区组成和分期设计洪水等，可根据工程特点和设计要求计算全部或部分内容。

洪水的特性可用洪水过程线、洪峰流量和洪水总量来说明。洪水过程线是指洪水流量随时间变化的曲线，洪峰流量是指一次洪水过程中的瞬时最大流量，洪水总量是指一次洪水过程的总水量。

通常，河流中每年出现的洪水其大小是不相同的，某一大小的洪水在一定时间内出现次数的百分数，称为该洪水的频率（即该洪水出现次数与规定时间的比值的百分数），例如，1%、2%及5%频率的洪水等。而在长时间内该洪水平均多少年出现一次或多少年一遇，这一平均重现间隔期，即为该洪水的重现期，例如，百年一遇或五十年一遇的洪水等。

（2）防洪设计标准

村镇防洪工程并不像村镇给水、排水、供电、燃气、集中供热等市政公用设施可直接参与工业生产并经常为居民生活服务，而是通过为村镇提供安全保障，间接体现其经济效益、社会效益和环境效益。特别是经济效益，只有在发生洪水时才集中突出地反映出来，通常通过避免或减少洪灾损失来体现。洪水的发生具有偶然性，其发生的几率较少，且历时较短，但村镇防洪建设的投资较大。

村镇防洪标准是指防洪工程御洪水能力的规定限度，是村镇应具有的防洪能力，即整个村镇防洪体系的综合抗洪能力。村镇防洪工程的规划设计标准并不是所有村镇都采取同一个标准，而应根据村镇规模的大小、等级的高低、在国民经济中的地位与作用、受洪水威胁的程度、淹没损失大小、工程修复的难易程度、人口多少、环境污染状况以及其他自然经济条件等因素，进行综合分析后合理选定。设防标准应依据当地经济技术等条件，因地制宜，不同期限及不同对象可采用不同的设防标准。

一般情况下，当发生不大于防洪标准的洪水时，通过防洪体系的正确运用，就能够保证村镇的安全。具体表现为防洪控制点的最高水位不高于设计洪水位，或者河道流量不大于该河道的安全泄洪量。防洪标准与村镇的重要性、洪水灾害的严重性及其影响有直接关系，并与国民经济发展水平相适应。设计防洪工程建筑物时，选用过大的洪水能力作为设计依据虽然安全，但不经济；若选择的洪水能力偏小，投资虽然减少，但不安全或达不到预期的防洪要求。因此，需权衡安全和经济等各个方面因素，为工程的防洪能力规定一个恰当的限度，即防洪设计标准。

确定防洪标准需要明确防护对象。防护对象是指受到洪水的威胁而需要采取保护措施的对象，分为三类：一是自身无能力而需要采取其他防洪措施来保护其安全的对象，主要指位于防洪保护区内的城市、乡村、工矿企业、重要交通等；二是受洪水直接威胁需要采取自保措施来保证防洪安全的对象，主要指跨、穿和横跨江河，湖泊的桥梁、线路、管道等基础设施以及无防洪任务的水电站等；三是保障防护对象防洪安全的对象，主要是指有防洪任务的堤防、水库和群滞洪区等水利工程。

以乡村为主的防护区（简称乡村防护区），应根据其人口或耕地面积分为4个等级，各等级的防洪标准按表8-6确定。

表8-6 乡村防护区各等级防洪标准

1hm² = 15亩

等级	防护区耕地面积 / 万亩	防护区人口 / 万人	防洪标准 / 年
Ⅰ	≥300	≥150万	100~50
Ⅱ	300~100	150~50	50~30
Ⅲ	100~30	50~20	30~20
Ⅳ	≤30	≤20	20~10

8.3.2.2 设计洪峰流量

相应于防洪设计标准的洪水流量，称为设计洪峰流量。此流量是防洪工程规划设计的基本依据。洪水量的计算与泥石流的计算是正确规划防洪、防泥石流工程的重要依据。为满足村镇河段防洪的设计要求，应选定一个或几个河流断面进行设计洪水计算，以一定标准的洪水作为设计依据，这些断面称为控制断面。推求设计洪水实际上是推求这些控制断面的设计洪水。推求江、河、山洪设计洪水量的方法有以下几种。

（1）推理公式法

推理公式是缺乏资料时小流域计算洪水时常用的方法，如山洪防治。推理公式有一定的理论基础，方法简便。被应用的流域由于自然条件各异，有关参数的确定也存在一定任意性，因此必须对计算成果进行合理性与可靠性分析，并与其他方法综合分析比较，从中进行取舍。我国水利科学研究院水文研究所提出的推理公式已得到广泛采用。

$$Q = 0.278C\frac{S}{t^n}F \tag{8-25}$$

式中：Q——设计洪峰流量，m³/s；

S——暴雨雨力，即与设计重现期相应的最大一小时降雨量，mm/h；

C——洪峰径流系数；

t——流域的集流时间，h；

F——流域面积，km²；

n——暴雨强度衰减系数，与当地气象有关。

该推理公式的适用范围为流域面积40~50km²。公式中各参数的确定方法，需要通过查阅相关计算图表和当地水文手册求得。

（2）地区性经验公式法

在缺乏水文直接观测的地区，可采用经验公式法。该法使用方便，计算简单，但地区性很强。相邻地区采用时，必须注意各地区的具体条件是否一致，否则不宜套用，地区经验公式可参阅各省（区）水文手册。应用最普遍的是以流域面积为参数变数，其中"公路科学研究所"提出的经验公式使用方便，应用较广。

$$Q = CF^n \qquad （8-26）$$

式中：Q——洪峰流量（m^3/s）；

　　C——径流模数，是概括了流域特征、气候特征、河槽坡度和粗糙程度及降雨强度公式中的指数分布等因素的综合系数；

　　F——流域汇水面积（km^2）；

　　n——面积参数，当 $1 < F < 10km^2$ 时按表采用；当 $F1 \leqslant km^2$ 时，$n=1$。

经验公式适用于汇水面积小于 $10km^2$ 的流域。

经验公式使用方便，被广泛推广应用。地区性经验公式很多，应用时可参阅有关资料和各省水文手册。

（3）洪水调查法

当村镇工业区内附近的河流或沟道没有实测资料或资料不足时，设计洪水流量可采用洪水调查法进行推算。当采用推理公式或经验公式进行计算时，为了论证其正确性，也可采用洪水调查法推算洪水流量加以验证。

洪水调查主要是对河流、山溪历史上出现的特大洪水流量的调查和推算。调查的主要内容是历史上洪水的概况及洪水痕迹标高，推出它发生的概率，选择和测量河槽断面，按照以下公式计算流速并推算设计洪水洪峰流量。

通过洪水调查，取得了洪痕标高（洪水水位）、调查河段的过水断面及河道的其他特征数值，根据这些数值，即可整理分析计算洪水流量。计算洪水流量的方法较多，其中均匀流公式最为常用。

$$v = \frac{1}{n} R^{\frac{2}{3}} I^{\frac{1}{2}} \qquad （8-27）$$

$$Q = A \cdot v \qquad （8-28）$$

式中：n——河槽粗糙系数；

　　R——河槽的过水断面与湿周之比，即水力半径；

　　I——水面比降，一般用河底平均比降代替；

　　Q——通过调查面的洪水流量，m^3/s；

　　A——调查河槽断面的过水面积，m^2；

　　v——相应调查断面的流速，m/s。

（4）实测流量法

村镇上游设有水文站，且具有 20 年以上的流量等实测资料，利用这些多年实测资料，采用数理统计方法，计算出相应于各重现期的洪水流量。计算成果的准确性优于其他几种方法。在有条件的地区，最好采用实测流量推算洪水流量。

8.3.2.3 排洪沟设计要点

（1）排洪沟布置应与区域总体规划统一考虑

在村镇建设规划设计中，必须重视防洪与排洪的问题。应根据总图规划设计，合理布置排洪沟，村镇建筑应避免设在山洪口上，不与洪水主流发生顶冲。排洪沟的布置还应与铁路、公路、排水等工程相协调，尽量避免穿越铁路、公路，以减少交叉构筑物。同时，排洪沟应布置在居住区外围靠山坡一侧，避免穿绕建筑群。排洪沟与建筑物之间应留有3m以上的距离，以防洪水冲刷建筑物。

（2）排洪沟应尽可能利用原有天然山洪沟道

原有山洪沟道是洪水常年冲刷形成的，其形状、底床都比较稳定，应尽量利用作为排洪沟。当原有沟道不能满足设计要求而必须加以整修时，亦应尽可能不改变原有沟道的水力条件，而要因势利导，使洪水排泄畅通。

（3）排洪沟应尽量利用自然地形坡度

排洪沟的走向应沿大部分地面水流的垂直方向，因此应充分利用自然地形坡度，使洪水能以重力流沿最短距离排入受纳水体。一般情况下，排洪沟上不设中途泵站。

（4）排洪沟平面布置的基本要求

① 进口段。为使洪水能顺利进入排水沟，进口形式和布置很重要。排洪沟的进口应直接插入山洪沟，衔接点的高程为原山洪沟的高程。该形式适用于排洪沟与山洪沟夹角较小的情况，也适用于高速排洪沟。另外一种方式是以侧流堰作为进口，将截留坝的顶面做成侧流堰渠与排洪沟直接相连。此形式适用于排洪沟与山洪沟夹角较大且进口高程高于原山洪沟底高程的情况。

进口段的形式应根据地形、地质及水力条件进行合理的方案比较和选择。进口段长度一般不小于3m，并应在进口段上段一定范围内进行必要的整治，使之衔接良好，水流通畅，具有较好的水流条件。为防止洪水冲刷，进口段应选在地形和地质条件良好的地段。

② 出口段。排洪沟出口段的布置应不致冲刷排放地点（河流、山谷等）的岸坡，因此，应选择在地质条件良好的地段，并采取护砌措施。此外，出口段宜设置渐变段，逐渐增大宽度，以减少单宽流量，降低流速，或采用消能、加固等措施。出口标高宜在相应的排洪设计重现期的河流洪水位以上，一般应在河流常水位以上。

③ 连接段。当排洪沟受地形限制而不能布置成直线时，应保证转弯处有良好的水流条件，平面上的转弯沟道的弯曲半径一般不小于设计水面宽度的5~10倍。排洪沟的设计安全标高一般采用0.3~0.5m。

8.3.2.4 排洪沟水力计算

（1）排洪沟纵向坡度的确定

排洪沟的纵向坡度应根据地形、地质、护砌材料、原有天然排洪沟坡度以及冲淤情况等条件确定，一般不小于1%。工程设计时，要使沟内水流速度均匀增加，以防止沟内产生淤积。当纵向坡度很大时，应考虑设置跌水或陡槽，但不得设在转弯处。一次跌水高度通常为0.2~1.5m。很多地方采用条石砌筑的梯级渠道，每级梯级高0.3~0.6m，有的多达20~30级，消能效果很好。陡槽也称急流槽，纵向坡度一般为20%~60%，多采用块石或条石砌筑，也有采用钢筋混凝土浇筑的。陡槽终端应设消能设施。

（2）排洪沟的断面形式、材料及其选择

排洪明渠的断面形式常用矩形或梯形断面，最小断面$B \times H$=0.4m×0.4m；沟渠材料及加固形式应根据沟内最大流速、当地地形及地质条件、当地材料供应情况确定。一般常用片石、块石铺砌。不宜采用土明沟。

图8-40为常用排洪明渠断面及其加固形式。图8-41为设在坡度较大的山坡上的截洪沟断面及使用的铺砌材料。

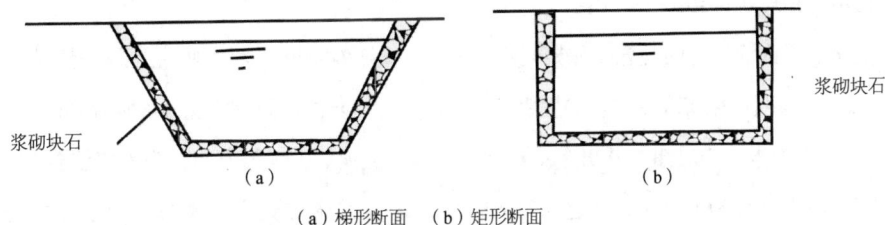

（a）梯形断面　（b）矩形断面

图8-40　排洪沟断面示意图

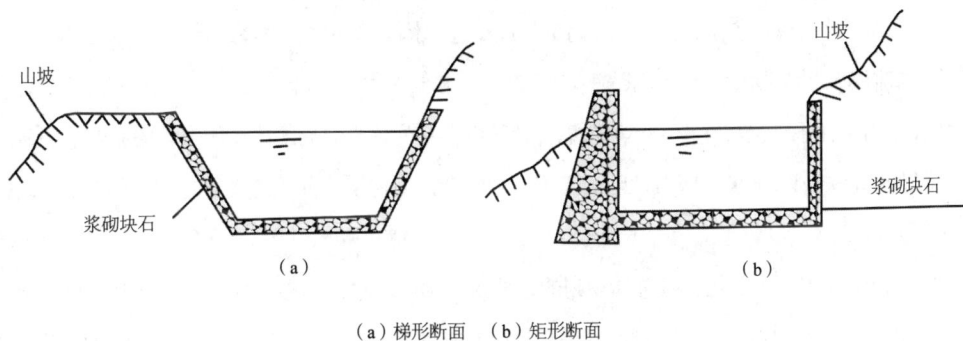

（a）梯形断面　（b）矩形断面

图8-41　截洪沟断面示意图

（3）排洪沟最大流速的规定

为了防止山洪冲刷，应按流速的大小选用不同铺砌的加固形式。表8-7规定了不同铺砌的排洪沟的最大设计流速。

表8-7　排洪沟最大设计流速

沟渠护砌条件	最大设计流速/（m/s）
浆砌块石	2.0~4.5
坚硬块石浆砌	6.5~12.0
混凝土护面	5.0~10.0

（续）

沟渠护砌条件	最大设计流速 / (m/s)
混凝土浇制	10.0~20.0
草皮护面	0.9~2.2

8.3.3　防洪工程规划任务

防洪工程规划是为防治流域、河段或者区域的洪涝灾害而制定的总体部署，包括国家确定的重要江河、湖泊的流域防洪规划，其他江河、河段、湖泊的防洪规划以及区域防洪规划。防洪规划是江河、湖泊治理和防洪工程设施建设的基本依据，村镇防洪问题关系到村镇的安全，影响村镇的经济发展、用地布局和环境建设，是大多数村镇防灾面临的首要问题，村镇防洪规划属村镇总体规划的法定内容。

8.3.3.1　防洪工程规划的要求

① 突出"以人为本"的观念，积极调整人水关系。随着经济、生活水平的不断提高，人们对恢复和建设水域空间景观和生态环境建设的期望越来越高。村镇防洪规划应体现村镇景观建设和水环境的改善，突出"以人为本"的思想，并贯穿于规划、设计、建设、管理等方面，为人们创造一个安稳、优美、和谐的水环境，恢复和加深人水之间的感情。村镇防洪工程要适应村镇水利现代化的要求，与村镇给水排水改善、河道两侧的绿化和景观建设相结合，尤其要为搞活村镇水体、引清拒污和改善水质创造条件，既要在洪水时保证安全，又要在平时为居民亲近水体创造条件，发挥综合效益。

② 与流域、区域防洪规划相辅相成、相互联系。村镇防洪有其自身的特点，需要建立满足村镇防洪要求的独立防洪体系，但在建设中必须考虑村镇防洪体系的建设对周围区域所带来的影响，服从所在流域、区域的综合规划。流域、区域性防洪工程，则应考虑为村镇防洪创造必要的外部环境，帮助村镇减轻防洪压力。

③ 村镇防洪工程规划是村镇总体规划的重要组成部分。村镇防洪工程规划要以村镇总体规划为依据，统筹兼顾、相互协调。村镇规划必须考虑村镇的防洪和排涝，居民区、工业和商贸区的总体规划应首先服从村镇防洪工程规划和排水工程规划；防洪工程布局应与村镇规划中的建筑物、铁路、航运、道路、排水等工程设施的布局综合考虑，与村镇规划和排水工程设计保持一致。

④ 贯彻防治结合和以防为主的方针。在充分发挥堤防作用的同时，进行全面规划、综合治理、因地制宜、因害设防以达到提高防洪标准，保护村镇工业生产和人民生命财产安全的目的。

⑤ 编制防洪规划，应当遵循确保重点、兼顾一般，以及防汛和抗旱相结合、工程措施和非工程措施相结合的原则，充分考虑洪涝规律和上下游、左右岸的关系以及国民经济对防洪的要求，并与国土规划和土地利用总体规划相协调。

⑥ 根据村镇的大小及其重要性，在充分分析防洪工程效益的基础上，合理选定村镇防洪标准。

⑦ 充分发挥村镇防洪工程的防洪作用，并考虑流域防洪设施的联合利用，防洪措施应与农田灌溉、

水土保持、园林绿化等相结合。

⑧ 充分利用洼地、山谷、原有的湖塘等有利地形，修建泄洪塘库，搞好河湖防洪系统的建设，同时应考虑溃堤后对村镇居民点或乡镇企业、农田区域等所产生的影响和应采取的相应措施；防洪工程应尽量避免设置在不良地质的区域内。

⑨ 重点保护村镇沿河岸一侧新建的村镇，或两岸发展不均衡时，应确保村镇一侧的安全。

⑩ 保证村镇内河的通水能力。有内河通过村镇时，应保证村镇内河的通水能力，以确保在洪水时不会溢出河槽或堤坝，为此应进行较详细的内河设计与计算。沿海村镇应注意潮汐的影响。

8.3.3.2 防洪工程规划的内容

① 确定村镇防洪区域（即可能对村镇造成洪水威胁的水体或附近山区的汇水流域范围）；确定规划年限内防洪工程的设计规模。

② 资料的搜集、整理和分析。搜集各种有关资料，并对取得的资料进行整理分析，对其可靠性和精度进行评价。一般包括对被保护村镇历次发生洪水的特点进行频率分析；自然资料的整理分析；被保护对象在村镇总体规划与国民经济中的地位以及洪灾可能影响的程度分析；村镇现有防洪设施，如堤防等工程情况、抗洪能力分析等。

③ 防洪标准的选定。合理选定村镇防洪标准，对超过设计标准的洪水所造成的危害提出对策方案。首先根据村镇重要程度和人口数量确定村镇级别，然后按村镇洪灾成因确定所属洪灾类型，对照规范规定即可确定防洪标准的上下范围，最后分析洪灾特点，损失大小、抢险难易、投资条件等因素，在规范规定的范围内合理选定村镇防洪标准。

④ 总体设计方案的拟订、比较与选定。在拟订总体设计方案时，首先应明确村镇在流域中的政治、经济地位，村镇总体规划对防洪的具体要求；然后根据村镇洪灾类型、防洪设施现状、流域防洪规划，结合水资源的综合开发，因地制宜地选择各种防洪措施（如整治河道、加高堤防、修建水库或分滞洪区等）；最后拟定几个综合性的可行性防洪方案，分别计算其工程量、投资额、淹没程度、占地多少、效益大小等指标，并进行政治、经济、技术分析比较，选定最优方案。

小结

防洪工程主要措施有修筑防洪堤岸、整修河道、整治湖塘洼地和修建排水沟渠。

防洪工程规划的内容是确定村镇防洪区域和规划年限，资料的搜集、整理和分析，防洪标准的选定，总体设计方案的拟订、比较与选定。

思考题

1. 防洪工程有哪些措施？防洪堤布置要求是什么？

2. 防洪工程设计洪水标准如何确定？洪峰流量如何计算？

3. 防洪工程规划的要求和内容是什么？

参考文献

胡晓东, 周鸿. 2008. 小城镇给水排水工程规划[M]. 北京：中国建筑工业出版社.

韩会玲, 程伍群. 2001. 小城镇给排水[M]. 北京：科学出版社.

熊家晴, 张荔. 2010. 给水排水工程规划[M]. 北京：中国建筑工业出版社.

王增长, 高羽飞. 2005. 建筑给水排水工程[M]. 5版. 北京：中国建筑工业出版社.

戴慎志, 陈践. 1999. 城市给水排水工程规划[M]. 合肥：安徽科学技术出版社.

严煦世, 范谨初. 1999. 给水工程[M]. 4版. 北京：中国建筑工业出版社.

孙慧修. 1999. 排水工程（上册）[M]. 4版. 北京：中国建筑工业出版社.

张自杰. 1999. 排水工程（下册）[M]. 4版. 北京：中国建筑工业出版社.

第9章 电力、电讯工程规划

电力、电讯设施是重要的基础设施，随着社会的进步和发展，村镇的建设步伐也在不断地加快，实现电气化和电讯化是新时期村镇建设的重点，也是经济发展的必然结果。

通过本章的学习，掌握村镇电力工程规划和电讯工程规划的基本内容与步骤；理解村镇电力负荷的计算以及相关概念；了解村镇电讯工程规划中电讯线路布置。

9.1　电力工程规划

本节要点

本节将主要介绍电力工程的基本要求和内容，农村电力负荷的特点和电力负荷的预测方法，电源的选择和线路规划。重点是电力负荷的计算和线路规划。难点是电力负荷预测。

随着村镇建设不断向现代化推进，电能的使用范围和种类日益扩大。如今，电力系统已成为现代新农村不可缺少的市政设施。村镇电力工程规划的基本任务就是构建安全、经济、方便、优质、技术先进的供电网络体系，满足村镇各部门用电增长的要求，为国民经济和人民生活提供"充足、可靠、合格、廉价"的电力。

在编制村镇总体规划时要考虑和解决村镇电力工程规划中的一些问题，即确定负荷（发电厂、变电所或输出线路担负用户所需要的功率，单位为"W"或"kW"）、布置电源（发电厂、变电所都是电源）、布置供电网络等。在村镇规划总平面图上要定出发电厂、变电所和主要输电线路走向等的大概位置，并解决它们的用地、用水、运输等问题。在编制村镇总体规划的同时，编制电力工程规划，就可以在村镇规划总平面图上合理地解决这些问题，达到有利于生产发展、有利于加速村镇建设的目的。此外，也为下一步的电力工程单项设计奠定基础。

9.1.1　电力工程规划的基本要求和内容

9.1.1.1　基本要求

对村镇电力工程规划的基本要求：

① 满足村镇各部门用电及其增长的需要。

② 保证供电的可靠性要求。

③ 保证良好的电能质量，特别是对电压的要求。

④ 要节约投资和减少运行费用，达到经济合理的要求。

⑤ 注意远近期规划相结合，以近期为主，考虑远期发展的可能。

⑥ 要便于实现规划，不能一步实施时，要考虑分步实施。

9.1.1.2　电力工程规划的内容

不同村镇的电网构成与电压等级均有较大差别，电力工程规划对每一个村镇来说是不完全一样的。如村镇规模及构成、地理位置、地区特点、经济发展水平（工业、农业和旅游服务业等）状况及其构成，以及远近期规划等不同，电力工程规划也有所不同。所以必须根据每个村镇的特点和对村镇总体规划深度的要求来做电力工程规划。电力工程规划一般由说明书和图纸组成，内容包括：

① 电力现状分析。

② 分期负荷和用电量预测。

③ 选择村镇的电源和电力平衡。

④ 电网电压等级和变压层次确定。

⑤ 确定发电厂、变电站、配电所的位置、容量及数量。

⑥ 确定配电网的接线方式及布置线路走向。

⑦ 选择输电方式。

⑧ 绘制电力系统供电的总平面图。

在编制供电规划时，还要注意了解毗邻村镇的供电规划，要注意相互协调、统筹兼顾、合理安排。

9.1.2　电力负荷计算

电力负荷的计算，对于确定发电厂的规模、变电所的容量和数量、输电线路的输电能力、电源布点以及电力网的接线方案设计等，都是十分重要的。对于近期负荷，应力求准确、具体、切实可行；对于远景负荷，应在电力系统及工农业生产发展远景规划的基础上进行负荷预测。负荷发展水平往往需要多次测算，认真分析研究影响负荷发展速度的各种因素，反复测算与综合平衡。

9.1.2.1　村镇电力负荷特点及分类

（1）村镇电力负荷分类

随着村镇电力事业的发展，用电设备种类越来越多，负荷构成也逐年变化。目前，我国村镇用电负荷的分类如下：

① 农村排灌负荷。现今，农村排灌用电在农业用电中占有较大比重，排灌用电量约占全部农用电量的44%。1998年国家实行"两改一同价"之后，农村电网得到极大加强，供电可靠性显著提高。然而由于种种原因，使得部分农村电网尤其是占相当比例的农业排灌（抗旱）电网未能改造，目前这部分电网线路设备陈旧、产权责任不清、管理混乱，已严重影响农村电网的安全运行、农民群众的生命安全乃至社会的和谐稳定，因此，农村排灌电力规划在推动农村发展的过程中起到了很大的作用。

② 农业生产及农产品加工。农业生产用电包括脱粒、扬净、烘干、运输储藏、种子处理、温室蔬菜

等。农产品加工用电主要包括磨粉、碾米、粉碎、切片、烘干、轧花、榨油、饲料加工、果品加工、食品加工等。

③ 畜牧业。主要包括清除粪便、供水、挤奶、电剪毛、电卵器等，其电气化比重越来越高，用电负荷也越来越大；特别是近年来，集约化养殖场发展较快，全面电气化可使人工大大减少。

④ 工业企业。改革开放以来，我国的村镇企业发展尤为迅速，除了传统的农业机械的维修和配件加工服务的各类农业机械修造厂、小型化肥厂、水泥厂、砖瓦厂、小煤矿以及小型木材加工、纺织、化工塑料、造纸、制糖、食品、粮食加工等企业之外，近年来又发展了很多类型的企业，使得用电负荷增加迅速。

⑤ 市政和生活。随着村镇建设的加快，市政用电也显著增加。居民的生活用电也由单一照明用电发展为电视机、电风扇、洗衣机、电冰箱、电水壶及空调、微波炉等用电；另外还有各种娱乐设施，如电影院、剧场等。

（2）村镇电力负荷特点

村镇的生产生活与城市有所不同，在编制村镇电力工程规划时，必须依据村镇的特点，从实际出发，不能盲目套用大、中城市的有关定额、技术经济指标。我国村镇电力负荷的特点主要有：

① 农村用电季节性强。在村镇经济中，由于农业生产占很大比重，而农业生产具有很强的季节性，所以村镇电力负荷也就具有较强的季节性。如排灌、抗旱、收割等时间往往负荷很大，而农闲时间负荷相对较小，仅照明用电，许多地方的配变几乎接近空载状态。受农时影响，一年负荷使用率不均匀，致使变压器利用率和功率因数偏低。

② 配电变压器不在负荷中心。由于以前农村用电多以排灌为主，故变压器均偏离负荷中心，致使居民用电因线路过长压降大，线损居高不下，供电质量无法保障。农村高能耗配变数量多，线路老化现象严重。由于管理上的疏忽，农村用电三相负荷不平衡现象非常严重。

③ 负荷密度小，分布不均匀。村镇的负荷密度一般较小，而且负荷多集中在村镇周围和河川、渠道两侧。据调查，目前我国平原地区农村负荷密度大都为20kW/km以上，丘陵地区的农村，每平方公里一般为10~20kW，山区仅为1~3kW，远远小于大、中城市的用电负荷密度。这样，送变电工程投资将相对增加，根据这一特点，仔细研究采用的供电电压和接线方式，对降低电网造价具有重要意义。

④ 最大负荷利用小时少。最大负荷利用小时是指年用电量与最大负荷的比值。据调查，农村用电综合最大负荷利用小时只有2000~3000h，少数排灌负荷比重较大的地区仅有几百小时，在含有一定比例地方工业负荷的农村电网中，最大负荷利用小时也只有3000~4000h，所以农村电力网设备利用率不高。根据某地对五个典型乡的用电调查表明，农村用电最大负荷和用电小时数与负荷构成有密切关系（表9-1）。

表9-1 负荷构成与最大负荷利用小时调查表

调查乡编号	负荷构成比重 / %					最大负荷利用小时 / h
	排灌	农业生产	乡镇企业	农副加工	农村生活	
1	77.3	0.9	19.0	1.6	1.2	689
2	84.0	0.3	8.9	5.0	1.8	636
3	61.6	0.3	25.6	10.8	1.7	1100
4	58.2	0.6	7.5	33.3	0.4	1117
5	36.4	0	43.1	13.5	7.0	1400

⑤ 功率因素低。由于村镇用电的主要负荷95%以上是小型异步电动机，加之电网布局和设备配套不尽合理，自然功率因素比较低，又很少装设无功补偿设备，因此，功率因素一般在0.6~0.7，个别地区甚至低至0.4~0.5。这是造成农村电力网电能损耗大的主要原因之一。

9.1.2.2　用电负荷的预测

电力负荷预测是编制村镇电力工程规划的基础，其预测的正确性，直接影响到村镇电力网的技术经济指标的合理性，直接关系到村镇电力工程的规划建设能否满足村镇建设发展的要求。根据村镇电力用户的特点，一般将用户分为农业用户、工业用户、市政及生活用户3类，分别计算负荷。

（1）农业用户

村镇农业用户是村镇的基本用户，也是最大的用户，因此在很大程度上决定村镇的用电多少。农业用电一般用作农业排灌、农业生产、农副产品加工和畜牧业等。规划用电负荷的计算，通常有下列几种方法：

① 需用系数法。

$$P_{max} = K_x \sum P_n \qquad (9-1)$$

$$A = P_{max} \cdot T_{man} \qquad (9-2)$$

式中：　P_{max}——最大用电负荷，kW；

　　　　K_x——需用系数；

　　　　$\sum P_n$——各类设备额定容量总和，kW；

　　　　A——年用电量，kW·h；

　　　　T_{max}——最大负荷利用小时，h。

有关农业用电的需用系数和最大负荷利用小时数见表9-2。

表9-2　农业用电需用系数K_x与最大负荷利用小时参考指标

项目	最大负载利用小时数/h	需用系数	
		一个变电所的规模	一个镇区的范围
灌溉用电	750~1000	0.5~0.75	0.5~0.6
水田	1000~1500	0.7~0.8	0.6~0.7
旱田及园艺作物	500~1000	0.5~0.7	0.4~0.5
排涝用电	300~500	0.8~0.9	0.7~0.8
农副加工用电	1000~1500	0.65~0.7	0.6~0.65
谷物脱粒用电	300~500	0.65~0.7	0.6~0.7
乡镇企业用电	1000~1500	0.6~0.8	0.5~0.7
农机修配用电	1500~3500	0.6~0.8	0.4~0.5
农村生活用电	1800~2000	0.8~0.9	0.75~0.85
其他用电	1500~3500	0.7~0.8	0.6~0.7
农村综合用电	2000~3500	—	0.2~0.45

② 增长率法。在各种用电规划资料暂缺的情况下可采用增长率法。该法也适用于村镇综合用电负荷计算和工业用电负荷计算，计算公式为：

$$A = A\,(1+K)^n \tag{9-3}$$

式中：A_n——规划地区几年后的用电量，kW·h；

　　　A——规划地区最后统计年度的用电量，kW·h；

　　　K——年平均增长率；

　　　n——预测年数。

③ 单耗法。指生产某一单位产品或单位效益所耗用的电量，称为用电单耗。

a. 年用电量计算：

$$A = \sum_{i=1}^{n} A_i = \sum C_i D_i \tag{9-4}$$

式中：A——规划区全年总用电量，kW；

　　　A_i——第i类产品全年用电量，kW·h；

　　　C_i——第i类产品计划年产量或效益总量，t，hm²；

　　　D_i——第i类产品用电量单耗，kW·h/t，kW·h/hm²。

b. 最大负荷计算：

$$P_{\max} = \sum_{i=1}^{n} \frac{A_i}{T_{i\max}} \tag{9-5}$$

式中：P_{max}——最大负荷，kW；

T_{imax}——第i类产品年最大负荷利用小时数，h。

对于产品用电单耗，可以收集同类地区，同类产品的数值，进行综合分析，得出每种产品的单位耗电量。若无资料，可参考表9-3~表9.5。

表9-3　农副产品加工用电定额

类别	用电项目	计算单位	单位耗电量/（kW·h）
粮食加工	磨小麦面	t	50~70
	磨玉米面	t	25~28
	垄稻谷	t	3~3.2
	碾糙米	t	8~9
	稻子直接加工熟米	t	9~11
	磨薯粉	t	3
	薯类切片	t	0.15
	扬净	t	1
	烘干	t	4
饲料加工	风送截断	t	14.7
	青饲切割	t	1
	干草切割	t	4
	粉碎豆饼	t	7.36
	粉碎玉米心	t	10.3
	粉碎其他茎叶	t	18.4
农产品加工	榨豆油	t	350
	榨花生油	t	270
	榨菜籽油	t	250
	榨芝麻油	t	90
	榨棉籽油	t	400
	各种油料破碎	t	3~7
	花生脱壳	t	2.5
	棉籽脱绒	t	25~30
	精提花生油	t	7~10
农产品加工	轧花	t	20~23
	弹花（皮棉）	t	50~70
	酿酒	t	10~70
	制糖	t	15

表9-4 农业机械化用电

类别	用电项目	计算单位	单位耗电量 /（kW·h）	备注
移动 作业	耕地	hm²	135~150	
	耙地	hm²	12~18	
固 定 作 业	水稻脱粒	t	7~8	
	麦类脱粒	t	8~10	
	玉米脱粒	t	1.75~2.50	风净
	扬净	t	0.3~1.0	
	谷物烘干	t	4	

表9-5 电力提水灌溉用电

扬程 / m		3	5	10	15	20	30
每1kW保灌 面积 / hm²	5天灌一次	6.7	4	2	1.3	1	0.67
	10天灌一次	13.4	8	4	2.68	30	1.34
	15天灌一次	20	12	6	4	45	2
每亩每次耗电量 / kW·h		11.25	18	2.4	54	72	112.5

（2）工业用户

村镇工业是村镇的重要组成部分：其用电负荷在村镇占有较大比重，尤其是沿海经济较发达地区的村镇，村镇工业不但数量多，面且规模大，用电负荷成为村镇的主要负荷。

村镇工业用电负荷计算与农业用电负荷的计算方法相同。

部分工业企业单位产品耗电定额，用电设备需用系数与同时系数可参考表9-6~表9-8所列的值进行计算。

表9-6 村镇工业单位产品耗电定额

名称	单位	耗电定额	年利用小时数
面粉厂	kW/t	35~63	
酿造厂	kW/t	50~60	4000
水泥厂	kW/t	35~100	6000
橡胶鞋厂	kW·h/千双	750	2000
粮食加工厂	kW/t	15~20	
玻璃厂	kW/箱	44~50	5000
锯木厂	kW/m³	10~20	2000
制糖厂	kW/t	100~120	4000
棉纺织厂	kW/万纱锭	773~822	6000

表9-7　工厂车间低压负荷需用系数参考值

车间类别	K_x	车间类别	K_x
铸钢车间（不包括电弧炉）	0.3~0.4	废钢铁处理车间	0.45
铸铁车间	0.35~0.4	电镀车间	0.4~0.62
锻压车间（不包括高压水泵）	0.2~0.3	中央实验室	0.4~0.6
热处理车间	0.4~0.6	充电站	0.6~0.7
焊接车间	0.25~0.3	煤气站	0.5~0.7
金工车间	0.2~0.3	氧气站	0.75~0.85
木工车间	0.28~0.35	冷冻站	0.7
工具车间	0.3	水泵站	0.5~0.65
修理车间	0.2~0.25	锅炉房	0.65~0.75
落锤车间	0.2	压缩空气站	0.7~0.85

表9-8　工厂各组用电设备之间同时系数参考值

应用范围	同时系数k_t	应用范围 / kW	同时系数k_t
冷加工车间	0.7~0.8	确定配电站计算负荷小于5000	0.9~1.0
热加工车间	0.7~0.9	确定配电站计算负荷为5000~10000	0.85
动力站	0.8~1.0	确定配电站计算负荷超过10000	0.80

（3）市政及生活用电

市政及生活用电包括的范围很广，一般分为：住宅照明用电；公共建筑照明用电；街道照明用电；装饰艺术照明用电；生活电器用电；给水排水用电等几个部分。

计算这一类负荷时，仍应根据收集到的资料，从现状出发来制定定额，同时也应考虑随着经济的发展，居民生活水平逐渐提高的因素。

① 按每人指标计算。该方法是按每人用电负荷指标进行计算，即

村镇最大负荷为

$$P_{max} = m \cdot P_{1max}（kW）\tag{9-6}$$

村镇最大用电量为

$$A = mA_1（kW \cdot h）\tag{9-7}$$

式中：P_{1max}——每人最大负荷，kW/人；

A_1 ——每人最大用电量，kW·h/人；

m ——村镇总人数，人。

② 按不同的用电情况分别计算：

a. 住宅照明。这部分是村镇居民生活的基本用电，所占比重也是市政生活用电中最大的。其计算方法如下：

住宅照明总计算负荷为

$$P = \frac{(P_1 S_1 + P_2 S_2) K_c}{1000} \ (\text{kW}) \tag{9-8}$$

住宅照明年用电量为

$$A = P T_{max} \ (\text{kW·h}) \tag{9-9}$$

式中：P_1——单位居住面积上的照明定额，W/m²；

P_2——单位辅助面积上的照明定额，W/m²，$P_2 = P_1 \cdot E_x$；

E_x——辅助面积平均最低照度与居住面积照度之比的百分数；

S_1——居住面积，m²；

S_2——辅助面积，m²；

K_c——负荷的利用小时数；

T_{max}——最大负荷利用小时数，h。

b. 公共建筑照明用电。包括机关、学校、托儿所、幼儿园、医院、商店以及其他文化福利设施等的照明。

除某些有特殊要求的建筑外，一般公共建筑照明用电的计算，可采用每m²面积上的用电定额指标来计算。其计算方法如下：

公用建筑照明总功率为

$$P = P_1 S / 1000 \ (\text{kW}) \tag{9-10}$$

公用建筑照明总用电量为

$$A = P T_{max} \ (\text{kW·h}) \tag{9-11}$$

式中：P_1——单位面积上的负荷，W/m²；

S——公共建筑的有效面积，m²；

T_{max}——最大负荷利用小时数，h。

c. 给水排水用电。村镇中雨水一般多是自流式排除，污水也只需稍加处理，耗电量不多，耗电较多的主要是给水工程。因此，一般只考虑给水工程用电。

对于自来水厂，可按水厂的装机容量进行计算。当资料不全时，可根据给水工程规划确定的每天规划用水量，按下式进行估算：

$$p = \frac{9.81QH}{3600\eta} \quad\quad (9\text{-}12)$$

$$A = PT_{\max} \quad\quad (9\text{-}13)$$

式中：P——水厂的电力负荷，kW；

Q——每小时规划最大用水量，m³/h；

H——水的扬程，m；

η——水泵机组的效率，可取0.75~0.8；

A——年用电量，kW·h；

$T_{\max}$——年最大负荷利用小时数，h。

d. 街道照明。街道照明与照明器的种类、不同的照度要求、不同的街道宽度等有关。有关部门据此制定了街道每1m长所需要的用电负荷。其计算方法为

$$P = (P_1L_1 + P_2L_2 + \cdots + P_nL_n)/1000 \quad\quad (9\text{-}14)$$

$$A = PT_{\max} \quad\quad (9\text{-}15)$$

式中：P——街道照明总功率，kW；

$P_1, P_2, \cdots P_n$——分别为不同宽度和照度的每1m长街道用电负荷，W/m；

$L_1, L_2, \cdots L_n$——分别对应于P_1, P_2, $\cdots$, P_n的街道长度，m；

A——街道照明的年用电总量，kW·h；

$T_{\max}$——年最大负荷利用小时数，h。

e. 其他用电包括装饰艺术照明用电、生活电器用电以及其他如室内电梯、通风机、空调机等的用电。这部分用电可以调查、估算出设备的额定容量，采用需用系数法进行计算。若不能获得足够的资料，则可根据本地区特点、经济发展状况、邻近先进地区的有关资料，估算出它占市政生活用电的百分比。

有关市政生活用电定额，可参考表9-9。

表9-9　生活用电定额

项目	单位	用电定额
医院	W/m²	7~9
影剧院	W/m²	8
中、小学	W/m²	6
饮食店、商店、照相等服务业	W/m²	5
行政办公机构	W/m²	6
宿舍、敬老院	W/m²	2~4

（续）

项目	单位	用电定额
6 m宽及以下的道路路灯	W/m²	3
12 m宽道路路灯	W/m²	5

9.1.3 电源的选择及线路规划

9.1.3.1 电源选择

村镇供电电源是电力规划的重要组成部分，村镇供电电源的选择主要考虑经济合理、环境影响、因地制宜、充分利用和开发当地动力资源，减少电源的建设工程投资，降低发电成本，降低电网运行费用，满足村镇的用电需要。

村镇供电电源主要有变电所和发电站两种。

① 第一种类型是变电所。即区域电力系统供电，变电所将区域电网上的高压变成低压，再分配到各用户。区域电力系统能够具有容量大、运行稳定、安全经济、供电可靠性高、质量好，能适应村镇快速发展多种负荷迅速增长的需要，对农业的季节性负荷适应能力强。在靠近大电网的地方，村镇区域电力系统供电要比其他电源优越，因此，在有条件的村镇，应优先选用这种供电方式。变电所供电是目前我国村镇采用较多的供电方式。

② 第二种类型为发电站。在近期区域电力系统发展不到的地区，有水利、煤炭、风力、沼气等动力资源的地方，村镇宜利用当地能源，发展小水电、酌情建设小火力和风力发电。

a. 水力发电供电。对具有丰富水力资源的地区，特别是地处偏僻山区的小村镇，充分利用水力廉价能源，建设小水电，见效快，成本低，对这类地区村镇应首先开发小水电，选择水电站供电。

b. 火力发电供电。对于一定时期大电网未能延伸到或供电不足而影响村镇经济发展和人民生活水平提高的地区，如果煤炭资源丰富，输煤输电距离不长，因地制宜建设火电厂仍然是可取的。

c. 风力发电供电。风力发电适用于风力平稳、负荷小而分散，远离电力系统的海岛、草原牧区和偏僻山区的村镇供电。

d. 沼气发电供电。近年来，各地在综合利用沼气的基础上，因地制宜地办起了沼气发电站，补充了部分农村用电电源，取得了一定成绩。农村小型沼气电站，宜规划为村和组两级，以村为主。在目前情况下，村发电6~8kW，组发电12~15kW，对发酵原料来源、投资和用途等均较合适。乡镇有大型猪场或鸡场，原料来源丰富的，可办大型沼气电站。沼气发电能解决大电网难以解决的问题。

9.1.3.2 变电所（或变压器）的位置

变电所选址是一项很重要的工作，它将决定投资数量、效果、节约能源的作用以及今后的发展，所以必须从技术上和经济上作慎重的选择。主要着眼于提高供电的可靠程度，减少运行中的电能损失，降低运行和投资的费用，同时还要考虑工作人员的运行操作安全，养护维修的方便等。变电所的选址应符合下列要求：

① 尽可能接近主要用户，靠近村镇用电负荷中心，以减少电能损耗和配电线路的投资。

② 便于各级电压线路的引入或引出，进出线走廊要与变电所位置同时决定。

③ 变电所尽量不占或少占农田。建设地点工程地质条件良好，地耐力高，地质构造稳定。避开断层、滑坡、塌陷区、溶洞、泥石流、落石、雷害地带等。避开有岩石和易发生滚石的场所，如选址在有矿藏的地区，应征得有关部门同意。

④ 站（所）址要求地势高且尽可能平坦，不宜设在低洼地段，以免洪水淹没或涝灾影响，山区变电所的选址标高宜在百年一遇的洪水位以上。

⑤ 交通运输便利，便于装运变压器等笨重设备，但与道路应有一定间隔。

⑥ 邻近工厂、设施等但不影响变电所的正常运行，尽量避开易受污染、灰渣、爆破等侵害的场所。

⑦ 要满足自然通风的要求，并避免日晒。

⑧ 考虑变电所在一定时期（如5~10年）内发展的可能。

9.1.3.3 送配电线路的电压确定

村镇电力网送配电线路的电压，按国家标准主要有220kV、110kV、60kV、35kV、10kV、6kV、3kV、380V / 220V等8个等级。采用哪个电压等级供电适当，应作全面衡量，应根据电网内线路送电容量的大小、送电距离、供电可靠性和用电设备的电压等级来确定：

① 电力线路输送容量与输送距离。在电力线路输送容量和输送距离一定的条件下，传输的电压等级越高，则导线中电流就越小，线路中功率损耗或电能损耗也就越小，这就可以采用较小截面的导线。但是电压等级越高，线路的绝缘费用就越高，杆塔、变电所的构架尺寸增大，投资就要增加。因此，对应一定的输电距离和输送容量有一个在技术、经济上均较合理的电压。

② 用电等级与供电的可靠性。用户的用电等级是根据其用电性质的重要程度确定的。重要用户对供电的可靠性要求高，用电等级就高。

用电负荷根据供电可靠性及中断供电在政治、经济上所造成的损失或影响程度，分为三级。一级负荷：对此种负荷中断供电，将造成人身伤亡、重大政治影响、重大经济损失、公共场所秩序严重混乱等。若某用户拥有一级负荷，不能认为该用户全部为一级负荷。二级负荷：对此种负荷中断供电，将造成较大政治影响、较大经济损失、公共场所秩序混乱等。三级负荷：不属于一级和二级的用电负荷。

电压等级与可靠性是相关的，电压等级越高，可靠性也越高。但是，在同一电压等级中，供电的条件优越，可靠性就较高。

③ 用电设备的电压等级。用电设备的电压等级直接确定了对供电线路的电压等级要求，一般可设定与之相当的电力线路供电。当条件允许设置变配电装置，而用电的可靠性要求较高时，也可以提高一级

电压等级向用户供电。

选择电网电压时，应根据输送容量和输电距离，以及周围电网的额定电压情况，拟定几个方案，通过经济技术比较确定。如果两个方案的技术经济指标相近，或较低电压等级的方案优点不太明显时，宜采用电压等级较高的方案。各级电压电力网的经济输送容量、输送距离与适用地区，参照表9-10。

表9-10 各级电压电力网的经济输送量、输送距离与适用地区

额定电压 / kV	输送容量 / kW	输送距离 / km	适用地区
0.38	100以下	0.6以下	低压动力与三相照明
3	100~1000	1~3	高压电动机
6	100~1200	4~15	发电机电压、高压电动机
10	200~2000	6~20	配电线路、高压电动机
35	2000~10000	20~50	县级输电网、用户配电网
110	10000~50000	30~150	地区级输电网、用户配电网
220	100000~200000	100~300	省、区级输电网

9.1.3.4 电力线路的布置

电力网的接线方式一般分为一端电源、两端电源和多端电源供电的电力网。

① 一端电源供电的电力网。一端电源供电网又称为开式网，系指电力网中的用户或变电所，只能从一个方面取得电能的电力网。接线方式有：放射式、干线式、树枝式等类型（图9-1）。

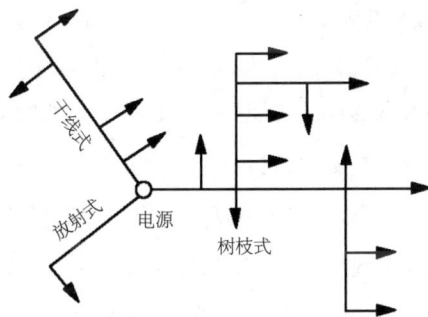

图9-1 一端电源供电网

一端电源供电网的特点是：接线简单、经济、运行方便，供电可靠性较低。放射式接线又称为用户专用线，可用于给容量大的三级负荷或一般二级负荷供电。这种接线在运行时的电压质量与供电可靠性等，不受其他用户负荷的影响。干线式接线与树枝式接线，负荷点多，导致运行时各负荷的随机变动，对电压质量及供电可靠性等有影响。为了提高干线式与树枝式接线的供电可靠性，可以在干线或分支的适当地方，加装分段开关或熔断器，以提高供电的可靠性和检修的灵活性。

②两端电源供电的电力网。两端电源供电网系指电网中的用户或变电所。同时从两个电源取得电能的电力网，如图9-2所示。环形网和双回路电网接线简单，运行、检修灵活，供电可靠性高。电力系统网架和向一级负荷或重要二级负荷供电的电网，常采用这种接线方式。

在环形网或双回路接线中，电源则必须接在两个独立电源上，即接在两个发电厂或同一电厂由两台发电机供电的不同母线段。

③多端电源供电的电力网。多端电源供电网又称为复杂网。复杂网中包含有能从三个或三个以上方面取得电能的变电所或负荷点，如图9-3所示。多端电源供电可靠性高，运行、检修灵活，但是，投资大，继电保护、运行操作复杂。

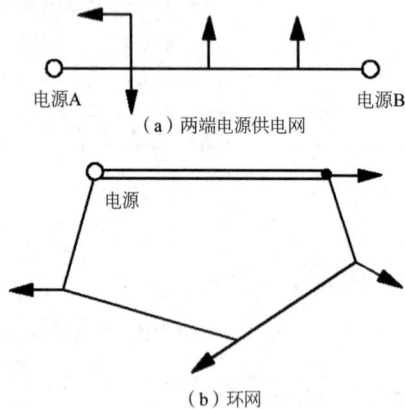

图9-2 两端电源供电网及环网   图9-3 多段电源供电网

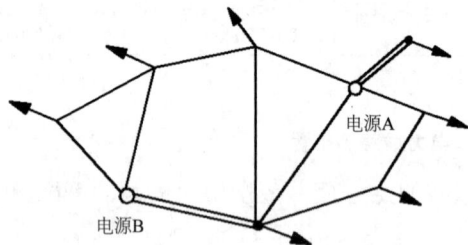

这类电网主要用于电力系统网架接线，以加强电力系统发电厂之间及发电厂与枢纽变电所之间的联系。供用电网络，一般不采用复杂网的接线形式。

电力线路按结构可分为架空线路和电缆线路两大类。架空线路是将导线和避雷线等架设在露天的线路杆塔上。电缆线路一般直接埋设在地下，或敷设在地沟中。村镇电力网多采用架空线路结构，该结构的建设费用比电力电缆线路要低得多，施工期短，且施工、维护及检修方便。

在村镇供电规划中，电力线路的布置，应满足用户的用电量，保证各级负荷用户对供电可靠性的要求，保证供电的电压质量以及在未来负荷增加时，有发展的可能性。在布置电力线路时，一般应遵循下列原则：

①线路走向应尽量短捷。线路短，则可节约建设费用，同时减少电压和电能损耗。一般要求从变电所到末端用户的累积电压降至不得超过10%。

②要保证居民及建筑物的安全，避免跨越房屋建筑。同时还要确保线路的安全，不同电压的架空电力线路与地面距离及接近、交叉、跨越各项工程设施的最小距离必须符合一定标准（表9-11）。

③ 线路应兼顾运输便利，尽可能的接近现有道路或可行船的河流。

④ 线路通过林区或需要重点维护的地区和单位，要按有关规定与有关部门协商解决。

⑤ 线路要避开不良地形、地质，以避开地面塌陷、泥石流、落石等对线路的破坏，还要避开长期积水场所和经常进行爆破作业的场所。在山区应尽量沿起伏平缓且地形较低的地段通过。

⑥ 线路应尽量不占耕地、不占良田。电力线路的选择工作，一般分为图上选线和野外选线两步。首先在图上拟定出若干个线路方案；然后收集资料，进行技术经济分析比较，并取得有关单位的同意和签订协议书，确定出2~3个较优方案；再进行野外踏勘，确定出一个线路的推荐方案，报上级审批；最后进行野外选线，以确定线路的最终路线。

小结

电力工程规划的主要内容包括电力现状分析、用电量预测、电源选择、变电站（变压器）位置选择、线路布置等。

村镇电力负荷预测分为农户用电、工业用电和市政及生活用电三类，需分别采用不同方法计算三类用电负荷。

村镇供电规划中，电力线路的布置，应满足用户的用电量，保证各级负荷用户对供电可靠性的要求，保证供电的电压质量以及在未来负荷增加时，有发展的可能性。

思考题

1. 某村设计时收集到的农业用电负荷资料如表所列，取同时使用系数0.8。试求该村的农业用电计算负荷。

某村农业用电负荷资料明细表

用电设备分类	用电设备容量 / (kW·h)	需用系数
农业排灌	90	0.7
农业生产	155	0.65
农副产品加工	220	0.65
其他	40	0.8

2. 某村2010年全村用电量为70万kW·h，若用电量按年递增率8%计算，试预测到2030年该村的用电量。

3. 某村加工厂每年碾米4万t，每吨耗电30kW·h；每年磨粉1.5万t，每吨耗电60 kW·h，最大负荷利用小时数分别为1500h和1200h，同时使用系数0.8，求全年用电量及最大负荷。

9.2 电讯工程规划

本节要点

本节主要介绍有线通信布置的原则，有线网络布局，以及有线电视的规划。

电讯通信是利用无线电、有线电、光等电磁系统传递符号、文字、图像或语言等信息的通讯方式，被誉为国家的神经系统。当今，通信事业已成为人类社会技术进步最活跃、最迅速的一个领域。村镇社会的进步，商品经济的发展，使得电讯业发展迅猛。现代化的电信网络，沟通了全国各地，乃至世界各地，使得各种信息得以迅速传播，对促进工农业生产发展，提高人民物质文化生活水平，建设社会主义现代化新村镇有着重要的作用。

村镇电讯工程包括有线通信和有线电视。电讯工程的规划应由专业部门进行，涉及村镇建设规划需要统一考虑的，主要是电讯线路布置和站址选择问题。

9.2.1 有线通信规划

村镇有线通信线路按使用功能分为有线电话、有线广播等，按通信线路材料来分主要有电缆、光缆、金属线3种。通信线路按敷设方式有架空敷设和地面敷设（地面埋入）2种。

线路是各类电话局之间、电话局与用户之间的联系纽带，是电话通信系统最重要的环节。合理确定线路路由和线路容量是电话线路规划的两个重要因素。线路应优先采用通信光缆以及同轴电缆等高容量线路，以提高其安全性和可靠性。线路敷设的最理想方式是管道埋设，其次是直埋。经济条件较差的城市，近期可以采用架空线路敷设，远期也应逐步过渡到地下埋设。在一般情况下，线路应尽量直达、便捷，避免拐弯。一般村镇有线电话线路采用架空结构，在经济较发达的村镇，多采用电缆线路。

9.2.1.1 有线通信布置的原则

有线通信线路的布置原则为：

① 电缆路由应符合城市规划，使电缆路由长期安全稳定地使用。

② 电缆路由应尽量短直，并应选择在比较永久性的道路上敷设。

③ 主干电缆与配线电缆走向一致，互相衔接。

④ 环境条件良好，安全性好，要避开不良地段和地质，防止发生地面塌陷、土体滑坡、水浸等对线路的破坏。

⑤ 光缆电缆集中；应尽量不占耕地，不占良田。

⑥ 重要的主干电缆和中继电缆宜采用迂回路由，构成环形回路。

⑦ 充分利用原有线路设备，尽量减少不必要的拆移而使线路设备受损，留有发展和变化的余地。

9.2.1.2　有线通信网络布局

线路布置必须符合有关规范间隔距离的要求，结合村镇的具体情况，可参照表9-11取用。

表9-11　电讯线路的主要隔距标准

项目	隔距说明	最小隔距／m
1	线路离地面最小距离： （1）一般地区 （2）在市区（人行道上） （3）在高产作物地区	 3.0 4.5 3.5
2	线路经过树林时，导线与树距离： （1）在城市，水平距离 （2）在城市，垂直距离 （3）在郊外	 1.25 1.5 2.0
3	导线跨越房屋时，导线距离房顶的高度	1.5
4	跨越公路、乡镇大路、市区马路、导线与路面距离 跨越镇区胡同（里弄）土路	5.5 5.0
5	跨越铁路，导线与轨面距离	7.5
6	两个电信线路交越，上面与下面导线最小隔距	0.6
7	电信线路穿越电力线时应在电力线下方通过，两线间最小距离 1~10kV 架空电力线额定电压 20~110kV 154~220kV	 2（4） 3（5） 4（6）
8	电杆位于铁路旁时与轨道隔距	13h （h为杆高）

架空电话线路不应与电力线路、广播明线线路合杆架设。如果必须与1~10kV电力线合杆时，电力线与电信电缆之间的距离不应小于2.5m；与1kV电力线合杆时，电力线与电信电缆之间的距离不应小于1.5m。

一般情况下，市话线路的杆距为35~40m，郊区杆距为45~50m。

有些村镇将由县到村镇的有线电话干线兼作有线广播的干线，由镇到中心村、基层村的有线电话线兼作用户线，用户线全部集中在村镇的电话交换台，由交换台装置闸刀开关来控制各用户线路。这种兼作两用的做法，可以大大节约线路投资，但相互间的干扰大。为了使广播和电话两不误，就必须制定使用电话线路作广播的制度和时间。

9.2.2　有线电视规划

我国地域辽阔、人口众多，广袤的祖国大地，山区占国土面积的60%。农村人口约占总人口的70%，由于电视信号的传播规律和山区的地貌特征，广大农民收不到广播，看不到电视，信息闭塞，这是山区农村发展缓慢的重要因素之一。因此，有线电视规划是村镇电讯工程规划的重点。

有线电视就是将有线电视台发出的视频信号，经电缆及分支器等设备传送到用户的电视机上，转换为图像和声音发出来的一套设备系统。

9.2.2.1　有线电视网络布置的原则

有线广播、有线电视与有线电话同属于弱电系统，其线路布置的原则与要求基本相同。有线电视网络的布置原则为：

① 线路走向应尽量短捷，做到"近、平、直"的要求，以节省线路工程造价；

② 注意线路的安全和隐蔽。要避开不良地段和地质，防止发生地面塌陷、土体滑坡、水浸等对线路的破坏；

③ 应尽量不占耕地，不占良田；

④ 要便于线路的架设和维护；

⑤ 避开有线广播和电力线的干扰；

⑥ 不因村镇的发展而迁移线路。应具有使用上的灵活性和通融性，留有发展和变化的余地。

9.2.2.2　有线电视网络布局

村镇有线电视线路路由与电信线路路由应统筹规划，并可同杆、同管道敷设，但电视电缆不宜与通信电缆共管孔敷设。有线电视台应尽量在用户负荷中心，远离产生强磁场、强电场的地方。

当用户的位置和数量比较稳定，要求电缆线路安全隐蔽时，宜采用直埋敷设方式。

当有可利用管道时，可采用管道电缆敷设方式，但不得与电力电缆共管敷设。

当不宜采用直埋或管道电缆敷设方式时，用户的位置和数量变动大，且需要扩充和调整，并有可供用的架空通信、电力杆路时，可采用架空电缆敷设。

小结

村镇有线通信线路按使用功能分为有线电话、有线广播等，按通信线路材料来分主要有电缆、光缆、金属线等3种。通信线路按敷设方式有架空敷设和地面敷设（地面埋入）2种。

有线电视就是将有线电视台发出的视频信号，经电缆及分支器等设备传送到用户的电视机上，转换为图像和声音发出来的这一套设备系统。

思考题

1. 村镇有线通信规划的原则是什么?

2. 简述村镇有线通信布局基本要求。

参考文献

金兆森, 张晖. 1999. 村镇规划[M]. 南京：东南大学出版社.

汤铭潭. 2007. 小城镇基础设施工程规划[M]. 北京：中国建筑工业出版社.

刘兴昌. 2006. 市政工程规划[M]. 北京：中国建筑工业出版社.

高文杰, 等. 2004. 新世纪小城镇发展与规划[M]. 北京：中国建筑工业出版社.

蓝毓俊. 2004. 现代城市电网规划设计与建设改造[M]. 北京：中国电力出版社.

第10章　村镇规划的技术经济和管理工作

10.1 村镇规划的技术经济工作

本节要点

本节主要介绍村镇规划技术经济内容，村镇规划技术经济的主要指标和村镇规划技术经济指标体系。重点要求学生掌握村镇规划过程中技术经济评价的内容和方法。

10.1.1 技术经济工作的意义和内容

村镇规划和建设的根本目的，就是要满足乡村生产不断发展的要求，满足人民生活水平不断提高的需要，为广大农村居民创造良好的生产条件和生活环境。为了达到这样的目的，在村镇规划与建设中，除了注意取得适用、美观的效果外，还要注意乡（镇）规划设计与建设具有现实性、可行性和经济效益，把技术经济工作贯彻于村镇规划与建设的全过程，尤其在一些关键环节和较大项目上，要切实把好经济效益关。同时，应避免那种不注意经济效益，搞形式主义，脱离实际的村镇规划。

进行综合性的技术经济比较是村镇规划设计中的重要的工作方法，无论对于旧村镇改建扩建的总体规划，还是对各项工程的专项规划设计，都应进行综合比较。只有经过多次反复的方案比较，才能得到一个经济合理、技术上可行的方案。然而，在编制村镇规划工作中，如果忽视了技术经济工作，对规划的好坏心中无数，对规划依据缺乏科学的分析，就会出现盲目性。缺乏科学的盲目"规划"，是不能用来指导村镇建设的。

在村镇规划的不同部分，技术经济工作的内容应有所侧重。在村镇总体规划中，技术经济工作的重点是从区域的角度分析规划各项依据，科学地确定村镇的分布以及村镇的性质、规模和发展方向。而在村镇建设规划中，技术经济的重点在于如何结合当地的实际情况，因地制宜地处理好客观需要和实际可能的统一问题，从而使村镇的各项建设建立在可靠的现实的基础上。规划的内容要符合要求，实施标准、建设规模和速度，都要与经济发展水平相适应，这是衡量一个规划方案质量高低的重要标准。

村镇技术经济工作的内容是对规划结果进行方案比较，以获得技术上可行、经济上合理的规划方案。方案比较的主要指标：

① 村镇建设用地的地理位置、工程地质、水文地质文件。

② 占地、搬迁情况。其中包括所占耕地种类，单位面积农作物产量，需要迁动的居民户数、人口，拆迁的建筑量，征地补偿费用及农业人口的安排等。

③ 环境卫生情况。各类用地内部及分区之间所创造的工作、生活环境状况。

④ 交通运输情况。对外如公路、水运及其联运方面，对内的道路交通是否方便，工程投资是否节省。

⑤ 工业副业等生产条件及企业间的协作关系。

⑥ 公用设施工程。包括供电、供热、给水排水及其他工程的可能利用的潜力和建筑的工程量及其经济性。

⑦ 防洪等工程及其措施的安全性。

⑧ 旧村镇的利用程度。

⑨ 村镇建设造价比较。比较各个规划方案的建设投资及总投资。

⑩ 综合分析意见。按以上诸方面进行综合分析比较，然后定案。有时也会综合采用不同方案的某些优点，再产生综合后的新方案。

10.1.2　村镇规划中的技术经济工作

村镇规划中的技术工作应该贯穿于整个规划的全过程，当然在规划的不同阶段，技术经济工作的内容和重点有所不同。

10.1.2.1　村镇总体规划中的技术经济工作

在村镇总体规划中，根据县农业区划，土地利用总体规划以及工业交通、文化教育、科技卫生、商业服务等各专业系统的发展计划，以通过综合平衡，组织农、工、商协调发展和资源综合利用，提出村镇建设（包括扩建、新建）的生产项目、规模、职工人数以及对乡镇建设的要求；在进行全面技术经济分析和多方案比较的基础上，确定村镇的性质和规模、发展方向等。这是村镇总体规划工作的重要内容，也是必不可少的基础工作。

目前，全国大多数省已完成了省级农业区划报告，绝大多数县已初步完成或正在进行县级农业区划工作。这为编制乡镇规划提供了科学依据，创造了一定的工作条件。但是全国各地发展很不平衡，有的省区一时还不能适应当前村镇建设的需要。在依据不足的现实条件下，给村镇规划的编制工作带来较多困难，这就需要规划工作者尽可能进行一些必要的技术经济分析工作，如向计划、农业等有关部门了解各业的发展设想，以及对乡镇建设的要求，搜集有关资料。对村镇总体规划进行技术经济分析，首先确定哪些村镇是就地改造（或扩建），哪些村镇需要迁移并点或新迁定点；第二是综合分析农、工、商协调发展的最佳方案，明确农、林、牧、副、渔各业发展对村镇建设的要求，确定发展农副产品加工业、建筑建材业、采矿业、手工业、商业服务业以及为大工业来料加工、配套的各个行业的改建、扩建和新建项目，提出村镇发展方向和适宜的人口发展规模；第三要对村镇用地进行技术经济分析，对其用地的选择和用地布局，是否在技术上可行，经济上合理，做出必要的评价。

10.1.2.2　村镇建设规划中的技术经济工作

（1）村镇建设规划的现实性

在村镇建设规划中，技术经济工作的重点在于如何结合本乡镇的实际情况，因地制宜地处理好客观需要和实际可能的统一问题。使村镇内的各项建设项目建立在可靠的现实基础上。规划的内容，既要符合客观要求、设施标准、建设规模和速度，又要与经济发展水平相适应，这是衡量一个规划方案质量高低的重要标志之一。

如果一个村镇建设规划方案现实性不强，即使建设规划内容设想得很好、很周全、表现形式也很好，没有指导乡镇建设的实际意义。因此，制定乡镇建设规划必须考虑乡镇客观可能的现实条件。没有现实性，也就谈不上什么经济性。所谓客观可能的现实条件应包括：建设条件，即用地、动力、供水、交通运输、建筑材料等物质条件；其次是经济条件，包括建设资金的来源和数量，即财力条件；技术条件，包括设计、施工等各方面的技术力量，即人力条件。

当然，在分析现实条件时，不能忽视人为因素。要注意充分调动村镇集体和农民个人建设村镇的积极性，采取多种有效措施，少花钱多办事，依靠群众，自力更生，是推动村镇建设迅速发展的一个重要方面。总之，村镇建设用城市建设那样依靠国家投资的办法是不行的。必须依靠广大农民自己动手来解决，要在农民自愿的前提下，由农民集资或劳动积累的办法来建设自己的家乡，建设社会主义新乡镇。

（2）村镇建设规划的综合平衡

搞好综合平衡是实现规划的关键。村镇建设中的综合平衡，是指在已确定的规划期限内，有计划、按比例地发展各项事业。规划期限是指完全实现规划方案所需的年限。确定恰当的规划期限，是进一步使客观需要与现实可能得到统一的重要问题。

村镇规划的期限应与当地一定时期内的经济发展水平相适应。如果一个村镇的建设规划，需要的期限很长，不能适应客观需要，这就说明规划内容与当地经济力量有矛盾。需要调查部分建设项目的标准或规模，使之与经济有可能协调起来，做到标准恰当，规模合适，才有可能尽快地实施以满足客观的需要，也才能获得较好的经济效益。为此，在规划工作中，必须注意做好下列综合平衡工作。

① 财力的平衡。村镇的各项建设都要计算出建设总投资，特别是近期工程的投资，并提出筹集资金的办法。在当前规划设计力量很小，又缺乏经验的情况下，也不宜一下子全面铺开，应当由点到面逐步开展。对于经济状况不富裕的村镇，应该做些调查研究，分析村镇建设中存在的问题，抓住几个急需解决的问题，结合当地的经济力量提出解决的办法。一般来说应首先注重基础设施的建设项目，比如有的村镇街巷狭窄、交通阻塞，就可先规划好一条街道的拓宽、改建规划，或者另外开辟一条道路，暂时解决交通问题。

② 物力的平衡。每个村镇规划都要提出用于主要建设的物资需求量，以及解决的措施。特别是要尽量利用当地丰富的建筑材料，减少运输，降低造价。

③ 劳动力的平衡。随着农业机械化水平将逐步提高，农业剩余劳动力逐年增加，他们的主要出路是搞专业化生产、家庭副业或成为村镇企事业单位新增职工。这种情况下要认真计算需要的劳动力人数，并且指出需要什么专业的人员，以便有计划的培养，满足村镇建设发展的需要。

总之，只有搞好综合平衡，才能对村镇的规划作出正确的评价。一个好的村镇规划，是可以从现实的客观条件出发，经过努力奋斗在规划期限内予以实施，它能起到指导村镇建设的作用。

10.1.3 村镇规划中的技术经济指标

村镇规划中的技术经济指标，是显示村镇各项建设在技术上达到经济合理性的数据，在具体规划设计工作中起着依据和控制的作用。

在村镇规划和建设中，各专业都有各自的指标，项目很多。但从规划设计管理工作的需要应重点抓好建设用地和建设造价等多项指标。

10.1.3.1 村镇建设用地

（1）村镇建设用地标准和用地统计

村镇建设用地标准应包括人均建设用地、建设用地构成和建设用地选择三部分内容，该标准反映村镇建设用地的一般用地水平，也反映土地利用的经济合理性。村镇建设总用地由上述各类用地指标组成，各类用地指标又由不同层次的分项用地指标组成。各分类、分项用地指标之间的比例关系又构成各种相对指标。村镇用地各类、各项指标如前各章节所述。

村镇用地统计是一项很重要的工作，它要求对村镇各项建设用地的含义有透彻的理解。统计工作需要准确无误，否则，既不能真实反映村镇各项建设用地的实际情况，也不能与国家、省、市、县各级政府所规定指标系列相比较，造成的后果是用地失控和不合理。

村镇用地的统计，应遵守以下规定：

① 集镇、村庄的现状用地和规划用地，应统一规划区后再进行统计。

② 分片布局的集镇，应分片计算用地，再进行汇总。

③ 乡（镇）域总体规划中的村镇用地是指乡（镇）辖区范围内的所有集镇、村庄，以及独立布置的生产企业、公共设施和散居住户等用地总和。

④ 村镇用地应按投影面积计算。

⑤ 村镇过境公路面积应计入村镇建设用地内。如兼做内部道路时，可将其一半计入。

⑥ 对于散居、凌乱的住宅用地可按实际使用面积计算，也可按宅基地面积再加上宅前宅后必要的空地面积计算。

⑦ 村镇用地计算单位为公顷（hm²）。根据图纸比例尺确定数字统计的精确度：1：10000图纸精确到个位数；1：5000图纸精确到小数点后一位；1：2000、1：1000图纸精确到小数点后两位。

（2）村镇用地平衡表

村镇是一个有机的整体，这个有机整体要求能在生产与生活各个方面协调发展，在建设上和用地上必然存在着一定的内在联系。镇区建设规划通过编制用地平衡表，分析镇区各项用地的数量关系，用具体的数量来说明镇区现状与规划方案中各项用地的内在联系，为合理分配村镇用地提供必要的依据。用地平衡表反映了村镇现状用地的使用状况及各项用地之间的比例关系，作为调整用地和制定规划用地指标的依据之一，同时反映村镇规划用地的指标和各项用地之间的比例关系。

村镇建设用地平衡表反映了村镇生产、生活中的密切关系；同时又反映出随着村镇建设发展与变化，村镇各项建设用地之间存在着一定的协调关系。为了便于统计计算，使各村镇编制的用地平衡表具有可比性，村镇用地平衡表可选用表10-1所示的基本格式，并把该表所列的内容在村镇建设规划总平面和规划说明书中示出。

表10-1　乡镇建设用地平衡表

类别	类别名称	现 状			规 划			备注
		hm²	%	m²/人	hm²	%	m²/人	
R	居住建筑用地							
C	公共建筑用地							
M	生产建筑用地							
W	仓储用地							
T	对外交通用地							
B	道路广场用地							
U	公共工程设施用地							
G	绿化用地							
总用地								

① 村镇各项用地比例和人均占用地。乡镇各项用地应用一个合理的比例关系，按国务院发表的《村镇建房用地管理条例》的规定，由各省、自治区、直辖市根据各地农村特点研究制定。各地应通过这个比例控制各项用地的标准。

乡镇人均总用地指标，综合性很强，与当地人均耕地多少、综合经济发展的程度、乡镇性质、规模大小、以及自然条件等因素有密切关系。根据我国土地辽阔的特点，南北方人均耗地面积、气候、生活习惯等差别较大，地表也有山区、丘陵、平原之分，不可能制定出全国统一指标。因此，要按照国务院发布的《村镇建房用地管理条例》的要求，由各省、自治区、直辖市的有关部门研究制定有关的标准。目前，如还没有正式规定指标的地区，在规划设计中，可本着节约用地的原则，在加强调查研究的基础上，具体确定。

② 宅基地是以每户住宅平均占地面积表示，单位为每户多少平方米。宅基地面积包括农户房基地和房前屋后的地坪，以及宅院和独用的通户巷道用地面积。由各户宅基地总和为主组成的住宅建筑用地，

占乡镇建设用地比重很大，一般占集镇用地的50%左右，在规模较小的村镇可占90%左右。因此，宅基地这项指标，对节省用地关系极大，必须严加控制。国务院发布的《村镇建房用地管理条例》中规定：社会建房用地，由省级人民政府根据山区、丘陵、平原、牧区、城郊、集镇等不同情况，分别规定用地限额，县级人民政府根据省级人民政府规定的用地限额，结合当地的人均耕地、家庭副业、民族习俗、计划生育等情况，规定宅基地面积标准。

这项规定十分重要。当前，各省、自治区、直辖市人民政府已按照上述要求，制定本省的宅基地用地限额，这是村镇规划和管理中必须遵循的主要指标之一。因此，在规划中应严格贯彻各地人民政府的规定。

10.1.3.2　建设造价

建设造价是反映建设项目的数量、质量和设施标准的综合指标。乡镇中每项建设项目都具有数量标准、质量标准和设施标准，而每项标准都能用其定额指标表示出来。

比如住宅建筑，其数量标准是通过建筑面积定额来表示的，即"$m^2/$户"。根据一些实施分析：地方乡村住宅建筑面积标准稍高一些，一般为80～110$m^2/$户；北方一般为75～85$m^2/$户；严寒地区为70$m^2/$户左右。少数民族地区和侨乡的住宅建筑面积标准应结合民族习惯以及实际生活水平，一般都略高一些。

住宅的质量标准反映建筑物使用什么材料，采用什么结构形式和耗用多少材料，可用主要材料消耗定额和人工消耗定额来表示，即木材"m^3/m^2"、钢材"kg/m^2"、水泥"kg/m^2"、砖"块$/m^2$"，以及用工"人工$/m^2$"等。

住宅的设备标准则包括室内给水、排水、照明等各项基础设备标准。虽然目前乡镇住宅因设备标准较低，大都未计入造价，但今后随着农房设备标准的提高，应当计入。

把上述3项标准综合成一项指标，便是住宅建筑的投资概算。乡镇建设中的其他项目，比如道路工程，按照其质量标准、数量标准和设施标准也可综合成这项工程投资概算。各项建设项目的投资概算，汇总起来，便成了如表10-2所示的乡镇建设的总概算。如按每户平均，即为每户所需的乡镇建设投资额，用"元/户"表示。　实际上这个指标没有意义，可以分投资项目进行分析。例如，在乡镇建设投资中，住宅建筑的投资按每户平均投资额，其中将由住户农民分担和乡镇集中补助。在此基础上再根据实际的经济能力，加以计算，就可看出集体和农民个人有无负担能力，从而也就帮助我们核对实现规划方案的可能性。同时，通过投资的构成分析，可以帮助判断经济性和安全性问题。譬如材料消耗很高，则说明该项工程在数量上或质量上可能有浪费的现象；如果材料消耗过低，则需注意该工程在安全上会不会发生问题。乡镇建设的管理部门应该把工程节约材料、设施标准和结构安全统一起来，不能偏废。

表10-2 乡镇建设投资估算表

序号	建设项目名称	近期		远期		合计
		工程量	投资/万元	工程量	投资/万元	
1	住宅建筑					
2	生产建筑					
3	公共建筑					
4	道路桥梁					
5	绿化					
6	给水					
7	排水					
8	防洪					
9	电照					
10	未可预见项目					
合计						

10.1.4 村镇规划技术经济指标评价体系

村镇规划方案产生以后，要对其进行综合评价。综合评价，实际上是一个多目标的决策问题。即 $F(x)=[f_1(x), f_2(x), f_3(x), \cdots, f_n(x)]$。多目标最优化是在方案的选择和论证取决于上述诸方面若干个指标的决策方案。这些指标是互相联系和制约的。为了进行规划方案的综合评价，采用多目标决策方法就是对每个评价标准用评分或百分比所得到的数值，进行相加、相乘或用最小二乘法以得到精确、综合的单目标数值，然后再根据这个数值的大小作为评价的依据。若综合的单目标数据超过规定的数值时，说明综合效果是好的，在多方案中以综合单目标数值最大或最小为最佳方案。

村镇规划效益评价指标体系由村镇用地经济效益评价、环境质量影响评价、投资效益评价等组成。

10.1.4.1 村镇用地经济效益评价

（1）村镇用地面积指标

① 总用地面积。指居民区外轮廓界线内的占地总面积，包括居住用地面积、公共建筑用地面积、生产区用地面积，以及街道、广场、绿化和其他公共福利设施的占地面积，是控制居民点用地面积的重要指标之一。

② 居住用地面积。居住用地面积等于宅基地面积和胡同（巷道）面积之和。在居住小区内的住宅绿化等用地面积也可以计入居住用地面积。

③ 居民点用地面积比例。

$$居民点用地面积比例 = \frac{居民点建成区总用地面积}{耕地面积} \times 100\% \qquad (10-1)$$

居民占建成区总用地面积指建成区外轮廓界线内的总用地面积。

④ 居民点用地紧凑系数。

$$紧凑系数 = \frac{居民点建设用地面积}{建成区总用地面积} \times 100\% \tag{10-2}$$

居民点建设用地面积指建成区范围内除去水面、山地、农田，以及暂不宜建筑的地段等各项建设用地的面积。

（2）村镇居住建筑用地面积指标

① 宅基地用地指标。指平均每户占有宅基地的面积。宅基地是居住用地的主体部分，与节约居民点建设用地关系极大，必须严加控制。

$$宅基地用地指标 = \frac{宅基地面积}{总户数} \ (m^2/户) \tag{10-3}$$

② 居住水平。

$$居住水平 = \frac{居住建筑面积}{总人口（总户数）} \ (m^2/人；m^2/户) \tag{10-4}$$

居住建筑面积指居住建筑基底面积乘以层次。按照农村统计习惯和住宅建筑特点，居住建筑面积应包括每户农民独用的正房（主屋）和偏房的建筑展开面积，不包括室外厕所、猪圈、鸡窝、柴棚等辅助建筑。但在正房和偏房内的厕所、猪圈、鸡窝等的面积应计入建筑面积。

③ 居住建筑密度。

$$居住建筑密度 = \frac{居住建筑基地面积}{居住用地面积} \times 100\% \tag{10-5}$$

④ 居住面积密度。

$$居住面积密度 = \frac{居住面积}{居住用地面积} \times 100\% \tag{10-6}$$

居住面积也称使用面积，指住宅居室内的面积，不包括厕所、过道、厨房等的面积。

⑤ 平面系数。

$$平面系数 = \frac{居住面积}{居住建筑面积} \times 100\% \tag{10-7}$$

（3）乡镇各项用地比例指标

① 居住用地面积比例。

$$居住用地面积比例 = \frac{居住用地面积}{建成区总用地面积} \times 100\% \tag{10-8}$$

② 生产区用地面积比例。

$$居住区用地面积比例 = \frac{生产区用地面积}{建成区总用地面积} \times 100\% \qquad (10\text{-}9)$$

生产区用地面积指配置在居民点内的生产性建筑的用地范围，包括建筑基底面积、道路绿化、生产性设施和空地等用地面积。

③ 公共建筑用地面积比例。

$$公共建筑用地面积比例 = \frac{公共建筑占地面积}{建成区总用地面积} \times 100\% \qquad (10\text{-}10)$$

④ 街道系数。

$$街道系数 = \frac{街道用地面积 + 广场面积}{建成区总用地面积} \times 100\% \qquad (10\text{-}11)$$

街道面积指主干街道和一般街道的占地面积，不包括巷道、胡同的面积。

⑤ 绿化系数。

$$绿化系数 = \frac{公共绿化面积}{建成区总用地面积} \times 100\% \qquad (10\text{-}12)$$

10.1.4.2　环境质量影响评价

这类指标是用以对村镇环境的综合评价。

（1）环境污染状况

① 环境质量状况：

$$N_{11} = \sum_{i=1}^{n} N_{1i}, \quad N_{1i} = \frac{C_i}{S_i} \qquad (10\text{-}13)$$

式中：C_i——i的污染物实测浓度；

　　　S_i——i的污染物评价标准。

② 水质

$$水质指数 = \sqrt{XY} \qquad (10\text{-}14)$$

式中：$X = \frac{1}{n} \sum_{i=1}^{n} \frac{C_i}{S_i}$（单参数污染指数的算术均值）；

　　　$Y = \left(\frac{C_i}{S_i} \right)_{\max}$（单参数污染指数中的最大值）；

　　　C_i——实测浓度；

　　　S_i——评价标准（地表水用卫生标准；地下水用饮水标准）。

③ 噪声

$$噪声指数 = \frac{Leq}{S_N} \qquad (10\text{-}15)$$

式中：Leq——居民点内等交平均声级；

S_N ——噪声评价标准，取$S_N = 55\,dB$。

（2）自然环境状况

① 气候因素：选用大陆度为评价气温及湿度的综合指标。

$$K = \left(\frac{1.7_{A_\varphi}}{\sin\varphi} - 20.4\% \right) \tag{10-16}$$

式中：K——大陆度；

$\quad A_\varphi$——气温年较差，℃；

② 自然灾害频度

$$标化资产损失率 = \frac{过去十年自然灾害造成的直接损失总值（元）}{10万人口} \times 100\% \tag{10-17}$$

③ 集聚（居民点）生态

$$集聚生态参数 = \frac{\dfrac{人口密度（万人）}{平方公里建成区面积}}{\dfrac{人均绿地（及水面）面积（m^2）}{人}} \tag{10-18}$$

（3）社会环境状况

① 教育水平

$$标准高考录取率 = \frac{该年度高考大专录取人数}{10万人口} \times 100\% \tag{10-19}$$

② 消费程度

$$人均社会商品零售额 = \frac{社会商品零售总额（元/年）}{居民总人数} \tag{10-20}$$

③ 居民点引力程度

$$流动人口比率 = \frac{流动人口（车船累计）总数（人/年）}{当地居民人口数} \tag{10-21}$$

最后把不同量纲的评价指标应用综合指数法化为无量纲指标，具体做法是首先确定上述评价的权重系数，然后根据评价标准和具体实测值确定指数，最后计算综合指数。

10.1.4.3 投资效益评价

对基本建设项目的投资效益进行经济评价时，常用静态评价指标有：

（1）单位产品投资额

$$\Phi = \frac{K}{S} \tag{10-22}$$

式中：K——建设项目的投资额；

S ——项目投产后的年产量；

Φ ——单位产品投资额。

（2）投资回收期

从项目建成投产后盈利用于全部投资回收所需的时间。

$$N = \frac{K}{M}$$

（10-23）

式中：N ——投资回收期；

　　　K ——建设项目的投资额；

　　　M ——企业的年平均收入（或上交国家的税收、利润、基本折旧基金的总和）。

（3）投资效果系数

是建设项目建成后每年获得的纯收入与建设总投资额之比。

$$E = \frac{M}{K} \times 100\% \text{或} E = \frac{1}{N}$$

（10-24）

式中：E ——投资效果系数；M、K、N 与前同。

（4）追加投资回收期

追加投资指的是不同的方案所需投资之间的差额。追加投资回收期是指一个方案用其成本节约额来回收追加投资的期限。

$$T = \frac{K_1 - K_2}{C_2 - C_1} = \frac{\Delta K}{\Delta C}$$

（10-25）

式中：K_1、K_2 ——不同方案的投资额 $K_1 > K_2$；

　　　C_1、C_2 ——不同方案的年生产成本，$C_1 > C_2$；

　　　T ——追加投资回收期；

　　　ΔK——追加投资额；

　　　ΔC——节约的年生产成本额。

（5）比较效果系数

比较效果系数是追加投资回收的倒数，用来衡量追加投资经济效果的系数，即表示每一单位的追加投资能获得多少成本节约额：

$$E_i = \frac{C_2 - C_1}{K_1 - K_2} = \frac{\Delta C}{\Delta K} = \frac{1}{T}$$

（10-26）

式中：E_i——比较效果系数，其余同上。

为了最终评价规划方案的数量和从多方案中选择最优方案，需要求上述四方面评价指标综合评价指

数（P），即为

$$P = S \cdot a_1 + E \cdot a_2 + N \cdot a_3 + C \cdot a_4 \qquad （10\text{-}27）$$

$$a_1 + a_2 + a_3 + a_4 = 1 为权数$$

小结

村镇规划和建设的根本目的，就是要满足村镇生产不断发展的要求，满足人民生活水平不断提高的需要，为此目标，对规划结果进行方案比较，以获得技术上可行、经济上合理的规划方案。

村镇规划主要技术经济指标是村镇建设用地的相关指标和建设造价指标。

村镇规划方案不是唯一的，在规划中往往会提出多个方案用于比较，最后通过综合评价以获取最佳方案。用于评价的村镇规划技术经济指标评价体系是村镇用地经济效益评价、环境质量影响评价和投资效益评价指标等。

思考题

1. 简述村镇规划中技术经济工作的意义和内容。

2. 简述村镇规划中技术经济指标以及技术经济指标体系。

10.2 村镇规划的管理工作

本节要点

本节主要介绍村镇规划管理工作的内容，村镇规划的组织和实施管理，村镇建设设计和施工管理，村镇规划的档案管理等内容。重点要求学生掌握村镇规划管理的内容和程序，村镇规划的组织和实施管理的主要过程。

村镇规划是指导村镇建设的依据，是村镇建设能否按照村镇规划的要求有计划、有步骤地顺利开展的关键。其主要任务是根据已经批准的规划，对规划范围内需要占用地或改建、扩建的项目，逐步进行审查。符合规划要求的，促其实现；不符合规划要求的严格加以限制，做到依法执行，实行法治管理，确保规划实施。

10.2.1 村镇规划管理工作的重要性

村镇规划管理工作的重要性是由村镇建设的客观规律所决定的，无论从当前还是长远看都具有十分重要的意义。

（1）村镇规划是村镇建设与发展的继续和具体化

经过审查批准的村镇规划，在一定程度上反映了当地经济与社会在一定期限内对村镇建设的全面需要；结合实际，从整体上提出了村镇发展方向和空间布局；根据可能条件，统筹安排各项建设设施可指导当前建设，是村镇经济与社会发展计划的具体化、形象化，这些设想和安排，既预测了未来，又立足于当前，具有合理的科学性。如固定资产投资计划、教育卫生体育事业发展计划等，通过规划表现为具体建设项目、工程量、建设期限、投资额等指标和图形，使村镇建设的实施有了具体的形象和目标。村镇规划确定的基础设施、公共设施项目，已纳入村镇建设计划，按财力物力逐年安排，有利于分批分期建设。

（2）村镇规划有利于村镇土地的合理利用

我国幅员辽阔，人口众多，人均耕地仅1.4亩，比世界平均的4.52亩低很多，加之可开发的土地少，人口增长快，因此，我们必须珍惜每一寸土地。村镇规划是通过立法手段和经济技术措施对土地使用进行综合的、合理的安排，是避免和减少盲目建设的根本措施，也是科学、文明、进步的标志。

1hm²=15亩

村镇规划是对土地使用功能的区划，是对各项建设项目的合理安排，是确定用地标准、定额、建设密度和荒地的利用、土地和环境的保护措施等，有利于控制土地使用，节约用地，合理用地。

（3）村镇规划是村镇建设走上良性循环轨道的手段

村镇规划是村镇建设有计划、有步骤实施的依据，是防止不顾经济条件和客观规律，急于求成，大拆大建的措施；通过村镇规划管理来防止随便更改规划，不按规律建设的现象的发生。否则，村镇规划形成规划建设"两张皮"，造成规划和建设的脱节。村镇规划始终把村镇各项建设及基础配套设施放在重点地位，对各项建设进行有序安排，使村镇规划、生产建设与财力、物力相适应，从而为村镇建设与村镇发展创造良性循环条件，使村镇环境与生产、生活达到协调发展。

10.2.2　村镇规划管理的内容及工作阶段

（1）村镇规划管理的内容

村镇规划管理的内容，从广义讲，是村镇建设的总目标。由于村镇规划管理贯穿村镇建设的全过程，所以，村镇建设的各项管理活动都是村镇规划管理。

村镇规划管理的内容包括两个方面。一是村镇规划的组织管理，即村镇规划管理机构的建设，规划编制的前期工作及规划编制与审批等组织工作；二是村镇规划的实施管理，如村镇建设用地管理、建筑工程及基础设施建设管理、旧村镇改造管理等。实施管理的任务在于维护规划成果，保证其得以实施。

（2）村镇规划的组织管理及工作阶段

村镇规划的组织管理是为了使村镇规划编制工作顺利进行和保证规划成果的科学性、可行性。按规划编制的过程划分如下。

① 村镇规划编制。其一，村镇规划编制的组织准备阶段：这一阶段主要是做好村镇规划编制的各项前期工作，包括组织准备、人员准备、制订工作计划、资金准备、规划编制纲要研究、规划基础资料准备等。其二，村镇规划的编制工作阶段：依据规划纲要和规划基础资料进行具体规划设计，绘制规划图，起草说明书，根据民主评议和专家论证进行修改。

② 村镇规划的审批。村镇规划具有法律性，因此，必须经过严格审批程序。《村镇建设管理暂行规定》第八条指出："村镇总体规划和建设规划，须经（镇）乡人民代表大会或村民大会讨论通过，报县级人民政府审查同意，县级人民政府批准。国营农、林、牧、渔场部所在地规划，经所属县级或县级以上人民政府同意，由各业上级主管部门审查批准"。

③ 村镇规划的实施。村镇规划的实施准备，主要包括组织村镇规划管理人员，设置规划管理机构并确定管理权限与职责。特别是应加强村镇规划的宣传工作，让村镇居民都知道规划并自觉服从规划管理，提高规划管理意识。

10.2.3 村镇规划的组织管理

村镇规划的组织管理一般包括村镇规划的编制、上报和审批三大部分的管理工作。在这个阶段，乡（镇）长要在小城镇建设管理员的协助下，具体参与规划编制的全过程。

（1）村镇规划编制的准备工作

村镇规划的编制，首先要建立以村镇一把手为组长的领导小组，组织牵头，全面负责。特别是要召集村镇农、林、土地、水利、环境、水文等部门或管理单位等有关部门开座谈会，与有关部门进行联系，与邻近村镇协调，解决规划中遇到的重大问题，尤其是村镇性质、规模和发展方向的预测和确定，村镇体系的确定等。这些工作若仅靠1~2名村镇建设管理员或受托的专业规划部门是解决不了的。

其次，应广泛宣传《村庄和集镇规划建设管理条例》《土地管理法》等法规，以及有关村镇建设的方针政策，使广大干部明确村镇规划的重要意义，提高他们的参与意识。这样，他们就会主动配合规划工作组的调查研究工作，提供资料，介绍情况，提建议，想办法等。这不仅可以保证规划工作组顺利地工作，更主要是可以使规划真正做到从人的实际生活需要出发。例如，小城镇敬老院的选址。规划人员从老年人的心理去分析，深知老年人怕孤独，将敬老院和幼儿园放在一起，娃娃们的欢笑会让老人快乐，但孩子们的妈妈却不一定乐意。还有人建议给敬老院一点地，让他们力所能及地种点地干些活，种的菜送给幼儿园的孩子们吃，孩子们欢喜，老人也得到了一种满足。日本有一项获一等奖的方案，就是突出了"对人的关怀"这一主题。方案中在进村的道路一边留一点地给老人种花，老人们的花受村民赞赏，这无形中就给老人安排了一个跟大家接触的机会。

一个好的规划应及时地把村里每一个设施的安排告诉群众，听听不同的人的反映，老人、青年、妇女、小孩，将他们的想法综合起来，分析其中的合理性，再将其体现到规划中。

最后，规划领导小组必须编制规划纲要。在规划编制开始时，规划小组要对收集的资料进行全面的汇总分析，对村镇性质、规模和今后发展以及当前村镇建设中存在的主要问题进行分析，制定要采取的措施，提出编制规划的重要原则性意见，作为规划的纲要，报乡（镇）人民政府审定。

（2）村镇规划的编制

要重视规划的科学性，让专业单位与人员参与规划。一些小的基层村的规划，可以由受过训练的村镇建设管理员承担。具体过程本章不再赘述。

（3）村镇规划的上报和审批

在村镇规划成果编制完成后，村镇建设管理人员要具体办理规划的报批手续。村镇规划只有严格按照审批程序批准才具有法律效力，也才能受法律的保护，从而保证规划的严肃性和权威性。

根据规定，乡（镇）域总体规划和集镇建设规划必须经乡（镇）人民代表大会或乡（镇）人大主席团讨论通过，报县级人民政府批准。村庄建设需经村民会议或村民代表会议讨论通过，由乡（镇）人民政府审查同意后，报县级人民政府审批。

县级人民政府收到送审的村庄和集镇规划后，应当组织有关部门和专家进行评审，并根据评审结果决定是否予以批准。村庄、集镇建设规划应当根据乡（镇）域总体规划的要求进行审批。对于予以批准的规划，县级人民政府要签发批准文件。

（4）村庄、集镇规划的调整与变更

村庄、集镇规划经批准后，必须严格执行，任何单位和个人不得擅自改变，应该保持规划的连续性和严肃性。同时，实施村庄、集镇规划是一个较长的过程，在村庄和集镇的发展过程中总会不断产生新的情况，出现新的问题，提出新的要求。作为指导村庄与集镇建设与发展的村镇规划，不可能是静止的、一成不变的，经过批准的规划，在实施过程中可能出现某些不能适应当地经济及社会发展要求的情况，需要进行适当调整和修改。为了保证村镇规划的效力，规划的调整和完善工作应按照法定程序进行。对村镇规划的局部调整，如对某些用地功能或道路宽度、走向等在不违背总体布局基本原则的前提下进行调整，应经乡（镇）级人民代表大会或者村民民主同意，并报县级人民政府备案；对涉及村庄、集镇性质、规模、发展方向和总体布局有重大变更的，应经乡（镇）级人民代表大会或村民会议审查（或讨论）同意，由乡（镇）级人民政府报县级人民政府批准。

10.2.4 村镇规划的实施管理

如果说规划是前提，实施是目的的话，那么管理则是规划得以实施的重要保证，正所谓"三分规划、七分管理"。实施村镇规划的基本原则就是要求村庄、集镇规划区内土地的利用和各项建设必须符合村镇规划，服从规划管理。

（1）村庄和集镇建设用地规划管理

村庄和集镇建设用地规划管理的基本内容是依据村镇规划确定不同地段的土地使用性质和总体布局，决定建设工程可以使用哪些土地，不能使用哪些土地，以及在满足建设项目功能和使用要求的前提下，如何经济合理地使用土地。县级建设行政主管部门和乡（镇）级人民政府对村庄和集镇建设用地进行统一的规划管理，实行严格的规划控制是实施村镇规划的保证。

根据规定，任何单位在村镇进行建设，以及个人在村镇兴建生产建筑，必须按照下列程序办理审批手续。

① 持批准建设项目的有关文件，向乡（镇）建设管理站提出选址定点申请。乡（镇）建设管理站按照村镇规划要求，确定建设项目用地位置和范围，并提出建设工程规划设计要求。县级建设行政主管部门审查同意，划定规划红线图后，发放选址意见书。

② 持规划绕线图和选址意见书，向土地管理部门申请办理建设用地手续。

③ 持用地审批文件和建筑设计图纸等，向县级建设行政主管部门申请办理建设许可证。

④ 经乡（镇）建设管理站放样、验线后方可开工。个人住宅及其附属物，经村民委员会同意，乡（镇）建设管理站按照村镇规划进行审查，规定规划红线图后，向土地管理部门申请办理用地审批手续；然后，由乡（镇）人民政府发放建设许可证。经乡（镇）建设管理站进行放样、验线，即可开工。

建设单位和个人必须在取得建设许可证之日起1年内开工建设，逾期未开工建设的，建设许可证自行失效。建设中如发现有不实之处或擅自违反规定进行建设的，均按违章建设进行处理。

（2）违章建设的管理措施

在村镇建设管理中，最容易出现的问题是农民建房。如有些地方曾出现村镇建设管理员按标准面积和位置划线定桩后，少数村民不按规划办事，把柱子向外移动，一是挪位，二是扩占面积，个别地方甚至把桩子移到规划待建的路面上。此类事件如不能及时处理，会造成新的问题。因此，解决这类违章问题时，一是要制定违章的惩罚办法；二是办法落到实处，严格依法办事。

总而言之，采取各种有效的管理措施，是制止违章建筑和超越宅基地面积标准的行之有效的办法，大大减少了违章事件的发生。

10.2.5 村镇建筑设计和施工管理

（1）村庄和集镇建筑设计管理

在村庄和集镇建筑管理中，设计管理占有十分重要的地位，因此，国家对村庄和集镇建设的建筑设计进行管理是十分必要的，各级建设行政主管部门对村庄和集镇建设的设计管理内容大致有以下几个方面。

① 建筑的规划管理。建筑的规划管理主要内容是按照村庄和集镇规划的要求，对规划区内的各项建

筑工程（包括各类建筑物、构筑物）的性质、规模、位置、标高、高度、体量、体型、朝向、间距、建筑密度、建筑色彩和风格等进行审查和规划控制。

② 建筑设计图纸的审查。村庄和集镇的建筑设计图纸均应由建设行政主管部门审查。进行设计图纸审查时，建设行政主管部门首先要审查承担设计任务的单位是否符合国家有关建筑设计队伍的管理规定，有无越级设计或无证设计。这也就是对建筑设计单位的资质证书进行审查。

资质是指建筑设计单位在工程设计工作中所具有的，并经过设计主管部门确认的技术条件和设计能力。它反映了一个单位的人员素质、管理水平、资金数量、承受能力以及工作业绩等。不同的资质反映了建筑设计单位具有的技术条件和能力。1986年8月，建设部发布了《关于建筑、市政工程设计、城市规划和城乡建设勘察单位资格论证分组标准的通知》。其中规定，按建筑设计单位的不同技术条件把建筑设计单位划分为四个等级，并对每个等级的建筑设计单位可以承担的设计任务的范围做了具体的规定，这就是我们通常说的甲、乙、丙、丁级设计单位。

为解决当前村镇规划与建筑设计工作任务繁重与规划设计力量严重不足的矛盾，建设部印发了《关于颁发小城镇规划设计单位专项工程设计证书的通知》。其中规定：在鼓励现有规划设计院（所）更多地从事小城镇规划与建筑设计业务的同时，在有条件的单位和县（市）、镇设立专门为小城镇建设服务的规划设计室（所），设立专项工程设计证书。

对图纸的审查主要包括以下主要方面：

首先，各乡镇村建设管理部门应对建设单位提供的图纸、承担任务单位的资质和承担任务的范围进行审查。对于不符合标准的或未取得资格证书的单位或个人非法设计的，不予办理发放建设许可证。

其次，在进行设计图纸审查时，建设行政主管部门要审查设计方案，主要看：是否符合国家和地方的各项建筑设计指标，如民宅建设是否超过规定的宅基地标准等；是否符合国家和地方有关节约资源、抗御灾害的规定；是否符合建筑物所在村庄或者集镇规划的要求等。

最后，设计图纸经过审查批准后方可进行施工。设计图纸经批准后，对建筑物的平面布置、建筑面积、建筑结构等需做修改时，必须经原设计批准机关的同意，未经批准不得擅自更改。设计图纸未经批准，建设单位或个人不得开工，施工单位不得承接设计图纸未经批准的建筑工程。

（2）村庄和集镇建筑施工管理

建筑施工是建设的主要阶段，也是把建筑设计蓝图变为现实的过程。在施工过程中，施工单位要按照建筑施工的客观规律，科学合理的组织施工生产要素，建设出质量好、成本低、效益高的项目来。

一般来说，每项建筑工作都由村庄和集镇的建设单位和个人投入了较多的物力和财力。从全国来看，村镇每年新建各类建筑工程约$6\times10^8m^2$，总投资约600亿~900亿元。因此，建筑施工的快慢、质量的好坏、效益的高低，直接关系着建设项目的使用效果，影响到整个村庄和集镇建设的总体水平。但是，有些地方由于对村镇建设施工管理工作未能引起足够的重视，致使建筑市场混乱，施工质量不高，有的地方甚至发生严重的倒塌事故，造成人民的生命和财产的重大损失。因此，加强村庄和集镇建设的施工管理是一项极为紧迫的任务。

① 施工队伍管理。村镇建设工程施工队伍管理的主要措施如下：

首先，加强施工队伍资质证书审查。1984年4月，建设部发出《关于迅速采取有效措施防止房屋倒塌事故的紧急通知》要求，对城乡建筑施工单位要进行严格的资质审查，坚决杜绝无证施工，确保工程质量。对逃避资质审查、骗取资质证书而造成倒塌事故的，要依法严惩。施工队伍的资质管理包括资质等级、进行资质的审批、资质年检、资质升级等管理内容。

其次，加强村镇施工队伍流动施工手续管理。对农村个体建设工匠，要把他们组织起来，进行技术培训，学习建筑工作验收规范和操作规程，经应知应会考核合格后，颁发相应技术等级的资质证书，做到持证上岗。在村镇从事工程承包的施工企业必须持有《资质等级证书》或《资质审查证书》，并在其规定的营业范围内承担施工任务。跨省施工或在本省离开所在乡（镇）到外乡（镇）承接工程任务的施工队伍和个体建筑工匠，应先到本乡（镇）建设主管部门办理介绍信再到工程所在地办理从业登记手续。

② 建筑市场的管理。建筑市场的管理，目的在于保护建筑经营活动人的合法权益，维护建筑市场的正常秩序。包括制定建筑市场管理办法，根据工程建设任务与施工力量，建立平等竞争的市场环境，审核工程发包条件与承包方的资质等级，监督检查建筑市场管理法规和工程建设标准的执行情况，依法查处违法行为，维护建筑市场秩序等。

③ 村镇建筑工程质量管理。村镇建筑工程质量管理的目的是贯彻"百年大计，质量第一"和"预防为主"的方针，监督施工单位严格执行施工操作规程、工程验收规范和质量检验评定标准，预防和控制影响村镇建筑工程质量的各种因素，从而保证建筑产品的质量。村镇建筑工程质量监督管理，主要应抓好以下几个方面的工作：

a. 工施工质量监督。监督用于施工的材料、构配件、设备等物资是否合格，对于那些没有合格证明文件，或经抽样检验不合格的材料，构配件、设备要禁止使用；对现场配制的各种建筑材料、诸如混凝土、砂浆等材料防止施工人员随意套用配合比。

监督施工人员是否严格按操作规程和施工规范进行施工。如混凝土、砂浆的材料配合比分量是否称量；钢筋配置、绑扎，焊接是否合乎规定标准；混凝土工程是否严格按操作规程施工等。

监督是否做好分项工程的质量检查工作。分项工程质量是分部工程和新时期工程质量的基础，必须及时进行检查，发现问题，查明原因，迅速纠正，以确保分项工程施工质量。

b. 预制构件质量监督。农村建筑预制构件的生产厂为数众多，绝大多数是因陋就简，生产随意性大，产品质量极不稳定。因此，对村镇所有建筑构件生产厂要加强管理，严格把住预制构件的质量关。

主要工作有：审核预制构件厂的生产能力和技术水平，如无生产条件和一定技术水平，以及偷工减料、粗制滥造的预制构件厂停业整顿，或吊销执照，停止生产；审查预制构件厂是否严格按照项目设计的构件生产图纸或经省级以上主管部门审查批准的构件标准图纸进行生产。凡不按图纸生产的预制构件厂，应给予一定的经济制裁；检查预制构件厂是否严格按照施工规范进行作业，如钢筋的位置，混凝土的配合比、振捣、养护都要达到施工规范的要求；检查预制构件厂是否有切实可行的质量保证措施和检验制度，经质量检查为不合格的产品，不准出厂。

c. 建筑工程质量检查验收。为了保证工程质量和做好工程质量等级评定，必须在施工过程中及时认真地做好隐蔽工程、分项工程和竣工工程的检查验收。

隐蔽工程的检查验收，是指对那些在施工过程中上一道工序的工作成果将被下一道工序所掩盖的工程部位进行的检查验收。工程中的钢筋等级、各类、规格、尺寸、布放位置、焊接接头情况；各种埋地管道的标高、坡度、防腐、焊接情况等。这些工程部位，在下一道工序施工前，应由施工单位邀请建设单位、设计单位、乡（镇）建设主管部门共同进行检查验收，并及时办理验收签证手续。

分项工程检查验收，指施工安装工程在某一阶段工程结束或某一分部分项工程完工后进行检查验收，如对土方工程、设计单位、砌砖工程、钢筋工程、混凝土工程、屋面工程等的检查验收。

工程竣工验收，指对工程建设项目完工后所进行的一次综合性的检查验收。验收由施工单位、建设单位、设计单位、乡镇建设主管部门共同进行。所有建设项目和单项工程都要严格按照国家规定进行验收，评定质量等级，办理验收手续，不合格的工程不能交付使用。

（4）建筑工程质量等级评定

建筑安装工程质量评定，要严格依据国家颁发的《建筑安装工程质量检验评定标准》进行，工程质量评定程序是先分项工程、再分部工程、最后是单位工程，工程质量等级分为合格和优良两级。

评定分项工程质量，是以基础挖土开始，直到工程施工的最后一个项目，逐项进行实测实量，检查的主要项目应符合标准规定。有允许偏差的项目，其抽查的总数中有70%以上在允许偏差范围以内的为合格；有90%以上在允许偏差范围以内的为优良。

评定分部工程质量，是在分项工程全部合格的基础上进行的，如有50%以上分项工程的质量为优良，则该分部工程质量为优良；不足50%的为合格。

评定单位工程质量，是指在分部工程全部合格的基础上如有50%以上分部工程质量被评为优良（其中主体工程质量必须优良），则该单位工程的质量为优良；不足50%为合格。

10.2.6　村镇规划档案管理

村镇规划档案是村镇规划、设计、施工用表、文件资料和其他调查材料的原始记录保存以备查考的文件材料，是村镇各项活动的原始性记载，是国家的宝贵财富，也是今后进行村镇规划、设计、施工、管理、维修的条件和依据。利用档案一是可以避免重复性劳动；二是村镇具有一定的连续性，利用档案可以避免前后不符；三是利用档案可以调解在村镇建设中的纠纷。

村镇规划档案是进行村镇建设、科学管理的基本条件。任何科学的发展都必须以前人的实践和成果为依据进行，既继承又发展。从这一点来看，村镇规划建设档案是村镇建设的科学遗产。所以，加强村镇规划建设档案管理是一项重要的基础性的村镇建设管理工作。

10.2.6.1 村镇规划档案管理内容

村镇档案管理的内容较多，这是由于村镇建设活动涉及面广的特点所决定的，按村镇规划建设的内容主要有以下几个方面。

（1）村镇规划档案

村镇规划档案是村镇规划组织、编制、实施与管理活动中形成的档案材料，主要有下列内容：

① 村镇规划编制工作档案管理：

a. 村镇规划的基础资料。如自然历史、人口、建筑及基础设施、技术经济、建筑条件分析等资料，是编制村镇规划的依据。

b. 有关村镇规划的编制和调整的文件。

c. 村镇规划纲要。

d. 规划审批文件。

e. 其他规划编制工作档案。如重要规划工作会议纪要，群众评议与主要论证资料，人代会审批情况资料等。

② 村镇规划成果档案管理：

a. 县域规划。包括县域规划图和说明书。

b. 村镇总体规划。包括总体规划图和说明书。

c. 村镇建设规划。包括集镇与村庄建设规划，基础设计规划、说明书等。

d. 村镇规划调整与修改成果。

③ 村镇规划管理档案：

a. 村镇规划实施的有关规章、办法等文件。

b. 各项建设用地申请书（报告）。

c. 村镇建设项目的选址定点报告及论证可行性资料。

d. 村镇建设用地规划许可证和建设规划许可证（准建证）存根。

e. 村镇建设用地规划红线图。

f. 违章建筑工程的处理报告、记录。

（2）村镇建筑工程建设档案管理

各项建筑工程档案主要是村镇各类建筑物及各项基础设施在设计、施工过程中形成的档案。主要包括下列内容：

① 建筑工程审批文件档案：

a. 村镇建设项目的可行性研究报告、环境影响评价报告等。

b. 村镇建设项目的计划任务书（设计任务书），建设项目批文等。

② 建设工程设计文件档案：

a. 工程项目建筑红线图、总平面图和设计方案图。

b. 工程项目施工图，包括建筑、结构、设备等图。

c. 其他资料：如勘察、设计变更等资料。

③ 村镇建筑工程施工档案管理：

a. 建筑工程预算造价及承包合同。

b. 图纸会审及技术交底记录。

c. 各种材料及构件试验、检验报告和施工验收记录等。

d. 工程竣工验收报告、竣工图及决算文件。

（3）村镇基础设施建设档案管理

村镇基础设施档案管理内容主要有电力、电讯、供水排水、道路等在设计、施工和管理中形成的档案，其内容与建筑工程建设档案近似，这里不作细述。

10.2.6.2　村镇规划档案管理收集方法

村镇规划档案的收集是指在村镇规划和建设与管理活动中形成的各种有价值的文字、图表、照片等资料进行提取、索要和登记归档保管和提高利用的活动。收集工作关系到村镇规划与建设档案是否完整、全面和连续。加强收集工作应做好以下几个方面：

① 明确哪些资料应该归档，除了有关规定的资料外，判断其他资料是否应归档，一般判断原则看是否有利用价值，如资料对以后的工作是否有依据性，能否提供研究参考意义。

② 对于遗漏、损坏、丢失的资料采取适当的补救措施，如通过有关人员回忆、调查调整等，把损失降低到最小程度。

③ 建立畅通的收集渠道，健全归档制度。档案资料和其他信息一样，如果没有畅通的渠道就很难收集，因此，要建立各种资料传递程序和制度，如文件收发制度、各种资料统计制度等。

④ 提高档案管理整体意识，村镇建设活动中的每个人能自觉配合档案管理工作，避免把各种资源占为己有或丢失损坏现象。

小结

村镇规划管理工作重要性是由村镇建设的客观规律所决定的，无论从当前还是长远看都具有十分重要的意义。

村镇规划管理的内容包括村镇规划的组织管理和实施管理。村镇规划组织管理包括规划编制、上报和审批等；实施管理主要是对规划区内土地使用进行管理。

思考题

1. 村镇规划管理工作的意义。

2. 村镇规划管理工作内容和程序。

3. 村镇规划的组织管理和实施管理工作的主要过程。

4. 村镇规划档案管理工作的内容。

10.3 村镇规划管理的法规和政策

本节要点

本节主要介绍"城乡规划法"，村镇规划建设相关法律法规，以及村镇规划管理和建设相关标准和政策。重点要求学生熟悉城乡规划法、村庄和集镇规划建设管理条例等与村镇规划直接相关的法律法规和政策。

10.3.1 村镇规划的主要法规

10.3.1.1 城乡规划法

为了加强城乡规划管理，协调城乡空间布局，改善人居环境，促进城乡经济社会全面协调可持续发展，2007年10月28日中华人民共和国第十届全国人民代表大会常务委员会第三十次会议，通过了《中华人民共和国城乡规划法》，并自2008年1月1日起施行。

（1）主要内容

城乡规划法内容包括总则、城乡规划的制定、城乡规划的实施、城乡规划的修改、监督检查、法律责任和附则共7章70条。

（2）城乡规划体系

城乡规划包括城镇体系规划、城市规划、镇规划、乡规划和村庄规划。城市规划、镇规划分为总体规划和详细规划。详细规划分为控制性详细规划和修建性详细规划（第二条）。

规划区是指城市、镇和村庄的建成区以及因城乡建设和发展需要，必须实行规划控制的区域。规划区的具体范围由有关人民政府在组织编制的城市总体规划、镇总体规划、乡规划和村庄规划中，根据城乡经济社会发展水平和统筹城乡发展的需要划定。

制定和实施城乡规划，在规划区内进行建设活动，必须遵守本法（第二条）。

（3）城乡规划的原则

制定和实施城乡规划应遵循的基本原则：应当遵循城乡统筹，合理布局，节约土地，集约发展和先规划后建设的原则，改善生态环境，促进资源，能源节约和综合利用，保护耕地等自然资源和历史文化遗产，保持地方特色，民族特色和传统风貌，防止污染和其他公害，并符合区域人口发展，国防建设，防灾减灾和公共卫生，公共安全的需要。

① 城乡统筹，合理布局，节约土地，集约发展的原则。就是要以科学发展观统筹城乡区域协调发展，在充分发挥城市中心辐射带动作用，促进大中小城市和小城镇协调发展的同时，合理安排城市、镇、乡村空间布局，贯彻科学用地，合理用地，节约用地的方针，不浪费每一寸土地资源，走集约型可持续的具有中国特色的城镇化和城乡健康发展道路。

② 先规划后建设的原则。城乡规划是对一定时期内城乡的经济和社会发展，土地利用，空间布局以及各项建设的综合部署，具体安排和实施管理。它对于城乡建设，管理，发展具有指导，调整，综合和科学合理安排的重要作用，是城乡各项建设发展和管理的依据和"龙头"。城乡各项建设活动必须依照城乡规划进行，否则，就会带来城乡建设的盲目，无序，混乱，后患无穷。因此，必须坚持先规划，后建设的原则，同时要杜绝边建设边规划，先建设后规划，规划乱建设的现象发生，以保证城乡建设科学、合理、有序、可持续性进行和健康发展。

③ 环保节能，保护耕地的原则。就是要高度重视对自然资源的保护，切实考虑城乡环境保护问题，努力改善生态环境和生活环境，加强对环境污染的防治，促进各种资源，能源的节约和综合利用，落实节能减排，节地，节水等措施，防止污染和其他公害的发生，确保我国18亿亩的耕田数量不能减少，质量不能下降，绝不能以任何借口对其侵蚀，以保障城乡规划建设能够获得最大的经济效益，社会效益和环境效益。

④ 保护历史文化遗产和城乡特色风貌的原则。这就要切实加强对世界自然和文化遗产，历史文化名城，名镇，名村的保护，以及对历史文化街区，文物古迹和风景名胜区的保护，包括对非物质文化遗产的保护，努力保护和保持城乡的地方特色，民族特色和传统风貌，维护历史文化遗产的真实性和完整性，正确处理经济社会发展与文化遗产保护的关系，不搞城乡建设形象的千篇一律，体现城乡风貌的各具特色，提倡在继承的基础上发展创新，以实际行动来继承，弘扬和发展中华民族的优秀传统文化和城乡发展建设成就。

⑤ 公共安全，防灾减灾的原则。城乡是人们赖以生存，生活居住和工作就业，即安身立命，安居乐业的地方，公共安全极其重要。这就要充分考虑区域人口发展，合理确定城乡发展规模和建设标准，努力满足防火，防爆，防震抗震，防洪防涝，防泥石流，防暴风雪，防沙漠侵袭等防灾减灾的需要，以及社会治安，交通安全，卫生防疫和国防建设，人民防空建设等各方面的保障安全要求，以及考虑相应

的公共卫生，公共安全预警救助措施，创造条件以保障城乡人民群众生命财产安全和社会的和谐安定。

（3）城乡规划管理体制

各级政府城乡规划主管部门的职责：国务院城乡规划主管部门负责全国的城乡规划管理工作。县级以上地方人民政府城乡规划主管部门负责本行政区域内的城乡规划管理工作。

① 国务院城乡规划主管部门，即住房和城乡建设部。根据本法规定，主要负责：a. 全国城镇体系规划的组织编制和报批；b. 部门规章的制度，规划编制单位资质等级的审查和许可；c. 报国务院审批的省域城镇体系规划和城市总体规划的报批有关工作；d. 对举报或控告的受理，核查和处理；e. 对全国城乡规划编制，审批，实施，修改的监督检查和实施行政措施等。

② 省、自治区城乡规划主管部门。主要负责：a. 省域城镇体系规划和本行政区内城市总体规划，县人民政府所在地镇总体规划的报批有关工作；b. 规划编制单位资质等级的审查和许可；c. 对举报或控告的受理，核查和处理；d. 对区域内城乡规划编制，审批，实施，修改的监督检查和实施行政措施等。

③ 城市，县人民政府城乡规划主管部门。主要负责：a. 城市，镇总体规划以及乡规划和村庄规划的报批有关工作；城市，镇控制性详细规划的组织编制和报批；b. 重要地块修建性详细规划的组织编制；c. 建设项目选址意见书，建设用地规划许可证，建设工程规划许可证，乡村建设规划许可证的核发；d. 对举报或控告的受理，核查和处理；e. 对区域内城乡规划编制，审批，实施，修改的监督检查和实施行政措施等。

直辖市人民政府城乡规划主管部门还负责对规划编制单位资质等级的审查和许可工作。

④ 乡、镇人民政府。《城乡规划法》没有授权乡、镇人民政府设有城乡规划主管部门。a. 乡、镇人民政府负责乡规划，村庄规划的组织编制；b. 镇人民政府负责镇总体规划的组织编制，还负责镇的控制性详细规划的组织编制；c. 乡、镇人民政府对乡，村庄规划区内的违法建设实施行政处罚。

10.3.1.2　村庄和集镇规划建设管理条例

为加强村庄、集镇的规划建设管理，改善村庄、集镇的生产、生活环境，促进农村经济和社会发展，1993年6月29日国务院以第116号令颁布了《村庄和集镇规划建设管理条例》，并于同年11月1日起施行。

（1）概述

《条例》范围：适用于制定和实施村庄、集镇规划以及在村庄、集镇规划区内进行居民住宅、乡（镇）村企业、乡（镇）村公共设施和公益事业等的建设。国家征用集体所有土地进行的建设除外。条例所称村庄，是指农村村民居住和从事各种生产的聚居点。所称集镇，是指乡、民族乡人民政府所在地和经县级人民政府确认由集市发展而成的作为农村一定区域经济、文化和生活服务中心的非建制镇。在城市规划区内的村庄、集镇规划的制定和实施，依照城市规划法及其实施条例执行（见第二条、第三条）。

（2）主要内容

① 规划原则。a. 根据国民经济和社会发展计划，结合当地经济发展的现状和要求，以及自然环境、

资源条件和历史情况等，统筹兼顾，综合部署村庄和集镇的各项建设；b. 处理好近期建设与远景发展、改造与新建的关系；c. 合理用地，节约用地，充分利用原有建设用地，新建、扩建工程及住宅应当尽量不占用耕地和林地；d. 有利生产，方便生活，合理安排各项建设布局，促进农村各项事业协调发展，并适当留有发展余地；e. 保护和改善生态环境（见第八条）。

② 规划依据。村庄、集镇规划的编制，应当以县域规划、农业区划、土地利用总体规划为依据，并同有关部门的专业规划相协调（见第十条）。

③ 总体规划内容。村庄、集镇总体规划的主要内容包括：乡级行政区域的村庄、集镇布点，村庄和集镇的位置、性质、规模和发展方向，村庄和集镇的交通、供水、供电、商业、绿化等生产和生活服务设施的配置（见第十二条）。

④ 建设规划内容。集镇建设规划的主要内容包括：住宅、乡（镇）村企业、乡（镇）村公共设施、公益事业等各项建设的用地布局、用地规划，有关的技术经济指针，近期建设工程以及重点地段建设具体安排（见第十三条）。

⑤ 村庄和集镇规划的审批。村庄、集镇总体规划和集镇建设规划，须经乡级人民代表大会审查同意，由乡级人民政府报县级人民政府批准。村庄建设规划，须经村民会议讨论同意，由乡级人民政府报县级人民政府批准（见第十四条）。

此外，该条例还有村庄和集镇规划的事实、村庄和集镇建设的设计、施工管理、房屋、公共设施、村容镇貌和环境卫生管理、处罚等有关规定。

10.3.2 村镇规划管理的相关法律法规

10.3.2.1 中华人民共和国土地管理法

为了加强土地管理，维护土地的社会主义公有制，保护、开发土地资源，合理利用土地，切实保护耕地，促进社会、经济的可持续发展，1986年6月25日，全国人大常委会通过了《中华人民共和国土地管理法》，并在1988年、1998年和2004年进行了三次修订。1998年《土地管理法》实施后，国务院又颁布了《中华人民共和国〈土地管理法〉实施条例》《基本农田保护条例》等配套法规。

（1）主要内容

包括总则，土地的所有权和所有权管理，土地利用总体规划和土地利用年度计划的编制、审批、实施制度，耕地的特殊保护规定，建设用地的取得和审批规定，土地管理的监督检查制度以及违反《土地法》的相关法律责任。

（2）基本规定

① 我国实行土地的社会主义公有制，即全民所有制和劳动群众集体所有制。国家为了公共利益的需要，可以依法对土地实行征收或者征用并给予补偿（第二条）。

② 国家依法实行国有土地有偿使用制度。划拨国有土地使用权的除外（第二条）。

③ 十分珍惜、合理利用土地和切实保护耕地是我国的基本国策。各级人民政府应当采取措施，全面规划，严格管理，保护、开发土地资源，制止非法占用土地的行为（第三条）。

④ 国家实行土地用途管制制度。国家编制土地利用总体规划，规定土地用途，将土地分为农用地、建设用地和未利用地。严格限制农用地转为建设用地，控制建设用地的总量，对耕地实行特殊保护。使用土地的单位和个人必须严格按照土地利用总体规划确定的用途使用土地（第四条）。

（3）与村镇规划相关的规定

① 建设用地规模应当符合国家规定的标准，充分利用现有建设用地，不占或者尽量少占农用地。城市总体规划、村庄和集镇规划，应当与土地利用总体规划相衔接，城市总体规划、村庄和集镇规划中建设用地规模不得超过土地利用总体规划确定的城市和村庄、集镇建设用地规模。在城市规划区内、村庄和集镇规划区内，城市和村庄、集镇建设用地应当符合城市规划、村庄和集镇规划（第二十二条）。

② 在城市规划区内改变土地用途的，在报批前，应当先经有关城市规划行政主管部门同意（第五十六条）。

③ 在城市规划区内的临时用地，在报批前，应当先经有关城市规划行政主管部门同意（第五十七条）。

④ 为公共利益需要使用土地、为实施城市规划进行旧城区改建，需要调整使用土地的，由有关人民政府土地行政主管部门报经原批准用地的人民政府或者有批准权的人民政府批准，可以收回国有土地使用权（第五十八条）。

⑤ 乡镇企业、乡（镇）村公共设施、公益事业、农村村民住宅等乡（镇）村建设，应当按照村庄和集镇规划，合理布局，综合开发，配套建设（第五十九条）。

10.3.2.2 中华人民共和国环境保护法

1989年12月26日，第七届全国人大常委会第十一次会议通过了《中华人民共和国环境保护法》，自公布之日起施行。

（1）主要内容

包括总则、环境监督管理、保护和改善环境、防治环境污染和其他公害、法律责任等。

（2）适用范围

本法所称"环境"，是指影响人类生存和发展的各种天然的和经过人工改造的自然因素的总体，包括大气、水、海洋、土地、矿藏、森林、草原、野生生物、自然遗迹、人文遗迹、自然保护区、风景名胜区、城市和乡村等。本法适用于中华人民共和国领域和管辖的其他海域。

（3）有关规定

国家制定的环境保护规划必须纳入国民经济和社会发展计划，国家采取有利于环境保护的经济、技术政策和措施，使环境保护工作同经济建设和社会发展相协调。一切单位和个人都有保护环境的义务，并有权对污染和破坏环境的单位和个人进行检举和控告。

（4）主管部门

国务院环境保护行政主管部门，对全国环境保护工作实施统一监督管理。县级以上地方人民政府环境保护行政主管部门，对本辖区的环境保护工作实施统一监督管理。

（5）环境监督管理

环境质量标准。国务院环境保护行政主管部门制定国家环境质量标准，省、自治区、直辖市人民政府对国家环境质量标准中未作规定的项目，可以制定地方环境质量标准。

污染物排放标准。国务院环境保护行政主管部门根据国家环境质量标准和国家经济、技术条件，制定国家污染物排放标准，省、自治区、直辖市人民政府可以对国家污染物排放标准中未作规定的项目制定地方标准，也可以对国家标准中已作规定的项目制定严于国家标准的地方标准。

环境监测规范。国务院环境保护行政主管部门建立监测制度，制定监测规范，会同有关部门组织监测网络，加强对环境监测的管理。国务院和省级政府环保主管部门应当定期发布环境状况公报。

（6）环境保护规划

县级以上人民政府环境保护行政主管部门，应当会同有关部门对管辖范围内的环境状况进行调查和评价，拟订环境保护规划，经计划部门综合平衡后，报同级人民政府批准实施。

（7）环境影响报告书

建设项目的环境影响报告书必须对建设项目产生的污染和对环境的影响作出评价，规定防治措施，经项目主管部门预审并依照规定的程序报环境保护行政主管部门批准。环境影响报告书经批准后，计划部门方可批准建设项目设计任务书。

（8）其他规定

制定城市规划，应当确定保护和改善环境的目标和任务。在国务院、国务院有关主管部门和省、自治区、直辖市人民政府划定的风景名胜区、自然保护区和其他需要特别保护的区域内，不得建设污染环境的工业生产设施；建设其他设施，其污染物排放不得超过规定的排放标准。已经建成的设施，其污染物排放超过规定的排放标准的，限期治理。城乡建设应当结合当地自然环境的特点，保护植被、水域和自然景观，加强城市园林、绿地和风景名胜区的建设。

10.3.2.3 中华人民共和国文物保护法

1982年11月19日第五届全国人大常委会第二十五次会议通过并公布了《中华人民共和国文物保护法》。2013年6月29日，第十三届全国人大常委会第三次会议修订通过，并予公布，自公布之日起施行。内容包括：总则、不可移动文物、考古发掘、馆藏文物、民间收藏文物、文物出境入境、法律责任、附则。

（1）适用范围

适应于受国家保护文物的范围：① 具有历史、艺术、科学价值的古文化遗址、古墓葬、古建筑、石窟寺、石刻、壁画；② 与重大历史事件、革命运动的著名人物有关的以及具有重要纪念意义、教育意义或者史料价值的近代现代重要史迹、实物、代表性建筑；③ 历史上各时代珍贵的艺术品、工艺美术品；④ 历史上各时代重要的文献资料以及具有历史、艺术、科学价值的手稿和图书资料等；⑤ 反映历史上各时代、各民族社会制度、社会生产、社会生活的代表性实物；具有科学价值的古脊椎动物化石和古人类化石同文物一样受国家保护。

（2）文物保护单位

古文化遗址、古墓葬、古建筑、石窟寺、石刻、壁画、近代现代重要史迹和代表性建筑等不可移动文物，根据它们的历史、艺术、科学价值，可以分别确定为全国重点文物保护单位，省级文物保护单位，市、县级文物保护单位。

（3）文物

历史上各时代重要实物、艺术品、文献、手稿、图书资料、代表性实物等可移动文物，分为珍贵文物和一般文物；珍贵文物分为一级文物、二级文物、三级文物。

（4）文物工作方针

文物工作贯彻保护为主、抢救第一、合理利用、加强管理的方针。

（5）文物所有权

我国境内地下、内水和领海中遗存的一切文物，属于国家所有。国有不可移动文物的所有权不因其所依附的土地所有权或者使用权的改变而改变。属于国家所有的可移动文物的所有权不因其保管、收藏单位的终止或者变更而改变。国有文物所有权受法律保护，不容侵犯。属于集体所有和私人所有的纪念建筑物、古建筑和祖传文物以及依法取得的其他文物，其所有权受法律保护。文物的所有者必须遵守国家有关文物保护的法律、法规的规定。

（6）确保文物安全

基本建设、旅游发展必须遵守文物工作的方针，其活动不得对文物造成损害。公安机关、工商行政管理部门、海关、城乡建设规划部门和其他有关机关，应当依法认真履行所承担的保护文物的职责，维护文物管理秩序。

（7）历史文化名城和历史文化街区

保存文物特别丰富并且具有重大历史价值或者革命纪念意义的城市，由国务院核定公布为历史文化名城。

保存文物特别丰富并且具有重大历史价值或者革命纪念意义的城镇、街道、村庄，由省、自治区、直辖市人民政府核定公布为历史文化街区、村镇，并报国务院备案。

（8）与城市规划管理相关的规定。

① 规划要求。历史文化名城和历史文化街区、村镇所在地县级以上地方人民政府应当组织编制专门

的历史文化名城和历史文化街区、村镇保护规划，并纳入城市总体规划。各级人民政府制定城乡建设规划，应当根据文物保护的需要，事先由城乡规划部门会同文物行政部门商定对本行政区域内各级文物保护单位的保护措施，纳入规划。

② 建设限制。文物保护单位的保护范围内不得进行其他建设工程或者爆破、钻探、挖掘等作业。因有特殊需要，必须保证文物保护单位的安全，并经公布的人民政府和上一级文化行政管理部门同意。

③ 建设控制地带。根据保护文物的实际需要，经省、自治区、直辖市人民政府批准，可以在文物保护单位的周围划出一定的建设控制地带。在这个地带内进行建设工程，不得破坏文物保护单位的历史风貌。工程设计方案应当根据文物保护单位的级别，经相应的文物行政部门同意后，报城乡建设规划部门批准。在文物保护单位的保护范围内和建设控制地带内，不得建设污染文物保护单位及其环境的设施，不得进行影响文物保护单位安全及其环境的活动。已有污染的设施应当限期治理。建设工程选址，应当尽可能地避开不可移动文物。必须迁移异地保护或者拆除的，应当批准。

④ 用途限制。核定为文物保护单位的属于国家所有的纪念建筑物或者古建筑，除可以建立博物馆、保管所或者开辟为参观浏览场所外，如果必须作其他用途的，应当由文物行政部门报上一级文物行政部门同意后，报公布的人民政府批准。

⑤ 考古保护。进行大型基本建设工程，建设单位应事先报请省、自治区、直辖市文物行政部门组织从事考古发掘的单位在工程范围内有可以埋藏文物的地方进行考古调查勘探。

10.3.2.4 中华人民共和国水法

1988年1月21日，全国人大常委会通过了《中华人民共和国水法》，并于2002年8月29日修订，自2002年10月1日起施行。

（1）基本规定

① 本法所称水资源，包括地表水和地下水。在中华人民共和国领域内开发、利用、节约、保护、管理水资源，防治水害，适用本法（第二条）。

② 水资源属于国家所有。水资源的所有权由国务院代表国家行使。农村集体经济组织的水塘和由农村集体经济组织修建管理的水库中的水，归各该农村集体经济组织使用（第三条）。

③ 开发、利用、节约、保护水资源和防治水害，应当全面规划、统筹兼顾、标本兼治、综合利用、讲求效益，发挥水资源的多种功能，协调好生活、生产经营和生态环境用水（第四条）。

④ 国家鼓励单位和个人依法开发、利用水资源，并保护其合法权益。开发、利用水资源的单位和个人有依法保护水资源的义务（第六条）。

⑤ 国家对水资源依法实行取水许可制度和有偿使用制度。但是，农村集体经济组织及其成员使用本集体经济组织的水塘、水库中的水除外（第七条）。

⑥ 国家厉行节约用水，大力推行节约用水措施，推广节约用水新技术、新工艺，发展节水型工业、

农业和服务业，建立节水型社会（第八条）。

⑦ 国家保护水资源，采取有效措施，保护植被，植树种草，涵养水源，防治水土流失和水体污染，改善生态环境（第九条）。

⑧ 国家对水资源实行流域管理与行政区域管理相结合的管理体制（第十二条）。

（2）水资源规划

① 开发、利用、节约、保护水资源和防治水害，应当按照流域、区域统一制定规划。规划分为流域规划和区域规划。流域规划包括流域综合规划和流域专业规划；区域规划包括区域综合规划和区域专业规划（第十四条）。

② 流域范围内的区域规划应当服从流域规划，专业规划应当服从综合规划。流域综合规划和区域综合规划以及与土地利用关系密切的专业规划，应当与国民经济和社会发展规划以及土地利用总体规划、城市总体规划和环境保护规划相协调，兼顾各地区、各行业的需要（第十五条）。

③ 国家确定的重要江河、湖泊的流域综合规划，由国务院水行政主管部门会同国务院有关部门和有关省、自治区、直辖市人民政府编制，报国务院批准。跨省、自治区、直辖市的其他江河、湖泊的流域综合规划和区域综合规划，由有关流域管理机构会同江河、湖泊所在地的省、自治区、直辖市人民政府水行政主管部门和有关部门编制，分别经有关省、自治区、直辖市人民政府审查提出意见后，报国务院水行政主管部门审核;国务院水行政主管部门征求国务院有关部门意见后，报国务院或者其授权的部门批准。

前款规定以外的其他江河、湖泊的流域综合规划和区域综合规划，由县级以上地方人民政府水行政主管部门会同同级有关部门和有关地方人民政府编制，报本级人民政府或者其授权的部门批准，并报上一级水行政主管部门备案。

专业规划由县级以上人民政府有关部门编制，征求同级其他有关部门意见后，报本级人民政府批准。其中，防洪规划、水土保持规划的编制、批准，依照防洪法、水土保持法的有关规定执行（第十七条）。

（3）水资源开发利用

① 开发、利用水资源，应当坚持兴利与除害相结合，兼顾上下游、左右岸和有关地区之间的利益，充分发挥水资源的综合效益，并服从防洪的总体安排（第二十条）。

② 开发、利用水资源，应当首先满足城乡居民生活用水，并兼顾农业、工业、生态环境用水以及航运等需要。在干旱和半干旱地区开发、利用水资源，应当充分考虑生态环境用水需要（第二十一条）。

③ 跨流域调水，应当进行全面规划和科学论证，统筹兼顾调出和调入流域的用水需要，防止对生态环境造成破坏（第二十二条）。

④ 国民经济和社会发展规划以及城市总体规划的编制、重大建设项目的布局，应当与当地水资源条件和防洪要求相适应，并进行科学论证；在水资源不足的地区，应当对城市规模和建设耗水量大的工

业、农业和服务业项目加以限制（第二十三条）。

⑤ 国家鼓励开发、利用水能资源和水运资源（第二十六条、第二十七条）。

（4）水资源、水域和水工程的保护

① 国务院水行政主管部门会同国务院环境保护行政主管部门、有关部门和有关省、自治区、直辖市人民政府，按照流域综合规划、水资源保护规划和经济社会发展要求，拟定国家确定的重要江河、湖泊的水功能区划，报国务院批准（第三十二条）。

② 国家建立饮用水水源保护区制度。省、自治区、直辖市人民政府应当划定饮用水水源保护区，并采取措施，防止水源枯竭和水体污染，保证城乡居民饮用水安全（第三十三条）。

③ 禁止在饮用水水源保护区内设置排污口。在江河、湖泊新建、改建或者扩大排污口，应当经过有管辖权的水行政主管部门或者流域管理机构同意，由环境保护行政主管部门负责对该建设项目的环境影响报告书进行审批（第三十四条）。

④ 在地下水超采地区，县级以上地方人民政府应当采取措施，严格控制开采地下水。在地下水严重超采地区，经省、自治区、直辖市人民政府批准，可以划定地下水禁止开采或者限制开采区。在沿海地区开采地下水，应当经过科学论证，并采取措施，防止地面沉降和海水入侵（第三十六条）。

⑤ 禁止在河道管理范围内建设妨碍行洪的建筑物、构筑物以及从事影响河势稳定、危害河岸堤防安全和其他妨碍河道行洪的活动（第三十七条）。

⑥ 禁止围湖造地。已经围垦的，应当按照国家规定的防洪标准有计划地退地还湖。禁止围垦河道。确需围垦的，应当经过科学论证，经省、自治区、直辖市人民政府水行政主管部门或者国务院水行政主管部门同意后，报本级人民政府批准（第四十条）。

⑦ 国家对水工程实施保护。国家所有的水工程应当按照国务院的规定划定工程管理和保护范围（第四十三条）。

（5）水资源配置和节约使用

① 县级以上地方人民政府水行政主管部门或者流域管理机构应当根据批准的水量分配方案和年度预测用水量，制定年度水量分配方案和调度计划，实施水量统一调度；有关地方人民政府必须服从（第四十六条）。

② 国家对用水实行总量控制和定额管理相结合的制度（第四十七条）。

③ 直接从江河、湖泊或者地下取用水资源的单位和个人，应当按照国家取水许可制度和水资源有偿使用制度的规定，向水行政主管部门或者流域管理机构申请领取取水许可证，并缴纳水资源费，取得取水权（第四十八条）。

④ 用水应当计量，并按照批准的用水计划用水。用水实行计量收费和超定额累进加价制度（第四十九条）。

10.3.2.5 中华人民共和国城市房地产管理法

1994年7月5日，第八届全国人大常委会第八次会议通过了《中华人民共和国城市房地产管理法》自1995年1月1日起施行。于2007年8月30日由第十届全国人大常委会修订通过，并予公布，自公布之日起施行。

（1）基本内容

包括总则、房地产开发用地（土地使用权出让、土地使用权废止）、房地产开发、房地产交易、房地产权属登记管理、法律责任、附则。

（2）适用范围

在中华人民共和国城市规划区国有土地范围内取得房地产开发用地的土地使用权，从事房地产开发、房地产交易，实施房地产管理，应当遵守本法。

本法所称房屋是指地上的房屋等建筑物和构筑物。所称房地产开发是指在依法取得国有土地使用权的土地上进行基础设施、房屋建设的行为。所称房地产交易包括地产转让、抵押和房屋租赁。在城市规划区外参照本法执行。

（3）基本规定

国家依法实行国有土地有偿、有限期使用制度。但是，国家在本法规定的范围内划拨国有土地使用权的除外。国家根据社会、经济发展水平，扶持发展居民住宅建设，逐步改善居民的居住条件。房地产权利、人的合法权益受法律保护，任何单位和个人不得侵犯。

（4）土地使用权出让

① 土地使用权出让是指根据将国有土地使用权在一定年限内出让给土地使用者，由土地使用者向国家支付土地使用权出让金的行为。

② 城市规划区内的集体所有的土地，经依法征用转为国有土地后，该幅国有土地的使用权方可有偿出让；土地使用权出让，必须符合土地利用总体规划、城市规划和年度建设用地计划。

③ 土地使用权出让的每幅地块、用途、年限和其他条件，由市、县人民政府土地管理部门会同城市规划、建设、房产管理部门共同拟定方案。

④ 土地使用权出让，可以采取拍卖、招标或者双方协议的方式，应当签订书面出让合同。

⑤ 土地使用者需要改变土地使用权出让合同约定的土地用途的，必须取得出让方和市、县人民政府城市规划行政主管部门的同意，签订土地使用权出让合同变更协议或者重新签订土地使用权出让合同，相应调整土地使用权出让金。

（5）土地使用权划拨

土地使用权划拨是指县级以上人民政府依法批准，在土地使用者缴纳补偿、安置费等费用后，将该幅土地交付其使用，或者将国有土地使用权无偿交付给土地使用者使用的行为。

依照本法规定以划拨方式取得土地使用权的，除法律、行政法规另有规定外，没有使用期限的限制。

土地使用权划拨适用于国家机关用地、军事用地、城市基础设施用地、公益事业、国家重点扶持的能源、交通、水利等项目用地和法律行政法规规定的其他用地。

（6）房地产开发中有关城市规划的规定。

① 房地产开发必须严格执行城市规划，按照经济效益、社会效益、环境效益相统一的原则，实行全面规划，合理布局，综合开发，配套建设。

② 以出让方式取得土地使用权进行房地产开发的，必须按照出让合同约定的土地用途、开发期限开发土地。满2年未动工开发，可以无偿收回土地使用权。但不可抗力或者政府行为或者必须的前期工作造成动工开发迟延的除外。

（7）房地产交易中有关城市规划的规定

① 房地产转让、抵押时，房屋的所有权和该房屋占用范围内的土地使用权同时转让、抵押。

② 房地产转让是指房地产权利人通过买卖、赠与或者其他合法方式将其房地产转移给他人的行为。以出让方式取得土地使用权的，转让房地产后，受让人改变原出让合同约定的土地用途的，必须取得原出让方和市、县人民政府城市规划行政主管部门的同意，签订原出让合同变更协议或者重新签订土地使用权出让合同。

③ 商品房预售应当持有建设工程规划许可证。

10.3.2.6　中华人民共和国军事设施保护法

1990年2月23日，全国人大常委会通过的《中华人民共和国军事设施保护法》，并自1990年8月1日起施行。

（1）基本内容

内容包括总则、军事禁区、军事管理区的划定、军事禁区的保护、军事管理区的保护、没有划入军事禁区、军事管理区的军事设施的保护、管理职责、法律责任、附则。

（2）基本规定

① 本法所称军事设施，是指国家直接用于军事目的的：指挥机关、地面和地下的指挥工程、作战工程；军用机场、港口、码头；营区、训练场、试验场；军用洞库、仓库；军用通信、侦察、导航、观测台站和测量、导航、助航标志；军用公路、铁路专用线、军用通信、输电线路，军用输油、输水管道以及国务院和中央军事委员会规定的其他军事设施。

② 各级人民政府和军事机关应当从国家安全利益出发，共同保护军事设施，维护国防利益。设有军事设施的地方，有关军事机关和县级以上地方人民政府应当相互配合，协调、监督、检查军事设施的保护工作（第三条）。

③ 中华人民共和国的所有组织和公民都有保护军事设施的义务（第四条）。

（3）分类保护规定

国家对军事设施实行分类保护、确保重点的方针；根据军事设施的性质、作用、安全保密的需要和使用效能的要求，划定军事禁区、军事管理区（第五条、第七条）。

（4）军事禁区、军事管理区的划定

陆地和水域的军事禁区、军事管理区的范围，由军区和省、自治区、直辖市人民政府共同划定，或者由军区和省、自治区、直辖市人民政府、国务院有关部门共同划定。空中军事禁区和特别重要的陆地、水域军事禁区，由国务院和中央军事委员会划定（第九条）。

（5）军事禁区有关规定

① 军事禁区管理单位应当根据具体条件，按照划定的范围，为陆地军事禁区修筑围墙、设置铁丝网等障碍物；为水域军事禁区设置障碍物或者界线标志（第十四条）。

② 根据保护禁区内军事设施的要求，必要时可以在禁区外围共同划定安全控制范围，并在其外沿设置安全警戒标志（第十六条）。

③ 安全控制范围内，当地群众可以照常生产、生活，但不得进行爆破等危害军事设施的活动（第十七条）。

（6）军事管理区有关规定

军事管理区管理单位应当按照划定的范围，为军事管理区修筑围墙、设置铁丝网或者界线标志（第十八条）。

（7）没有划入军事禁区、军事保护区的军事设施的保护规定

没有划入军事禁区、军事管理区的军事设施，军事设施管理单位应当采取措施予以保护；军队团级以上管理单位可以委托当地人民政府予以保护（第二十一条）。

（8）协同管理规定

① 县级以上地方人民政府编制经济和社会发展计划，应当考虑军事设施保护的需要，并征求有关军事机关的意见；安排建设项目或者开辟旅游点，应当尽量避开军事设施（第十三条）。

② 军事禁区、军事管理区和没有划入军事禁区、军事管理的军事设施，军事设施管理单位和县级以上地方人民政府应当制定具体保护措施，可以公告施行（第二十三条）。

③ 军事设施管理单位必要时应当向县级以上地方人民政府提供地下、水下电缆、管道的位置资料；地方进行建设时，当地人民政府应当对军用地下、水下电缆、管道予以保护（第二十七条）。

10.3.2.7　中华人民共和国人民防空法

加强人民防空建设是国家的一项重大政策。人民防空与人民的生命安全息息相关，与国家的安危紧密相连。1996年10月29日，中华人民共和国第八届全面人大常委会第二十二次会议通过了《中华人民共和国人民防空法》，自1997年1月1日起施行。

（1）主要内容

包括总则、防护重点、人民防空工程、通信和报警、疏散、群众的防空组织、人民防空教育、法律

责任、附则。

（2）与村镇规划相关规定

人民防空实行长期准备、重点建设、平战结合的方针，贯彻于经济建设协调发展、与城市建设相结合的原则。

《防空法》将城市作为人民防空的重点，规划城市人民政府应当制定人民防空工程建设规划，并纳入城市总体规划。

法规要求城市地下交通干线以及其他地下工程建设，应当兼顾人民防空的需要。

建设人民防空工程，应当在保证战时使用有效能的前提下，有利于平时的经济建设、群众的生产生活和工程的开发利用。

县级以上人民政府有关部门对人民防空工程所需要的建设用地应当依法予以保障；对人民防空工程连接城市的道路、供电、供热、供水、排水、通信系统的设施建设，应当提供必要条件。

《防空法》的颁布实施，对保护人民生命财产安全，保障社会主义现代化建设的顺利进行，具有重要意义。

10.3.2.8　风景名胜区管理条例

2006年9月6日，发布《风景名胜区管理条例》。

（1）主要内容

包括总则、设立、规划、保护、利用和管理、法律责任、附则七个部分，52条。

（2）风景名胜区监督检查

国家建立风景名胜区管理信息系统，对风景名胜区规划实施和资源保护情况进行动态监测（第三十一条）。

国家级风景名胜区所在地的风景名胜区管理机构应当每年向国务院建设主管部门报送风景名胜区规划实施和土地、森林等自然资源保护的情况；国务院建设主管部门应当将土地、森林等自然资源保护的情况，及时抄送国务院有关部门。

（3）风景名胜区违法处罚

① 在风景名胜区内有下列行为之一的，由风景名胜区管理机构责令停止违法行为、恢复原状或者限期拆除，没收违法所得，并处罚款：a. 开山、采石、开矿等破坏景观、植被、地形地貌活动的；b. 修建储存爆炸性、易燃性、放射性、毒害性、腐蚀性物品的设施的；c. 在核心景区内建设宾馆、招待所、培训中心、疗养院以及与风景名胜资源保护无关的其他建筑物的。

② 县级以上地方人民政府及其有关主管部门批准实施上列规定行为的，对直接负责的主管人员和其他直接责任人员依法给予降级或者撤职的处分；构成犯罪的，依法追究刑事责任。

③ 违反《条例》规定，在风景名胜区内从事禁止范围以外的建设活动，未经风景名胜区管理机构审

核的，由风景名胜区管理机构责令停止建设、限期拆除，对个人和单位分别处以罚款。

④ 违反《条例》规定，在国家级风景名胜区内修建缆车、索道等重大建设工程，项目的选址方案未经报国务院建设主管部门核准，县级以上地方人民政府有关主管部门和发选址意见书的，对直接负责的主管人员和其他直接责任人员依法给予处分；构成犯罪的，依法追究刑事责任。

⑤ 违反《条例》规定，个人在风景名胜区内进行开荒、修坟立碑等破坏景观、植被、地形地貌活动的，由风景名胜区管理机构责令停止违法行为、限期恢复原状或者采取其他补救措施，没收非法所得，并处罚款。

⑥ 违反《条例》规定，在景物、设施上刻画、涂污或者在风景名胜区内乱扔垃圾的，由风景名胜区管理机构责令限期恢复原状或者采取其他补救措施，并处罚款；刻画、涂污或者以其他方式故意损坏国家保护的文物、名胜古迹的，按照治安管理处罚法的有关规定予以处罚；构成犯罪的，依法追究刑事责任。

⑦ 违反《条例》规定，未经风景名胜区管理机构审核，在风景名胜区内进行下列活动的，由风景名胜区管理机构责令停止违法行为、恢复原状或者限期拆除，没收违法所得，并处罚款：a. 设置、张贴商业广告；b. 举办大型游乐等活动；c. 改变水资源、水环境自然状态的活动；d. 其他影响生态和景观的活动。

⑧ 违反《条例》规定，国务院建设主管部门、县级以上地方人民政府及其有关主管部门有下列行为之一的，对直接负责的主管人员和其他直接责任人员依法给予处分；构成犯罪的，依法追究刑事责任：a. 违反风景名胜区规划在风景名胜区内设立各类开发区的；b. 风景名胜区自设立之日起未在2年内编制完成风景名胜区总体规划的；c. 选择不具有相应资质等级的单位编制风景名胜区规划的；d. 风景名胜区规划批准前批准在风景名胜区内进行建设活动的；e. 擅自修改风景名胜区规划的；f. 不依法履行监督管理职责的其他行为。

⑨ 违反《条例》规定，风景名胜区管理机构有下列行为之一的，由设立该风景名胜区管理机构的县级以上地方人民政府责令改正；情节严重的，对直接负责的主管人员和其他直接责任人员依法给予降级或者撤职的处分；构成犯罪的，依法追究刑事责任：a. 超过允许容量接纳游客或者在没有安全保障的区域开展游览活动的；b. 未设置风景名胜区标志和路标、安全警示等标牌的；c. 从事以营利为目的的经营活动的；d. 将规划、管理和监督等行政职能委托给企业或者个人行使的；e. 允许风景名胜区管理机构的工作人员在风景名胜区内的企业兼职的；f. 审核同意在风景名胜区内进行不符合风景名胜区规划的建设活动的；g. 发现违法行为不予查处的。

10.3.2.9　中华人民共和国建筑法

为了加强对建筑活动的监督管理，维护建筑市场秩序，保证建筑工程的质量和安全，促进建筑业健康发展，1997年11月1日，全国人大常委会审议通过了《中华人民共和国建筑法》，并自1998年3月1日起施行。于2011年4月22日第十一届全国人大常委会第20次会议修订通过，并予公布，自2011年7月1日起施行。

（1）基本内容

包括总则建筑许可管理、建筑工程发包与承包管理、建筑工程监理管理、建筑安全生产管理、建筑工程质量管理和违反本法的法律责任等内容。

（2）建筑工程施工许可规定

建筑工程开工前，建设单位应当按照国家有关规定向工程所在地县级以上人民政府建设行政主管部门申请领取施工许可证（第七条）。

申请领取施工许可证，应当具备下列条件：

① 已经办理该建筑工程用地批准手续。

② 在城市规划区的建筑工程，已经取得规划许可证。

③ 需要拆迁的，其拆迁进度符合施工要求。

④ 已经确定建筑施工企业。

⑤ 有满足施工需要的施工图纸及技术资料。

⑥ 有保证工程质量和安全的具体措施。

⑦ 建设资金已经落实（第八条）。

（3）从业资格规定

从事建筑活动的建筑施工企业、勘察单位、设计单位和工程监理单位，应当具备下列条件：

① 有符合国家规定的注册资本。

② 有与其从事的建筑活动相适应的具有法定职业资格的专业技术人员。

③ 有从事相关建筑活动所应有的技术装备（第十二条）。

从事建筑活动的专业技术人员，应当依法取得相应的执业资格证书，并在执业资格证书许可的范围内从事建筑活动（第十四条）。

10.3.2.10　中华人民共和国公路法

1997年7月3日，第八届全国人大常委会第二十六次会议通过了《中华人民共和国公路法》，自1998年1月1日起实行。2004年8月28日，第十届全国人大常委会第十一次会议对《公路法》修订通过，并予公布，自公布之日起施行。

（1）基本内容

包括总则、公路规划、公路建设、公路养护、路政管理、收费公路、监督检查、法律责任、附则。

（2）适用范围

在中华人民共和国境内从事公路的规划、建设、养护、经营、使用和管理，适用本法。本法所称公路，包括公路桥梁、公路隧道和公路渡口。

（3）主要内容

包括总则、公路规划、公路建设、公路养护、路政管理、收费公路、监督检查、法律责任等。

（4）基本原则

公路的发展应当遵循全面规划、合理布局、确保质量、保障畅通、保护环境、建设改造与养护并重的原则。

（5）公路分级

公路按其在公路网上的地位分为国道、省道、县道和乡道。按技术等级分为高速公路、一级公路、二级公路、三级公路和四级公路。

（6）规划

公路规划应当根据国民经济和社会发展以及国防建设的需要编制，与城市建设发展规划和其他方式的交通运输发展规划相协调。公路建设用地规划应当符合土地利用总体规划，当年建设用地应当纳入年度建设用地规划。国道、省道、县道、乡道规划分别由国务院交通主管部门和该级政府交通主管部门会同国务院有关部门和同级有关部门根据规定编制和报批。下一级公路规划应当与上一级公路规划相协调。专用公路规划由专用公路的主管单位编制，经上级主管部门审定后，根据规定报审，并应当与公路规划相协调。有不协调的地方应当作相应修改。

（7）有关规定

规划和新建村镇、开发区，应当与公路保持规定的距离并避免在公路两侧对应进行，防止造成公路街道化，影响公路的运行安全与畅通。公路建设使用土地依照规定办理。公路建设应当切实贯彻保护耕地、节约用地的原则。跨越、穿越公路修建桥梁、渡槽或者架设、埋设管线、电缆等设施的、以及在公路用地范围内架设、埋设管线、电缆等设施的，应当先经有关交通主管部门同意。禁止在公路两侧的建筑控制区内修建建筑物和地面构筑物。

10.3.3 村镇规划的相关行政管理法制

① 中华人民共和国行政复议法（1999年4月29日第九届全国人大常委会第九次会议通过）

内容包括：总则、行政复议范围、行政复议申请、行政复议受理、行政复议决定、法律责任、附则。

② 中华人民共和国行政诉讼法（1989年4月4日第七届全国人民代表大会第二次会议通过，并予公布，自1990年10月1日起施行）

内容包括：总则、受案范围、管理、诉讼参加人、证据、起诉和受理、审理和判决、执行、侵权赔偿责任、涉外行政诉讼、附则。

③ 中华人民共和国行政处罚法（1996年3月17日第八届全国人民代表大会第九次会议通过，并予公布，自1996年10月1日起施行）

内容包括：总则、行政处罚的种类和设施、行政处罚的实施机关、行政处罚的管辖和适用、行政处罚的决定（简易程序、一般程序、听证程序）、行政处罚的执行、法律责任、附则。

④ 中华人民共和国国家赔偿法（1994年5月12日第八届全国人民代表大会常务委员会第七次会议通过，并予公布，自2013年1月1日起施行）

内容包括：总则、行政赔偿、刑事赔偿、赔偿方式和计算标准、其他规定、附则。

10.3.4 村镇规划建设相关规划标准

（1）相关的城市规划标准

① 《城市用地分类与规划建设用地标准》（GB 50317 — 2011）

② 《城市居住区规划设计规范》[GB 50180 — 93（2002年版）]

③ 《城市道路交通规划设计规范》（GB 50220 — 95）

④ 《城市工程管线综合规划规范》（GB 50289 — 98）

⑤ 《城市给水工程规划规范》（GB 50282 — 98）

⑥ 《城市电力规划规范》（GB 50293 — 1999）

⑦ 《城市排水工程规范》（GB 50318 — 2000）

⑧ 《城市防洪工程设计规范》（CJJ 50 — 92）

⑨ 《城市用地竖向规划规范》（CJJ 83 — 99）

⑩ 《城市道路绿化规划与设计规范》（CJJ 75 — 97）

（2）村镇规划标准

① 《镇规划标准》（GB 50188 — 2007）

② 《村庄整治技术规范》（GB 50445 — 2008）

（3）其他相关规划标准

① 《风景名胜区规划规范》（GB 50298 — 1999）

② 《建筑抗震设计规范》（GB 50011 — 2010）

③ 《建筑设计防火规范》（GB 50016 — 2006）

④ 《建筑气候区划标准》（GB 50178 — 93）

⑤ 《生活饮用水水源水质标准》（CJ 3020 — 93）

⑥ 《输油管道工程设计规范》（GB 50253 — 2003）

⑦ 《输气管道工程设计规范》（GB 50251 — 2003）

⑧ 《防洪标准》（GB 50201 — 94）

小结

城乡规划法包括总则、城乡规划的制定、城乡规划的实施、城乡规划的修改、监督检查、法律责任和附则共7章70条。城乡规划包括城镇体系规划、城市规划、镇规划、乡规划和村庄规划。城市规划、镇规划分为总体规划和详细规划。

村庄和集镇规划建设管理条例适用于制定和实施村庄、集镇规划以及在村庄、集镇规划区内进行居民住宅、乡（镇）村企业、乡（镇）村公共设施和公益事业等的建设。

思考题

1. 城乡规划法的主要内容有哪些？

2. 村镇规划所涉及的法律法规有哪些？

参考文献

骆中钊, 等. 2005. 小城镇规划与建设管理[M]. 北京：化学工业出版社.

朱庚申. 环境管理学[M]. 北京：中国环境科学出版社.

包景岭, 等. 2005. 小城镇生态建设与环境保护设计[M]. 北京：化学工业出版社.

叶文虎. 2002. 环境管理学[M]. 北京：高等教育出版社.

金兆森. 1992. 乡镇规划[M]. 北京：中国农业出版社.